电子电气工程师技术丛书

PIC Microcontrollers

An Introduction to Microelectronics, Third Edition

PIC微控制器设计

（原书第3版）

[英] 马丁 P. 贝茨（Martin P. Bates）著 许辉 赵春光 等译

机械工业出版社
China Machine Press

图书在版编目（CIP）数据

PIC 微控制器设计（原书第 3 版）/（英）贝茨（Bates, M. P.）著；许辉等译. —北京：机械工业出版社，2016.5
（电子电气工程师技术丛书）
书名原文：PIC Microcontrollers: An Introduction to Microelectronics，Third Edition

ISBN 978-7-111-53390-0

I. P… II. ① 贝… ② 许… III. 单片微型计算机－微控制器－设计 IV. TP368.1

中国版本图书馆 CIP 数据核字（2016）第 065391 号

本书版权登记号：图字：01-2013-8824

PIC Microcontrollers: An Introduction to Microelectronics，Third Edition
Martin P. Bates
ISBN: 978-0-08-096911-4

本书系统介绍基于 PIC 单片机设计微控制系统的基本方法。首先重点介绍 PIC 16F84A 芯片的基本结构和编程技术；其次介绍如何使用免费的 PIC 单片机开发软件 MPLAB IDE，以及 Proteus VSM 交互式电子设计软件，开发自己的应用程序并对功能进行仿真；最后重点介绍基本接口、电动机驱动、温度控制和一般控制系统的设计方法，并提供相应的完整代码示例。本书可作为电类专业微处理器课程的本科生教材，还可作为微控制器爱好者和专业工程师的参考书籍。

出版发行：机械工业出版社（北京市西城区百万庄大街 22 号 邮政编码：100037）
责任编辑：谢晓芳　　责任校对：殷　虹
印　　刷：北京市荣盛彩色印刷有限公司　　版　　次：2016 年 5 月第 1 版第 1 次印刷
开　　本：186mm×240mm 1/16　　印　　张：23
书　　号：ISBN 978-7-111-53390-0　　定　　价：89.00 元

凡购本书，如有缺页、倒页、脱页，由本社发行部调换
客服热线：（010）88378991 88361066　　投稿热线：（010）88379604
购书热线：（010）68326294 88379649 68995259　　读者信箱：hzjsj@hzbook.com

The Translators' Words 译者序

在现代工业环境中，随着微控制器的高速发展，带动了工业自动化和控制领域的迅速发展。由于中国及亚洲其他地区主要制造工厂自动化程度的提高，新的控制技术被广泛用于增强性能、提高效率、降低成本，因此微控制器的应用对降低制造成本和提升产品性能都有着举足轻重的影响。

要想进行控制设备的开发，首先，必须掌握数字电路、模拟电路和微控制器的相关知识；其次，各方面经验的积累也非常关键，包括硬件设计、软件设计，以及如何让两者巧妙地结合，以实现协同工作。此外，若要确保设计的项目能在实际工作环境中正常运行，需要考虑的问题就更多，如实际应用环境的特点、突发问题的应急方式、各种因素的干扰等。因此，只有通过全方面的考虑才能将微控制器的应用开发推进到一个新的阶段。

而本书从实际的设计应用出发，以 Microchip 公司的 PIC 16 系列微控制器为例，详细讲解了微控制器的体系结构和设计方法，在内容编排上，从综合性、设计性、实用性的角度，以从基础层面向提高应用层面逐渐深化的方式进行编写，初学者可以边学边用，从而掌握相关知识，提高自主学习和解决问题的能力。同时本书为初学者、工程师和爱好者提供大量可亲自动手制作的工程实践应用范例，这些范例介绍详尽，考虑问题全面系统，具有非常强的实用价值。

全书内容安排从浅入深，在内容组织上包括三部分，第一部分主要介绍微处理器系统的构造；第二部分重点介绍 PIC 16F84A 芯片的基本结构和编程技术，及相关的 PIC 单片机开发软件 MPLAB IDE、交互式电子设计软件 Proteus VSM，全面展示了 PIC 系列产品及相关的编程工具，并详细地介绍了为成功创建新项目所涉及的开发设计技巧；第三部分重点介绍了基本接口、电动机驱动、温度控制和一般控制系统的设计方法，针对每个系统都给出了工程实例讲解，并配以文字、框图、电路图、源程序等资料，对程序执行过程也进行了详细讲解。

正是本书的独特性，我们决定将其翻译并奉献给读者。希望能为涉及微控制器学习的电子类本科生提供学习和参考教材，也为从事微控制应用的工程师和其他电子爱好者提供帮助。

本书由许辉、赵春光翻译，张亚斌、莫鸿华、王晶参加了部分译校工作。由于时间紧张和译者水平有限，难免存在偏差和失误，诚恳希望读者批评指正。

第3版序 Preface to the Third Edition

本书第1版重点讨论了芯片PIC 16F84A，该芯片广泛应用于教育领域，并深受电子爱好者喜欢。现在这款芯片已被速度更快、更便宜、更复杂、更强大的芯片取代。这就造成了一个两难的状况：是仍然使用这款实际上过时的芯片还是换用另一款当前更为复杂的芯片呢？本书兼顾了两方面，由于16F84A相对简单，所以本书前几章仍使用它，然后再换用功能更丰富的芯片，如16F690。同时，充分利用现在可用的仿真软件的功能，如可提供动画演示电路和用户友好的单片机程序调试。

本书中所有要点通过简单的例子来说明，这些例子可以从技术支持网站www.picmicros.org.uk下载。可以修改、重新编译，并使用从www.microchip.com免费下载的Microchip的MPLAB IDE开发系统测试程序源代码。这个网站还提供了在本书中使用的许多技术参考文献和数据手册。原理图绘制和仿真软件可从Labcenter Electronics公司的网站www.labcenter.com下载。演示版本是可用的，而创建并测试自己的应用程序还需要许可证。包括16F84A在内的低成本封装包目前可供免费使用。

因为本书针对初学者，所以有经验的读者可跳过那些已经熟悉的章节。一些理论性内容已移至附录，以留出空间来增加应用及实例。这些应用及实例都是在校大学生或单片机爱好者主要学习的内容。不过，我希望更有经验的读者会发现一些例子更有用，并且看到一些技术的优点，尤其是交互式仿真，这些可以提升各阶层专业电子设计工程师的应用开发经验，并提高他们的工作效率。

——Martin Bates

Introduction to the Third Edition 第 3 版前言

微控制器是目前许多电子产品的核心。手机、微波炉、数字电视、信用卡、互联网和其他许多现有的技术都依靠这些小而不显眼的设备，使这一切成为可能。

本书尝试向初学者介绍这种无处不在而又复杂的技术。从标准的 PC 开始，讲述基本概念和术语：微处理器系统、存储器、输入和输出以及一般的数字系统概念。然后，我们将继续学习 PIC 微控制器（MCU）。在小规模的工业应用市场上它占主导地位，其制造商为 Microchip Technology 公司。

我们将从研究一个商业上不再重要，但比较简单，且拥有少量高级功能的芯片 PIC 16F84A 开始。它是第一个具有闪存程序存储器和记忆棒的小型微控制器之一，这些功能使得它可以很容易重新编程，因此它非常适合学习者和电子产品爱好者使用。我们将学习如何连接此芯片和在芯片上编程，并且设计简单的应用，如输出让 LED 闪烁。此外，还会介绍仿真软件使得设计过程更容易、更有趣。然后，我们将继续介绍 PIC 16F690 芯片，它是 PIC 领域中功能较多，最具代表性的产品。在实际应用（如汽车发动机控制或通信系统）中，使用的许多单片机都比较强大，但操作原理是一样的。其他类型的控制技术将与本书介绍的微控制器进行比较分析。

本书采用的大部分例子都与电动机控制有关，因为电动机控制是一个非常常见的应用程序（磁盘驱动器、洗衣机、输送机等）。小型直流电动机价格低廉，通过一个简单的电流驱动接口可以很容易地连接到 PIC 芯片上。电动机的响应可能很复杂，但是很容易被观察到，这都表明它是与实时系统控制相关的问题。电动机还提供了一个与更多工程领域的链接，如机电一体化、机器人、数控机床和工业系统，这些知识对该学科的学生和工程师都非常有用。

区分微处理器和微控制器最大的问题是要充分理解它们的工作原理，需要同时了解两者的硬件和软件。因此，我们要围绕这个主题，从不同角度了解系统，直到建立一个合理的认知水平。本书包括基本的硬件设计、接口、程序开发、调试、测试，并使用一系列简单的例子进行分析。数字系统、数字化的原则和微处理器的系统概念，以及系统设计练习，这些基本概念会在附录中介绍，以供不具备这种必要背景的读者参考。附录 E 介绍了使用 Proteus

VSM 电子设计套件进行设计的整个过程。

在每章开始有个该章重点，以使该章的内容一目了然。在每章最后列出一组问题，用于学生的自我评估和正式测试（答案在本书末），根据需要，建议实践活动可以演变为实际评估。本书的风格可供写实际评估技术报告的学生作为一个模型借鉴。应用程序开发的各个阶段应清楚地标明以下情况：规范、设计、实现和测试。

每章的内容既兼顾了整本书的连续性，又允许每个章节可以独立阅读。因此在章节之间会有少量重复内容，这有助于读者学习。主体总是庞大而复杂，因此在这类书里到底应该包含什么总是很难决定。我的原则是始终保持简单，我希望我的选择将帮助读者开始了解微控制器的奇妙世界，对开发的实际应用有合理的理解，进而可以从事微控制器的设计和应用。然而，对微控制器的理解是任何电气工程师必不可少的基础，因为该技术是现在大多数电子产品和工业系统的核心。

Contents 目 录

译者序

第 3 版序

第 3 版前言

第一部分 入门

第 1 章 计算机系统……2

1.1 个人计算机系统……3

1.2 文字处理器的操作……7

1.3 微处理器系统……9

1.4 微控制器的应用……12

第 2 章 微控制器的操作……20

2.1 微控制器的架构……21

2.2 程序操作……25

第 3 章 简单的 PIC 应用……35

3.1 硬件设计……36

3.2 程序执行……39

3.3 程序 BIN1……41

3.4 汇编语言……43

第 4 章 PIC 程序开发……49

4.1 程序开发……50

4.2 程序设计……52

4.3 程序编辑……53

4.4 程序结构……57

4.5 程序分析……58

4.6 程序汇编……62

4.7 程序仿真……65

4.8 程序下载……68

4.9 程序测试……71

第二部分 PIC 微控制器

第 5 章 PIC 架构……74

5.1 框图……76

5.2 程序执行……77

5.3 文件寄存器的设置……78

第 6 章 编程技术……86

6.1 程序时序图……87

6.2 硬件计数 / 定时器 ······ 88
6.3 中断 ······ 92
6.4 寄存器操作 ······ 98
6.5 特殊功能 ······ 105
6.6 汇编伪指令 ······ 107
6.7 伪指令 ······ 112
6.8 数值类型 ······ 112
6.9 数据表 ······ 114

第 7 章 PIC 开发系统 ······ 117

7.1 在线编程 ······ 118
7.2 PICkit2 演示系统 ······ 119
7.3 PIC 16F690 芯片 ······ 120
7.4 测试程序 ······ 121
7.5 模拟输入 ······ 123
7.6 仿真测试 ······ 124
7.7 硬件测试 ······ 125
7.8 其他 PIC 演示套件 ······ 125
7.9 在线调试 ······ 127
7.10 在线仿真 ······ 129

第三部分 PIC 应用

第 8 章 应用设计 ······ 132

8.1 设计规范 ······ 133
8.2 硬件设计 ······ 135
8.3 软件设计 ······ 137
8.4 程序实现 ······ 142

第 9 章 程序调试 ······ 148

9.1 语法错误 ······ 149
9.2 逻辑错误 ······ 151
9.3 测试计划 ······ 157
9.4 交互式调试 ······ 159
9.5 硬件测试 ······ 163

第 10 章 硬件原型设计 ······ 165

10.1 硬件设计 ······ 166
10.2 硬件结构 ······ 167
10.3 Dizi84 板的设计 ······ 172
10.4 Dizi84 板的应用 ······ 176

第 11 章 PIC 电动机应用 ······ 192

11.1 电动机控制 ······ 193
11.2 电动机应用板 MOT2 ······ 194
11.3 电动机控制方法 ······ 197
11.4 MOT2 的测试程序 ······ 198
11.5 闭环速度控制 ······ 203
11.6 电动机控制模块 ······ 209

第四部分 微控制器系统

第 12 章 更多的 PIC 微控制器 ······ 216

12.1 共同特征 ······ 218
12.2 器件选择 ······ 222
12.3 外设接口 ······ 227
12.4 串口 ······ 230

第 13 章　更多的 PIC 应用………… 236

13.1　TEMCON2 温度控制器……… 237

13.2　简化的温度控制器…………………252

13.3　PIC 的 C 语言编程 ……………… 254

第 14 章　更多的控制系统………… 259

14.1　其他微控制器 ……………………… 260

14.2　微处理器系统 ……………………… 262

14.3　控制技术……………………………… 266

14.4　控制系统设计 ……………………… 273

第五部分　附录

附录 A　二进制数………………………… 278

附录 B　微电子器件……………………… 290

附录 C　数字系统………………………… 305

附录 D　Dizi84 演示板 ………………… 317

附录 E　Dizi690 演示板………………… 334

习题参考答案……………………………… 350

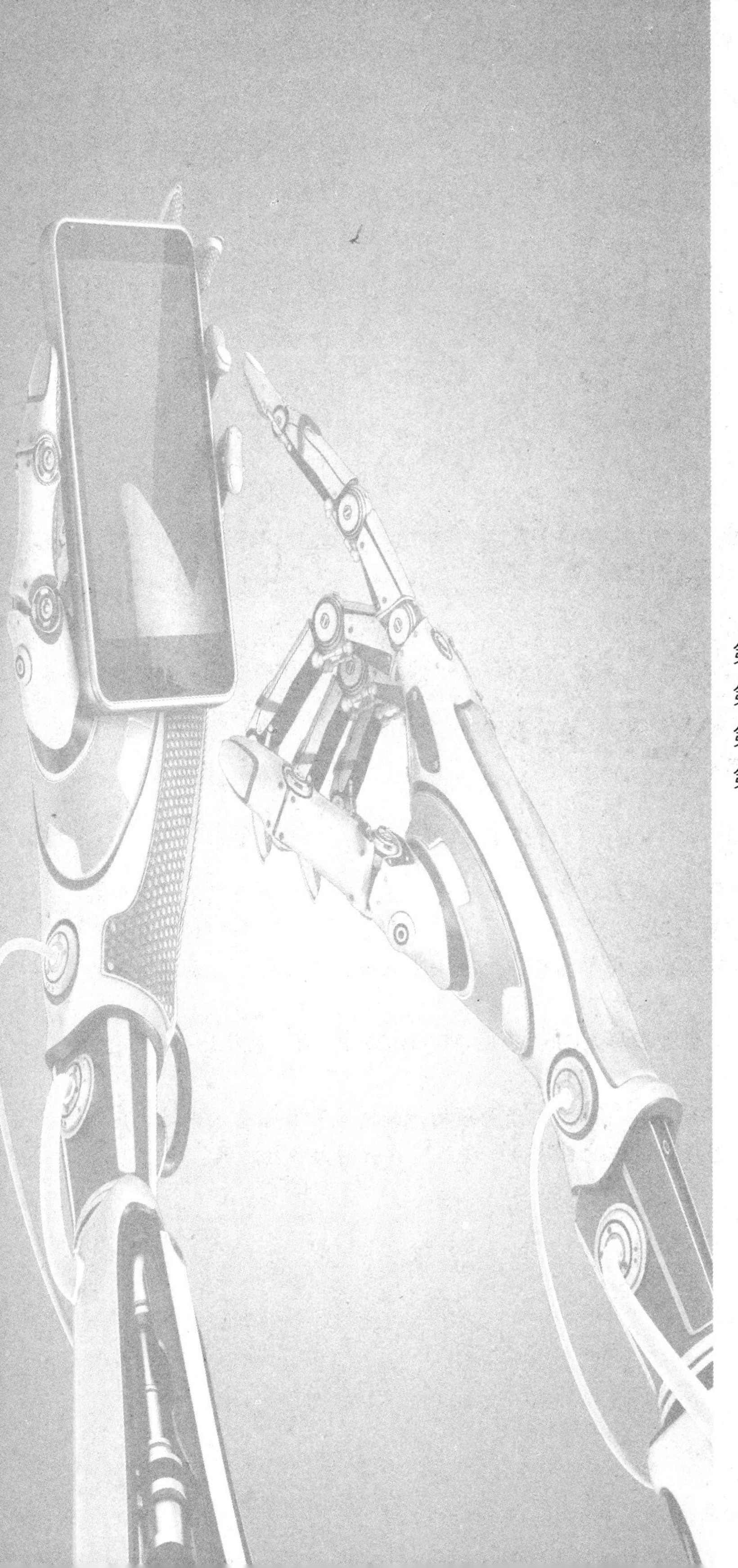

Part 1 第一部分

入　门

第 1 章　计算机系统
第 2 章　微控制器的操作
第 3 章　简单的 PIC 应用
第 4 章　PIC 程序开发

第 1 章 Chapter 1

计算机系统

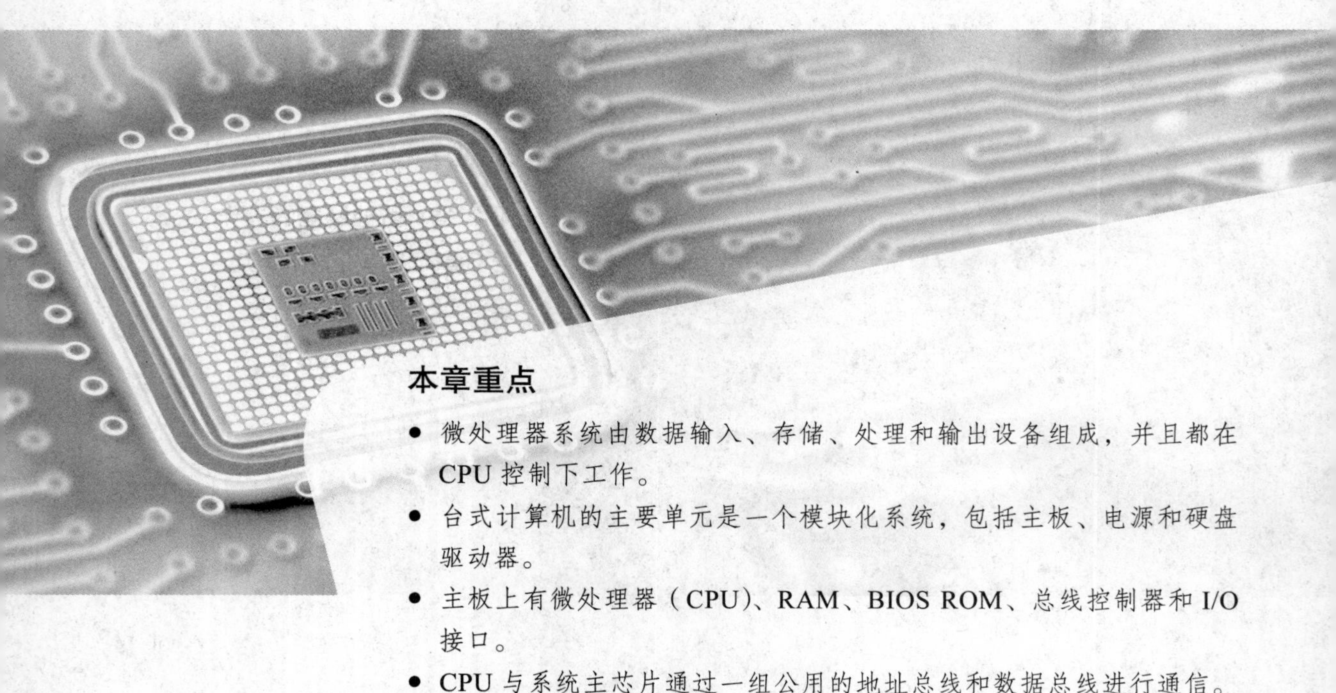

本章重点

- 微处理器系统由数据输入、存储、处理和输出设备组成，并且都在 CPU 控制下工作。
- 台式计算机的主要单元是一个模块化系统，包括主板、电源和硬盘驱动器。
- 主板上有微处理器（CPU）、RAM、BIOS ROM、总线控制器和 I/O 接口。
- CPU 与系统主芯片通过一组公用的地址总线和数据总线进行通信。
- 微控制器提供传统的单片微处理器所具有的大多数功能。

在本章中，我们先从一些熟知的内容开始，观察个人计算机（PC）如何进行文字处理工作，并建立起微控制器（MCU，通常称为“单片机”，本书中也会经常这样使用）中用到的一些技术概念。希望大多数的读者都熟悉这些内容，也知道如何使用这些功能。本书会通过分析软件如何与计算机硬件交互，使用户可以访问、保存和处理文档，从中引出基本的微控制器系统的一些观点。例如，我们会明白为什么需要不同类型的存储器来支持系统的操作。如果你对这些概念非常熟悉，请跳过本章。

PC 为 PIC 程序开发系统提供了硬件平台。PIC 程序用文字编辑器编写，通过 PC，把程序翻译成机器码并下载到 PIC 芯片里。笔记本电脑与 PIC 演示系统的硬件连接方式如图 1.1 所示，后面会介绍它如何工作。

图 1.1 笔记本电脑与 PIC 演示系统的连接

我们会快速了解一个基本的微控制器系统，首先了解微控制器系统如何建立和工作，微控制器系统的建立和工作类似于计算机系统里简单的微处理器，然后比较两者之间的不同。在这里介绍的微控制器以 12 个按键代替键盘，以七段数码管代替显示器，存储器也比 PC 小很多，但是可以执行一些基本的任务。事实上，这样会更加灵活，用在 PC 上的 Intel 处理器就是专门设计成适应这种微控制器系统的。微控制器也可以在各种各样的电路中使用，并且价格低廉。

1.1 个人计算机系统

传统的台式机系统由主单元、单独的键盘、鼠标和显示器组成。主单元（当无线外围设备不可用时）上有用于连接记忆棒、打印机、显示器等设备的通用串行总线（USB）接口，还有用于连接有线以太网或无线（Wi-Fi）网络的接口。主单元里的电路板（主板）上有一组芯片，它们共同工作以实现数字信息处理和控制输入 / 输出设备。电源则为主单元里的主板和外围设备供电。

笔记本电脑与台式机有类似的组件，只是前者集成了显示器和键盘，因而比较紧凑。而平板电脑有触摸显示屏但没有键盘，相比则更加紧凑。微处理器与微控制器系统之间的区别类似于台式机与触摸屏的游戏机或移动电话之间的区别。设备和应用是类似的，只是在规模和复杂程度上不同。

框图（见图 1.2a）是展示计算机系统的简化形式，我们从中可以分辨出其主要组件，并知道它们是如何连接在一起。例如，硬盘驱动器和网络部分的数据流是双向的，其表示数据可存储到硬盘或服务器，或者从硬盘或服务器中检索出数据送到系统。微控制器的内部架构在其数据手册中可以看到。

任何一个微处理器或微控制器系统必须有在硬件上运行的软件。在台式机里，软件存储在主单元的硬盘里，当关机时硬盘可以保存大量的数据。有两种软件是必需的：一种是操作系统（如 Microsoft Windows），一种是应用软件（如 Microsoft Word）。操作系统和应用软件产生的数据，如文档文件，都会存储在硬盘中。

键盘用来输入数据，显示器用来显示相关的文档。鼠标是附加的输入设备，可控制选择菜单或单击符号和按钮。这些设备提供了比早期命令行界面的计算机更加友好的人机界面。早期的计算机开始时需要输入文本命令，如输入“ dir”显示文件所在的目录（文件夹）。网络专家目前仍使用这种形式的界面，因为这种形式可以通过创建批处理文件（命令列表）控制系统操作。通过网络接口，我们可以实现从本地或远程服务器下载数据或应用、分享各种资源，如局域网（LAN）上的打印机、访问广域网（WAN，通常是互联网）等活动。在家中可以通过调制解调器连接电话线或有线电视服务，再通过它们连接到互联网。这样网络浏览器（如，Microsoft Internet Explorer）就是另外一个基本的应用。

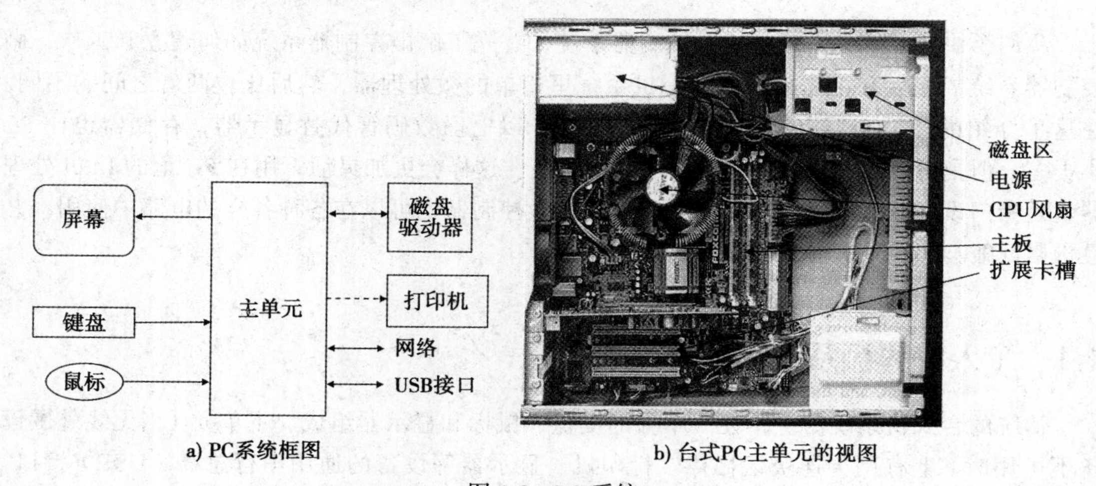

a) PC系统框图

b) 台式PC主单元的视图

图 1.2 PC 系统

1.1.1 计算机硬件

在 PC 主单元中（图 1.2b），传统的主板都有扩展卡槽，可以方便地将扩展板、内存条添加到主板上。电源、磁盘驱动器分别安装到主单元上。键盘、鼠标接口集成在主板上。在旧的设计中，扩展板上有接口电路，这些接口电路使主板可以连接硬盘和外围设备，如显示器、打印机。如今，这些设备越来越多地集成到主板上。外围设备目前则通过 USB 或无线方式连接到主板上。

台式 PC 是一个模块化的系统，它允许将不同的硬件组装在一起来满足个人用户的需求，硬件组件可来自不同的专业设备供应商，当子系统（如磁盘驱动器和键盘）出现问题时能够很容易被更换，而且能够轻松地升级硬件（如配置更大的内存芯片）以使 PC 架构更好地适配工业应用。这样，可以加固 PC（把 PC 放入一个坚固的箱体内）以用于工厂使用。这种模块化架构是台式 PC 硬件能够胜出的一个原因，作为一个通用处理器平台，PC 一直以这样的基本架构应用多年。笔记本电脑是其主要的替代者，但笔记本电脑不能十分灵活地升级硬件，因而往往会被淘汰。另外一个胜出的原因是微软操作系统的主导地位，微软操作系统结合基于英特尔芯片的硬件，为家用、商用和工业计算机提供了一个标准平台。

1.1.2　计算机主板

典型计算机主板的主要特征如图 1.3 所示。系统的核心是微处理器，一种芯片，也叫中央处理单元（CPU）。CPU 控制系统中所有的组件，在它做任何有用的事情之前必须先访问

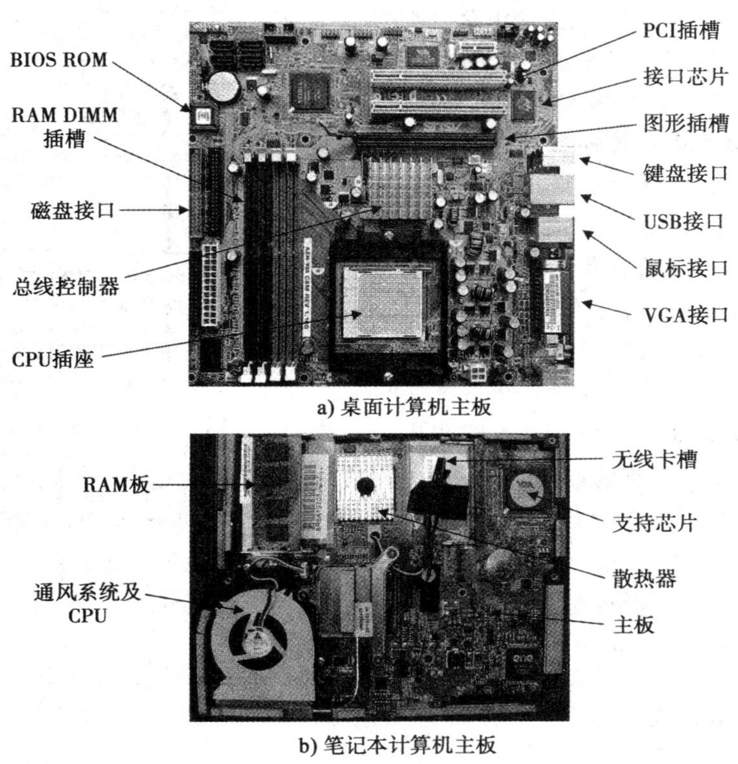

图 1.3　计算机主板

内存中相应的程序。在任何时候，被执行的程序模块都要由操作系统和应用软件两者提供，两者会根据需要从硬盘下载到随机存取内存（RAM）中。而程序由一系列机器代码指令（二进制码）组成，CPU 会依照次序执行。

英特尔 CPU 芯片自 20 世纪 80 年代 PC 问世以来经历了持续快速的发展。英特尔处理器属于复杂指令集计算机（CISC）芯片，这意味着它们有相对大量的指令，可以在许多不同方面应用。这使得它们很强大，但与带有较小指令集的处理器相比，速度较慢，后者属于精简指令集计算机（RISC）芯片，PIC 微控制器芯片就是这类芯片。

CPU 需要内存和输入 / 输出设备以便读入数据，存储数据，再输出数据。主要的内存模块由 RAM 芯片构成，通常安装在双列直插内存模块（DIMM）上。输入 / 输出（I/O）接口硬件（如键盘、鼠标、USB 等，最好是无线的）尽可能安装在主板上，但附加的外围接口板可以装在扩展卡插槽里，这样使得主板可以连接额外的磁盘驱动器和其他专用外设，这些外设传统上采用 PCI 总线连接，总线上的并行数据是 32 位宽。

所有这些组件通过一对总线控制器芯片连接在一起，这对芯片处理 CPU 和系统之间并行数据传输。northbridge 提供了 RAM 和图形（屏幕）界面间的快速访问，而它的合作伙伴 southbridge 则处理较慢的外围设备，如磁盘驱动器、网络和 PCI 总线。由框图（见图 1.4）可知主板如何与这些组件相互连接在一起。

如框图 1.4 所示，CPU 通过一组总线连接到外围接口。这组总线是主板上的一组连接线，共同工作从输入端（如键盘）到处理器，从处理器到内存传递数据。当数据被处理和保存后，它还可以送出到外围设备，如显示器。

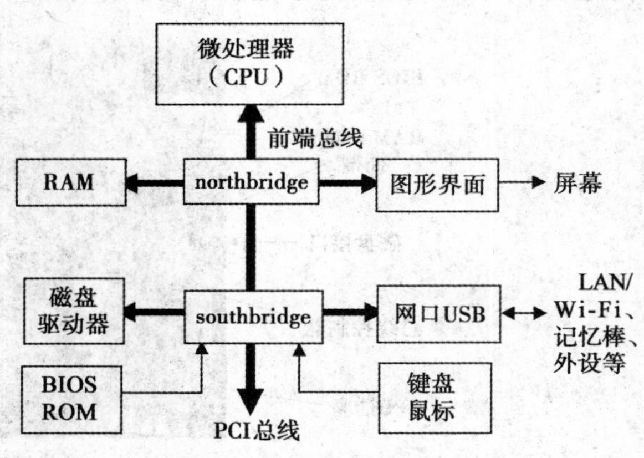

图 1.4 计算机主板框图

总线将所有主要的芯片连接在一个系统里，但是，因为总线主要作为共享连接，所以在同一个时间，数据只能从一个外围接口或内存位置接收进去或发送出来。这样的安排是因为，如果主板上的主要芯片都单独连接，所需要的连线数量巨大，从工程角度来看是不合适的。总线连接的缺点是，减缓了程序执行速度，因为所有数据传输使用同一组总线，在同一个时间只能有一个数据字可以出现在总线上。为弥补这一缺点，总线总是设计得尽可能宽。比如，一个 64 位的总线，工作在 100MHz（10^8Hz），每秒钟可以传输 6.4GB（6.4×10^9 位）。目前生产的英特尔 CPU 在一个芯片上使用多个（通常 4 个）64 位内核以提高性能。

1.1.3 PC 存储器

在 PC 系统中有两种主要类型的存储器。主要的内存模块是 RAM，它用来存储从输入端口送进来的数据和 CPU 处理后的数据。由于访问 RAM 中的数据更快，所以操作系统和应用程序会被从磁盘中复制到 RAM 中来执行。遗憾的是，RAM 存储是易失性的，这意味着当 PC 关机时数据和应用程序会丢失，每一次计算机重新启动时必须再次加载数据。

这意味着需要一种只读存储器（ROM），它是非易失性的，在计算机重新启动时可以使得系统自动开始工作。基本输入 / 输出系统（BIOS）ROM 芯片就是这种存储器，其内部包含足够的代码去检查系统硬件，并从磁盘加载主要的操作系统软件，同时里面也包括一些基本的硬件控制例程，这样键盘和显示器可在主系统加载前使用。

硬盘是非易失性、可读写的存储设备，它由表面覆盖有磁性记录材料的金属盘、读 / 写磁头、电动机和控制硬件组成。它可为操作系统、应用程序和用户文件提供大容量的数据存储。应用程序存储在磁盘中，然后根据需要选择加载到内存里。因为磁盘是读写设备，用户文件存储在里面，所以安装应用程序和更新软件变得十分容易。标准硬盘驱动可以保存 1TB（10^{12} 字节）的数据。

PC 系统变化越来越快，越来越复杂，这个描述很可能已经在某些方面过时。然而，微处理器系统操作与最早建立的数字计算机的基本原理是一样的，这些原理也适用于微控制器，正如我们后面将会看到的一样。

1.2　文字处理器的操作

为了理解 PC 微处理器系统的操作，我们将看看文字处理应用程序如何使用硬件和软件资源。这将帮助我们理解发生在微控制器中的相同基本流程。

1.2.1　启动计算机

当 PC 开机时，RAM 是空的。操作系统、应用软件和用户文件都存储在硬盘上，所以当使用应用程序时，运行文字处理程序所需要的元素必须被转移到 RAM 中，以便能够快速访问。BIOS 引导系统开始工作。它检查硬件是否工作正常，从硬盘加载（复制）主操作系统软件（如 Windows）到 RAM 中，然后操作系统软件接管工作。正如你可能已经注意到的，这都需要一些时间；这是因为大量的数据需要传输，而访问硬盘驱动器又相对缓慢。

1.2.2　启动应用程序

Windows 显示一个包含图标和菜单的初始屏幕，允许通过单击快捷键选择应用程序。然后 Windows 把这个动作转换为一个操作系统命令，命令运行存储在磁盘上的可执行文件（如 WINWORD.EXE 等）。应用程序会从磁盘传送到 RAM 中，并配置与其大小相适的可用内存。文字处理过程可在屏幕上显示出来，可以创建一个新的文档文件，或由用户将已存在的文档由从磁盘中加载进来。

1.2.3　数据输入

原始数据从键盘输入，键盘包括网格形状的许多开关，在键盘单元中由专用微控制器对它们进行扫描，这个芯片检测按键何时被按下，通过键盘线中的串行数据线，或无线方式发送相应的代码给 CPU。在一条数据线上的串行数据是一个电压脉冲序列，它代表一个二进制编码，每个按键都有不同编码。键盘接口将这些串行码转换为并行形式，再通过系统数据总线传送给 CPU。同时键盘也会通过产生中断信号发信号给 CPU 表明一个键盘编码已经准备好被读进 CPU 里了。这个串 - 并（或并 - 串）数据转换过程是所有使用串行数据传输的接口都需要的，如键盘、屏幕和网络（关于二进制编码、串行和并行数据的更多信息参见附录）。

鼠标是一个方便的指针控制器，可在屏幕上选择选项和画图。原始鼠标主要由滚球、辊柱和光栅信号传感器组成。当拖动鼠标时，带动滚球转动，滚球又带动辊柱转动，装在辊柱端部的光栅信号传感器采集光栅信号，传感器产生的光电脉冲信号反映出鼠标器在垂直和水平方向的位移变化，这些信息会传给 CPU。现在这种机械装置由光敏感部件替代，通过复杂的软件可以精确计算出方向和速度信息，同时也消除了机械部件的不可靠性。

从网络或 USB 输入的数据也是串行形式，而内部磁盘接口传统上仍然是并行形式，直接连接到并行总线上。并行连接传输时，数据位同时在总线的每根线上传输，本质上传输速度更快。

1.2.4　数据存储

CPU 从键盘或其他接口，以并行形式通过内部数据总线接收字符数据。字符数据存储在 CPU 寄存器里，然后复制到 RAM 中。RAM 里的存储单元以二进制数编码编号，通过系统地址总线访问。由于传输的速度，所有数据和地址引脚，以及控制线路，通过前端总线分别连接到 northbridge 控制器，然后再连接到 RAM，这就是为什么有这么多的 CPU 引脚。数据存储在 RAM 中，就像电荷保存在电子开关控制的门里面一样，比如场效应晶体管（FET，见附录 B）。当上电后，FET 导通，这个状态可以在稍后的时间读回。RAM 中这些开关排列成数组，寻址系统以行和列的方式去存储和检索数据的每一个位。每个字节都有唯一的地址。

1.2.5　数据处理

CPU 中的数据处理需要一个简单的文本编辑器，这个文本编辑器很小，输入字符仅仅以二进制编码存储并显示，由单独的图形处理器将字符编码转换为屏幕上对应的符号。不管怎样，字处理器程序必须处理不同的字体、行尾换行等工作。它还必须处理文本、网页、文档格式、菜单系统和用户界面等事情。编辑嵌入式图形更复杂，因为每个像素需要单独处理。而最苛刻的应用程序是利用计算机模型模拟那些真实的世界，来预测复杂系统的行为。天气预报就是一个极端的例子，事实上，我们只能准确预报提前几天内的天气，这说明即使最强大的计算机，这样的系统建模也是有局限性的。

本书会用到电路仿真软件 Proteus VSM，仿真软件结合了传统的电路分析，并具有很好的交互式界面，这就是一个在 PC 系统上建模的范例。仿真软件需要一个电路原理图，然后应用网络分析（很多联立方程）来预测构造的电路是否正确。对于数字元件，逻辑建模是必要的，逻辑建模后还需要将模拟和数字域联合起来进行仿真。元器件特性和输入变量通常由 32 位二进制数表示，它们对应于指数形式的小数（如科学计算器）。电路变量代表在不同时刻的电路条件，处理器需要同时对这些电路变量进行操作处理。输出通过模拟电路元器件或虚拟仪器，或图的形式计算并显示出来。后面会给出大量的例子加以说明。

1.2.6　数据输出

回到字处理器，字符输入后必须在屏幕上显示，所以，存储在内存中的字符编码需要通过图形界面送到屏幕上显示。屏幕由一个一个的彩色点（像素）组成，像素连成线，按次序逐行扫描后显示。屏幕上的字符形状由内存中的代码生成，并在正确的时间和正确的位置发送，因此，显示的字符被设置为一幅二维图像，这幅二维图像由串行数据流组成，串行数据流包含屏幕上显示的每个像素点及其颜色。确切的设置取决于字体类型和大小。

如果一个文件要发送到网络上，它必须转换为串行形式发送。文本文件里的字符通常是 ASCII 码，以及格式化的信息和网络控制码。字符的 ASCII 码用一个字节（8 位）二进制码表示，这种形式非常紧凑。例如，字母‘A’的 ASCII 码就是 01000001。

打印机的原理和屏幕显示的原理一样，都是点连成线，区别仅仅是输出以墨点的形式打印在纸上。观察喷墨打印机，你可以看到这种扫描操作是如何发生的。现在，打印机的数据通常通过 USB、无线或网络链接方式串行输出。只要提供字符编码和任何格式化的编码，打印机自己就能够格式化最终的输出。常见的 PDF 文件包含文本和图形，它是一种可显示和打印的标准输出格式。

字处理器的操作可以用流程图来说明，也就是，采用流程图这种图形化的方法去描述文字处理这种有序的过程。图 1.5 显示了文本输入和文字换行的基本过程。流程图也将在后面的微控制器程序操作中被使用。

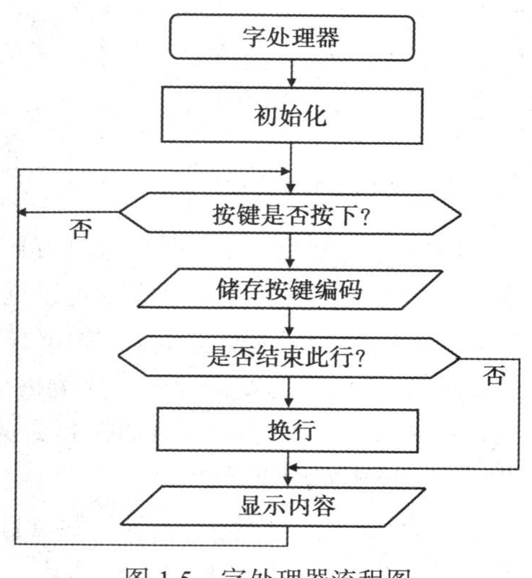

图 1.5　字处理器流程图

1.3　微处理器系统

所有的微处理器都执行相同的基本功能，即数据或信号的输入、存储、处理和输出。然而，PC 是一个相对复杂的微处理器系统，通过分级的总线结构，改善了系统性能，减少了早期的设计时出现的总线瓶颈问题。英特尔 PC 处理器本身也采用许多额外的性能来增强功能，如增加缓存内存、多个处理通道和多个内核。为了理解微控制器，我们需要回到一个更简单的系统。

最基本的微处理器系统需要一组适当互连的特定芯片，如下所示：

- CPU
- RAM
- ROM
- I/O 端口

这些器件必须通过下面数据线实现互连：

- 地址总线
- 数据总线
- 各种控制线

这些总线和控制线源自控制整个系统的 CPU。RAM 和 ROM 芯片是通用硬件，可以用于任何系统。设计的 I/O 芯片为特定的处理器工作，以提供特殊的接口功能。在一个基本系统，也就提供一些简单的数字输入和输出功能，它可以用一个串行端口提供 RS232（见第 12 章）类型的数据链路来实现。

CPU 系统工作时还需要一些额外的支持芯片。在最小系统里还需要地址译码器，地址译码器用来选择是从存储芯片还是从 I/O 设备取出所需的数据送给 CPU，或者选择将 CPU 中的数据送给存储芯片或 I/O 设备。图 1.6a 显示了这种系统。关于微处理器系统操作的更多信息参见第 14 章和附录 C。

1.3.1 系统操作

CPU 通过数据总线、地址总线和附加的控制线控制着系统中的数据传输。系统还需要设置有晶体振荡器（在数字手表中可以见到）的时钟电路，时钟电路能产生一个精确的固定频率信号，驱动微处理器工作。CPU 依靠这个精确的时钟信号的上升沿和下降沿触发运行，这样 CPU 就可以按照正确的顺序完成每个事件，每个步骤也都有足够的时间。基于这个时钟，CPU 产生所有主要的控制信号。给定的 CPU 能否应用在不同的系统设计中，取决于应用的类型、所需内存大小、I/O 需求等。

经特别设计，地址译码器可以控制存储器的访问和输入输出寄存器。通常，用可编程逻辑器件（PLD）分配给每个存储芯片一个特定范围的地址。输入特定范围内的地址后会产生片选信号输出，该输出信号可使能相应的设备。用来处理系统输入 / 输出数据传输的 I/O 端口寄存器，也采用相同机制，分配特定的地址，CPU 也会如访问内存一样访问它们。给特定的外围设备分配地址称为内存映射（图 1.6b）。

1.3.2 程序执行

ROM 和 RAM 存放着程序代码和数据，它们分别存放在编码的存储单元里，可通过选择二

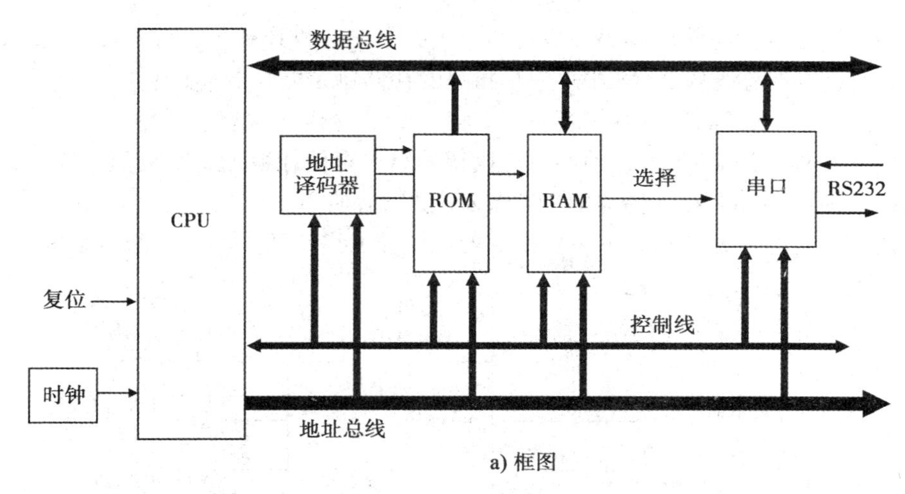

a) 框图

外围设备	地址范围	内存容量
ROM	0000~03FF	1KB
RAM	1000~8FFF	32KB
端口	E000~E00F	16个寄存器

b) 典型存储器映射

图 1.6　微处理器系统

进制代码所表示的相应存储单元地址进行输入。如果程序放在 ROM 里，它可以立即启动（因为它在 PC BIOS 中）；若放在 RAM 中，必须从非易失性的程序存储器中调用后启动，如硬盘。

寄存器是 CPU 或端口中数据临时存放的地方。端口芯片，保存有操作时的数据或控制码，这些数据和控制码用来设置端口如何工作。例如，在数据方向寄存器里的每一位用来控制相对应的端口引脚是输入端还是输出端。输入的数据和输出的数据都暂时存放在端口数据寄存器里。

程序包括一系列由二进制代码表示的指令，每条指令和相关数据（操作数）按照一定顺序存放在相应的存储单元里。程序指令代码从存储单元中取出，送给 CPU 解码，CPU 以此来设置内部与外部的控制线路，执行程序指定的操作，例如从串行端口读一个字符代码到 CPU。指令按地址顺序执行，除非指令本身要求跳到程序中的另一地址，或者接收到来自内部或外部的中断信号而中断执行。程序计数器总是指向当前执行的指令的位置。

1.3.3　执行周期

程序执行如图 1.7 所示。假设应用程序代码在 RAM 中，程序执行周期如下：

1）CPU 输出存储了当前指令的存储单元地址（地址在程序计数器中）（步骤 1）。如图 1.7 所示，地址（3A24）是十六进制形式，但是以二进制形式从处理器输出到地址线上（十六进制编码的说明见附录 A）。地址译码器逻辑使用地址来选择分配了这个地址的 RAM 芯片，地址总线也直接连接着 RAM 芯片上的存储单元来选择相应存储单元。其过程分两个阶段进行。

2）指令代码通过数据总线从 RAM 芯片取回给 CPU（步骤 2），CPU 从数据总线读取指令并放在指令寄存器中，然后解码并执行指令（步骤 3），操作数（代码需要处理的数）会以同样的方式通过数据总线从 RAM 中下一个指令的存储单元里取出（步骤 4）。

3）需要的操作数送给数据处理逻辑（步骤 5），指令继续执行，其他数据也可从存储器中取出送给数据处理逻辑单元（步骤 6）。执行的结果存储在数据寄存器里（步骤 7），如果有必要，结果还可以存放在存储器中（步骤 8）供以后使用。与此同时，程序计数器递增指向下一条指令代码的地址，随后下一条指令的地址被取出，从步骤 2 开始继续重复执行。

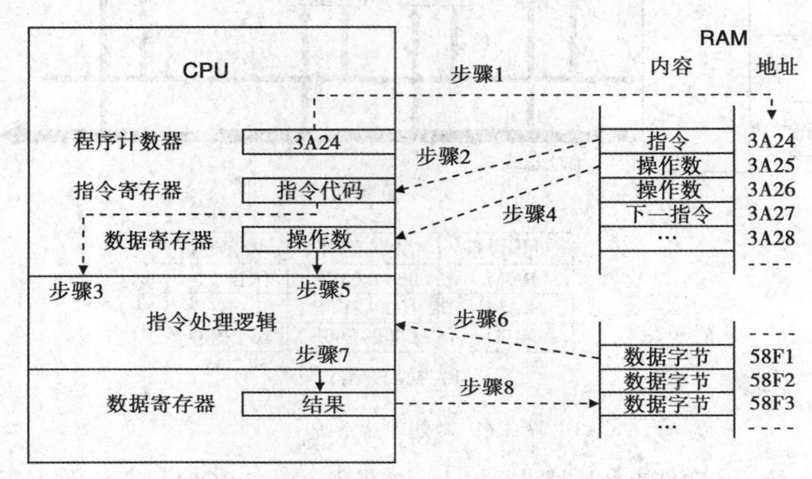

图 1.7 程序执行步骤

在程序执行期间，操作系统、应用程序和用户数据存储在 RAM 的不同地方，应用程序根据需要调用操作系统进程，处理和存储数据。PC 处理器执行多字节指令，多字节指令存储在多个 8 位的存储单元中，使用复杂的内存管理技术来加速程序执行。

1.4 微控制器的应用

我们已经看到了用于解释微控制器操作的一些主要思想：硬件、软件、它们如何相互作用以及如何用结构框图和流程图描述复杂系统的功能。

微控制器以简化的形式提供了微处理器系统芯片上的所有主要元素。因此，不太复杂的应用可以快速设计出来。一个可行的系统由一个微控制器芯片和几个外部元器件构成，只要输入或输出数据及信号，系统就能工作，它们常用于只需要数量有限的存储器但执行速度很快的控制操作中，仅对于特定应用，需要与外部硬件连接。

数码相机就是微控制器系统的典型应用，如图 1.8a 所示，主板上清晰可见的黑色大芯片就是微控制器。框图是个非常有用的方法，用于表明主要元件和它们之间的连接关系。图 1.8b 是数码相机的原理框图，可以看到，里面有很多的机械部件和电子产品，这称为机电应用。

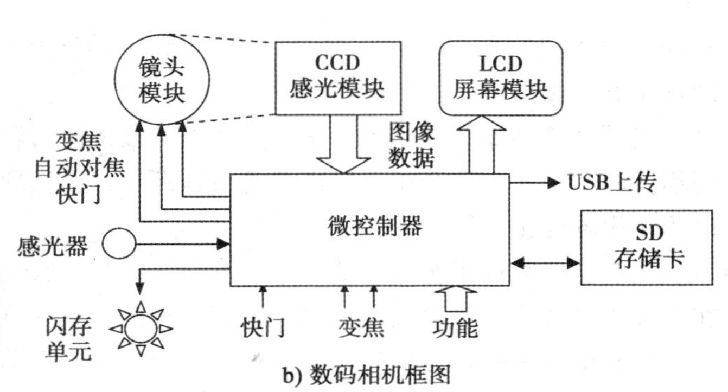

b) 数码相机框图

图 1.8 典型的微控制器系统

1.4.1 微控制器的应用设计

图 1.9 展示了一个基于微控制器且等效于前面所述的文字处理器的简单应用。该系统可用于存储和显示键盘输入的数字。键盘连接到微处理器需要四个输入和三个输出，但为了简化图，这些并行连接用粗箭头表示。有关键盘操作更详细的说明见第 13 章（见图 13.3）。七段数码管用来显示已经存放到微控制器里的输入数字。每个数码管由七个发光二极管（LED）组成，可以按照合适的方式点亮相应的段（发光二极管）来显示数字 0～9。

基本的显示程序工作如下：当一个按键被按下时，数字显示在右边（最低有效位），随后敲击按键会使之前输入的数字向左移动，这样可以存储和显示最大为 99 的十进制数字。然后可以对数字进行计算并显示结果。显然，真正的计算器有更多的数字，但原理是相似的。

使用原理图绘制软件可将框图转化为电路图，图 1.9b 就是用 Labcenter ISIS（Proteus VSM 的部分程序包）创建的。为完成后面的工作，暂时选择一款微处理器（以后可以修改），这里选择的是 PIC 16F690 芯片，它不仅有数量合适的输入和输出引脚，而且也用在 Microchip Technology 公司的演

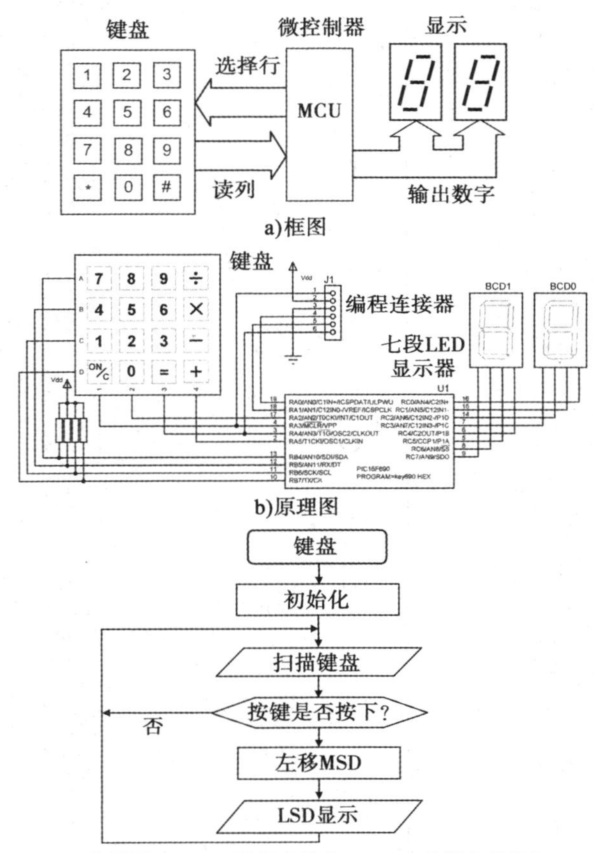

图 1.9 键盘显示系统

示板上以供以后学习。程序烧写（编程）到 MCU 中还需要一个编程连接器，因编程连接器隐含在 PIC 设计中，所以没在框图中画出。

编写微控制器程序的起点是先将前面的描述说明转换成操作，再通过微控制器的指令集编程使芯片工作，这个指令集由设备制造商定义。实现这些功能的过程称为程序算法，也可以用流程图描述（图 1.9c）。

现在这个流程图被转换成程序，如程序 1.1 所示。源代码被输入到文本编辑器里，然后在计算机中转换成机器代码，通过编程模块的 USB 端口下载到芯片里（见图 1.11）。本书的主要目的是提供充足的信息，帮助读者从开发这种简单应用过渡到设计完成复杂的项目。程序下载到 MCU 后，通过 Proteus VSM 可以在屏幕上对电路进行测试。模拟的输入和输出提供即时结果，允许快速而方便地开发和调试程序（见附录 E）。显示的文件列表包含源代码和机器代码，这些内容将在下一章中介绍。

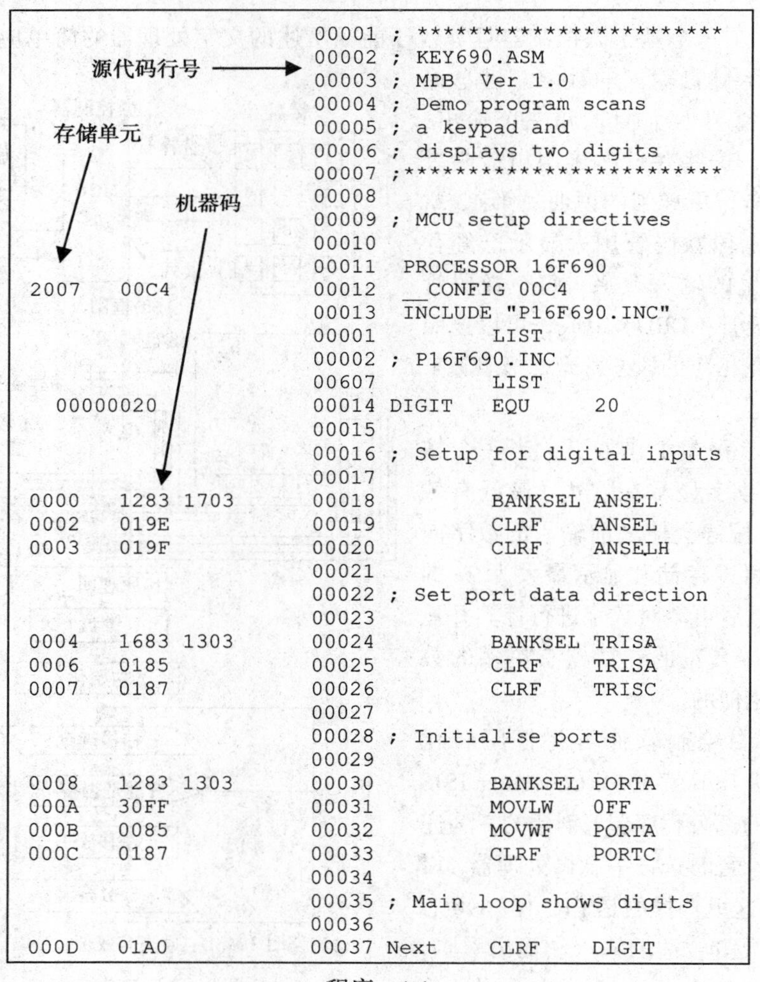


```
                          00001 ; *************************
                          00002 ; KEY690.ASM
                          00003 ; MPB  Ver 1.0
                          00004 ; Demo program scans
                          00005 ; a keypad and
                          00006 ; displays two digits
                          00007 ;*************************
                          00008
                          00009 ; MCU setup directives
                          00010
                          00011  PROCESSOR 16F690
2007   00C4               00012  __CONFIG 00C4
                          00013  INCLUDE "P16F690.INC"
                          00001         LIST
                          00002 ; P16F690.INC
                          00607         LIST
  00000020                00014 DIGIT   EQU     20
                          00015
                          00016 ; Setup for digital inputs
                          00017
0000   1283 1703          00018         BANKSEL ANSEL
0002   019E               00019         CLRF    ANSEL
0003   019F               00020         CLRF    ANSELH
                          00021
                          00022 ; Set port data direction
                          00023
0004   1683 1303          00024         BANKSEL TRISA
0006   0185               00025         CLRF    TRISA
0007   0187               00026         CLRF    TRISC
                          00027
                          00028 ; Initialise ports
                          00029
0008   1283 1303          00030         BANKSEL PORTA
000A   30FF               00031         MOVLW   0FF
000B   0085               00032         MOVWF   PORTA
000C   0187               00033         CLRF    PORTC
                          00034
                          00035 ; Main loop shows digits
                          00036
000D   01A0               00037 Next    CLRF    DIGIT
```

程序 1.1

```
000E   2019        00038        CALL    Scan
000F   1E20        00039        BTFSS   DIGIT,4
0010   280D        00040        GOTO    Next
                   00041
0011   1220        00042        BCF     DIGIT,4
0012   0E87        00043        SWAPF   PORTC
0013   0807        00044        MOVF    PORTC,W
0014   39F0        00045        ANDLW   0F0
0015   0087        00046        MOVWF   PORTC
                   00047
0016   0820        00048        MOVF    DIGIT,W
0017   0487        00049        IORWF   PORTC
0018   280D        00050        GOTO    Next
                   00051
                   00052 ; Scan keypad subroutine
                   00053
0019   1185        00054 Scan   BCF     PORTA,3
001A   1F06        00055        BTFSS   PORTB,6
001B   2839        00056        GOTO    one
001C   1E86        00057        BTFSS   PORTB,5
001D   2848        00058        GOTO    four
001E   1E06        00059        BTFSS   PORTB,4
001F   2857        00060        GOTO    seven
0020   1585        00061        BSF     PORTA,3
                   00062
0021   1105        00063        BCF     PORTA,2
0022   1F86        00064        BTFSS   PORTB,7
0023   2834        00065        GOTO    zero
0024   1F06        00066        BTFSS   PORTB,6
0025   283E        00067        GOTO    two
0026   1E86        00068        BTFSS   PORTB,5
0027   284D        00069        GOTO    five
0028   1E06        00070        BTFSS   PORTB,4
0029   285C        00071        GOTO    eight
002A   1505        00072        BSF     PORTA,2
                   00073
002B   1205        00074        BCF     PORTA,4
002C   1F06        00075        BTFSS   PORTB,6
002D   2843        00076        GOTO    three
002E   1E86        00077        BTFSS   PORTB,5
002F   2852        00078        GOTO    six
0030   1E06        00079        BTFSS   PORTB,4
0031   2861        00080        GOTO    nine
0032   1605        00081        BSF     PORTA,4
                   00082
0033   0008        00083        RETURN
                   00084
                   00085 ; Get number when key hit
                   00086
0034   3010        00087 zero   MOVLW   010
0035   00A0        00088        MOVWF   DIGIT
0036   1F86        00089        BTFSS   PORTB,7
0037   2834        00090        GOTO    zero
0038   2819        00091        GOTO    Scan
                   00092
0039   3011        00093 one    MOVLW   011
003A   00A0        00094        MOVWF   DIGIT
003B   1F06        00095        BTFSS   PORTB,6
003C   2839        00096        GOTO    one
```

程序 1.1（续）

```
003D    2819        00097          GOTO     Scan
003E    3012        00099 two      MOVLW    012
003F    00A0        00100          MOVWF    DIGIT
0040    1F06        00101          BTFSS    PORTB,6
0041    283E        00102          GOTO     two
0042    2819        00103          GOTO     Scan
                    00104
0043    3013        00105 three    MOVLW    013
0044    00A0        00106          MOVWF    DIGIT
0045    1F06        00107          BTFSS    PORTB,6
0046    2843        00108          GOTO     three
0047    2819        00109          GOTO     Scan
                    00110
0048    3014        00111 four     MOVLW    014
0049    00A0        00112          MOVWF    DIGIT
004A    1E86        00113          BTFSS    PORTB,5
004B    2848        00114          GOTO     four
004C    2819        00115          GOTO     Scan
                    00116
004D    3015        00117 five     MOVLW    015
004E    00A0        00118          MOVWF    DIGIT
004F    1E86        00119          BTFSS    PORTB,5
0050    284D        00120          GOTO     five
0051    2819        00121          GOTO     Scan
                    00122
0052    3016        00123 six      MOVLW    016
0053    00A0        00124          MOVWF    DIGIT
0054    1E86        00125          BTFSS    PORTB,5
0055    2852        00126          GOTO     six
0056    2819        00127          GOTO     Scan
                    00128
0057    3017        00129 seven    MOVLW    017
0058    00A0        00130          MOVWF    DIGIT
0059    1E06        00131          BTFSS    PORTB,4
005A    2857        00132          GOTO     seven
005B    2819        00133          GOTO     Scan
                    00134
005C    3018        00135 eight    MOVLW    018
005D    00A0        00136          MOVWF    DIGIT
005E    1E06        00137          BTFSS    PORTB,4
005F    285C        00138          GOTO     eight
0060    2819        00139          GOTO     Scan
                    00140
0061    3019        00141 nine     MOVLW    019
0062    00A0        00142          MOVWF    DIGIT
0063    1E06        00143          BTFSS    PORTB,4
0064    2861        00144          GOTO     nine
0065    2819        00145          GOTO     Scan
                    00146
                    00147          END ; of program
```

程序 1.1 （续）

有了合适的开发软件和硬件，系统可以修改为计算器、信息显示器、电子锁或类似的应用，例如，添加更多的数字进行显示。键盘扫描和显示驱动都是微控制器的标准操作，如何利用这里提到的技术创建出可行的应用，将在后面的章节里详细介绍。

1.4.2　微控制器的编程

在本书中的例子里，我们将使用具有 Flash ROM（闪存）程序存储器的 PIC 芯片。它能够方便地擦除掉旧程序并重新编程，这在学习阶段非常有用，它同时也允许在任何应用中升级固件（微控制器编程），如添加一个应用到手机中，或升级其操作系统。相机 SD 卡中存储图像数据的存储器，以及记忆棒中的通用存储器也是相同类型的存储器。

对 PIC 微处理器有两种编程方式。图 1.10 展示的是预编程系统。编程接口是基础的 PICSTART Plus 模块，它具有能够插入带有 40 针引脚的 PIC 芯片的双列直插式零插入阻力插座，通过 RS232 引线连接到 PC 主机上的串口以实现串行通信，串行通信十分缓慢，现在的计算机已不再安装 COM 端口连接器，所以在现有的编程器中，这种通信方式已被 USB 取代。

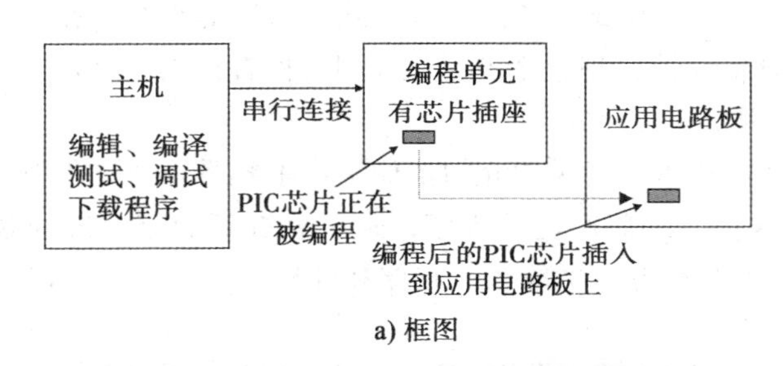

a) 框图

b) 编程器

c) 演示目标板

图 1.10　PIC 单片机的预编程

另一种方式是 PIC 在线编程，即芯片装配到电路板上以后再进行编程，这就是在线串行编程（ICSP），相同的硬件还支持在线测试和在线调试（ICD）。如图 1.11 所示，在线编程模块是 Microchip 的 ICD2，一端通过 USB 连接到主机，另一端通过一个六针的 RJ-45 接口连接到目标板。图中显示的应用电路板是 PIC 机电一体化演示板，它用来研究有刷直流电机和步进电机控制。

程序编写为文本文件，在计算机里使用合适的开发系统软件，通常是 Microchip 的 MPLAB 集成开发环境（IDE），将程序转换（汇编）为机器代码（十六进制）。源代码中的错误必须在创建 hex 文件之前纠正，然后才可以在 MPLAB 中对程序进行测试，并下载到目标系统板里。

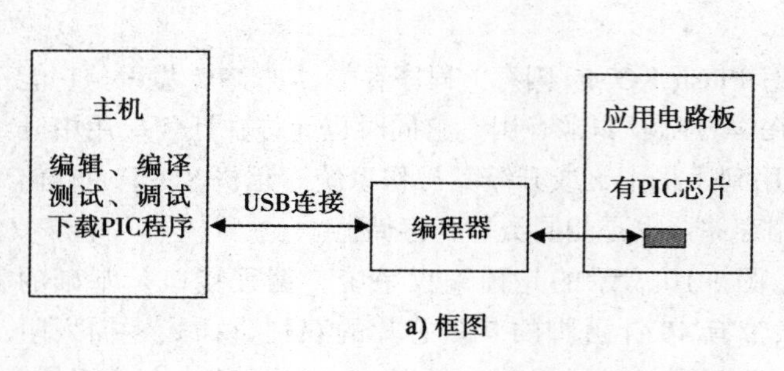

a) 框图

b) ICSP/ ICD的编程接口和PIC机电一体化目标板

图 1.11 在线编程

电子计算机辅助设计（ECAD）软件，如 Proteus VSM，让我们可以在显示器上模拟电路工作，即在程序下载之前进行调试。通过这种方式，可以对整个电路进行检查，验证其是否能够正确工作。如果设备支持，理想情况是在调试（检查错误）模式下运行单片机。所有这些技术将在后面进行说明。

实现数字系统的基本技术在附录中介绍。如果你不熟悉这些硬件概念，请根据需要参阅这些章节。附录 A 包含信息编码和汇编程序，附录 B 介绍数字系统的基本电路，附录 C 说明它们是如何协同工作来提供数据的输入、存储和处理。

习题

1. 列出至少两个 PC 用户输入设备、两个用户输出设备和两个存储设备。
2. 为什么启动计算机需要 BIOS ROM？为什么开机需要一定时间？
3. 为什么在微处理器系统中使用共享总线连接，尽管它会减慢程序的执行？
4. 陈述 PC 硬件的模块化设计的两大优势。
5. 陈述 ROM 和 RAM 的不同，以及 PC 和典型 MCU 操作的意义。
6. 用一句话概括微处理器系统中各个组成部分的功能：
   （a）CPU
   （b）ROM
   （c）RAM
   （d）地址总线
   （e）数据总线
   （f）地址译码器
   （g）程序计数器
   （h）指令寄存器
7. 解释说明典型的微处理器系统与微控制器之间及它们在应用方面的本质区别。
8. 概括微控制器应用开发的各个阶段。

实践活动

1. 打开 PC 或笔记本电脑上的系统文件夹（控制面板，系统，设备管理器），列出系统的硬件特性，指出 CPU、存储器和所有安装接口的特性。调查为什么每一个外围设备都需要“驱动软件”，并扼要汇报每个硬件的接口、功能、驱动程序名称、版本和其他相关信息。
2. 在必要的监督下执行以下调查：
   断开电源，打开台式机主机的盖子，指出主要的硬件子系统：电源、主板和硬盘。在主板上，指出 CPU、RAM 模块、扩展槽，以及键盘、显卡、硬盘和网络接口。对识别出的系统主要单元模块进行拍照或画出草图。编写系统硬件清单，包括从活动 1 中得到的相关信息。
3. 运行一个字处理器，学习通常发生在每一行末尾的自动换行方法。描述在这个过程中决定字位置的算法，以及空格字符的意义。画出这个过程的流程图。
4. 选择一个典型的微控制器应用，如手机或咖啡机，描述它是如何工作的，并设计其系统框图，具体参见图 1.8 中数码相机的例子。

第 2 章 Chapter 2

微控制器的操作

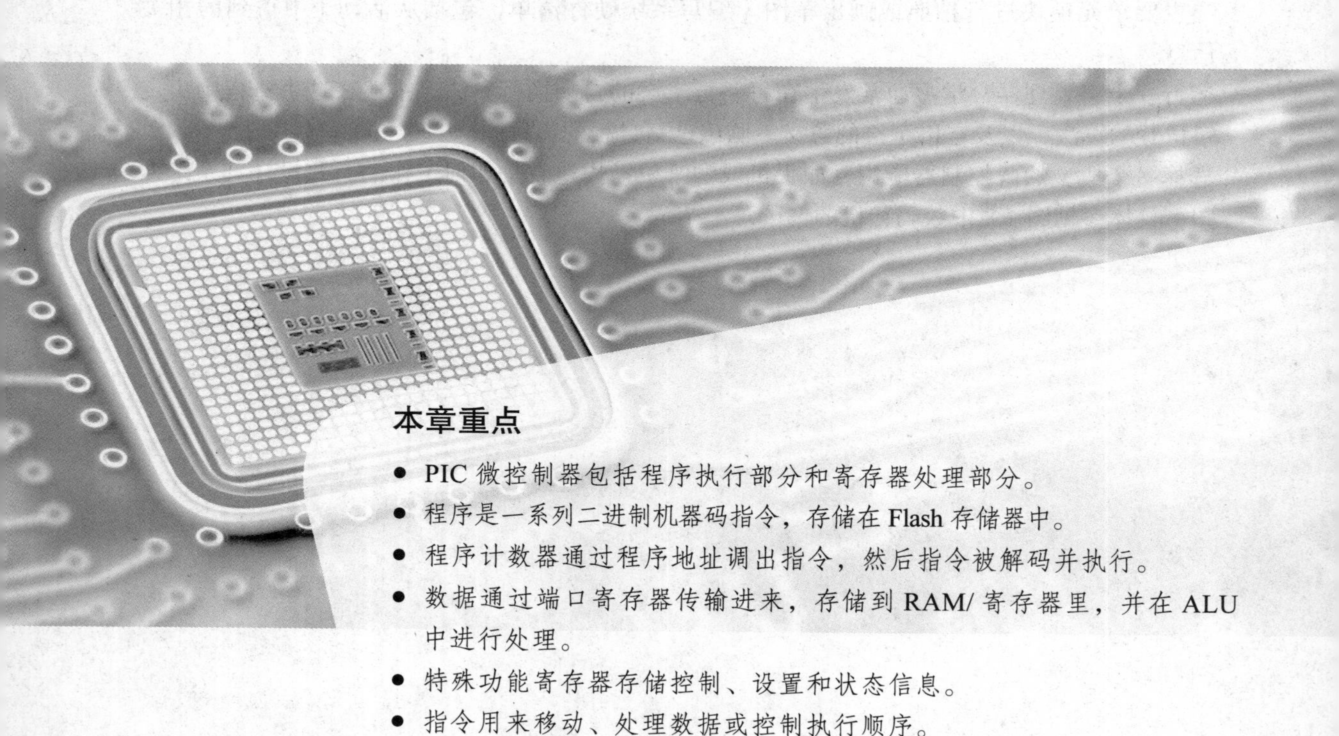

本章重点

- PIC 微控制器包括程序执行部分和寄存器处理部分。
- 程序是一系列二进制机器码指令，存储在 Flash 存储器中。
- 程序计数器通过程序地址调出指令，然后指令被解码并执行。
- 数据通过端口寄存器传输进来，存储到 RAM/ 寄存器里，并在 ALU 中进行处理。
- 特殊功能寄存器存储控制、设置和状态信息。
- 指令用来移动、处理数据或控制执行顺序。
- 数据寄存器里的内容以单个数据字或以寄存器对的方式进行操作。
- 程序可以无条件或有条件跳转，用位测试或状态位来决定是否跳转。
- 子程序是不同的程序块，可对其进行调用、执行和返回操作。

第 1 章介绍了微控制器系统运行的一些基本思想。为了进一步了解典型的微控制器（MCU）的工作原理，需要掌握微控制器内部的硬件组成和指令集等相关知识，因此在本章中，我们将介绍 PIC 微控制器体系结构的一些基本要素，以及机器码程序的基本特征。

如有必要，读者可以参阅数字系统和汇编程序（附录 A）、逻辑电路的器件（附录 B）和数据系统的操作（附录 C）中的细节，这些内容可以帮助读者更容易理解作为主要技术参考的 PIC 微控制器数据手册。所有的 PIC 数据手册都可以从 Microchip 网站 www.microchip.com 上下载，用户可分别选择 8 位、16 位、32 位的微控制器系列下载。在 16 位系列芯片的列表中，按照数字顺序可对它们的特点进行比较，芯片的 PDF 文件也可方便地访问下载并保存在用户计算机里。

2.1　微控制器的架构

复杂芯片的架构（内部硬件组成）可以用结构框图很好地表示出来。框图使非常复杂的整体操作在不需要分析内部极其复杂的电路的情况下就可以详细地描述出来，每个 PIC 芯片的数据手册都有它的框图。刚开始我们使用 PIC 16F84A 芯片，因为它含有所有的基本功能，但是不具备目前出现的芯片里所包含的先进功能，而且在入门级的 Proteus VSM 单片机仿真软件包中提供了该芯片的模型。但是，这个芯片对现在的设计来说显得有点过时，而且与新近推出的具有更多功能的芯片相比，如在后面我们要使用的带有更多功能的 16F690 芯片，是较昂贵的。

在数据手册里看到的简化版本的框图可以用来帮助我们理解芯片操作的特殊方面。如图 2.1 所示，总体框图可显示出 PIC 微控制器的一些共同特征。图中表明，微控制器可以分为两部分：程序执行部分和寄存器处理部分。需要注意的是，程序和数据被分别访问，就像一些处理器系统内部一样，它们不共享同一组数据总线。这样的设计被称为哈佛架构，它增加了程序整体的执行速度。时序控制模块通过程序指令协调这两部分的操作，并响应外部控制的输入，如复位和中断。

程序执行部分包括程序存储器、指令寄存器和控制逻辑，主要用于存储、解码和执行程序。寄存器处理部分有一个随机存取存储器（RAM）模块，RAM 开始部分为用于控制处理器操作的特殊功能寄存器（SFR），以及用于输入和输出的端口寄存器，RAM 模块的其余部分为用于数据存储的通用寄存器（GPRS）。算术逻辑单元（ALU）用来处理数据，如实现加法、减法和作比较。

在一些微控制器和微处理器里，主数据寄存器被称为累加器（A），但在 PIC 系统中被称为工作寄存器（W），这样称呼更贴切。工作寄存器保存处理器当前工作的数据，大部分的数据经由它被传输，例如，如果一个数据字节从端口寄存器传送给 RAM 数据寄存器，它必须先被送入到 W 工作寄存器中。工作寄存器在做数据处理操作时与 ALU 密切配合，指令会控制把数据保存到 W 里或保存到包含端口寄存器或特殊功能寄存器的 RAM 寄存器里。

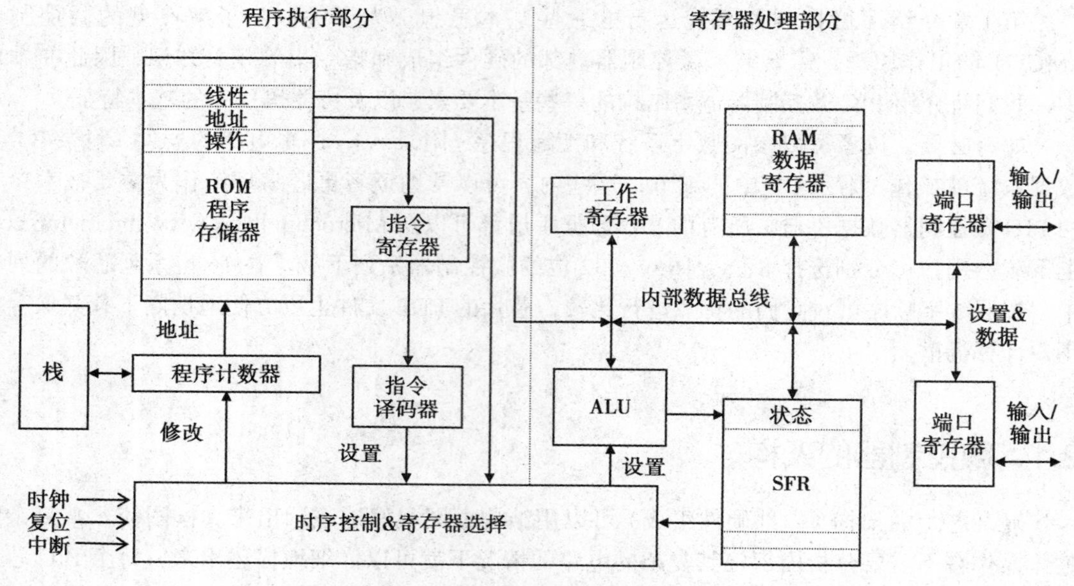

图 2.1 通用微控制器框图

2.1.1 程序存储器

在原型机和小批量生产的产品中使用的微控制器一般使用 Flash 存储器存储程序，程序可以下载到已安装在应用电路上具有在线编程功能的芯片中，或者芯片在出厂之前，其内部已经放置了可连接到计算机进行程序下载的编程单元。在产品生产过程中，为了快速烧写程序和降低成本，可以向厂家订购预编程的芯片，即产品使用的程序已经在芯片出厂前由制造商直接写入掩模 ROM 里。

PIC 16 程序包括一系列 14 位二进制操作码，每个操作码都包含指令和操作数 (数据)。程序从地址为零的指令开始依次执行，直至遇到跳转指令或外部中断而停止执行。通常，最后一条指令实现循环返回，使程序能够重复执行。程序存储器的容量是每个 PIC 芯片最重要的特征，PIC 16 系列芯片可以存放 1024～8096 条指令。性能更高的 PIC 18、24、32 和 dsPIC 芯片则有更大的存储器、更多的输入 / 输出（I/O）端口和外围设备。

2.1.2 程序计数器

程序计数器（PC）是一个寄存器，它通过存储当前正在执行的指令地址来记录程序序列，当芯片上电或复位时它会自动加载为零。程序计数器在 SFR 所在的文件寄存器里的编号是 2。当每条指令被执行时，程序计数器 PC 递增（加 1）指向下一条指令。通过重装程序计数器 PC 里的地址来实现程序跳转，这个新地址指向下一条指令以外的其他指令，新地址由指令进行设置。

通常，程序必须从零地址跳到一个较高的实际程序开始的地址执行，因为特殊的控制字必须存放在低地址。具体来说，PIC 16 芯片使用 004 地址单元存储中断向量（中断程序的起始地址），在这种情况下，主程序不能从零地址开始存放，而是要从更高地址开始存放。汇编指令须放置在程序开始后的较高地址上。对于不使用中断的程序，这个问题可以忽略，这种简单程序会默认从零地址开始存放。稍后对中断会给出更加详细的解释。

与程序计数器相关的还有“栈”，它可以临时存放程序计数器的值。当子程序被调用执行时（见 5.2.4 节），栈寄存器临时存储当前主程序的地址，子程序执行完后返回到原地址继续执行。之所以称为栈，是由于地址返回到程序计数器的顺序与存入的顺序相反，即“后入先出”(LIFO)，就像堆积的盘子。

2.1.3　指令寄存器和译码器

执行指令时，处理器将指令代码从程序存储器中复制到指令寄存器（IR），然后由指令译码器解码（解释），指令译码器是一个组合逻辑块，根据要求设置处理器控制线。这些控制线没有在框图中明确画出来，因为它们连接到芯片的各个部分，如果全部明确显示，会使图变得太复杂。在 PIC 中，指令代码包含的操作数（工作数据）可以是立即数或寄存器地址。例如，如果指令里的立即数被加载到工作寄存器（W），它会被放置在内部数据总线上，同时 W 寄存器锁存使能线被时序逻辑激活，这样就实现了加载操作。内部数据总线可在制造商给出的框图（PIC 16F84A 数据手册里的图 1-1）里看到。

2.1.4　时序控制

时序逻辑模块提供芯片总体的控制，它可以给芯片上的所有模块发送信号，以实现移动数据、进行逻辑运算和计算（见附录 C）。需要有时钟信号驱动程序序列，传统上，芯片的时钟信号通常由能提供精确和固定频率信号的外部晶体振荡器提供，而最新的芯片内部已经配有振荡器，省去了外部时钟组件。

PIC 芯片的最大工作频率是固定的，尽管新的芯片频率可以达到 32MHz，但是当前大多数的 PIC 16 芯片运行在最高 20MHz 的频率上。任何芯片都可以在低于这个最高频率的任何频率上运行，甚至低到 0Hz。芯片在 0Hz 频率运行被称为静态设计，即时钟停止，当前 MCU 的状态被保留。芯片执行一条指令需要 4 个时钟周期，除非遇到一个跳转指令，这时需要 8 个时钟周期。不管怎样，连续指令的重叠执行都需要两倍的有效速度（流水线；见数据手册）。

只要复位输入连接到高电平（上电复位），程序就会从地址为零处自动启动。如果需要，可以在此处连接一个复位按键，便于输入一个低电平实现手动复位。通常不需要这样做，但如果程序或系统遇到故障，导致程序挂起（陷入循环），手动复位是非常有用的，尤其是在设计阶段。

停止或跳出连续循环的唯一方法是通过中断。中断信号由内部或外部产生，并迫使程序执行顺序发生变化，如果 PIC 16 芯片产生一个有效的中断，程序将从地址 004 处重新开始执行，004 地址单元存储着“中断服务程序”的首地址（或跳转到此处）。第 6 章提供了更多的细节。

2.1.5 算术逻辑单元

算术逻辑单元是一个组合逻辑块，能够结合输入的一个或两个二进制字产生一个算术或逻辑的结果。在 PIC 中，它可以直接对寄存器里的数据进行操作，但是如果要同时处理二字节的数据时（例如相加），其中一个字节必须被放在 W 工作寄存器里，ALU 根据时序控制模块里的执行指令需要调用这个数。典型的 ALU/ 寄存器的操作在本章的后面做详细介绍。

2.1.6 端口寄存器

微控制器的输入和输出是通过读写端口数据寄存器来实现的。如果一个二进制代码是由外部设备提供并连接到芯片的输入引脚（例如一组开关），当程序读端口数据时，数据会被锁存在该端口对应的寄存器里，然后这个输入的数据会被传送（或者更准确的说法是复制）到另一个寄存器里进行处理。如果一个端口寄存器被初始化为输出模式，当数据传送到其对应的数据寄存器里时，芯片的对应引脚立即反映出数据所表示的电平，例如，可以点亮一组发光二极管（LED）。

每个端口都有一个“数据方向”寄存器，它与数据寄存器密切相关。在读或写端口数据寄存器之前，通过数据方向寄存器可以单独设置任意一个引脚为输入或输出模式，在数据方向寄存器里设置数据来决定传输方向时，“0”表示设置端口传输方向为输出，“1”表示设置端口传输方向为输入。这些端口寄存器被映射到特殊功能寄存器里，按照 PIC 16 规范，端口 A 寄存器的地址是 05，端口 B 寄存器的地址是 06，依此类推。最近推出的芯片（如 16F1826）则需要更多的寄存器，端口会从 0Ch（h 后缀表示十六进制数；见附录 A）开始映射，端口的数据方向寄存器则映射到 bank1，地址从 85h 开始，端口 A 寄存器的地址是 85h，端口 B 存器的地址是 86h，依次类推。

2.1.7 特殊功能寄存器

这些编了号的寄存器分为专用的程序控制寄存器和处理器状态位。在 PIC 中，如 16F84A，程序计数器、端口寄存器和备用寄存器都映射在一个块内，块的地址从零开始，到 0Bh 结束。例如，程序计数器的寄存器地址为 02。工作寄存器是唯一一个不在主寄存器块里的寄存器，对它的访问必须通过特定的指令来实现。

所有的处理器都包括控制寄存器和状态寄存器，这些寄存器里的位可单独设置，以此来控制处理器的操作模式或记录重要的操作结果。在 PIC 16 中，状态寄存器位于 SFR 03 地址，最常用的位是零标志状态位，如果目的寄存器（接收结果的寄存器）存放的运算结果为零时此位会被置 1。进位（C）标志状态位是寄存器中另外一个常用位，如果算术运算的结果产生一个进位时，此位被置 1，这表示执行运算的目的寄存器溢出。

状态寄存器的位常用来根据条件跳转控制程序的顺序，程序根据状态标志位的条件执行分支部分的代码。在 PIC 指令集中，执行分支部分由状态寄存器测试结果是 0 或 1 来决定，位测试操作指令之后紧跟着一条跳转指令，跳转指令决定是执行下面按次序紧跟着的程序，还是跳转到另一部分程序去执行，执行哪个分支视测试结果而定。在下一节中会全面解释这些内容。

表 2.1 列出了 16F84A 中最重要的特殊功能寄存器 SFR。内存 RAM 划分成块，其中 bank 0 包括从地址 00H 到 7FH 的寄存器，bank 1 包括从 80H 到 FFH 的寄存器，每个 bank（存储区）包括 128 个寄存器。SFR 位于每个存储区的底部（最低的地址）（但在数据手册中 RAM 框图显示在顶部）。一些寄存器在不同的存储区中重复映射（如程序计数器、PCL），而其他寄存器都是独一无二的（如数据方向寄存器、TRISA）。越复杂的芯片需要的寄存器越多，对应的 RAM 里就有较多的存储区，例如，16LF1826 有 8 个存储区。在对每个芯片编写程序之前，都应该对其数据手册中 RAM 的精确排列进行认真学习。所有芯片都有一个定义特殊功能寄存器标号的标准头文件。

表 2.1　从 PIC 16 中挑选出来的部分特殊功能寄存器

文件寄存器地址	名　称	功　能
bank 0		
01	TMR0	定时 / 计数器，允许对外部和内部的时钟脉冲进行计数
02	PCL	程序计数器，存储当前执行指令的地址
03	STATUS	标志状态位，记录结果和控制操作的选项
05	PORTA	双向的输入和输出位
06	PORTB	双向的输入和输出位
0B	INTCON	中断控制位
bank 1		
85	TRISA	端口 A 的数据方向控制位
86	TRISB	端口 B 的数据方向控制位

2.2　程序操作

我们在附录 A 中可以看到，程序的机器码由一组存储在微控制器存储器里的二进制代码组成。它们由处理器模块按次序解码，并产生控制信号实现指令执行。典型的操作如下：

- 给寄存器加载一个给定的数。
- 从一个寄存器里复制数据到另一个寄存器里。
- 对数据字进行算术或逻辑操作。
- 对一对数据字进行算术或逻辑操作。

- 跳转到程序中的一个分支处。
- 测试一个位或一个字，根据测试的结果决定是否跳转。
- 跳转到子程序，子程序执行完后返回到跳转前的位置。
- 执行特殊的控制操作。

程序的机器码必须由能被指令译码器识别的二进制代码构成，这些代码可以从数据手册的指令集中查找到。计算机发展之初，迫切需要解决的是程序如何输入计算机。初始时程序是用一组开关以二进制码方式输入计算机，显然这种方法低效费时，于是开发者立即意识到可以利用一个对用户更友好的方式编写程序并能自动高效地生成机器码的软件工具。当计算机硬件足以使之可行时，汇编语言编程产生了。

汇编语言允许用助记符（容易记住的）代码编写程序。每个处理器都有自己的一套指令代码和相应的助记符。例如，在 PIC 程序中一个常用的指令助记符为“MOVWF”，它表示将工作寄存器（W）中的内容传送（实际是复制）到一个指定为操作对象的文件寄存器里。目标寄存器有指定的编号（即文件寄存器地址），如 OCH（PIC 16F84A 里的第一个通用寄存器）。完整的指令是：

```
MOVWF    0C
```

通过汇编软件（mpasm.exe）将上述指令转换为指令集指定的十六进制代码：

```
008C
```

因此，存储在程序存储器中的二进制代码就是：

```
0000001 0001100
```

你会注意到该指令总共 14 位，后 7 位是操作对象，前 7 位是操作码。在执行操作之前，它的最高几位被指令译码器用来选择正确的源和目的寄存器（W 和 SFR 0C），然后在下一个时钟沿到来时，触发内部数据总线上的复制操作。

有两种主要类型的指令，在每类指令里都有四个同类别的子类：

1）数据处理操作：

MOVE：在寄存器之间复制数据

REGISTER：在单寄存器里操作数据

ARITHMETIC：寄存器对组合起来做算术运算

LOGIC：寄存器对组合起来做逻辑运算

2）程序顺序控制操作：

UNCONDITIONAL JUMP：无条件跳转，跳转到指定的目的地

CONDITIONAL JUMP：条件跳转，跳还是不跳取决于测试结果

CALL：调用子程序并返回

CONTROL：控制各种操作

总之，这些类型的操作允许读取输入和处理，并把操作后的结果保存起来或者输出，或

用于确定后续程序序列。

一个完整的汇编语言例子展示在第 1 章的最后一节。程序 1.1 是列表文件 KEY690.LST，其功能是读取键盘输入并显示。最右边是源代码助记符，第 2 列是机器代码，第 1 列是每条指令的存储位置。

2.2.1　单寄存器操作

处理器对存储在 RAM 寄存器和 W 寄存器里的 8 位数据进行操作，数据可以来自三个方面：

- 程序中提供的立即数（数值）。
- 端口数据寄存器的输入。
- 前面运算操作的结果。

处理这些数据需要使用一套针对该处理器定义的指令集。表 2.2 给出了一个可应用于单个寄存器的典型操作。处理之前这些操作具有相同的二进制数，操作完后送到寄存器中。

表 2.2　单寄存器操作

操　作	操 作 前		操 作 后	说　明
CLEAR	0101 1101	⟶	0000 0000	所有位清零
INCREMENT	0101 1101	⟶	0101 1110	加 1
DECREMENT	0101 1101	⟶	0101 1100	减 1
COMPLEMENT	0101 1101	⟶	1010 0010	每一位翻转
ROTATE LEFT	0101 1101	⟶	1011 1010	向左移动一位
ROTATE RIGHT	0101 1101	⟶	1010 1110	向右移动一位
CLEAR BIT	0101 1101	⟶	0101 0101	将第 3 位清零①
SET BIT	0101 1101	⟶	1101 1101	将第 7 位置 1①

①进位位包括在内。

以程序中这些操作是如何指定成助记符形式为例，用十六进制代码和汇编代码来表示一个 PIC 寄存器内的值加 1 操作如下：

```
0A86            INCF        06
```

寄存器 06 是端口 B 的数据寄存器，所以这个指令的执行效果可以立即在芯片的 I/O 引脚上看到。相应的机器代码指令是 0A86h，用二进制（14 位）表示则为 00 1010 1000 0110 。正如你所看到的，有了助记符很容易识别这条指令。指令代码里的第 7 位决定了存放结果的目的地址。该位默认为“1”，表示结果保存在 RAM 寄存器中；为“0”时则表示结果保存在 W 寄存器中，这有助于减少需要移动指令的次数。

单寄存器操作的例子出现在键盘程序的第 33 行——CLRF PORTC，它将所有连接到显示设备上的输出位都清零，即关闭输出。

2.2.2 寄存器对的操作

表2.3给出了用于寄存器对的基本操作，操作结果保存在其中的一个寄存器里，即目的寄存器。与目的寄存器的内容进行组合操作的数据来自源寄存器，通常为W寄存器或一个立即数（由指令提供的数），源寄存器的内容在操作后一般保持不变。

所举例子均来自PIC指令集，每种类型指令的含义将在下面进行解释。如上所述，如果W是源寄存器，有一个选项可决定将结果存放在W工作寄存器里。另外请注意，PIC 16指令集不提供文件寄存器之间直接传达数据，所有的数据移动都必须通过W寄存器完成。

状态位由特殊寄存器操作修改。零标志位（Z）总是受到算术和逻辑指令的影响，进位标志位（C）会受到算术指令和循环移位指令的影响。每条指令里的源、目的和状态寄存器的作用在指令集里都有说明，在尝试编写汇编程序之前需要对此进行深入学习。二进制、十六进制及汇编代码也在其中给出，同时还给出了受影响的标志位，这些在下面的例子中可以看到。

表2.3 寄存器对的操作

操作		操作前		操作后	说明
MOVE					
	源寄存器	0001 1100		0001 1100	复制
	目的寄存器	xxxx xxxx	⟶	0101 1100	用源寄存器中的值覆盖目的寄存器
ADD					
	源寄存器	0001 1100		0001 1100	算术运算
	目的寄存器	0001 0010	⟶	0010 1110	目的寄存器中的值加上源寄存器中的值
SUB					
	源寄存器	0001 0010		0001 0010	算术运算
	目的寄存器	0101 1100	⟶	0100 1010	目的寄存器中的值减去源寄存器中的值
AND					
	源寄存器	0001 0010		0001 0010	逻辑运算
	目的寄存器	0101 1100	⟶	0001 0000	源和目的寄存器中的值按位与
OR					
	源寄存器	0001 0010		0001 0010	逻辑运算
	目的寄存器	0101 1100	⟶	0101 1110	源和目的寄存器中的值按位或
XOR					
	源寄存器	0001 0010		0001 0010	逻辑运算
	目的寄存器	0101 1100	⟶	0100 1110	源和目的寄存器中的值按位异或

1. Move 操作

任何程序里最常用的指令就是将数据从一个寄存器传送到另一个寄存器，这其实就是复制操作。此时源寄存器中的数据保持不变，直至被覆盖。

```
00  1000  0000  1100          080C          MOVF  0C,W          (Z)
```

该指令表示将寄存器 0Ch（12_{10}）中的内容复制到工作寄存器里。需要注意的是第 7 位，该位为“0”，表示选择 W 寄存器为目的寄存器，目的寄存器必须在指令中指定。

```
00  0000  1000  1100          008C          MOVWF  0C
```

这条指令与前面的指令相反，表示数据从 W 寄存器移动到寄存器 0Ch 里。这里，指令的第 7 位为“1”，表示目的寄存器则是 0Ch 寄存器，并且即使数据是零，零标志位也不受影响。

在键盘程序第 46 行有一个传送指令的例子——MOVWF PORTC，它输出的二进制码可操作显示设备。

2. 算术运算

加减法是以二进制数进行的最基本的算术运算。有些处理器在其指令集中还提供了乘法和除法运算，但这些算法在必要时可以用移位、加法、减法等操作来实现。

```
00  0111  1000  1100          078C          ADDWF   0C          (C,Z)
```

该指令表示将 W 寄存器里的内容传送给 0C 寄存器。如果结果大于最大值 FFH（255_{10}），最高有效位（MSB）存入进位标志位，其余留在寄存器中。例如，如果我们计算十进制数 200 加 100，其结果是 300。其余值是 300－256＝44，进位标志代表结果中的 256（用二进制表示为 1 0010 1100）。如果总和恰好是 256_{10}，寄存器的结果将是零（Z 标志位置位）并产生进位（C 标志位置位）。

在减法操作中，进位标志也会被使用，当减法结果达到 511_{10} 时，进位标志被置位。移位操作可以用来减半或者加倍二进制数来实现，由此可见加和减运算也是非常有用的。

3. 逻辑运算

逻辑运算作用于立即数或源寄存器与目的寄存器之间相互对应的位上，结果通常被保存在目的寄存器里，源寄存器的值不变。每一位置的结果就像对应位的输入通过等效逻辑门一样（见附录 B）。

```
11  1001  0000  0001          3901          ANDLW     01          (Z)
```

该指令表示对 W 中的二进制数和立即数 0000 0001 相对应的位做 AND 操作，结果保留在 W 中。在这个例子中，如果 W 中的 LSB 是零，结果就是零，即会对此位的状态做独立的检查。

如果处理器不提供一个特定的指令，或者只选择源寄存器数据的一部分进行操作，这种类型的操作也可用于位测试。如果两个源中相对应的位都是 1，AND 运算结果为 1；如果两个源中相对应的位任何一个是 1，OR 运算结果为 1；如果两个源中相对应的位只有一个是 1，XOR 运算结果也为 1。这囊括了逻辑处理的所有操作。

逻辑指令的一个例子可参见键盘程序的第 45 行——ANDLW 0F0，该条指令对显示输出的一个数字进行操作。

2.2.3 程序控制

正如我们已经看到的那样，微控制器的程序在程序存储器中是一列按顺序执行的二进制代码，执行顺序由程序计数器（PC）控制。大多数时候,PC 加一，则执行下一条指令。但是，如果出现一个程序跳转（分支），PC 值必须进行修改，就是将所需要的下一条指令的地址装入 PC 中，取代当前值。

当芯片复位或第一次上电时，PC 被清零，程序从 0000 地址开始执行。然后，时钟信号会推动程序向前执行。在第一条指令的执行周期内，PC 加 1 递增到 0001，这样处理器就准备好执行下一条指令，此过程重复进行，除非遇到一个跳转指令。

跳转指令必须有一个目的地址作为操作数。它可以是一个数字地址，但这意味着将不得不由程序员计算并制定出这个地址。因此，在前面的程序例子里我们看到，程序源代码中的目的地址通常使用一个可识别的标号，如 again、start 或 wait。编译程序后，汇编代码转换为机器代码，同时标号被替换为实际地址。

图 2.2 ～图 2.4 给出了程序如何按顺序控制执行。框图显示程序存储器从零地址开始执行，在 0002 地址上执行跳转指令。

1. 跳转

无条件跳转（图 2.2）是在程序执行的任何时间都会强制程序跳转到另一地点。通过用指令的目标地址，如此例中 005，替换程序计数器中的内容实现跳转。随后程序从新地址继续执行。注意，这里 GOTO 指令代码是 28，再结合目的地址 05，实际生成的机器代码就是 2805h。

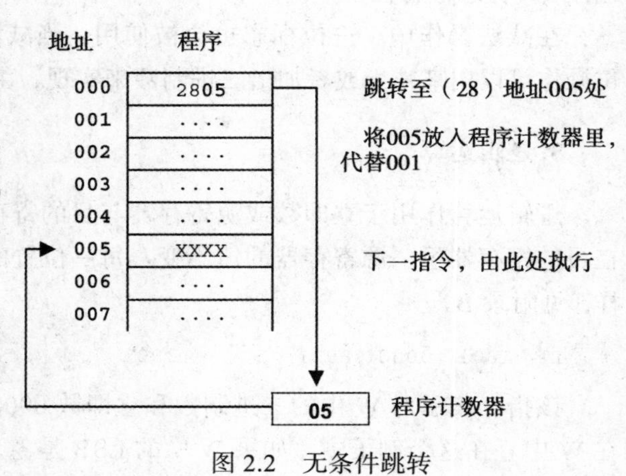

图 2.2 无条件跳转

这个例子显示了跳过中断向量地址 004 时的执行顺序。无条件跳转也经常用于从程序最后回到程序开始处，实现重复执行，程序概述如下：

```
                Initialize
                ..................
start           first instruction
                ..................
                ..................
                GOTO start
```

标号“start”放置在程序代码的第一列，以区别放置在第二列的指令助记符。标号的拼写和引用必须完全匹配，包括大写和小写字母。在生成 GOTO 指令的机器码时，标号被汇编器替换为相应的地址。

键盘程序第 50 行表示无条件跳转，其中 GOTO Next 中的 Next 标号分配为第 37 行的地址。

2. 条件跳转

条件跳转指令需要在程序中做出决定。举例来说，程序执行顺序的改变取决于计算或测试结果，这是任何微处理器指令集的基本特征。

在图 2.3 中，指令代码 1885 测试 PIC 的一个输入位，如果输入的测试位结果是零，则跳过下一条指令，执行指令 YYYY（代表任何有效的指令代码），如果输入的测试位结果为高，执行指令代码 2807，程序又跳转到 007 地址处，并执行 ZZZZ 指令。这称为位测试和跳转，是 PIC 条件分支实现的方式。

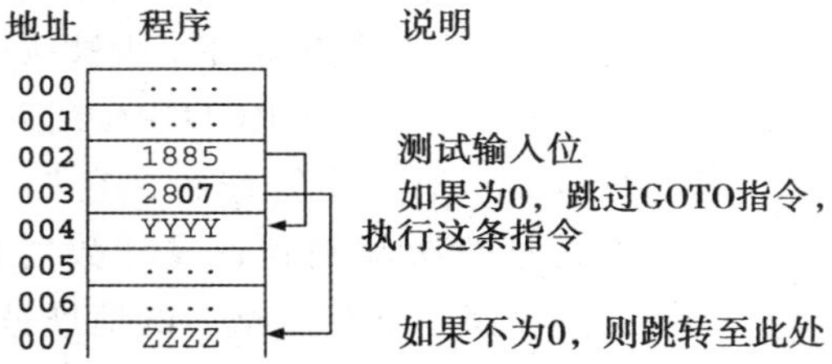

地址	程序	说明
000	....	
001	....	
002	1885	测试输入位
003	2807	如果为0，跳过GOTO指令，
004	YYYY	执行这条指令
005	....	
006	....	
007	ZZZZ	如果不为0，则跳转至此处

图 2.3　条件跳转

在 PIC 汇编语言里，程序片段如下所示：

```
        ....
        ....
        BTFSC    05,1          ; Test bit 1 of file register 5
        GOTO     dest1         ; Execute this jump if bit = 1
        ....                   ; otherwise carry on from here
        ....
        ....
dest1   ....                   ; branch destination
```

PIC 设计具有最少数目的指令，所以条件跳转分支必须由两个简单的指令组成。第一个指令测试寄存器中的位，然后根据测试结果跳过下一条指令，或者不跳过。第二条指令通常是跳转指令（GOTO 或 CALL）。因此，程序执行存在两种情况，要么跳过第二条指令，要么跳到第二条指令所指定的地址（标号所代替的地址）。

在延时程序中，条件跳转的程序框架大致如下：

```
Allocate 'Count' register
....
```

```
                ....
                Load 'Count' register with literal XX
Again           Decrement 'Count' register
                Test 'Count' register for zero
                If not zero yet, jump to label 'Again'
                When zero, execute this next instruction
                ....
```

程序中的时序循环会产生时间延迟，这是非常有用的，例如，可以以固定的时间间隔输出信号。A 寄存器加载数值 XX 后做递减计数，直到值为零。测试指令检测零标志，当检测到零标志位为 0 后终止该循环。因为每条指令依照确定的时钟信号执行，所以延迟时间可以预测出来。

条件跳转的例子可在键盘程序第 39 和 40 行看到，“BTFSS DIGIT，4”指令后面紧跟着“GOTO Next”指令，以实现如果 DIGIT（GPR 20）寄存器的第 4 位是零时，则执行跳转。

3. 子程序

子程序是用来执行分散的程序功能模块的，通常子程序被写成可管理的独立模块，根据需要调用执行，每个子程序循环至少被执行一次以上。指令 CALL 用来跳到被调用的子程序处，而且子程序必须以指令 RETURN 结束。

指令 CALL 中有一个操作数，它是子程序的第一条指令的地址。当 CALL 指令被解码后，目的地址会被复制到程序计数器 PC 里。另外，主程序中下一条指令的地址被保存在一组特殊寄存器——“栈”中，当子程序被调用时，这个地址被压入栈，当子程序执行 RETURN 结束指令时，这个地址被弹出返回到程序计数器 PC 中。这些地址按顺序自动存储，然后再按相反的顺序弹出返回。

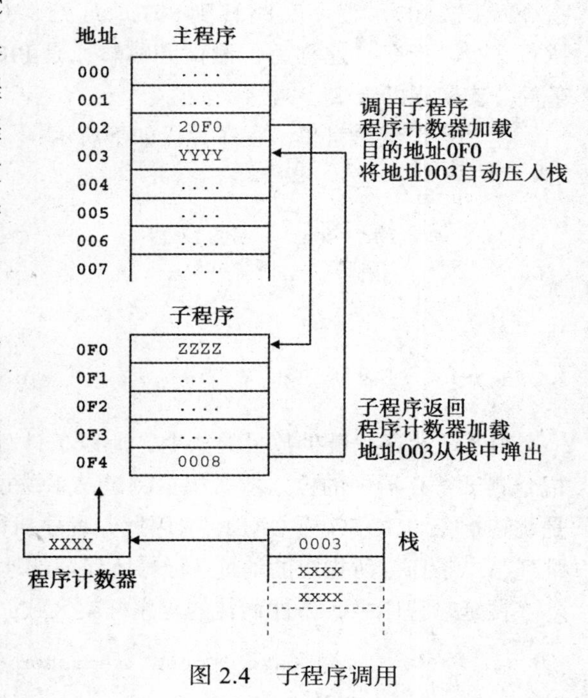

图 2.4 子程序调用

在图 2.4 中，子程序是一个代码块，其起始地址被定义为 0F0。地址 002 处的 CALL 指令包含的操作数是目的地址（子程序的起始地址）。当执行此指令时，处理器执行跳转，复制目的地址（F0H）到程序计数器，同时，主程序中的下一条指令的地址 003 被压入栈，这样，当被调用的子例程执行完后，程序可以返回到原来的地方。

使用子程序的一个优点是，代码模块只

需要敲入一次就可以被多次使用。延时循环可以写成一个子程序，如果在程序中，想要产生输出脉冲序列，则可以在一个循环里调用两次延时子程序，先设置一个高电平输出，延时，再设置低电平输出，再延时一次。延时子程序可以这样写，每次延时计数的数值从 W 寄存器中调取，使其成为时长可变的延时程序，程序框架如下所示：

```
; Program DELTWICE *******************************

          Allocate 'Count' Register
          ....

          ....
          Load 'Count' register with value XX
          CALL 'delay'
          Next Instruction
          ....
          ....
          Load 'Count' register with value YY
          CALL 'delay'
          Next Instruction
          ....
          ....
          END of Program
; Subroutine DELAY ******************************

delay     Decrement 'Count' register
          Test 'Count' register for zero
          If not zero, jump to label 'delay'
           RETURN from subroutine

;  End of code ************************************
```

子程序被调用的一个例子在键盘程序的第 38 行——CALL Scan，执行这条指令会使程序跳转到子程序起始的地方——第 54 行。执行到第 83 行“RETURN”后，程序返回继续从第 39 行执行。第 3 章将给出一个简单的应用程序，可用来说明汇编语言程序设计的基本原则。

习题

1. 概述微控制器中程序执行的顺序，描述程序存储器、程序计数器、指令寄存器、指令译码器，以及时序控制模块的作用。
2. A 寄存器装有二进制代码 01101010，进位位设置为零。说出寄存器做如下操作（参见 PIC 单片机的数据手册）后的数值：

   a）清零　b）递增　c）递减　d）补码　e）右移　f）左移

   g）第 5 位清零　h）第 0 位置位
3. 源寄存器装有二进制代码 01001011，目的寄存器装有二进制代码 01100010。说出做以下操作后目的寄存器的数值：

a）MOVE　　b）ADD　　c）AND　　d）OR　　e）XOR

4. 对于微控制器里的程序，子程序起始地址为016F，“return”结束指令在地址0172处，“call subroutine”指令在地址02F3处。假设该微控制器每个地址里都有一个完整的指令，列出程序计数器和栈在“call subroutine”指令调用之前和调用之后的内容变化，未知值表示为XXXX。
5. 试写出一个程序，程序处理两个数字4和3，可以连续使用加法操作来实现乘运算。可以使用清除、移动、递增、递减、测试跳转等寄存器指令。设置其中一个寄存器的值为零，使用一个初值为3的计数器，控制其递减到零来做循环，对寄存器连着三次加4的操作。

实践活动

从www.microchip.com网站上下载PIC 16F84A芯片的数据手册。

1. 研究PIC 16F84A框图（数据手册中图1-1），了解2.1节中描述的功能。注意内部独立的指令总线和数据总线，概括每个模块的功能。详细说明数据是如何在寄存器和存储器之间移动的，以及多路复用器的功能（参见附录C）。
2. 研究PIC指令集（数据手册中表7-2）。注意每条指令的二进制代码的格式，说出符号f、b、k、d、x、C、DC和Z代表的意义。解释为什么某些指令需要两个周期。
3. 研究图4-4中的程序BIN4生成的列表文件，注意左下方的机器码。0000～000F的程序存储器地址位于第1列，机器码位于第2列。参阅PIC 16F84A数据手册的指令集，分析程序每条指令的操作数并推导代码，识别SFR和GPR的地址、寄存器位、目的地址位、地址标号和立即数。分析每条指令，仿照0000～0003已经完成的例子，完成下表（0004～000F的所有地址）：

Hex地址	Hex指令	二进制指令（14位）	指令位	操作数位	操作数类型	指令助记符
0000	3000	11 0000 0000 0000	11 00	0000 0000	立即数00	MOVLW 00
0001	0066	不包括	—	—	—	TRIS 06
0002	2807	10 1000 0000 0111	10 1	000 0000 0111	地址标号0007	GOTO 0007
0003	008C	00 0000 1000 1100	00 0000 1	000 1100	文件寄存器地址06	MOVWF 06
0004						
…						
000F	（最后一条指令）					

Chapter 3 第 3 章

简单的 PIC 应用

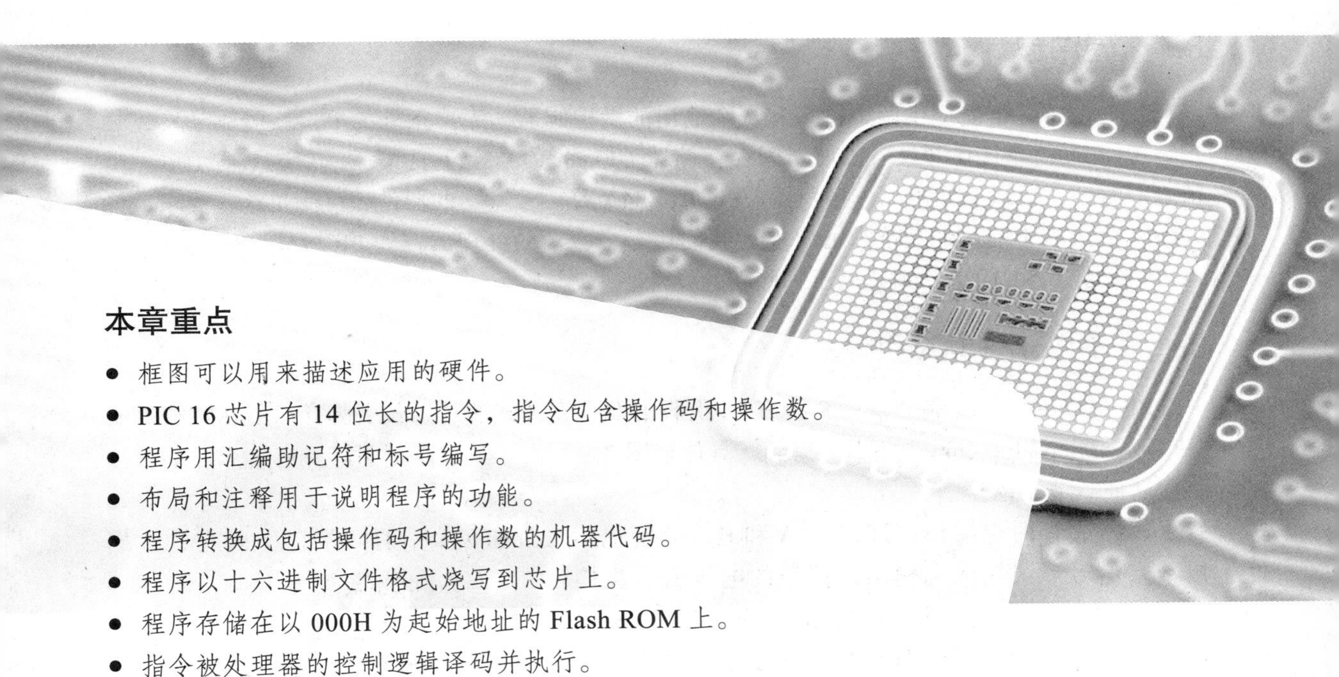

本章重点

- 框图可以用来描述应用的硬件。
- PIC 16 芯片有 14 位长的指令，指令包含操作码和操作数。
- 程序用汇编助记符和标号编写。
- 布局和注释用于说明程序的功能。
- 程序转换成包括操作码和操作数的机器代码。
- 程序以十六进制文件格式烧写到芯片上。
- 程序存储在以 000H 为起始地址的 Flash ROM 上。
- 指令被处理器的控制逻辑译码并执行。
- CPU 寄存器和执行顺序依程序指令而修改。

现在，我们将开发一个最小的 PIC 机器代码程序，设计时尽可能避免一些复杂的因素，采用简化的内部结构来解释程序的执行。对于所有的 PIC 微控制器来说，它们的核心架构和编程方法是类似的，这部分内容可以作为整个 PIC 系列的介绍，特别是作为 PIC 16 系列的介绍。

应用说明如下：

该电路在两个按键输入下，控制输出二进制的计数值到八个发光二极管（LED）上。按下一个按键则启动输出序列，松开按键则停止输出序列，屏上保持显示当前值。按下另一个输入按键时可清除输出（所有发光二极管熄灭），并使计数可以从零重新开始。

3.1 硬件设计

我们需要一个能提供两个输入和八个输出的微控制器，无需额外的接口就能驱动发光二极管（LED），并且在开发阶段能对闪存存储器（Flash ROM）重复编程。在这个应用中无需精确的时钟，所以不使用晶体振荡器。PIC 16F84A 是一个基本的器件，可满足这些要求，设计时也不会被不使用的功能分心。然后我们用一个较新的处理器，如 PIC 16F690，更换它。16F84A 的功能太简单，不适用于一些新的设计。

3.1.1 PIC 16F84A 引脚

PIC 16F84A 微控制器是一个具有 18 引脚的双列直插式芯片，其引脚介绍可从数据手册（从 www.microchip.com 上下载）得到，具体如图 3.1 所示。其中一些引脚具有双重功能，这将在后面章节讨论。

该芯片有两组端口，即端口 A 和 B，分别包括 5 个和 8 个引脚。端口引脚允许数据以数字信号形式输入和输出，信号的电压值与连接 V_{DD} 和 V_{SS} 的电源电压值相同，通常为 5V。CLKIN 和 CLKOUT 引脚连接着时钟电路元件，用于生成有固定频率的能驱动所有操作的时钟信号。!MCLR 是复位输入，用于重新启动程序。应特别注意，在数据手册中可以看到，该引脚名称前有一个感叹号，它表示引脚输入是低电平有效。在简单的应用中，虽然不需要这个输入，但是还必须将它连接到正电源上，以保证芯片运行。如果设计的电路不能正常工作，有必要检查一下这个引脚是否存在连接问题。表 3.1 显示了 PIC 16F84A 芯片各个引脚的功能。

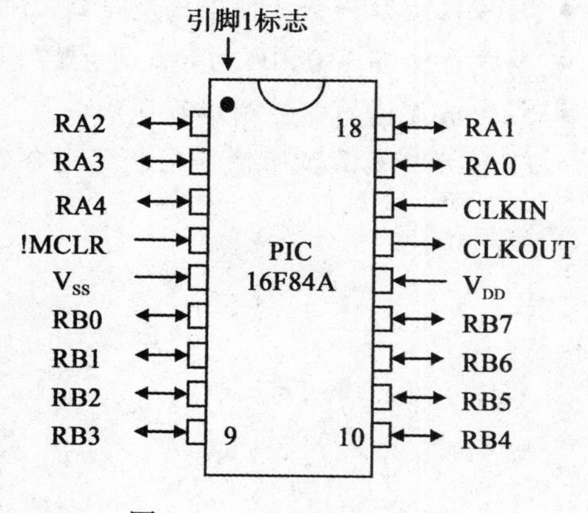

图 3.1 PIC 16F84A 引脚

表 3.1　PIC 16F84A 引脚功能分配

引　脚	名　称	功　能	说　明
14	V_{DD}	电源	通常为＋5V，也可以接 2～5.5V
5	Vss	地	0V
4	!MCLR	复位	低电平有效的复位输入
16	CLKIN	时钟输入	连接 RC 时钟元件到 16 引脚
15	CLKOUT	时钟输出	连接晶体振荡器到 15 和 16 引脚
17	RA0	Port A，bit 0	双向输入 / 输出
18	RA1	Port A，bit 1	双向输入 / 输出
1	RA2	Port A，bit 2	双向输入 / 输出
2	RA3	Port A，bit 3	双向输入 / 输出
3	RA4	Port A，bit 4	双向输入 / 输出＋TMR0 输入
6	RB0	Port B，bit 0	双向输入 / 输出＋外部中断输入
7	RB1	Port B，bit 1	双向输入 / 输出
8	RB2	Port B，bit 2	双向输入 / 输出
9	RB3	Port B，bit 3	双向输入 / 输出
10	RB4	Port B，bit 4	双向输入 / 输出＋外部中断输入
11	RB5	Port B，bit 5	双向输入 / 输出＋外部中断输入
12	RB6	Port B，bit 6	双向输入 / 输出＋外部中断输入
13	RB7	Port B，bit 7	双向输入 / 输出＋外部中断输入

端口 B 有 8 个引脚，所以我们将这些引脚连接到 LED 上，并初始化它们为输出模式。端口 A 有 5 个引脚，其中两个用于按键输入。电阻和电容连接到 CLKIN 引脚用来控制时钟频率。在此芯片上，可以用外部晶振来提供更精确的时钟频率。目前，许多芯片带有内部振荡器，即不需要任何外部的时钟元件。

3.1.2　BIN 硬件框图

硬件的配置可以用简单的框图（图 3.2）来描述。虽然对于这个简单的电路是没有必要的，但是对于较复杂的应用，却是一个有用的系统设计技术。硬件和相关的输入输出等主要部分，以及信号流的方向在框图中均已标出。信号的类型需要指定，例如是并行数据、串行数据，还是模拟波形。电源连接不需要被标出，假设有效元件都连接着合适的电源。在这个阶段，只须确定硬件的基本结构，无须将电路中的细节都设计出来。

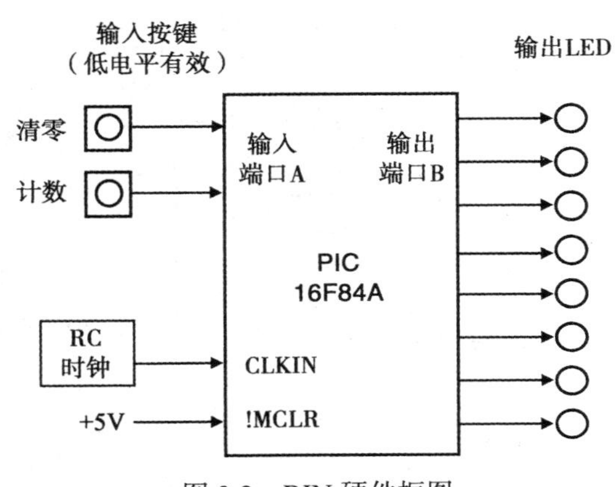

图 3.2　BIN 硬件框图

端口 A（bit 5）和端口 B（bit 8）提供了访问数据寄存器的通道，引脚名称分别为 RA0～RA4 和 RB0～RB7。RA0 和 RA1 连接到两个按键开关上，RB0～RB7 连接到一组 LED 上，两个按键开关用于控制输出序列。然而，这些输入端口不会在第一个程序 BIN1 中使用。表 3.2 列出了所需的连接。

现在可以将框图转换成电路图。利用电子原理图输入软件，如 Proteus VSM（ISIS）或 ORCAD，来创建一个电路图。在 Proteus 中，通过交互式仿真设计文件可以测试电路。最终确定无误后，电路图可以转换成印制电路板或硬件产品。原理图可以插入其他有需要的文档中，也可以单独打印出来。

用 ISIS（BIN.DSN）设计创建的 BIN 电路原理图如图 3.3 所示，该图可在网站 www.picmicros.org.uk 上找到，还可以用于模拟下面所描述的电路的工作情况。原理图编辑和电路仿真的过程在附录 E 中给出，芯片本身的执行情况可以通过 Microchip 的开发系统 MPLAB 进行仿真验证。

表 3.2 BIN 应用中的 PIC 16F84A 引脚分配

引 脚	连 接	引 脚	连 接
V_{SS}	0V	RA4	n/c
V_{DD}	＋5V	RB0	LED bit 0
!MCLR	＋5V	RB1	LED bit 1
CLKIN	CR 时钟电路	RB2	LED bit 2
CLKOUT	没有连接（n/c）	RB3	LED bit 3
RA0	复位开关	RB4	LED bit 4
RA1	计数开关	RB5	LED bit 5
RA2	n/c	RB6	LED bit 6
RA3	n/c	RB7	LED bit 7

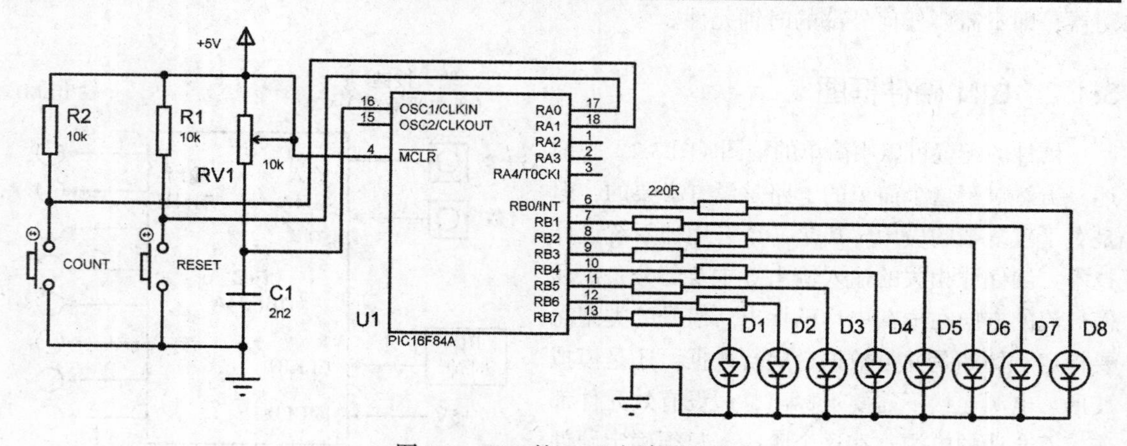

图 3.3 BIN 的 ISIS 电路原理图

3.1.3 BIN 电路工作原理

由按键和上拉电阻构成的低电平有效的按键电路被连接到控制输入端，电阻确保按键在没有被按下时输入为高电平。芯片输出端直接连接到带有串联限流电阻的一组 LED 上，因为 PIC 芯片的输出端能够提供足够的电流（高达 20 mA）来直接驱动 LED，所以电路设计比较简单。外部时钟电路由串联的电容（C）和电阻（R）组成，C 值和 R 值的乘积决定了芯片的时钟频率。电路中的电阻是可调的，调整电阻可使时钟频率达到 100kHz。复位输入端（!MCLR）必须连接到正电源（+5V）上。其他未使用的引脚悬空，这些未使用的输入 / 输出（I/O）引脚默认为输入模式。

3.2 程序执行

如果芯片中没有程序，则微控制器电路无法运行，利用计算机上的 PIC 开发系统软件可以创建程序，并通过串行数据线下载到芯片上。前面已经简单介绍这个过程，在后面还会更详细地描述，所以现在我们假设程序已在存储器中。

图 3.4 给出了 PIC 16F84A 的简化程序的执行模型。其中主要模块是程序存储器、译码器、工作寄存器和文件寄存器，二进制的程序以十六进制形式存储在程序存储器中。指令是由指令译码器一次一条的译码，需要的操作通过控制逻辑在寄存器里进行设置。文件寄存器地址编号从 00 到 4F，前 12 个为特定用途而保留的寄存器（00～0B），称为特殊功能寄存器（SFR），其余的为用于存储临时数据的寄存器，称为通用寄存器（GPR）。选用的寄存器都显示在图中，所有的地址和寄存器内容都为十六进制。附录 A 中解释了十六进制数字。

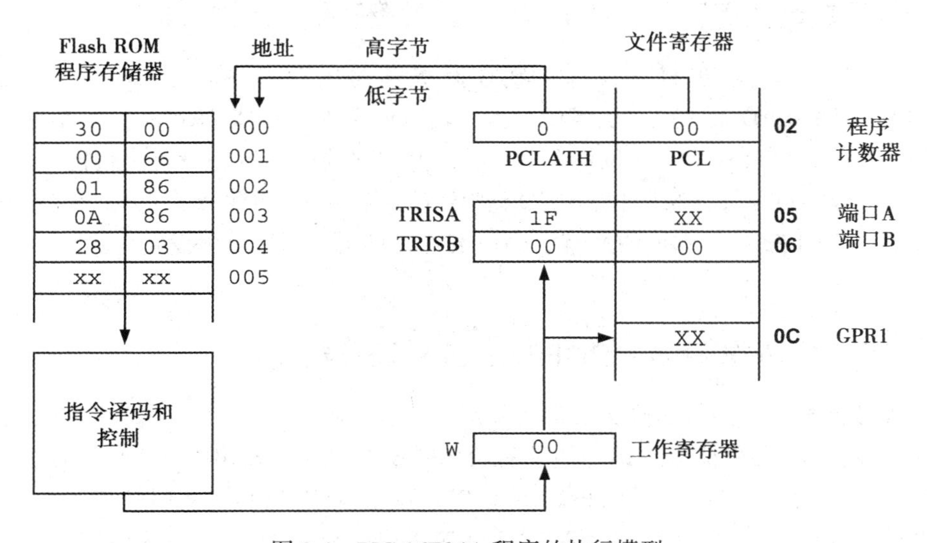

图 3.4 PIC 16F84A 程序的执行模型

3.2.1 程序存储器

程序存储器为闪存只读存储器（ROM），意味着它具有非易失性，可以反复编程。在计算机上创建的程序，通过端口寄存器引脚 RB6 和 RB7 下载。更详细的实现方法和创建程序代码需要的汇编程序语言将在第 4 章中进行详细描述。

14 位的程序代码下载到起始地址为 000 的存储器里。芯片上电时，程序计数器自动复位为 000，第一条指令从这个地址取出，复制到控制模块中的指令寄存器里，然后译码并执行，文件寄存器也相应地被修改，此时端口上可看到输出结果。

3.2.2 程序计数器，PCL：文件寄存器 02

程序计数器通过保存当前指令的地址，掌控程序的执行。在执行周期内，它自动递增，指向下一条指令。如果程序遇到跳转，跳转指令（例如：程序中最后一条指令）会修改程序计数器中的值，使之指向跳转目的地址。PCLATH 代表程序计数器高字节，存有 10 位程序计数器的两个最高的有效位，它们不能被直接访问。

3.2.3 工作寄存器 W

工作寄存器（W）是主要的数据寄存器（8 位），用于保存当前正在使用的数据。它独立于文件寄存器，因此在 PIC 程序中被称为 W。立即数（在程序中给定的值）在传送到另一个寄存器，或在计算使用之前，必须装入 W。大多数数据必须通过 W 分两个阶段移动，因为 PIC 指令集无法提供文件寄存器之间的直接数据传送的功能。

3.2.4 端口 B 数据寄存器，PORTB：文件寄存器 06

若端口初始化为输出模式，端口 B 数据寄存器内存储的 8 位数将呈现在连接到 RB0～RB7 引脚的 LED 上。每个引脚的数据传输方向是由寄存器 TRISB 中放置的数据传输方向代码决定的，TRISB 中某一位设置为“0”，则其对应的引脚被设置为输出（0＝输出），相反的，若设置为“1”，则其对应的引脚被设置为输入（1＝输入）。因此，将 00000000（二进制）送入 TRISB 中，则说明所有引脚被设置为输出。端口可以设置为输入输出的任意组合。

3.2.5 端口 A 数据寄存器，PORTA：文件寄存器 05

端口 A 数据寄存器的低 5 位从低到高分别对应着引脚 RA0～RA4，其他三位未被使用。输入端 RA0 和 RA1 用来读取按键。如果初始化时没有设置为输出模式，PIC 的 I/O 引脚就会自动默认设置为输入模式，即 TRISA＝XXX11111。所以我们就使用端口 A 这个默认设置，不再对其进行初始化。除非设计时要实际使用这些端口，否则没有影响。第一个 BIN1 程序将不会使用它们。

3.2.6　通用寄存器 1，GPR1：文件寄存器 0C

第一个 GPR 会在后面的定时循环里使用。在 PIC 16F84A 芯片里，它是第一个块（block），有 68 个寄存器，地址编号为 0C～4F。程序员可以根据需要分配它们实现临时数据的存储、计数等工作。

3.2.7　bank1 寄存器

如程序计数器和端口数据寄存器一样，主要的寄存器位于被称为 bank 0 寄存器块的随机存取存储器（RAM）里，而 TRISA、TRISB 和 PCLATH 位于另一个寄存器块——bank 1 里。bank 0 可以直接寻址，即数据可以通过简单的“move”指令进行传送。

但是，bank 1 不能被直接访问。有两种方法可以实现这些寄存器的访问。第一种方法很简单，作为首选使用，即它先把所需的 8 位码送入 W 寄存器，然后使用 TRIS 指令传送到 bank 1 的寄存器里。第二种方法比较复杂，即使用 bank 选择指令进行访问。虽然 TRIS 指令没有出现在主要指令集里，但仍然能够被 PIC 汇编器识别。

3.3　程序 BIN1

程序 3.1 中给出了 BIN1 的简单程序。它由一列 14 位的二进制机器代码，但用 4 位十六进制数字（见第 2 章）表示的指令组成。假定第 14 和 15 位为零，所以十六进制数表示的代码的范围是 0000H～3FFFH。该程序存储在地址为 0000H～0004H 的程序存储器里（共五条指令）。

存储器地址	机器码指令	含　义
0000	3000	将00传送给W寄存器
0001	0066	W寄存器的内容传送给端口B数据方向寄存器
0002	0186	端口B数据寄存器清零
0003	0A86	端口B数据寄存器的内容加1
0004	2803	跳回到0003H

程序 3.1　BIN1 机器码

3.3.1　程序分析

如第 2 章及数据手册所述，程序指令必然与 PIC 的内部结构相关。数据手册里的指令集解释了每条指令里每一位的意义。

```
Address 0000:    Instruction = 3000    Meaning: MOVE zero into W
```

指令 3000 是传送（复制）立即数（在程序中给定）到工作寄存器（W）里。立即数在传送到另一个寄存器之前必须先传送到工作寄存器 W 里，指令中的最后两位数字 00 就是立即数，其值为 0。

```
Address 0001:    Instruction = 0066    Meaning: MOVE W into TRISB
```

这条指令表示将工作寄存器 W 的内容传送到端口 B 的数据方向寄存器（TRISB）里，W 里的 00 是第一条指令的结果。这条指令设置寄存器 TRISB 里的 8 位都为零，设置端口 B 的所有引脚为输出模式。端口 B（6）的文件寄存器地址已经给出，即指令的最后一位数。前两条指令需要初始化端口 B 为输出模式，可使用 TRIS 命令访问 Bank1 里的寄存器 TRISB，它在文件寄存器里的地址是 86。

```
Address 0002:    Instruction = 0186    Meaning: CLEAR PORTB to zero
```

该指令表示文件寄存器 6（指令的最后一位）的内容全部清零，即设置端口 B 数据寄存器（PORTB）里的所有位为零。该操作直接针对端口数据寄存器进行，其结果将立即在硬件或仿真的发光二极管上表现出来。

```
Address 0003:    Instruction = 0A86    Meaning: INCREMENT PORTB
```

这条指令表示修改端口 B 里的数据，其内的二进制数值加 1，发光二极管上可立即反映出这个值的结果。这条指令将被重复执行，作为下一条指令（跳回）的结果，所以端口连接的发光二极管将显示出一个二进制的计数序列。

```
Address 0004:    Instruction = 2803    Meaning: GOTO last address
```

这是一个跳转指令，它将引起程序跳回和重复执行前一条指令。这是因为这条指令将当前程序计数器的内容修改为目的地址 03，即指令代码的最后两位数字，所以被强制跳回到前一条指令，并不断重复执行下去。大多数控制程序都具有与这个简单例子相同的基本结构，即一个初始化序列和一个读取输入和修改输出的无限循环。

3.3.2 程序执行

BIN1 是一个完整的可执行程序，它将端口 B 初始化并清零，然后对其不断递增。最后两条指令即递增端口 B 并跳回，会被无限重复执行。换句话说，端口 B 的数据寄存器将作为一个 8 位二进制计数器，当其值达到 FF 后会翻转为 00，继续执行下一个递增操作。

如果研究附录 A（表 A.3）的二进制计数表，你会看到，二进制数每加 1，它的最低有效位（LSB）就会翻转一次。因此每次重复做递增操作时，最低有效位 RB0 将翻转一次，下一位 RB1 翻转速率是 RB0 位翻转速率的一半，依此类推，每位翻转频率是其前一位（低位）的一半。因此最高有效位（MSB）翻转频率是 LSB 频率的 1/128 。产生的输出如图 3.5 所示。

一个 PIC 指令需要 4 个时钟周期来完成，除非指令产生跳转，在跳转情况下需要八个时钟周期（或两个指令周期）。因此，在 BIN1 程序中的一个循环需要 4+8=12 个时钟周期，RB0 由低变高，即端口 B 的 LSB 位的输出周期，就需要 24 个时钟周期。如果 RC 时钟设置为 100kHz，时钟周期为 $1/10^5$s＝10μs（频率＝1/ 周期），1 个指令周期为 40μs。循环需要 12×10＝120μs，输出周期为 240μs，频率为 4167Hz，那么 RB7 的闪烁频率是 4167/128＝32.5Hz，这些输出波形可以通过示波器或逻辑分析仪（虚拟或真实的）观察到。

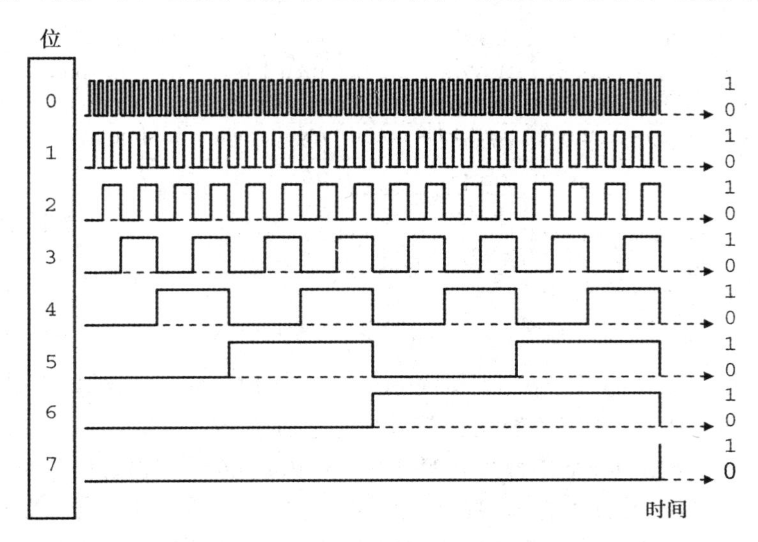

图 3.5　BIN1 输出波形

在实际硬件中，输出变化太快以至于无法看到，可以通过增加时钟电路中的电阻和（或）电容的值来降低时钟速度。稍后我们还将看到在不改变时钟频率的情况下通过增加延时程序可以减缓输出。在仿真模式下，可以使用调试工具，如 MPLAB 里的秒表，或 Proteus VSM 里的时间显示，检查程序的执行时间。

如果产生的频率刚好在音频范围内，则把时钟电路连接到小扬声器或压电式蜂鸣器上就可以听到。这是快速检查程序工作情况的一种便捷方法，值得迅速推广到 PIC 应用——产生信号和已知频率的音调中。后面我们会用到这种想法，看如何生成音频输出，或使用音调序列产生一首歌曲，如手机铃声。

3.4　汇编语言

很明显，编写任何应用程序的机器代码都是最琐碎最乏味的。不仅要确定实际的十六进制指令码，而且还要确定出跳转的目的地址，诸如此类的事情，此外，机器码也不容易被识别或记住。

3.4.1　助记符

出于这个原因，简单的微控制器程序用汇编语言编写，而不用机器码编写。在指令集中每条指令定义了一个对应的助记符，芯片的汇编编译程序的主要任务是将编写的助记符形式的源代码转换为等效的机器码。程序 BIN1 的助记符形式如程序 3.2 所示。

编辑窗口左上

行号	第0列	第1列	第2列	第3列
0		MOVLW	00	
1		TRIS	06	
2		CLRF	06	
3		INCF	06	
4		GOTO	03	
5		END		

Tab →

程序 3.2　助记符形式的程序 BIN1

指令现在写成可识别的码。在文本编辑器里输入程序，间隔如程序 3.2 所示，使用 Tab 键在正确的列上输入代码。你可能注意到第 0 列是空白的，原因在后面会给出。指令助记符放置在第 1 列，操作数（立即数）放置在第 2 列。立即数 00 是端口初始化时的数据方向码，06 是端口数据寄存器在文件寄存器里的编号，03 是跳转后的目的地址，即程序的第 3 行。PIC 的指令是 14 位长，所以每一行源代码编译后为 14 位长的代码，这些前面已经介绍过。助记符的含义如下：

行	助 记 符		含 义
0	MOVLW	00	立即数 00 送给 W
1	TRIS	06	W 内的值送给 TRISB，设置端口 B（06）为输出
2	CLRF	06	文件寄存器 06（端口 B）的内容清零
3	INCF	06	文件寄存器 06（端口 B）的内容加 1
4	GOTO	03	跳回到 03 地址（上条指令）处
	END		源代码结束——这条不是指令

END 语句是一条汇编伪指令，它告诉汇编器，程序在这里结束，而且不会被转换成实际的指令。当输入程序时，建议在每条指令助记符之前和之后留出一定空间，按列放置程序，以提高可读性。

3.4.2 汇编

源代码程序可以使用通用的文本编辑器来创建，但通常使用专用的软件包来编程，如 PIC 的集成开发环境（IDE）MPLAB，其中包含了汇编编译器及文本编辑器。ISIS 原理图输入软件也集成了合适的文本编辑器，可以打开已经完成的电路图，或者联合 MPLAB 一起运行。

源代码文本从编辑窗口输入，然后从菜单中调用汇编器，汇编器程序按字符分析源代码，生成每条指令的二进制代码。该术语可能会造成混淆，汇编语言应用程序（用户源代码）是在文本编辑器中创建，而执行转换的软件工具是汇编编译器（简称汇编器）或其他实用程序。

源代码以文本文件保存在磁盘上，称为 PROGNAME.ASM，其中“PROGNAME”是任何适合的文件名，然后由汇编器程序 MPASM.EXE 编译生成源程序的机器码文件 PROGNAME.HEX，文件显示为十六进制代码。与此同时还创建包含源代码和十六进制代码的列表文件 PROGNAME.LST，如我们在第 1 章里看见的 KEY690.LST 文件。列表文件在以后调试（故障查找）程序时很有用，编译和下载过程在下一章会更详细地说明。

3.4.3　标号

现在可以进一步介绍与数值运算相关的助记符形式的程序了。我们希望指定的操作数更容易被识别，就可以使用与助记符表示指令代码相同的方式来实现。因此，汇编器被设计为能够识别标号。

标号是一个单词，用来代替数字，数字可以是一个地址、寄存器或立即数，如下面例子中使用的 again、portb 和 allout。这些和所代替的值都放在程序的开始处，汇编器只是简单地将任何出现的标号替换为对应的数字。

跳转的目的地址也类似地用标号定义，标号放置在目的地址行的开始处，并用这个标号作为跳转指令的操作数。当程序被编译时，汇编器记录标号所在行的指令的数字地址，执行时用操作数（这个地址）替换标号。

因此程序 BIN1 可以用标号重写为程序 3.3 所示的 BIN2 源代码程序。立即数 00 和端口寄存器地址 06 已被标号替换，放置在程序的开始处。“EQU”语句定义了源代码中被替换的数字，这样，标号“allout”将代替端口 B 数据方向寄存器，而数据寄存器的地址 06 由标号“portb”代替。“EQU”是一个汇编伪指令，它是汇编程序里的指令，但不会编译成可执行代码。

编辑窗口

```
allout  EQU     00
portb   EQU     06

        MOVLW   allout
        TRIS    portb

        CLRF    portb
again   INCF    portb
        GOTO    again

        END
```

程序 3.3　使用标号的 BIN2 源程序

注意，小写用于标号，大写用于指令的助记符和汇编伪指令。虽然这不是强制性的，但都习惯这样使用，因为指令集中给出的指令助记符都是大写的，标号使用小写才容易区分。跳转的目的地址标号放置在包含目的指令行的第 0 列，就相当于进行了定义，在“GOTO”标号指令中要使用与定义一致的标号。标号最初被限制在 6 个字符内，必须以字母开头，可以包含数字，如“loopl”，也可以使用较长的标号。程序 BIN1 和 BIN2 不仅功能上是相同的，而且机器码也是相同的。

3.4.4 布局和注释

最终版本的 BIN2 程序（程序 3.4）包含注释，解释每条指令和整个程序完成的功能。这样能提供尽可能多的信息。学习编程时，在实际开发应用程序中，注释能帮助学习者保留相关信息，为将来的修改、升级和软件维护提供帮助。即使是你自己编写的程序，以后你也可能会忘记它是如何工作的。

```
;       BIN2.ASM            MPB         11-10-03
;       Outputs a binary count at Port B
;  .........................................

allout  EQU     00              ; Data Direction Code
portb   EQU     06              ; Declare Port B Address

        MOVLW   allout          ; Load W with DDC
        TRIS    portb           ; Set Port B as outputs

        CLRF    portb           ; Switch off LEDs
again   INCF    portb           ; Increment output
        GOTO    again           ; Repeat endlessly

        END                     ; Terminate source code
```

程序 3.4 加注释的 BIN2 程序

注释前面必须加一个分号（；），它告诉编译器忽略该行分号后的其余部分。因此，注释和信息占据一整行，也可以在第 3 列的每条指令的后面添加。包含源代码文件名、作者、日期的小标头添加在 BIN2 里面，每一行也添加了注释。空行不用注释“分隔符”（分号），它仅仅用来分隔源代码功能区，以使程序结构更易理解。在 BIN2.ASM 里，第一部分包括标号赋值声明，第二部分包括端口初始化，第三部分包括序列输出。源代码的布局非常重要，它能表明程序是如何工作的。

BIN2 的列表文件如程序 3.5 所示，它将源代码、机器码和程序存储器地址包含在一个文件中。所示列表已被修改过，除去了多余部分，原始文件和所有其他演示应用文件可以从 www.picmicros.org.uk 网站上下载。完整的列表文件见表 4.4。

现在我们有一个可以输入到文本编辑器、编译和下载到 PIC 芯片的程序，确切的方法与你使用的开发系统会略有不同。接下来，我们将详细了解程序的开发过程。

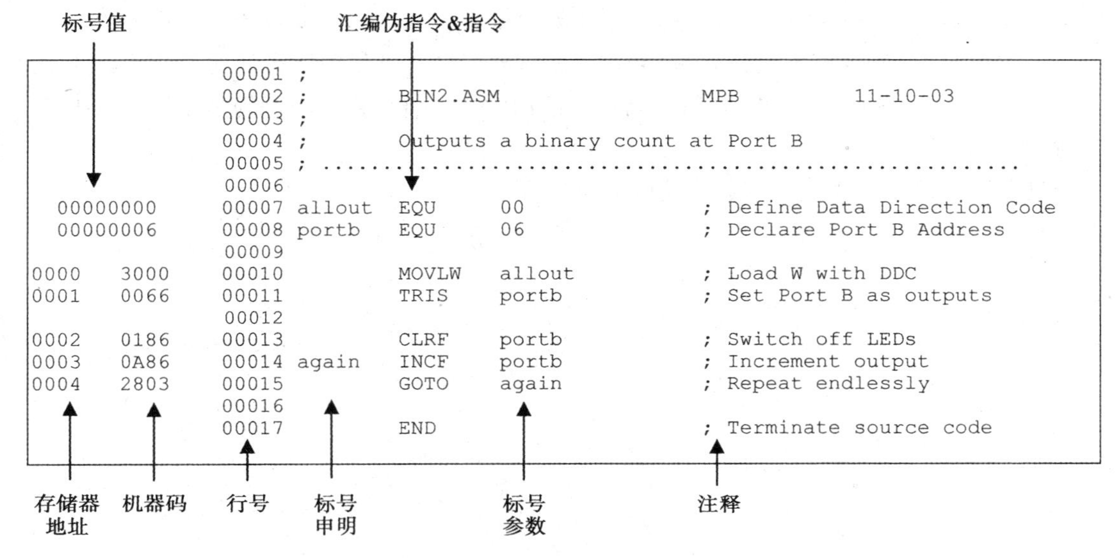

```
          00001 ;
          00002 ;        BIN2.ASM                     MPB        11-10-03
          00003 ;
          00004 ;        Outputs a binary count at Port B
          00005 ; ..................................................
          00006
00000000  00007 allout   EQU     00               ; Define Data Direction Code
00000006  00008 portb    EQU     06               ; Declare Port B Address
          00009
0000 3000 00010          MOVLW   allout           ; Load W with DDC
0001 0066 00011          TRIS    portb            ; Set Port B as outputs
          00012
0002 0186 00013          CLRF    portb            ; Switch off LEDs
0003 0A86 00014 again    INCF    portb            ; Increment output
0004 2803 00015          GOTO    again            ; Repeat endlessly
          00016
          00017          END                      ; Terminate source code
```


程序 3.5　列表文件 BIN2（已编辑过）

习题

1. 写出指令 INCF 06 的四位十六进制代码。
2. 写出指令 MOVLW 的两位十六进制代码。
3. PIC 机器码指令 2803 的低两位有效数的含义是什么？
4. 为什么指令助记符一定要在源代码中的第二列？
5. 列举两个 PIC 汇编伪指令的例子。为什么它们在机器码中没有表示出来？
6. BIN2 程序中的标号 allout 和 again 的数值是什么？
7. 下面是 BIN2 列表文件中的一行。解释每项所代表的意义。

   0003　0A86　00014　again　INCF　portb

8. 指出扩展名如下的程序文件的功能和来源：a）ASM　b）HEX　c）LST

实践活动

1. 如果可以，根据数据手册中 PIC 指令集给出的信息查询 BIN1 的机器代码，写出程序的完整机器码。通过删去“Clear Port B”指令，以及改写“Increment Port B”指令为“Decrement Port B”指令来修改程序代码，程序运行时会有什么样的输出效果？建议还可以选择修改“MOVLW 00”指令，它会有同样的效果。
2. 请参阅附录 E 使用 Proteus VSM 仿真电路。你可能需要一个包括 16F84A 芯片工作模式的 Proteus 版本，输入或下载 BIN.DSN 原理图到 ISIS 里进行显示仿真，再加载上 BIN1.ASM 程序，检查并保证其编译和运行正确。调出 SFR 寄存器和源代码，设置时钟频率为

100kHz，单步执行程序，观察执行顺序，并核实完成一个循环需要的时间为 120μs。

3. 在文本编辑器里使用标号编写 BIN2 程序，按实践活动 2 进行编译和测试。显示或打印出列表文件 BIN2.LST，检查生成的机器码是否与 BIN1 一样。需要注意的是注释行或伪指令不产生机器码。

如有必要，请参阅相关章节来完成这些活动。

Chapter 4 第 4 章

PIC 程序开发

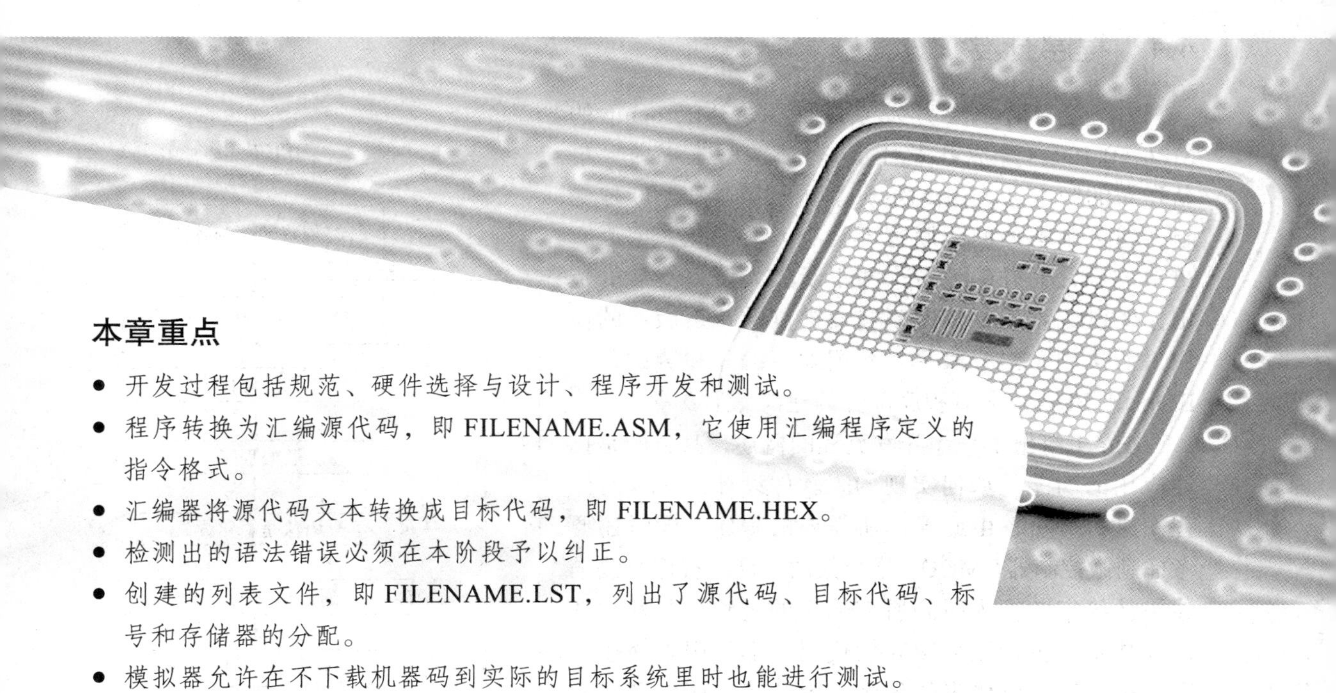

本章重点

- 开发过程包括规范、硬件选择与设计、程序开发和测试。
- 程序转换为汇编源代码，即 FILENAME.ASM，它使用汇编程序定义的指令格式。
- 汇编器将源代码文本转换成目标代码，即 FILENAME.HEX。
- 检测出的语法错误必须在本阶段予以纠正。
- 创建的列表文件，即 FILENAME.LST，列出了源代码、目标代码、标号和存储器的分配。
- 模拟器允许在不下载机器码到实际的目标系统里时也能进行测试。
- 检测出的逻辑错误必须在本阶段予以纠正。
- 可以下载程序到目标硬件并进行测试。

在第 3 章中我们已经初步认识了开发 PIC 应用的硬件和软件，深入了解了一些可用的软件工具，以及它们在程序开发过程中的使用。使用相同的硬件，程序 BIN2 将得到进一步的开发应用。

本章将介绍标准 PIC 开发工具里目前可以用到的一些功能，但是由于 Microchip 公司和第三方供应商不断地开发支持应用程序的硬件和软件，所以本书中所介绍的开发工具不是最新版本，这些工具都可以从 www.microchip.com 网站上下载。我们也将了解如何使用 Proteus VSM（www.labcenter.com）进行原理图设计和仿真，因为它提供了比开发实际硬件更友好的测试设计方法，附录 E 给出了使用这款软件的教程。

4.1　程序开发

PIC 应用的主要开发系统工具是 Microchip 的 MPLAB IDE（集成开发环境）。在撰写本书时，最新发布的版本是 MPLAB8.60。虽然版本在不断地更新，但是基本的使用原则不会有太大变化，因为它更新的只是额外的设备，并不断扩大设备支持的范围，所以读者需要参阅制造商提供的特定版本的使用说明文档。本阶段主要介绍如何编译和测试程序 BIN3 和 BIN4。调试程序部分的建议见第 9 章。

图 4.1 给出了程序开发流程的概述，其目的是描述应用的功能是如何实现的。软件设计师必须对流程图进行分析，由此导出所需要的程序，同时还要考虑到微控制器（MCU）指令集的特性。程序算法描述了从给定的输入得到所需输出的过程。各种软件设计技术，包括流程图和伪代码，都可用来描述程序。这些算法所代表的程序流程及其顺序在逻辑方式上必须是一致的，这样汇编（或其他语言）源代码可以根据流程图导出。

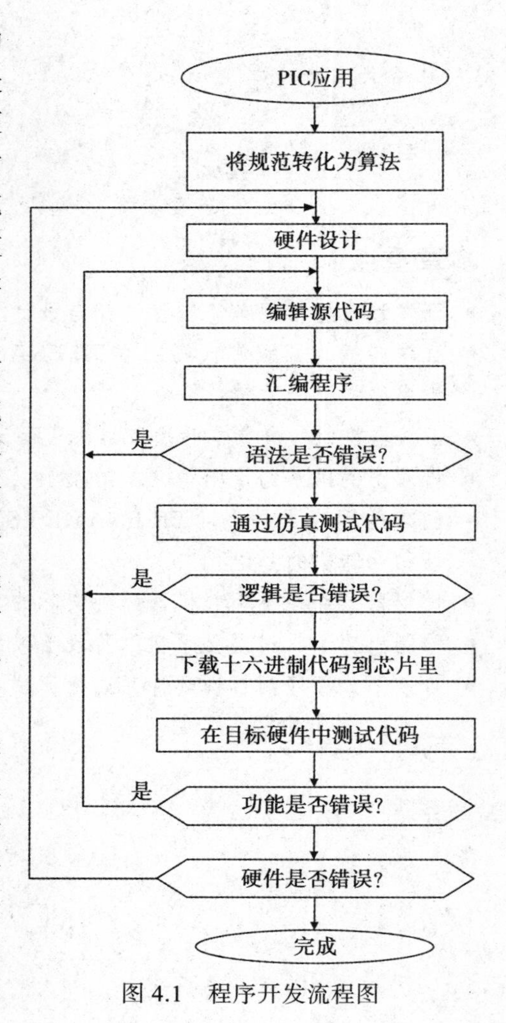

图 4.1　程序开发流程图

源代码是通过填写程序算法的细节和把每个程序块转换为汇编代码而开发出来的。在程序开发过程中，程序必须被定期保存；为了防止磁盘、存储器或网络故障的发生，最好提前在不同的磁盘（存储卡、硬盘或网盘）上备份副本。源代码的文本文件称为 PROGNAME.ASM，其中 PROGNAME 表示应用程序的名称，如 BIN1。程序的后续版本可以编号为

BIN1、BIN2 等，如果新的代码不能正常工作，可以从较早的版本恢复。

文本输入后，可以通过调用汇编编译器的应用程序 MPASMWIN.exe 对程序进行编译。它把源代码转换成机器代码，并创建额外的文件来帮助调试（查找错误）程序。如果个别指令出现错误（如拼错了一个助记符），它会在错误信息窗口中进行报告，并添加错误信息到磁盘上的错误文件里。源代码中的错误必须纠正，程序也要重新编译，直到没有语法错误出现为止。

可以利用 Microchip 的 MPLAB 模拟器 MPSIM，或 Proteus VSM（ISIS），通过仿真来测试程序执行是否正确，这意味着程序在主机上运行，就好像它在芯片上运行一样。在屏幕上可以看到程序被加载和执行，可以观察输出情况，可以通过监测寄存器的变化及检查运行时间一步步检查逻辑运算的正确性。模拟输入应该是所有可能的输入序列的组合。如果找到一个逻辑错误，源代码必须重新编辑和编译，也必须重做仿真。

在 ISIS 中这个过程比较简单，因为输入可以在原理图中以模拟手动输入或模拟信号输入的交互方式生成（见图 3.3），输出可直接在发光二极管（LED）、七段数码管及液晶显示器（LCD）上显示出来，或者在可视仪器，如虚拟示波器或逻辑分析仪上进行观察。而 MPLAB 的优点是输入可以由预定义的激励文件生成，并且输出可以记录在跟踪文件里，这提供了使用标准序列和测试结果永久记录的一种自动化测试方法。因此，MPSIM 是范围更广的调试工具，Proteus 则可以测试整个电路，而且更直观。

当逻辑错误被删除，程序就可以下载到芯片中，最终的测试可以将完成的电路功能与原规范进行比较。如果有必要，可以用在线调试来检测真实的外围电路交互作用时可能产生的任何错误。目前，大多数的 PIC 芯片具有片内电路，可支持在线调试，而小型芯片则需要专门的仿真连接器（见第 7 章）。只有 MPSIM 提供最后调试功能。

在开发过程中，由 MPLAB 创建和使用的主要软件工具和文件在表 4.1 中列出。最重要的是源代码（.ASM）和用于仿真、下载的机器码（十六进制）。错误文件（.ERR）存储了编译时产生的错误信息。列表文件（.LST）是一个文本文件，其中包含了源代码、机器码、存储器分配和标号值。在复杂应用中，多个已分别被编译成应用程序组件的可重定位的机器码目标文件（.O），通过链接器进行链接，产生一个包含十六进制和列表文件的 COF 文件（见 Microchip 公司的 MPASM 用户指南）。

表 4.1 MPLAB 开发系统组成（8.60 版）

软件工具	工具的功能	生成或使用的文件	文件描述
文本编辑器： MPLAB.EXE＋MPEditor.dll 等	用于创建和修改源代码文本文件	PROGNAME.ASM	源代码文本文件
汇编器： MPASMWIN.EXE（单独的）	将源代码生成机器码，报告语法错误，生成列表和符号文件	PROGNAME.HEX PROGNAME.ERR PROGNAME.LST	可执行的机器码 错误消息 含源代码和机器码的列表文件

（续）

软 件 工 具	工具的功能	生成或使用的文件	文 件 描 述
模拟器： MPLAB.EXE＋MPSim.dll 等	下载之前用软件测试程序	PROGNAME.HEX PROGNAME.COF	可执行的机器码 链接输出文件
编程器： MPLAB.EXE＋PICkit2.dll 等	下载机器码到芯片	PROGNAME.HEX	可执行的机器码

4.2 程序设计

在商业应用中，具体的工程设计都有国际标准，不同类型产品的设计标准会有所不同，例如，军事上的应用通常比商业上的应用设计具有更高的可靠性、更严格的测试记录标准。我们这里的设计是模拟性的，是为了说明 PIC 单片机的功能特点，而不是满足用户的真正需求，虽然如此，我们仍然可以通过主要步骤了解设计的流程。

4.2.1 应用的设计规范

在设计过程中，第一步是确定应用程序所要实现的功能和性能。在现实世界里，这需要做得相当详细，使总体设计、开发、生产成本和时间表尽可能地预测出来，并满足市场或客户的需求。对于我们来说，第 3 章给出的最小规范要满足以下要求。

在两个输入按键的控制下，电路输出二进制的计数值到 8 个 LED 上。当按下其中一个输入按键时启动输出序列，释放该按键时计数停止，显示屏上保持当前的计数值。另外一个输入按键用于清除输出结果（所有 LED 熄灭），使计数可以从零重新开始。

接下来的步骤是设计能让应用程序运行的硬件。首先从画出能显示用户接口要求的框图开始。微控制器的接口通常采用一定标准的器件来实现，如按键、键盘、LED 指示灯、液晶显示器、继电器等。这里不会描述具体的电路设计细节，最常见的接口技术和设备在《Interfacing PIC Microcontrollers：Embedded Design by Interactive Simulation》（Newnes 2006）中进行介绍。微控制器必须根据特定的要求进行选择，例如：

- 输入输出端口的数量和类型（基于芯片引脚）。
- 程序存储器的大小（指令的最大数量）。
- 数据存储器的大小（空闲的文件寄存器的数量）。
- 程序执行速度（时钟频率）。
- 可用的特殊接口（如模拟输入、串口）。

BINx 应用的硬件配置已经在第 3 章（图 3.3）中描述过。我们已经建立的被挑选出来的微控制器的指令集和编程特征是合适的，如果还需要更多的功能，可以修改现有的硬件设计。如果发现微控制器在某些方面匮乏，如没有足够的输入 / 输出（I/O）引脚，可以考虑使用另一个微控制器，或其他类型的硬件，如常见的微处理器系统。但是最好使用同系列的处理器，因为它们都是基于相同的体系结构和指令集，方便互相替换。在小规模和中规模的应用中，PIC 系列芯片的适应范围最广也最实用。

微控制器通常用于所谓的实时应用中，典型的应用是根据测到的输入信号快速修改输出信号的控制系统，如机动车发动机的控制系统。应用可能还需要复杂的数据处理，但是数据存储量极小。对于简单应用，汇编语言提供了最快的速度和最少的内存需求。但对于较复杂的应用，可能需要一个更高层次的语言，以提供更大范围和更人性化的语法和结构，如提供数学函数和显示驱动程序。因此功能强大的 PIC 微控制器一般使用级别高于汇编的 C 语言进行编程，C 语言的基本语法比汇编语言更像英语，更容易学习，而且不需要精通与 MCU 架构相关的知识。不足之处是每个 C 语言指令都要转换成几个汇编指令，所以整体程序较长，执行速度较慢，需要更多的程序存储器。PIC 微控制器的 C 语言编程在《 Programming 8-bit PIC Microcontrollers in C with Interactive Hardware Simulation 》(Newnes 2008) 中介绍。

4.2.2　程序算法

在学习编程的时候，流程图可以直观有效地用来说明整体算法（过程）。BIN3 的流程图如图 4.2 所示，程序标题放置在流程图顶部起始处，需要处理的过程定义为序列块，流程图里的每个框都包含了本阶段操作的描述，不同形状的框分别表示处理（矩形）、输入输出（平行四边形）和判断（菱形）。判断框有两个输出，表示程序中的条件分支，其内应包含判断为“是”或“否”的问题，在有效的输出处要恰当地标记 YES 或 NO，通常只需标记一个输出。跳转目的地也可以标上标号，这些相同的标号可作为地址标号。

有一种编程软件包可以将流程图直接转换成代码，这种软件在教育和培训环境中非常有用。关于流程图的软件设计技术将在后面详细讨论。

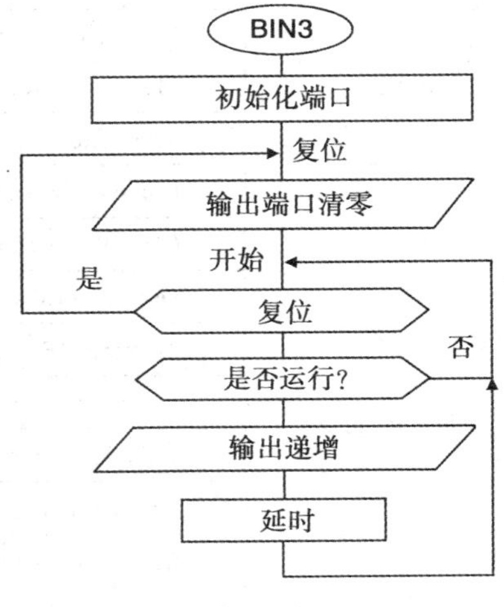

图 4.2　程序 BIN3 的流程图

4.3　程序编辑

程序使用所选处理器的数据手册中的指令集来编写。对所有 16 系列的 PIC 芯片来说，指令集在本质上都是相同的。源代码，即汇编程序代码，必须输入到通常由开发系统提供的文本编辑器里。因为读者都已经熟悉了字处理器的使用，所以我们将不会详细介绍文本编辑器的使用方法了。

MPLAB 编辑窗口只有有限的编辑功能，它仅用于创建纯文本文件。一般使用 Courier 字体，每个字符占用相同的空间，不像等间距字体的 Arial 和 Times Roman，采用这种方式显示时，文本垂直方向排列和水平方向排列是一样的，所以程序使用制表符按列整齐排放，这样更容易理解。本书中程序的标号间距设置为 8 个字符，打印时也使用 Courier 字体，以保持正确的布局。

当启动一个新应用时，应该创建一个单独的文件夹，由汇编器生成的所有文件都放在这个文件夹里，并用应用程序的名字命名该文件夹，如命名为 BIN3。打开源代码文件，在文件顶部输入源代码文件名（如 BIN3.ASM），并立即将文件保存到这个文件夹中，以确保在输入更多源代码之前文件路径能正确操作设置好。在退出开发系统之前，一定要确保你的文件已经备份在不同的驱动器上了。

4.3.1 指令集

PIC 16 的数据手册和中档器件手册显示出的指令集是按字节、位、立即数和控制操作编排的。表 4.2 按功能将相同指令放在一起，并举例说明。每条指令的详细说明在数据手册中提供，更多信息参见第 6 章。

表 4.2 PIC 中档器件指令集

按功能分组的 PIC 16 位指令			
MOVE	Move data from F to W	MOVF	0C,W
	Move data from W to F	MOVWF	0C
	Move literal into W	MOVLW	0F9
REGISTER	Clear W（reset all bits and value to 0）	CLRW	
	Clear F（reset all bits and value to 0）	CLRF	0C
	Decrement F（reduce by 1）	DECF	0C
	Increment F（increase by 1）	INCF	0C
	Swap the upper and lower four bits in F	SWAPF	0C
	Complement F value（invert all bits）	COMF	0C
	Rotate bits Left through Carry Flag	RLF	0C
	Rotate bits Right through Carry Flag	RRF	0C
	Clear（reset to zero）the bit specified（e.g. bit 3）	BCF	0C, 3
	Set（to 1）the bit specified（e.g. bit 3）	BSF	0C, 3
ARITHMETIC	Add W to F（with carry out）	ADDWF	0C
	Add F to W（with carry out）	ADDWF	0C,W
	Add L to W（with carry out）	ADDLW	0F9
	Subtract W from F（with carry in）	SUBWF	0C
	Subtract W from F，result in W	SUBWF	0C, W
	Subtract W from L，result in W	SUBLW	0F9
LOGIC	AND the bits of W and F，result in F	ANDWF	0C

（续）

LOGIC	AND the bits of W and F, result in W	ANDWF	0C,W
	AND the bits of L and W, result in W	ANDLW	0F9
	OR the bits of W and F, result in F	IORWF	0C
	OR the bits of W and F, result in W	IORWF	0C,W
	OR the bits of L and W, result in W	IORLW	0F9
	Exclusive OR the bits of W and F, result in F	XORWF	0C
	Exclusive OR the bits of W and F, result in W	XORWF	0C,W
	Exclusive OR the bits of L and W	XORLW	0F9
TEST & SKIP	Test a bit in F and Skip next instruction if it is Clear (=0)	BTFSC	0C, 3
	Test a bit in F and Skip next instruction if it is Set (=1)	BTFSS	0C, 3
	Decrement F and Skip next instruction if it is now Zero	DECFSZ	0C
	Increment F and Skip next instruction if it is now Zero	INCFSZ	0C
JUMP	Go To a labelled line in the program (e.g. start)	GOTO	start
	Jump to the Label at the start of a Subroutine (e.g. delay)	CALL	delay
	Return at the end of a Subroutine to the next instruction	RETURN	
	Return at the end of a Subroutine with L in W	RETLW	0F9
	Return from Interrupt Service Routine to next instruction	RETFIE	
CONTROL	No Operation — delay for 1 cycle	NOP	
	Go into Standby Mode to save power	SLEEP	
	Clear Watchdog Timer to prevent automatic reset	CLRWDT	
	Load Port Data Direction Register from W	TRIS	06
	Load Option Control Register from W	OPTION	

表 4.2 中的指令分组反映出指令集有不同类型的指令，如第 2 章解释的数据传送、单个或寄存器对的算术和逻辑运算、时序控制和其他指令。例子中所用的寄存器总是小型 PIC 16 芯片中的第一个通用寄存器 0C。被操作的寄存器通常以其名称表示（见下面的 BIN3 程序），常数和寄存器的位数也可以根据上下文用数字或标号来表示。

4.3.2　BIN3 源代码

程序 BIN3 使用与 BIN2（第 3 章）相同的指令，增加了读按键和控制输出指令的额外说明。程序 4.1 是其修改后的结果。

首先，要注意总体布局和标点符号。在程序的头部包含了尽可能多的必要信息，每行的注释前有一个分号，表明这些文本不是汇编程序的一部分，如 EQU 和 END 这样的汇编伪指令也不是程序的一部分，但可以用来定义标号和程序源代码的结束。标号 porta、 portb 和 timer 分别指文件寄存器 05、06 和 0C；“inres” 和 “inrun” 是按键输入位的标号。程序使用“Bit Test and Skip”指令和紧跟着的“GOTO label”指令来实现有条件的跳转。

```
;
;       BIN3.ASM                                        MPB   12-10-03
; ..............................................................
;
;       Slow output binary count is stopped, started
;       and reset with push buttons.
;
;       Processor = 16F84A          Clock = CR, 100kHz
;       Inputs: RA0, RA1            Outputs: RB0 - RB7
;
; ***************************************************************

; Register Label Equates.........................................

porta   EQU     05                  ; Port A Data Register
portb   EQU     06                  ; Port B Data Register
timer   EQU     0C                  ; Spare register for delay

; Input Bit Label Equates .......................................

inres   EQU     0                   ; 'Reset' input button = RA0
inrun   EQU     1                   ; 'Run' input button = RA1

; ***************************************************************

; Initialise Port B (Port A defaults to inputs)..................

        MOVLW   00                  ; Port B Data Direction Code
        TRIS    portb               ; Load the DDR code into F86
        GOTO    reset

; Start main loop ...............................................

reset   CLRF    portb               ; Clear Port B

start   BTFSS   porta,inres         ; Test RA0 input button
        GOTO    reset               ; and reset Port B if pressed
        BTFSC   porta,inrun         ; Test RA1 input button
        GOTO    start               ; and run count if pressed

        INCF    portb               ; Increment count at Port B

        MOVLW   0FF                 ; Delay count literal
        MOVWF   timer               ; Copy W to timer register
down    DECFSZ  timer               ; Decrement timer register
        GOTO    down                ; and repeat until zero

        GOTO    start               ; Repeat main loop always
        END                         ; Terminate source code
```

程序 4.1　BIN3 源代码

在这个阶段，初学者可以实践一下，在没有对程序进行完整分析的情况下将源代码输入到编辑器中，指令放在前三列，为节省时间可以省略注释，输入的标号放在第一列，指令助记符放在第二列，指令操作数放在第三列。源代码文本文件命名为 BIN3.ASM，将文件保存在磁盘里适当的目录或文件夹中。另外，源代码文件还可以从网站 www.picmicros.org.uk 上下载。源代码也可以在免费的 MPLAB 模拟器（参见 4.7 节）上或 Proteus VSM（见附录 E）上进行测试。

4.3.3　语法

"语法"指的是把词放在一起来创造有意义的语句或一系列语句的方式。在编程中，语法规则由创建机器码的汇编器决定。必须给汇编器提供程序源代码，它才可以将它转换成所需要的没有任何歧义的机器码。这就是为什么汇编语法规则非常严格的原因。

4.3.4　布局

程序布局分为四列，如表 4.3 所示。每个字符占据相同的空间，并按列正确对齐，其中标号、命令和操作数所在的列设置为 8 个字符宽，标号的最大长度是 6 个字符，两列之间留有最少两个明显的格（可以使用长标号，但是这样就必须使用不同形式的程序布局）。Tab 键通常用来将文本排成列，标号间距可以根据需要进行调整。

4.3.5　注释

注释不是实际程序的一部分，但可以帮助程序员和用户了解程序是如何工作的。注释以分号（ ; ）开始。注释一般放置在第 4 列，也可以放置在一行的开始处，表明这个注释涉及整个程序块（功能模块的说明）。注释和行用回车键（Enter 键）结束。

表 4.3　汇编源代码的布局

第 1 列标号	第 2 列命令	第 3 列操作数	第 4 列注释
标号等同一个值，或替代跳转后的程序目的地址	处理器执行特定操作的指令助记符形式 只能用指令集指定的助记符	指令中使用的数据或寄存器的内容。寄存器通常用标号来表示。有些指令不需要操作数	说明文字，位于分号右边，可以帮助程序员和用户理解程序。注释对程序运行没有影响。程序块之间可用全行来进行注释

建议使用标准头模块（程序 4.1 所示）。对于简单程序，第一行最少应该包含源代码的文件名、作者、日期和（或）版本号，程序的说明也应该放在头模块里。对于复杂的程序，还应该包括处理器类型、目标硬件的详细信息及其他相关信息。一般来说，程序越大，出现在模块注释中的信息越多。

4.4　程序结构

结构化编程是指尽可能以离散的模块来构造程序，这样使程序更容易编写和理解、更可靠，在将来修改时更方便。程序 BIN3 是非结构化的，程序指令按照源代码给出的基本顺序执行。等价的“结构化”的程序 BIN4 列于程序 4.2 中。

程序 BIN3 和 BIN4 之间的主要区别在于程序 BIN4 中有一个延时序列“子程序”。子程序嵌入在主程序模块之前，会首先被编译，它通过标号被主程序调用。子程序可以被创建为一个独立的程序块，并根据需要重复使用，这意味着子程序代码模块只要写一次，就可以根据需要多次被调用。它也可以转成一个独立的文件，并在另一个程序中重复使用。另外，延时时间在子程序执行前加载，所以相同的延时程序可以提供不同的时间延时。

程序 BIN3 的流程图见图 4.2。同样的流程图可以描述程序 BIN4，但现在延时进程扩展为一个独立的延时子程序流程图（见图 4.3）。程序设计中流程图的使用将在第 8 章中被全面观察到。

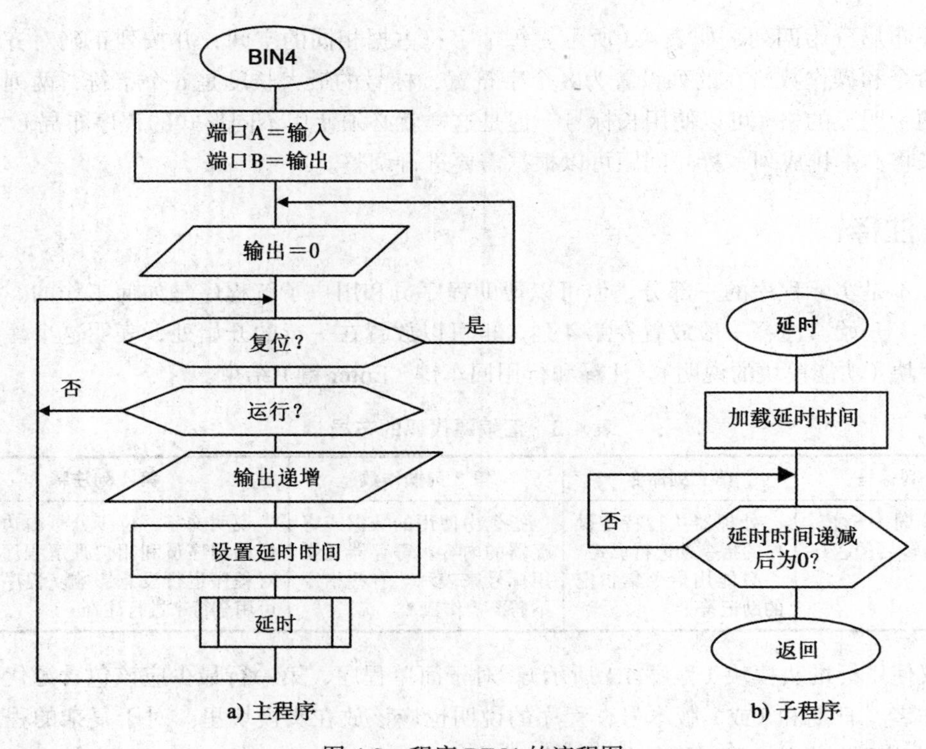

图 4.3 程序 BIN4 的流程图

4.5 程序分析

现在对程序 BIN4 做一个详细的分析，因为它包含了常见的 PIC 语法。下面将详细研究每种类型的指令样本。

```
;
;       Source File:    BIN4.ASM
;       Author:         M. Bates
;       Date:           15-10-03
;       .....................................................
;       Program Description:
;
;       Slow output binary count is stopped, started
;       and reset with push buttons. This version uses a
;       subroutine for the delay....
;
;       Processor:      PIC 16F84A
;
;       Hardware:       PIC Demo System
;       Clock:          CR ~100kHz
;       Inputs:         Push Buttons RA0, RA1 (active low)
;       Outputs:        LEDs (active high)
;
;       WDTimer:        Disabled
;       PUTimer:        Enabled
;       Interrupts:     Disabled
;       Code Protect:   Disabled
;
; ***********************************************************

; Register Label Equates....................................

porta   EQU     05                  ; Port A Data Register
portb   EQU     06                  ; Port B Data Register
timer   EQU     0C                  ; Spare register for delay

; Input Bit Label Equates ..................................

inres   EQU     0                   ; 'Reset' input button = RA0
inrun   EQU     1                   ; 'Run' input button = RA1

; ***********************************************************

; Initialise Port B (Port A defaults to inputs).............

        MOVLW   b'00000000'         ; Port B Data Direction Code
        TRIS    portb               ; Load the DDR code into F86
        GOTO    reset


; 'delay' subroutine .......................................

delay   MOVWF   timer               ; Copy W to timer register
down    DECFSZ  timer               ; Decrement timer register
        GOTO    down                ; and repeat until zero
        RETURN                      ; Jump back to main program

; Start main loop ..........................................

reset   CLRF    portb               ; Clear Port B Data

start   BTFSS   porta,inres         ; Test RA0 input button
        GOTO    reset               ; and reset Port B if pressed
        BTFSC   porta,inrun         ; Test RA1 input button
        GOTO    start               ; and run count if pressed
```

程序 4.2　BIN4 源代码

```
INCF    portb          ; Increment count at Port B
MOVLW   0FF            ; Delay count literal
CALL    delay          ; Jump to subroutine 'delay'

GOTO    start          ; Repeat main loop always
END                    ; Terminate source code
```

程序 4.2 （续）

4.5.1 标号赋值

```
timer  EQU  0C
```

用标号代替数字使得程序更容易编写和理解，但在程序开始时我们要“声明”这些标号。在汇编代码中，汇编伪指令 EQU 用来给数字分配一个标号，数字可以是立即数、文件寄存器号码或寄存器的位。在程序 BIN4 中“PORTA”和“PORTB”是端口数据寄存器（05 和 06），被用来计数的“timer”寄存器是第一个通用寄存器（0C）。标号“inres”和“inrun”被赋值为 0 和 1，实际将替代端口 A 里的第 0 位和第 1 位。编译时用程序标号替换原来的数字。

4.5.2 端口初始化

```
TRIS  portb
```

端口 B 用作 8 位二进制数的输出，数据传输方向必须通过使用 TRIS 指令加载端口方向数据到数据方向寄存器里进行设置。在这个例子中，代码以二进制值 b‘00000000’给出。当端口被设置成混合的输入和输出情况时，用这样的二进制代码设定每个端口的数据传输方向是非常有用的。使用 MOVLW 指令，将代码加载到 W 里，然后紧跟着执行 TRIS 命令。

TRIS 指令是初始化端口的一种简单方式，但制造商建议使用另一种方法，而这个方法涉及 bank 的选择，稍后再进行介绍。对于初学者，TRIS 更容易理解和使用，而且 MPASM 汇编器仍然继续支持它的使用。

4.5.3 程序跳转

```
GOTO  start
```

“GOTO 标号”命令用于程序跳转到除本行之外的其他行。BIN4 中的“GOTO reset”指令表示跳过下面的延时子程序，执行主循环。这样执行是因为在程序的结尾处还有另外一个无条件跳转指令“GOTO start”，它使主循环可以无限重复地执行。其他“GOTO 标号”指令则使用“Test and Skip”指令来创建条件分支。在程序 4.2 中，采用了这种类型的指令来监测输入按键，程序跳转与否取决于按键是否被按下。

4.5.4　位测试若为 1/0 则跳过

```
BTFSS  porta,inres
```

输入按键连接到 A 端口，使用上面的指令测试端口的第 0 位。该指令表示“位测试文件（寄存器位），如果该位被置位（ =1 ）则跳过下一条指令”。如果没有位标号，指令“ TFSS 05，0”也具有相同的效果。按键是低电平有效的连接，即按键按下时输入会从“1”变为“0”。如果连接 RA0 的按键没有按下，输入为高，即置位，因此指令“ GOTO reset”被跳过，程序执行它下面的指令。当按键被按下时，程序执行指令“ GOTO reset”，于是就重复执行 CLRF 指令，清除此前的数据。

BTFSC 是“位测试，如果该位为 0 则跳过下一条指令”，与 BTFSS 工作方式相类似，不同之处仅是逻辑判断是相反的。因此，“ BTFSC porta，inrun”测试端口 A 寄存器的第 1 位，如果按键按下则跳过下面的“ GOTO start”指令，程序将继续执行递增计数并输出。如果按键没有按下，程序跳回到“ start”所在行执行。此处的输入按键的组合效果是，当按下“运行”按键时计数，按下“复位”按键时计数值清零。

4.5.5　加 / 减 1 寄存器若为 0 则跳过

```
DECFSZ  timer
```

其他条件分支指令允许在一条指令里完成寄存器的递增或递减，及检测其结果是否为零，这是计数和定时应用的共同需求。在 BIN3 的延时子程序里，寄存器“ timer”加载最大为 FF 的数值，然后递减，如果结果不为零，跳到“ GOTO down”指令执行。当寄存器中的值到了零时，则跳过 GOTO 指令，子程序结束。在程序 BIN4 中，timer 的初值在延时子程序调用前进行设置。

4.5.6　子程序调用和返回

子程序调用的主要结构如下所示：

```
start ....              ; start main program
      ....
      CALL   delay      ; jump to subroutine
      ....              ; return to here
      GOTO   start      ; end of main loop
delay ....              ; subroutine start
      ....
      ....
      RETURN            ; subroutine ends
```

在这个程序中，子程序给寄存器加载一个值，再递减它至零来提供一个延时。延时从调用“CALL delay”指令开始，程序会跳到标号“delay”所在行，从那里执行。CALL是指“跳转，然后回到这个地方”，所以为了以后的返回，返回地址必须存储在称为“栈”的特殊存储器中。

下一条指令（即“GOTO start”指令）的地址自动保存到栈里，它是CALL指令执行的一部分。执行到“RETURN”子程序终止返回，它不需要操作数，因为返回的目的地址会自动从栈中弹出到程序计数器PC里，使程序返回到主程序刚才进行跳转的地方。PIC 16的栈可存储最多8个返回地址，可实现多层嵌套调用子程序。返回地址按顺序压入和弹出栈，所以如果错过程序中的CALL或RETURN，将产生栈错误。而且，汇编器将无法发现这个错误，但是这会导致出现运行错误的消息。

4.5.7 源代码结束

```
END
```

源代码必须以汇编伪指令END终止，使编译过程可以有序地停止，并控制返回到主操作系统。它是唯一的必不可少的汇编伪指令。

4.6 程序汇编

要创建PIC程序，必须从Microchip公司的网站www.microchip.com上下载并安装MPLAB IDE集成开发系统。启动软件，单击新建文件按钮，会打开源代码编辑窗口。可以输入演示程序的代码并保存在合适的文件夹中，使用与文件夹相同的名称，如BIN4。源代码保存名为APPNAME.ASM。如果该源代码已经存在，可用常规方式重新打开。示范文件可从www.picmicros.org.uk上下载。找到文件BIN4.MCW，打开它就能自动打开所有相关的窗口（File → Open Workspace）。

请注意，早期的MPASMWIN版本里有一个文件路径长度限制的要求，所以文件夹要尽可能地靠近根驱动器。如果文件路径太长，汇编器可能会生成错误消息，但不说明确切的原因。这仅是汇编器历史上的局限问题，当前的版本似乎已经解决了这个问题。

一旦在编辑窗口中进入或打开源代码，可以在MPLAB中选择Project（项目）菜单里的Quickbuild sourcefile.asm编译程序，而正确的处理器类型必须先通过Configuration（配置）菜单里的select device进行选择。汇编程序（MPASM）从源代码文本的左上角开始，一个字母一个字母、一行一行地解码，生成与之对应的机器码，直至检测到END指令为止。生成的二进制代码自动保存在源代码文件所在的文件夹中，并命名为BIN4.HEX，同时还生成其他几个文件，其中一些用于调试。

在Proteus VSM中，必须先创建电路原理图，然后通过菜单选择、添加/删除源文件，将程序加载到MCU。同时必须选择处理器类型和编译器，创建或添加新的源文件。通过选择 Source（源）菜单中的 Build All 编译程序，当仿真器设置为运行时，编辑后会自动重新编译程序，这样调试源代码既方便又快捷。Proteus VSM 中的创建方法详见附录 E。

4.6.1 语法错误

如果源代码中有任何语法错误，如拼写、排版、标点或非正确定义的标号，汇编器都将生成错误信息显示在单独的窗口中，显示内容包括错误类型和行号。必须注意这些消息、行号或者错误文件（如 BIN4.ERR），可打印出来然后对源代码进行必要的修改。有时错误在上一行，有时一个错误可以产生多个信息。警告和消息类信息通常可以忽略，也可以禁用。有关错误信息的更多详细介绍见第 9 章。

你可能会收到以下信息：

```
 Warning[224] C:\MPLAB\BOOKPRGS\BIN4.ASM 65 : Use of this instruction
is not recommended.

 Message[305] C:\MPLAB\BOOKPRGS\BIN4.ASM 81 : Using default
destination of 1 (file).
```

第一个警告是由特殊指令 TRIS 引起，它不是主指令集里的一部分，只是初始化端口的一种简单方法。替代方法是使用寄存器 bank 选择，也是实际应用程序中使用的首选方法，这将在后面介绍。

“default destination”的消息是程序中使用了简化语法引起的，指令中文件寄存器没有明确地指定为目的寄存器，使结果既可以存放在文件寄存器里，也可以存放在 W 工作寄存器里。汇编器默认文件寄存器为目标寄存器，这样可以简化源代码。

当所有的错误都被更正时，程序编译成功，可以选择 View → Program Memory 检查机器码。需要注意的是，由机器码“反汇编”生成的程序代码中，源代码中的标号没有复制再生出来，也就是说 hex 文件被转换回助记符形式。可以参照源程序对它进行检查。

4.6.2 列表文件

汇编器会生成列表文件“BIN4.LST”，在列表（表 4.4）中包含源代码、机器码、错误信息和其他信息。这对分析程序、编译操作和调试源代码都非常有用。

该列表文件的头部显示了使用的汇编器的版本和源文件的详细信息。列标题如下：

LOC:	存储机器码的内存地址
VALUE:	用相等的标号替换的数值
OBJECT CODE:	为每条指令生成的机器码
LINE:	列表文件的行号
SOURCE TEXT:	包含注释的源码

在列表文件的末尾提供了额外的信息：

SYMBOL TABLE:	列出分配的所有相等标号和地址

MEMORY USAGE MAP: 显示目标码占据的位置

注意，并不是每行都产生机器码，有些行整行都是注释。实际的程序从00041行开始生成机器码。第一条指令的机器码显示在第2列（3000），下载存储在芯片上的地址显示在第1列（0000）。整个程序占用地址范围为0000～000F（16条指令）。

如果研究机器码，我们可以看到标号是如何工作的。例如，最后一条指令“GOTO”编码为2808，08指第1列里标号start的地址是0008。汇编程序里的标号由相应的跳转目的地址的数字取代。同样，在测试输入的指令码1C05中，标号“porta”赋值为文件寄存器05。

标号的值再次在符号表中列出。这些值会被模拟器使用，以允许用户通过标号来显示模拟的寄存器。用到的16个程序存储器的存储单元，即0000～000F，以图形格式在存储器里映射。最后会给出所有的错误、警告和消息，如果有致命错误，会阻止程序编译成功，列表文件也不会产生。

表 4.4 BIN4 列表文件

```
MPASM  5.36                   BIN4.ASM   9-12-2010  16:17:57        PAGE  1

LOC  OBJECT CODE     LINE SOURCE TEXT
  VALUE

                      00001 ;
                      00002 ;        Source File:    BIN4.ASM
                      00003 ;        Author:         M. Bates
                      00004 ;        Date:           15-10-03
                      00005 ;        ..............................................
                      00006 ;        Program Description:
                      00007 ;
                      00008 ;        Slow output binary count is stopped, started
                      00009 ;        and reset with push buttons. This version uses a
                      00010 ;        subroutine for the delay....
                      00011 ;
                      00012 ;        Processor:      PIC 16F84
                      00013 ;
                      00014 ;        Hardware:       PIC Demo System
                      00015 ;        Clock:          CR ~100kHz
                      00016 ;        Inputs:         Push Buttons RA0, RA1 (active low)
                      00017 ;        Outputs:        LEDs (active high)
                      00018 ;
                      00019 ;        WDTimer:        Disabled
                      00020 ;        PUTimer:        Enabled
                      00021 ;        Interrupts:     Disabled
                      00022 ;        Code Protect:   Disabled
                      00023 ;
                      00024 ; ************************************************************
                      00025
                      00026 ; Register Label Equates..........................
                      00027
  00000005            00028 porta    EQU     05          ; Port A Data Register
  00000006            00029 portb    EQU     06          ; Port B Data Register
  0000000C            00030 timer    EQU     0C          ; Spare register for delay
                      00031
                      00032 ; Input Bit Label Equates ............................
                      00033
  00000000            00034 inres    EQU     0           ; 'Reset' input button = RA0
  00000001            00035 inrun    EQU     1           ; 'Run' input button = RA1
                      00036
                      00037 ; ************************************************************
                      00038
```

（续）

```
                   00039 ; Initialize Port B (Port A defaults to inputs).........
                   00040
0000   3000        00041         MOVLW   b'00000000'      ; Port B Data Direction Code
0001   0066        00042         TRIS    portb            ; Load the DDR code into F86
0002   2807        00043         GOTO    reset
                   00044
                   00045
                   00046 ; 'delay' subroutine ....................................
                   00047
0003   008C        00048 delay   MOVWF   timer            ; Copy W to timer register
0004   0B8C        00049 down    DECFSZ  timer            ; Decrement timer register
0005   2804        00050         GOTO    down             ; and repeat until zero
0006   0008        00051         RETURN                   ; Jump back to main program
                   00052
                   00053
                   00054 ; Start main loop .......................................
                   00055
0007   0186        00056 reset   CLRF    portb            ; Clear Port B Data
                   00057
0008   1C05        00058 start   BTFSS   porta,inres      ; Test RA0 input button
0009   2807        00059         GOTO    reset            ; and reset Port B if pressed
000A   1885        00060         BTFSC   porta,inrun      ; Test RA1 input button
000B   2808        00061         GOTO    start            ; and run count if pressed
                   00062
000C   0A86        00063         INCF    portb            ; Increment count at Port B
000D   30FF        00064         MOVLW   0FF              ; Delay count literal
000E   2003        00065         CALL    delay            ; Jump to subroutine 'delay'
                   00066
000F   2808        00067         GOTO    start            ; Repeat main loop always
                   00068         END                      ; Terminate source code

SYMBOL TABLE
  LABEL                              VALUE

__16F84A                           00000001
delay                              00000003
down                               00000004
inres                              00000000
inrun                              00000001
porta                              00000005
portb                              00000006
reset                              00000007
start                              00000008
timer                              0000000C

MEMORY USAGE MAP ('X' = Used,  '-' = Unused)

0000 : XXXXXXXXXXXXXXXX ---------------- ---------------- ----------------

All other memory blocks unused.

Program Memory Words Used:    16
Program Memory Words Free:  1008

Errors   :     0
Warnings :     1 reported,     0 suppressed
Messages :     2 reported,     0 suppressed
```

4.7 程序仿真

现在 BIN4.HEX 文件可以下载到 PIC 芯片里，程序可以在硬件上执行。因为给出的程序是编译成功的，所以应该能正确运行。然而，当程序是第一次开发时，很有可能会出现逻辑错误。这表示程序虽然能执行，但它不一定能按照正确的顺序进行正确的操作。例如，若对错误的输入引脚进行测试，按键不会被检测到。通过运行一个测试应用程序中所有功能的测试序列，可以检查出程序的逻辑错误。任何操作错误都要追溯到相关的源代码部分。这个过程可能要重复多次，会非常耗时。

仿真的作用就是：它允许程序在主机上的虚拟环境中“运行”，无须将程序下载到实际的硬件上，就像程序是在芯片上运行一样。然后就可以迅速方便地检查出逻辑错误，修改源代码并重新测试。大部分的逻辑错误在此过程中被消除，留下的可能是真正与硬件相关的需要解决的问题，如输入 / 输出时间。

MPLAB 单独提供 MCU 的源代码仿真和调试，而 Proteus VSM 提供了更加容易使用的用户交互方法，可以对整个电路的原理图进行虚拟的信号分析（见附录 E）。仿真能使程序在寄存器和输出等关键部分的执行情况被检测出来。例如，在 BIN4 中，我们会检测到端口 B 在主循环执行后递增，这是程序的主要功能。图 4.4 是用 MPLAB 8.60 版本的软件模拟 BIN4 时的截图。

现在，MPLAB 还提供逻辑分析仪，选择 View→ Simulator Logic Analyzer，可以在时间轴上看到输出，如图 3.5 所示。Channels 按钮用来打开一个对话框，选择添加输出引脚 RB0～RB7 进行显示。

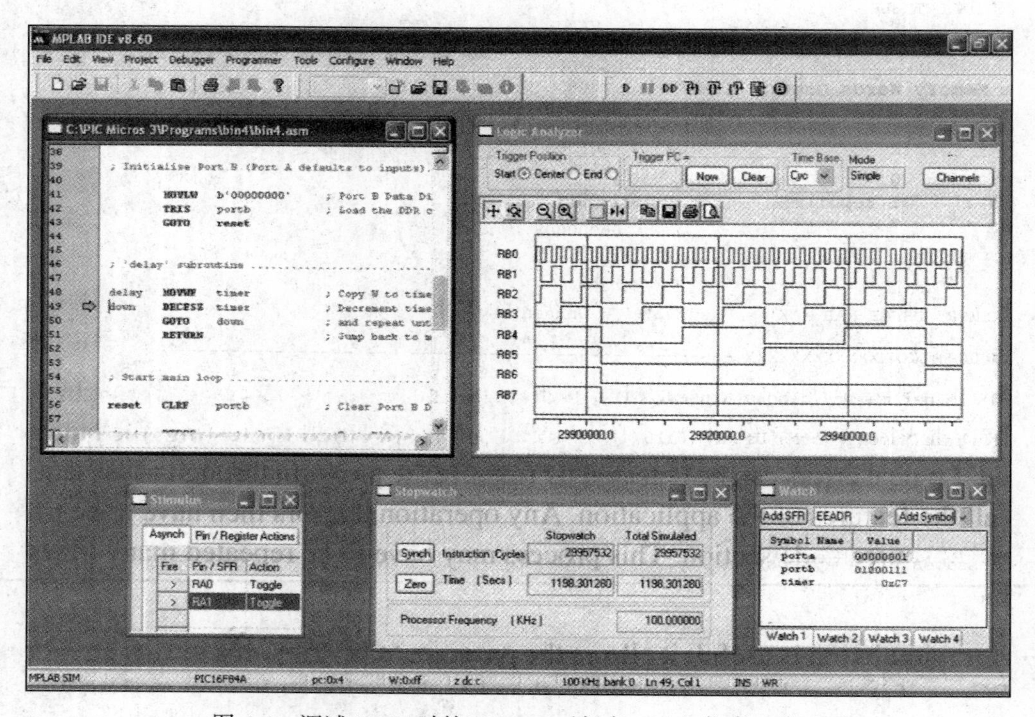

图 4.4　调试 BIN4 时的 MPLAB（版本 8.60）仿真工作区

4.7.1　单步执行

源代码调试允许程序在编辑窗口中被测试。首先加载并编译源代码文件 BIN4.ASM，然后通过选择 Debugger → Select Tool → MPLAB SIM 启用模拟仿真，控制板随即显示在工具栏中。单击 Run 按钮，什么也没有发生，但是当单击了 Halt 按钮，程序执行的当前位置显示在源代码窗口上。可能会出现 Watchdog Timer（看门狗定时器）的消息，这是防止程序陷入循环的自动中断。可打开 Configure（配置）→ Configuration Bits（配置位）对话框，关闭看门狗定时器，不选 Configuration Bits set in code 选项。同时，确保上电定时器和代码保护被关闭，这些设置将在后面解释。现在可以用控制面板中的 Step Into（单步运行）按钮，单击一次，执行一条指令，这样就可以检查程序的执行顺序。因为没有输入，程序应循环执行 reset 序列。随时可单击 Reset（复位）按钮重新启动程序。如果选择 Debugger 菜单中的 Animate（单步连续运行）按钮，程序会自动地单步执行。

4.7.2　模拟输入

现在我们需要模拟硬件上实现启动 / 停止输出序列的按键操作。选择 Debugger → Stimulus → New Workbook（Asynch tab），单击 PIN/SFR 列的第一个单元格，允许从下拉菜单中选择输入。选择第一行的 RA0 和第二行的 RA1。在 Action 列中，设置两个都是触发模式，这会使每次单击 Fire 按钮时，输入都会发生变化。现在可以操作输入了，让程序在 reset 循环中运行。开始时两个输入端应设置为高电平，模拟硬件的默认（无效）状态。RA1 变为低电平，主循环继续运行，触发 RA0 则会切换到 reset 循环。但是，输入的状态没有在激励表中显示，所以文件寄存器 05，即 A 端口必须显示出来（最好是二进制），以证实输入发生了变化。

4.7.3　寄存器的显示

可以查看特殊功能寄存器来检查程序在输出寄存器 06，即端口 B 上的执行效果，也可以检测输入的变化，并跟踪内部寄存器的任何变化，也可以选择 watch 窗口显示选择的寄存器。右击修改寄存器的属性，选择显示格式是十六进制或二进制形式，这样可以检查每一位的状态。端口 A 的第 0 位和第 1 位随异步的激励输入而变化，端口 B 会在递增循环执行任意的时间后显示出随机的二进制数。

4.7.4　单步跳出和单步跳过

单步执行（Step Into）控制执行所有的子程序。一旦程序进入延时循环，同样的简单序列被不断重复执行，单步执行就没有用了。我们要么退出这个子程序（Step Out，单步跳出），要么干脆绕过它（Step Over，单步跳过）。这些控制命令使循环被全速执行。在 RETURN 指令后再恢复单步执行。若子程序是正确的，调试程序的其余部分时可以跳过它。

4.7.5 断点

选定部分程序全速执行的另一种方法是使用断点。例如，如果大部分的程序是正确的，我们全速运行通过，在其后面的程序再进行单步执行。BIN4 中，断点可以设置在主循环开始处，以便它执行一次程序后可以观察到寄存器的值。可以双击源代码窗口边的行号来简单地设置断点，于是程序可以从 start 行运行，在断点处停下，再运行，完整的循环被全速执行，这样就能看到端口 B 的值加 1 递增了。

4.7.6 秒表

该程序的执行时间可用秒表进行核对，秒表显示的是根据模拟的处理器时钟频率计算出来的执行时间和指令数。对于程序 BIN4，在配置对话框中选择 RC 振荡器，时钟频率通过在 Debugger → Settings 对话框中选择 Osc/Trace 选项卡进行设置。本程序中，处理器的频率设置为 100kHz，运行程序到断点“ start”处时时钟清零，然后再次运行，秒表将显示出一个周期所用的总时间，根据总时间可以预测输出频率。两个程序循环周期使低输出的 RB0 高低切换一次，实现一个完整的输出周期。因此，我们可以取两次循环时间为一个输出周期，对周期求倒数即为 RB0 的频率。

从秒表读到的数为：

每个循环执行的指令个数 ＝777
处理器频率 ＝100kHz
循环时间 ＝31.08ms

因此：

RB0 输出周期＝2×31.08 ＝62.16ms
RB0 输出频率＝1/0.06216 ＝16.1Hz

这表明，通过采用最大延迟循环计数（FF）的时钟频率，使输出为高的变化清晰可见。RB1 的频率大约为 8Hz，RB2 为 4Hz，RB3 为 2Hz，依此类推，RB7 大约每隔 8 秒闪烁一次。通过调整计数值或插入 NOP（无操作）指令，可以精确地设置频率。利用晶体时钟或校准的内部时钟能使时间更准确。关于使用 MPLAB 进行调试的更多信息见第 9 章。

4.8 程序下载

在模拟器上测试操作都正确后，机器码程序可以下载到芯片的闪存里。程序通过 16F84A 上串行连接的引脚 RB7 下载。程序下载有两种方法，具体如下。

4.8.1 编程器

PIC 芯片的早期编程方法是要求芯片在安装到硬件电路之前进行编程。编程器（也称烧写器）连接在计算机的串行端口（COM1 或 COM2），芯片插入编程器的零阻力（ZIF）插槽上（见图 4.5）。必须仔细检查芯片的安装方向，如果插反会烧坏芯片。也必须仔细检查防静电措施，因为 PIC 芯片是互补型金属氧化物半导体（CMOS）器件，引脚上的静电放电会击穿内部电路中的场效应晶体管（FET）的栅极绝缘层。在程序下载前，必须根据 MPLAB 设备规范选择正确的设备，并如下所述对配置位进行设置，也可以在源代码中用汇编伪指令进行配置位设置。

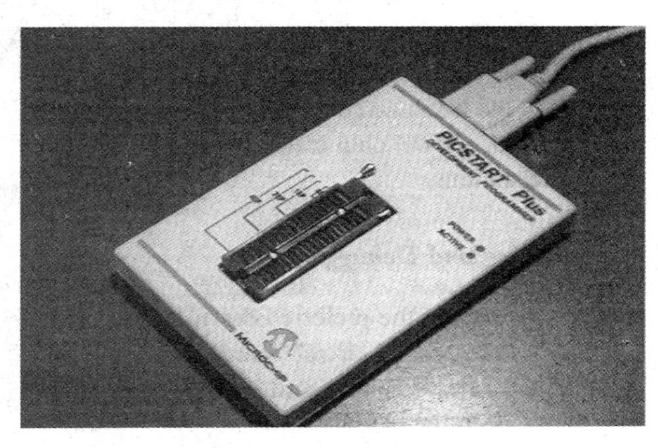

图 4.5　PIC 编程单元

Oscillator (Clock)*：*RC

早期芯片的振荡方式为 RC 和 XT，在 BIN 硬件中，其振荡器配置必须选择 RC。以后在使用外部晶体振荡器的应用中选用 XT。如果选择了错误类型的振荡器，程序将不能在硬件上运行，所以需要仔细检查。现在新推出的芯片有第三个选项，即无需外部元件来控制时钟的内部振荡器，目前这是振荡器配置的首选项。

Watchdog Timer*：*Off

看门狗定时器（WDT）是一个内部定时器，如果不用 CLRWDT 指令在 18ms 内对其清零，它会自动重新启动程序。因为一个没有检测到的程序错误，或在测试中没有预测到的一个输入条件使控制器挂起，可以用它停止挂起继续执行。对于不使用此功能的应用程序，必须关闭 WDT，否则程序会反复复位，无法正常运行。

Power-up Timer*：*On

当刚接通电源时，电源的电力供应需要一些时间才能达到准确的值（+5V）。上电定时器（PuT）是一个内部定时器，用来延迟程序启动直到电源稳定在准确的电压时程序才开始执行，这样有助于确保程序每次都能正确启动。它与模拟模式无关，但是当程序下载后进行硬件操作时应该被启用。

Code Protect*：*Off

如果代码保护（CP）位被使能，程序不能读回到 MPLAB 进行复制或处理。通常这只在商业应用中使用，目的是防止软件被盗用，而在我们的简化例子里可以关闭代码保护功能。

可以从 Programmer 菜单中选择 PICSTART 程序下载，如果编程器已正确连接，编程对话框会显示出来，可以看见将要下载的十六进制代码（如图 4.6，注意这个例子使用的是第 5 版 MPLAB）。检查完配置位，就可以选择下载机器码的操作，完成后应接收到成功下载的确认信息，然后可以将芯片安装到应用电路里。整个过程仍然要注意防静电措施。

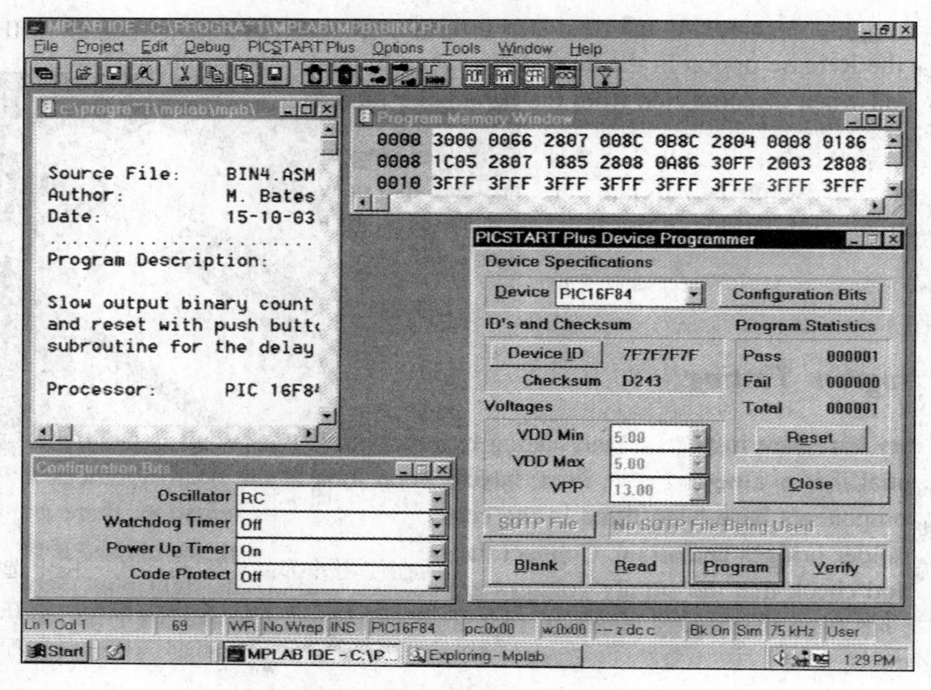

图 4.6　MPLAB（第 5 版）程序下载窗口

4.8.2　在线编程和调试

在线编程是现在最优的下载方法，在印制电路板（PCB）装配好后插入芯片，可以在最终的硬件上直接进行编程和调试。当批量生产电路板时，编程可以放在硬件完成后的最终阶段。由于可以迅速、安全地实现程序的修改和测试，所以在原型机设计阶段也非常有用。

为了在线编程和调试（ICD）的方便，板子上设计了一个六针的连接器，一边连接在芯片的编程引脚上，另一边连接在编程器 / 调试器上。而编程器 / 调试器的另一端连接在计算机上的通用串行总线（USB）输出端。该系统已经在第 1 章（见图 1.11）中说明，还将在第 7 章通过 Microchip 演示系统做进一步详细介绍。

当硬件连接好后，可以从 programmer 菜单中选择相应的编程器 / 调试器。PICkit2/3 提供了一些非常有用的功能，是低成本的选择。连接好编程器 / 调试器后就可以下载程序，然后从 debugger 菜单中选择对应的模块运行调试程序，方法就如同在软件仿真中使用工具（单步、断点等）进行调试一样。然而现在程序在芯片内部运行，硬件的实际互动可以被监控到，因此，同一时间内既可以验证硬件也可以验证软件。注意，并非所有的芯片都支持在线调试，例如那些较小的和较老的芯片则不支持在线调试。如果没有连接调试器和芯片的特殊连接头，则芯片 16F84A 和 16F690 都不支持 ICD。后面在 Microchip 44 引脚演示板上使用的 PIC 16F887 芯片则支持 ICD。

当调试完成后，最后一步是通过选择工具栏下拉菜单中的 Release 选项配置芯片独立运行。这使得板子与调试模块断开后仍能运行。

因此，软件可以测试和调试，最初是在 MPSIM 或 Proteus VSM 上，最终是在实际的硬件上。Proteus 还提供了功能齐全的 PCB 设计及电路仿真，从而最终的硬件可以使用相同封装的器件来生产。

4.9　程序测试

如果新建或新设计一个电路，则需要进行初步的硬件检查和测试。首先，仔细观察电路板，确认元件被安装在正确的位置和方向上，没有虚焊或桥接等问题。芯片安装或插入插座前连接电源接头，检查确认引脚上的电源电压是正确的。当硬件彻底检查完，打开开关，检查 MCU 有没有过热。

对于商业化的产品，必须指定测试进度，确认操作正确并记录操作。如果设计是完全可靠的，测试过程应该检查所有可能的输入序列，而不仅仅是正确的输入。使复杂的程序 100% 可测试是相当困难的，因为很难预测到每个可能的操作顺序。BIN4 程序的测试步骤建议见表 4.5。

表 4.5　BIN4 基本测试一览表

测　试	正确的操作	检查
1）检查：检查 PCB 和元件	观察：正确的值、方向和连接	
2）连接 5V 电源	观察＋万用表：芯片电源正常	
3）检查并调整时钟频率	示波器或频率计：100kHz	
4）按 RUN 按键	在 LED 上显示计数值	
5）松开 RUN 按键	LED 计数停止	
6）按下并释放复位键	LED 灯熄灭	
7）按 RUN 按键	LED 从零开始计数	
签名并注明日期	名字	日期

程序应在上电时立即启动。如果测试时根据最初的规范无法正常工作，可遵循如下步骤查找故障。

1. 硬件检查

a）MCLR、V_{DD} 引脚上的＋5V 电源，V_{SS} 引脚上的 0V 电源。

b）CLKIN 引脚上的时钟信号。

c）RB0、RB1 引脚上有无输入的变化。

2. 软件检查

a）模拟仿真正确。
b）时钟选择正确。
c）WDT 关闭，PuT 启用，CP 关闭。
d）验证程序。

关于系统测试的更多建议见第 9 章。

习题

1. 按照正确顺序排列下面的程序开发步骤：a）下载 hex 文件；b）汇编源代码；c）编辑源代码；d）硬件测试；e）方案设计；f）软件模拟仿真。
2. 说出下列文件的文件扩展名，并描述它们的功能：源代码、机器代码、列表文件。
3. 陈述使用子程序的两大优势。
4. 写出 PIC 汇编代码中能够实现条件跳转的一条指令。
5. TRIS 指令之前用什么指令设置所有端口为输出模式？
6. 如何使 BIN4 的延迟时间减半？
7. 解释如何在 MPLAB 中模拟 PIC 16F84A 的异步开关输入。
8. 陈述程序下载到 BIN 硬件时配置位的设置。

实践活动

1. 从 www.microchip.com 网站上下载 MPLAB 的相关文件。学习用户指南中的教程，及 MPLAB 提供的编辑、编译和仿真应用程序的帮助文件。启动 MPLAB，创建 BIN3 的源代码文件，并输入汇编代码程序，可忽略注释。编译并纠正出现的错误，模拟仿真。如需要，检查端口 B（F6）文件寄存器的操作。
2. 修改程序为 BIN4，并如上操作。
3. 修改程序观察输出，使用循环指令，实现一次移动一位的无限循环流水灯功能。
4. 制作原型机电路，下载 BIN4，按照表 4.5 中给出的一览表测试。如有必要参考第 10 章。
5. 如果有可用的 Proteus VSM，进入或从网站 www.picmicros.org.uk 上下载应用程序 BIN4 的原理图和源代码。编译源代码，加载 hex 文件到 MCU，检查模拟时的工作情况（指示灯闪烁）。调整程序，使 RB0 输出周期正好是 50ms，如有需要可使用 NOP 指令。使用虚拟示波器和定时计数器检查输出周期，也可使用逻辑分析仪同时显示所有输出。

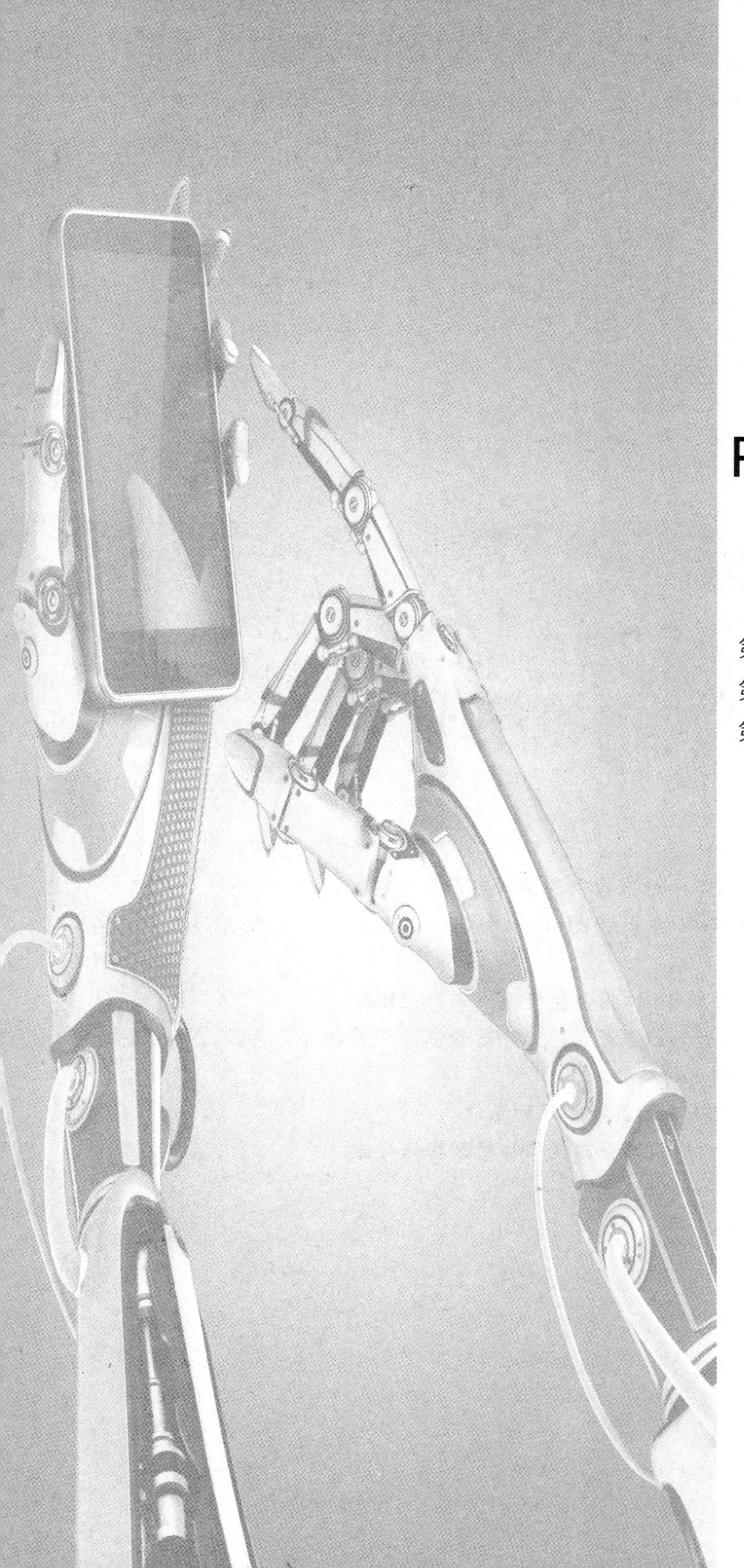

Part 2 第二部分

PIC 微控制器

第 5 章　PIC 架构

第 6 章　编程技术

第 7 章　PIC 开发系统

第 5 章 Chapter 5

PIC 架构

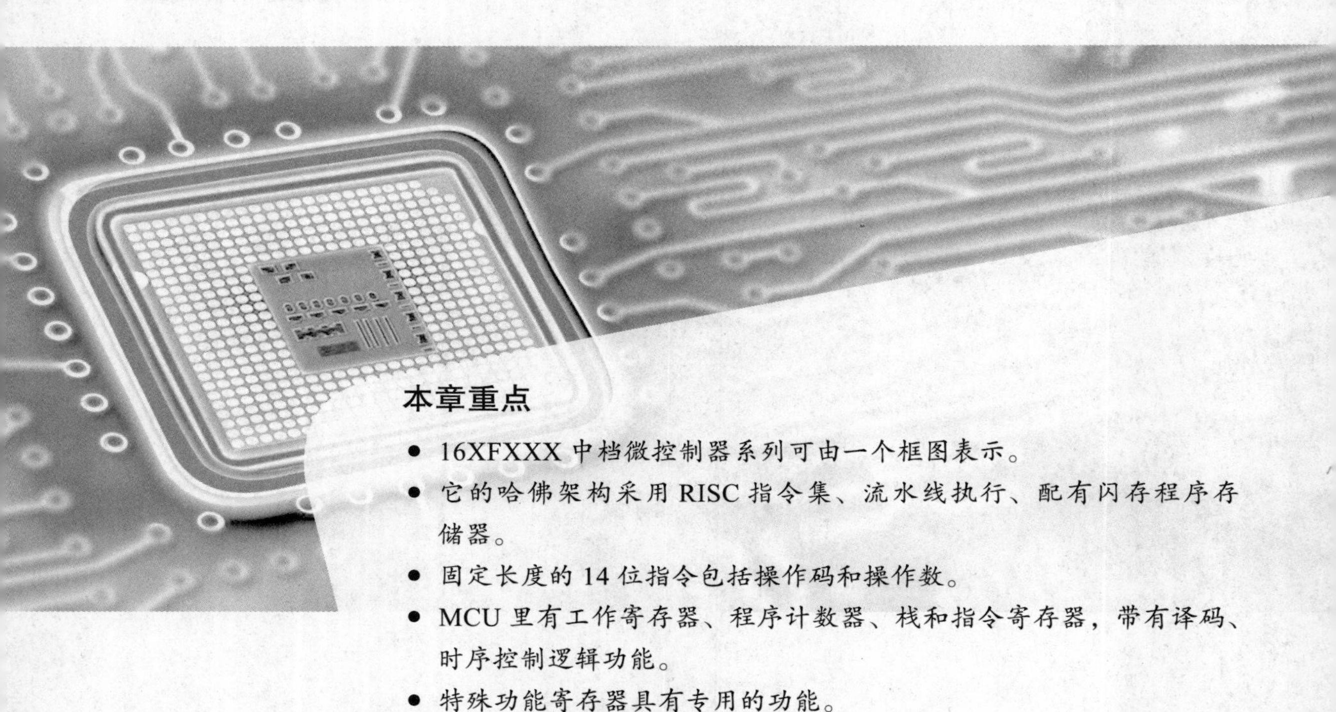

本章重点

- 16XFXXX 中档微控制器系列可由一个框图表示。
- 它的哈佛架构采用 RISC 指令集、流水线执行、配有闪存程序存储器。
- 固定长度的 14 位指令包括操作码和操作数。
- MCU 里有工作寄存器、程序计数器、栈和指令寄存器，带有译码、时序控制逻辑功能。
- 特殊功能寄存器具有专用的功能。
- RAM 中的通用寄存器提供临时数据的存储。

微控制器（MCU）的基本原则已经在第一部分中给出。现在，我们需要了解 PIC 内部硬件的更多细节。这里我们使用 16F84A 芯片作为例子来分析，尽管它有些过时，没有复杂的功能，如模拟输入和串行通信口，但它具有目前所有系列芯片所含有的基本要素。而且它仍包含在低成本微控制器电路仿真的 Proteus VSM 入门套件里。PIC 系列的所有芯片都基于相同的核心架构，每个芯片都是由存储器和不同的外设功能组合而产生的。

重要的参考资料是 PIC 16F84A 数据手册，特别是图 5.1 中的内部架构框图。更完整的框图见“PIC 中档系列参考手册”（见图 4.2），其中包括所有的 16 系列芯片的外围设备选项。内部架构中的主要模块说明参见附录 C，其中描述了寄存器、算术逻辑单元、多路复用器、译码器、程序计数器和存储器是如何工作的。稍后，我们将介绍 16F690 芯片，它有较多的外设，可用在 Microchip 的 LPC 演示板上。所有数据手册和参考手册可以从 www.microchip.com 网站上下载。

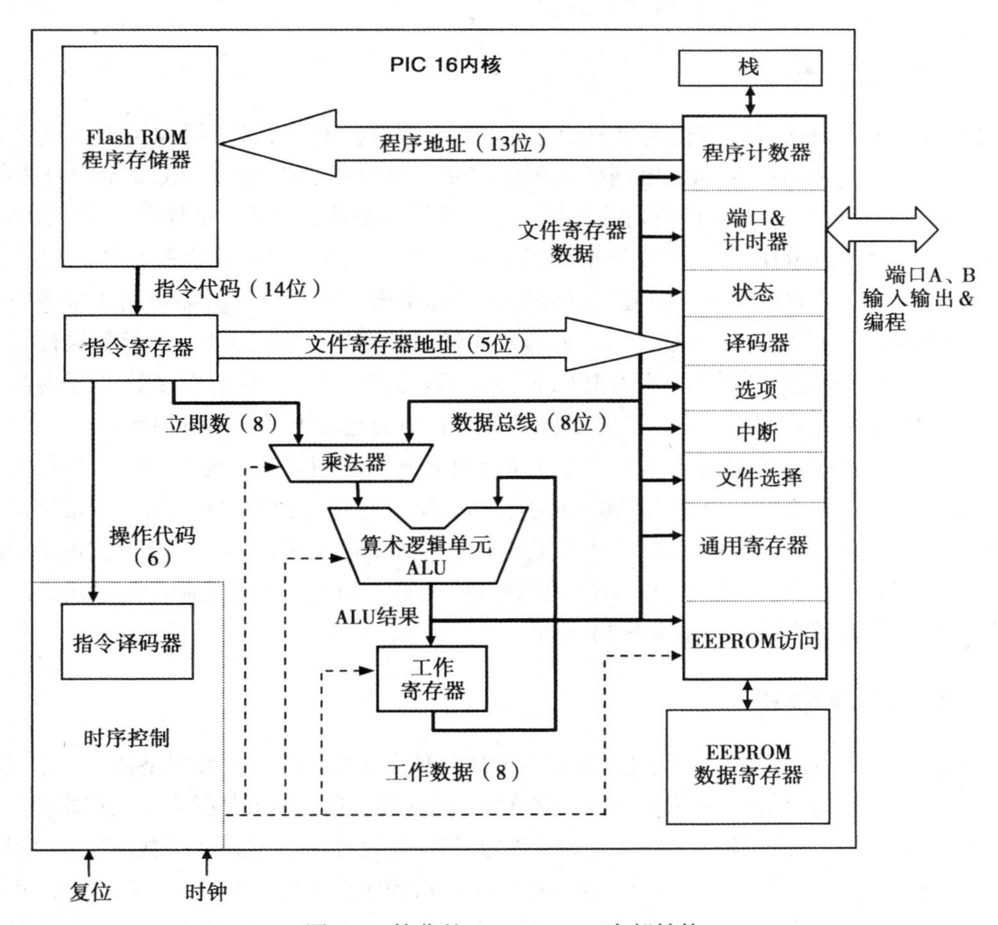

图 5.1　简化的 PIC 16F84A 内部结构

5.1 框图

简化的内部结构图（见图 5.1）来自于数据手册中给出的框图。制造商给的图中的一些功能被忽略掉，因为在这个阶段它们并不重要。所显示的芯片功能模块都具有可识别的主要地址路径，每个连接到主寄存器的 8 位数据总线的并行路径的位宽已被指出。时序控制模块有连接到其他模块的连线，可以确保任何时间的处理器操作，但为了尽可能保持框图清晰，它们没有明确地显示出来。

文件寄存器集包括各种控制和状态寄存器，及端口寄存器和程序计数器。最常用的是端口寄存器（PORTA、PORTB）、状态寄存器（STATUS）、实时时钟计数器（TMR0）和中断控制寄存器（INTCON）。还有一些空闲的通用寄存器（GPRx），可以用来当作数据寄存器、计数器等。文件寄存器编号为 00～4F，但在程序源代码中通常给它们赋予标号。文件寄存器也可访问非易失性数据存储器 EEPROM 中的一个块。

5.1.1 时钟和复位

时钟电路连接着时序控制模块以驱动芯片的所有操作。对于那些不需要精确定时的应用来说，一个简单的外部电阻和电容网络就可以控制内部振荡器的频率。RC 时钟产生相对较低的频率（＜1MHz），为了获得精确的定时，则需要使用晶体振荡器（见数据手册中图 6-7）。一个合适的频率是 4MHz，由于每条指令需要 4 个时钟周期来执行，也就是执行一条指令需要 1μs。由此精确的程序执行时间可以轻松地计算出来，而硬件计时器可用于精确的信号的产生和测量。选择高速振荡器选项，处理器主频可以最高达到 20MHz，指令执行周期最低为 200ns，指令执行速度最高可达 5MIPS（每秒百万条指令）。目前大多数芯片内部包含 32kHz～32MHz 频率的内部振荡器，这是默认选项，因为它省去了外部时钟元件。

早期的处理器中，通常需要一个外部复位电路来确保顺利启动。现在，时序控制电路里包含启动计时器，即表示复位输入 !MCLR 引脚可以简单地连接到正电源 V_{DD}（通常接上拉电阻）使处理器正常工作。如果需要从外部重新启动，外部的复位按键（带有上拉电阻）或控制信号仍然需要连接到 !MCLR 上，MCU 程序可以由输入的低电平复位脉冲信号重启。大多数的简单应用电路都会使用上电复位功能。

5.1.2 哈佛体系结构

从框图可以看出，存储器和文件寄存器的地址线独立于处理器内的数据路径，这称为哈佛体系结构。因为这种结构的数据和地址没有共享同一组总线，所以有效地提高了处理器的运行速度，同时减小了指令集的规模，加速了译码，缩短了数据路径长度，也减少了数据传输时间。程序执行采用“流水线”设置：一条指令执行的同时，从程序存储器中取出下一条指令，两条指令重叠处理，从而使整体执行速度提高了一倍。与传统的微处理器体系结构（冯·诺依曼体系结构，即程序和数据共享相同的数据总线的结构）相比，以上这些特点有助于提高操作速度。

5.2　程序执行

程序由 14 位机器码组成，固定长度的指令里，同时包含操作码和操作数。机器码程序由源代码程序创建生成的文本文件产生，编译和下载如第 4 章所介绍。目前，我们都没有关注下载究竟是如何进行的，现在我们只需要知道，程序由电脑主机通过输入 / 输出（I/O）端口的引脚（RB7/PGD/ICSPDAT）以串行方式下载，同时编程高电压（14V）施加在 !MCLR 引脚上。也可以选用低电压编程，这样能省去这种高电压编程需求。芯片在电路板上可以使用在线串行编程（ICSP），编程模块通过一个六针连接器连接在应用电路板上（见图 1.9）。PIC 的程序存储器通常设计为闪存只读存储器（ROM），因此现有的程序可以方便地被新版本程序覆盖取代。

5.2.1　程序存储器

程序计数寄存器保存当前执行程序的地址，芯片上电或复位时会自动复位为 0000。因此，用户程序必须从 0000 地址开始，但第一条指令通常是 GOTO 到其他标号地址的程序开始处。正如将在后面看到的一样，当使用中断时这样做十分必要，因为中断服务程序（GOTOISR）必须放置在地址 0004 处。现在我们可以将程序起点地址置为零。

程序计数器由一对 8 位的寄存器构成。程序计数器低字节（PCL）寄存器保存当前地址的低字节，程序计数器高字节（PCLATH）寄存器保存地址的高字节。在最初的 PIC 16 规范中，当前地址由程序计数器通过 13 位的地址总线传送给程序存储器，所以 PCLATH 的高位（5、6 和 7）未使用，最大可访问的程序空间为 $2^{13}=8KB$（见附录 C）。

通过使用 PCLATH 和更宽的地址总线，最新芯片的程序存储器容量一直在扩展。最多 64KB 的程序指令有 16 位地址。在通常的操作中，PCL 在每个指令周期递增，当 PCL 溢出时（即 PCL 从 255 到 0 翻转）PCLATH 递增。因此，存储器空间分成 256 个指令为一页，每页由 8 位的 PCL 来寻址。存储器容量的细节请参阅附录 C。

5.2.2　指令执行

MCU 的程序执行部分包括指令寄存器、指令译码器及时序控制逻辑。存储在程序存储器中的 14 位指令被复制到指令寄存器里进行译码，每条指令包含操作码和操作数。指令译码器逻辑将操作码转换为所有内部控制线的设置。操作数则提供指令所要用到的立即数、文件寄存器地址或程序地址。

例如，指令 MOVLW（立即数传送到 W 寄存器里），控制线被设置为通过连接到多路复用器和 ALU 的数据总线传送操作数给 W 寄存器。如果指令是 MOVWF，控制线会被设置为通过内部数据总线将 W 寄存器里的内容复制到指定的文件寄存器里，该操作数需要用到文件寄存器的地址 00～4F。如果我们看一下指令集中的“MOV”指令代码，可以发现三个 MOV 指令在代码结构上的差异：

```
MOVLW  k        =     11  00xx  kkkk  kkkk
MOVWF  f        =     00  0000  1fff  ffff
MOVF   f,d      =     00  1000  dfff  ffff
```

在 MOVLW 指令中，操作码是高 4 位（1100），“x”代表无关位，“k”代表立即数。在 MOVWF 指令中，操作码是 0000001（7 位），“f”指定文件寄存器的地址。仅有 7 位用于指定寄存器地址，所以允许最多使用 $2^7=128$ 个可寻址的寄存器。在 MOVF 指令中，操作码为 001000，指令将“f”指定的文件寄存器里的数取出传送给目标寄存器，而目标寄存器的地址由第 7 位（d）决定。该位为 0 时，取出的数直接送到 W 寄存器；该位为 1 时，取出的数送回到 f 寄存器。例如，从文件寄存器 0C 中取出一个 8 位数据传送给 W，要求的语法指令是 MOVF 0C，W。

5.2.3 数据处理

算术逻辑单元（ALU ）可以进行加法、减法运算，及单字节数据或数字对的逻辑运算（见第 2 章）。这些操作要联合数据多路复用器和工作寄存器一起进行。多路复用器允许新数据从指令（立即数）或寄存器传送过来，再与 W 寄存器或其他寄存器里的数据相结合。W 既可以作为临时的数据源，也可以存储操作的结果，但最终的结果通常必须复制回文件寄存器，因为下次的操作可能也需要 W 寄存器。

5.2.4 跳转指令

如果执行一个 GOTO 指令，程序计数器便会被装入指令给出的操作数，即跳转到目的程序存储器地址。在源代码中使用的程序标号将由汇编器替换为目的地址。对于条件转移，任何文件寄存器里的位可以通过“Bit Test & Skip”指令进行测试，后面紧跟着 GOTO 或 CALL 指令。

当执行 CALL 指令时，目的地址以与 GOTO 相同的方式装入到程序计数器里，但除此之外，CALL 后面的地址，也就是返回地址，被压入到栈中。子程序随后被执行，直至遇到 RETURN 返回指令为止。此时，返回地址自动地从栈中弹回到程序计数器 PC 中，使程序回到跳转之前的位置（地址）继续执行。栈遵循后进先出（LIFO）的原则，存储的最后一个地址先弹出。传统处理器的栈位于主存储器里，可以直接被修改，但在 PIC 16 里是不可以的。

5.3 文件寄存器的设置

所有的文件寄存器都是 8 位宽。它们分为两个主要部分：特殊功能寄存器（SFR，为特定目的所保留）和通用寄存器（GPR，用于临时存储任何的数据字、节）。基本的文件寄存器集（16F84A）如图 5.2 所示。

bank 0 中的寄存器（文件地址为 00～4F）可直接访问。图 5.2 中给出的与数据手册相匹配的寄存器标号必须作为寄存器标号，建议不要更改，因为这些标号在 MPLAB 和标准头文件中被默认使用，标准头文件包含在程序中，它使用这些标号定义了所有寄存器的名称。

bank 1 寄存器需要特殊的指令才能访问。为简单起见，我们已经用过 TRIS 指令去访问其中的数据方向寄存器 TRISA 和 TRISB。同样，我们将用 OPTION 指令来访问这些寄存器，这种方法将在后面设置硬件定时器时使用。另外，还可以通过设置状态寄存器中的 bank 选择位来访问 bank 1 里的文件寄存器，这种操作是通过使用特殊指令 BANKSEL（如程序 1.1）来实现的。一旦掌握编程的基础知识后，这就是首选方法。

地址	bank 0	bank 1	地址
0	IND0		
1	TMR0	OPTION	81
2	PCL		
3	STATUS		
4	FSR		
5	PORTA	TRISA	85
6	PORTB	TRISB	86
7			
8	EEDATA	EECON1	88
9	EEADR	EECON2	89
A	PCLATH		
B	INTCON		
C	GPR1		
D	GPR2		
E	GPR3		
F	GPR4		
10	GPR5		
↓	通用寄存器		
4F	GPR68		

图 5.2 PIC 基本的文件寄存器集（16F84A）

5.3.1 特殊功能寄存器

下面总结 16F84A 的特殊功能寄存器的操作，主要介绍那些经常使用的操作。所有寄存器的功能在每个芯片的数据手册里都有详细说明。图 5.2 中阴影部分的寄存器要么不存在，要么与 80～CF 地址（页 1）上的寄存器相同。

```
PCL          Program Counter Low Byte
             File Register Number = 02
```

程序计数器里包含正在执行的指令地址，地址从 000 递增到 3FF，除非遇到跳转（GOTO 或 CALL），PCL 寄存器只包含整个程序计数器的低 8 位（00～FF），其余的高位存储在 PCLATH 寄存器（地址 0A）里。如果总程序的长度超过 255 条指令，我们需要注意高位，因为它不像前面的演示程序那样，程序计数器被直接修改。程序计数器 PC 在指令执行周期内自动递增，或因跳转被替换。

```
PORTA        Port A Data Register
             File Register Number = 05
```

端口 A 有 5 个 I/O 位，RA0～RA4。使用前，每个引脚的数据方向必须通过加载数据方向代码（见下文）到 TRISA 寄存器里来设置。如果某位被设置为输出，传送到这个寄存器里的数会显示在芯片的输出引脚上。如果设置为输入，引脚上的数据被立即提取，或移动存储到空闲数据寄存器里供以后使用。这样的例子在前面的章节出现过。在 16F84A 中，RA4 也可以当作计数定时寄存器（TMR0）的输入端来进行计数应用。硬件定时器的使用方法见第 6 章。PORTA 寄存器位分配如表 5.1 所示。在其他 PIC 芯片中，大多数端口引脚都至少有两个以上的不同功能，通过设置相关的 SFR 进行选择。

所有寄存器以 8 位的字节形式进行读写，所以有时候我们需要知道未使用的位会发生什么。当程序读取端口 A 数据寄存器（使用 MOVF）时，3 个未使用的位被视为“0”；当写端口时，此 3 位被忽略。在 16F84A 数据手册第 5 节中给出了每个端口引脚的等效电路，这个框图的组成部分在附录 B 中进行了说明。

```
TRISA         Port  A  Data  Direction  Register
              File  Register  Number  =  85
```

端口引脚的数据方向可以通过按“位”加载合适的二进制码或等值的十六进制码到这个寄存器里进行设置。“1”设置相应的端口为输入，“0”设置其为输出。因此，若选择所有位为输入，则数据方向码是 1111 1111（FFH）；若所有位为输出，则数据方向码是 0000 0000（00H）。任意组合设置的输入输出方向可以通过加载相应的二进制码到 TRIS 寄存器中来实现。

当芯片刚上电时，这些位默认为“1”，所以，无需初始化，而作为输出时则需要初始化，因为如果引脚接线不正确，因其设置为输出而更容易被损坏。举例来说，如果引脚偶然接地，然后程序驱动使其为高电平状态，此时短路电流会损坏输出电路；如果引脚设置为输入，则不会损坏。

通过将所需的码传送给 W 加载数据到数据方向寄存器 TRISA 里，然后使用指令 TRIS 05 或 06 分别传送数据给端口 A 或端口 B。另外，所有地址为 80～CF 的文件寄存器，使用 BANKSEL 命令可直接寻址，此方法将在后面的程序中使用。

表 5.1 16F84A 的引脚功能

寄存器位	引脚名称	功能
	端口 A	
0	RA0	输入或输出
1	RA1	输入或输出
2	RA2	输入或输出
3	RA3	输入或输出
4	RA4/T0CKI	输入或输出或 TMR0 输入
5	—	无（读为 0）
6	—	无（读为 0）
7	—	无（读为 0）
	端口 B	
0	RB0/INT	输入或输出或外部中断输入
1	RB1	输入或输出

（续）

寄存器位	引脚名称	功　能
2	RB2	输入或输出
3	RB3	输入或输出
4	RB4	输入或输出+引脚电平变化中断
5	RB5	输入或输出+引脚电平变化中断
6	RB6	输入或输出+引脚电平变化中断
7	RB7	输入或输出+引脚电平变化中断

```
PORTB          Port B Data Register
               File Register Number = 06
```

端口 B 共有八个 I/O 位，RB0～RB7。如果某位被设置为输出，传送到这个寄存器里的数会显示在芯片的输出引脚上；如果设置为输入，引脚上的数会被读取到这个位置上。使用 TRIS 或 BANKSEL 命令，在 TRISB 中设置数据方向，上电时所有位也都默认为输入。PORTB 寄存器位的分配如表 5.1 所示。

端口 B 的 bit 0 位有另一种功能，用中断控制寄存器（INTCON）可以对它进行初始化，以允许处理器在此引脚的输入发生变化时可以产生一个中断响应。在这种情况下，当前指令执行完成后处理器被强制跳转到预定的中断服务程序（ISR）里（见 6.3 节）。处理器也可以被初始化，当 RB4～RB7 中的任何一位发生变化时能提供同样的响应。

```
TRISB          Port B Data Direction Register
               File Register Number = 86
```

如端口 A，此端口的数据方向也可以通过按位加载合适的二进制码或等值的十六进制码到这个寄存器里进行设置。“1”设置相应的端口为输入（默认），“0”设置其为输出（需要初始化）。命令 TRIS 06 将数据方向码从 W 传送到 TRISB 寄存器里，命令 BANKSEL 允许直接访问 bank 1 和数据方向寄存器。

表 5.2　状态寄存器功能

位	标　号	名　称	功　能
0	C	进位标志位	如果寄存器操作导致结果的第 8 位（8 位操作）进位，则置 1
1	DC	半进位标志位	如果寄存器操作导致结果的第 3 位（4 位操作）进位，则置 1
2	Z	零标志位	寄存器操作的结果是零则置 1
3	PD	掉电标志位	当处理器处于睡眠模式时清零
4	TO	超时标志位	当看门狗定时器超时时清零
5	RP0	寄存器存储区选择位	选择文件寄存器存储区，00～7F 或 80～FF
6	RP1	寄存器存储区选择位	'84 芯片中未用
7	IRP		'84 芯片中未用

```
STATUS          Status (or Flag) register
                File Register Number = 03
```

状态寄存器中的各位记录了上条指令的结果信息。最常用的是零标志位 bit2，当任何操作的结果是零时，零标志位被置“1”。它被“递减 / 递增结果为零则跳转”指令和“位测试 & 跳转”指令所使用，以实现程序流程的条件转移。状态寄存器各位的功能如表 5.2 所示，其中每一位的功能都表示出来了。

```
TMR0            Timer Zero Register
                File Register Number = 01
```

定时器 / 计数器寄存器对时钟输入的脉冲数进行计数，计数完成后可从该寄存器中读取二进制的计数结果。TMR0 是个 8 位寄存器，最多可计 255 个脉冲。对外部输入计数时，脉冲施加在 RA4 引脚上；用作定时时，内部指令时钟提供计数脉冲。如果处理器的时钟频率已知，可以计算出达到给定的定时时间所需的计数值。当计数器从 FF 翻转到 00，如果中断使能则中断标志位（参见下面的 INTCON）被置位。处理器可依此检查计数是否完成，或者当设定的时间间隔结束时，通过中断提示处理器。定时寄存器可直接读写，可先写入一个预设的计数值，再启动计数，这样就能产生已知的间隔。名称“ TMR0”反映出 PIC 芯片实际上有一个以上的定时器 / 计数器寄存器，但 16F84A 芯片只有一个。使用 TMR0 的更多细节见第 6 章。

表 5.3 OPTION 寄存器功能

位	标 号	名 称	功 能
0	PS0	预分频比选择第 0 位	第 0～2 位这三位用来选择 8 个预分频中的一个
1	PS1	预分频比选择位第 1 位	
2	PS2	预分频比选择位第 2 位	
3	PSA	预分频器分配位	预分频器分配给 WTD 或 TMR0
4	T0SE	TMR0 时钟边沿选择位	选择上升沿或下降沿触发 RA4 的 T0CKI
5	T0CS	TMR0 时钟选择位	选择 RA4 或内部时钟作为定时 / 计数器输入
6	INTEDG	中断边沿选择位	选择上升沿或下降沿触发 RB0 中断
7	RBPU	上拉使能位	端口 B 引脚使能为上拉，输入数据默认为 1

```
OPTION          Option Register
                File Register Number = 81
```

表 5.3 详细说明了 OPTION 寄存器每一位的功能。TMR0 计数 / 定时器的操作由 bits 0～5 控制。当用作定时器（T0CS＝0）时，处理器的指令时钟信号使计数寄存器递增。可以选择预分频（PSA＝0）以增加最大的时间间隔。PS2、PS1 和 PS0 位控制预分频选择，它可以设置时钟频率分频为 2（000）、4（001）、8（010）、16（011）、32（100）、64（101）、128（110）或 256（111）。如果选择 256 分频，最大计数时间是（256×256）－1＝65535 个周期。与

TRISA 和 TRISB 寄存器的情况一样，用特殊的指令 OPTION 访问 OPTION 寄存器，或通过 bank 选择进行访问。关于定时器更多的介绍见下一章。为避免混淆，OPTION 寄存器在最新的处理器中标为 OPTION_REG。

```
INTCON          Interrupt  Control  Register
                File  Register  Number  =  0B
```

INTCON 寄存器的功能如表 5.4 所示。中断是一个信号，会导致当前程序的执行被暂停，转而去执行一个 ISR（中断服务程序）。中断可以由外部器件产生，如通过端口 B，或从定时器产生。在所有情况下，中断服务程序 ISR 必须从程序存储器 004 地址处开始执行。如果使用中断，程序需要从起始地址（地址 0）无条件跳转到更高的地址开始执行。INTCON 寄存器包含三个中断标志位和五个中断使能位，而这些必须根据需要在程序初始化时编写合适的代码到 INTCON 寄存器里进行设置。第 6 章中的程序 6.2 演示了如何使用中断。INTCON 寄存器里每一位的确切功能因 PIC 芯片的不同而不同。

表 5.4　中断控制寄存器（INTCON）功能

位	标　签	名　称	功　能
0	RBIF	Port B 电平变化中断标志位	RB4—RB7 中任何一位电平发生改变时置 1
1	INTF	RB0 外部中断标志位	当 RB0 检测到中断输入时置 1
2	T0IF	定时器溢出中断标志位	当定时器 TMR0 从 FF 翻转到 00 时置 1
3	RBIE	Port B 电平变化中断使能位	置 1，使能端口 B 电平变化中断
4	INTE	RB0 外部中断使能位	置 1，使能 RB0 中断
5	T0IE	定时器溢出中断使能位	置 1，使能定时器溢出中断
6	EEIE	EEPROM 写中断使能位	置 1，使能 EEPROM 写入完成时的中断
7	GIE	全局中断使能位	使能所有中断

其他 SFR

更多的特殊功能寄存器列于表 5.5 中。EEDATA、EEADR、EECON1 和 EECON2 用于访问非易失性 ROM 的数据区。PCLATH 是程序计数器高位（12：8）的存储寄存器，文件选择寄存器（FSR）是指向文件寄存器的指针。FSR 与 IND0 共同使用，提供间接访问 FSR 选定的文件寄存器的功能。以块的形式读或写 GPRS 是非常有用的，例如，保存一定时间间隔内的端口读入的一组数据。有关这方面的更多信息见 6.4.3 节。大芯片有更多的特殊功能寄存器，可用来控制其他外设模块，如定时器、模拟转换器、串口等，这些将在后面介绍。

表 5.5　部分特殊功能寄存器

SFR	名　称	功　能
00	INDF	文件寄存器间接寻址
04	FSR	块访问

（续）

SFR	名 称	功 能
0A	PCLATH	程序计数器高字节
08	EEDATA	数据 EEPROM 间接寻址
09	EEADR	块访问
88	EECON1	数据 EEPROM 读写控制
89	EECON2	

5.3.2 通用寄存器

16F84A 中的通用寄存器 GPR 的编号为 0C～4F，一共有 68 个寄存器，较大规模的芯片有更多的寄存器。也把它们称为随机存取存储器（RAM)，因为它们可作为存储数据的静态 RAM 的一小块使用。我们已经看到了使用 GPR1（地址 0C）作为延时循环计数寄存器的例子，这个寄存器命名为“ timer”，预置数值并递减直至为零。这是一种常见的操作类型，不仅仅用于定时循环。例如，可以使用计数循环实现一定次数的重复输出操作，如执行乘累加工作。我们可以使用任何一个 GPR 来完成这个功能，因为对它们的操作都是相同的。当使用多个通用寄存器时，不同的寄存器用不同的标号来表示，可以使用 EQU 伪指令来声明。

习题

参考 PIC 16 系列里的中档单片机：

1. 描述 MCU 中以下模块的功能：程序存储器、程序计数器、指令译码器、复用器、W。
2. 为什么不必初始化一个 PIC 的端口为输入?
3. 陈述 ALU 的主要功能，及输入数据的三个来源。
4. 为什么子程序执行时需要栈?
5. 陈述 PIC 中下列文件寄存器的功能：PORTA、TRISA 、TMR0、PCLATH、GPR1。
6. 陈述下列寄存器位的功能：STATUS，2；INTCON，1；OPTION，5。

实践活动

1. 跟踪表如下所示（见表 5.1）。参考数据手册中给出的 PIC 16F84A 指令集，完成跟踪表，显示在程序 BIN1 执行（参见第 3 章）时每个指令周期内或之后在内部数据连线或寄存器上的二进制码。复制此表，参照第一个，完成右边其他列里其余的四条指令。给出的第一条指令作为参考，你需要把每个指令分成操作码和操作数，找出每个指令的目的地。
2. 在 PIC 16F84A 数据手册的 4.0 节中，显示了连接脚 RA0 的内部电路方框图。如有必要请参阅附录 B 和 C 完成下面的任务。以场效应晶体管 FET 作为输出构成一对互补开关，一个 P 型、一个 N 型。低电平时 PFET 打开，高电平时 NFET 打开。端口引脚为输出时，TRIS 锁存器中装入数据方向位 0，于是数据通过内部数据总线加载到数据锁存器里。

a）构造一个逻辑表来表示 TRIS 锁存器被清零（Q=0）时，也就是该引脚被设置为输出时，输出逻辑的操作。证明输出引脚遵循锁存的输出数据。

b）扩展逻辑表，证明当引脚初始化为输入时 P 和 N 都关闭。

c）当引脚设置为输入时，描述数据位是如何被读取到数据总线上的。

d）在 I/O 引脚的操作中，输出 FET 的功能是什么？

活动 1：跟踪表

指令编号	1	2	3	4	5
Address Instruction Machine code	0000 MOVLW 0 0 3000				
Program address bus（13 位） File register address（5 位） Instruction code register（8 位） Literal bus（8 位）	0 0000 0000 0000 X XXXX 0011 0000 0000 0000				
Data bus（8 位） Working register（8 位） Port B data register（8 位） Port B data direction register（8 位）	XXXX XXXX 0000 0000 XXXX XXXX XXXX XXXX				

注：X 表示无关项。

第 6 章 Chapter 6

编程技术

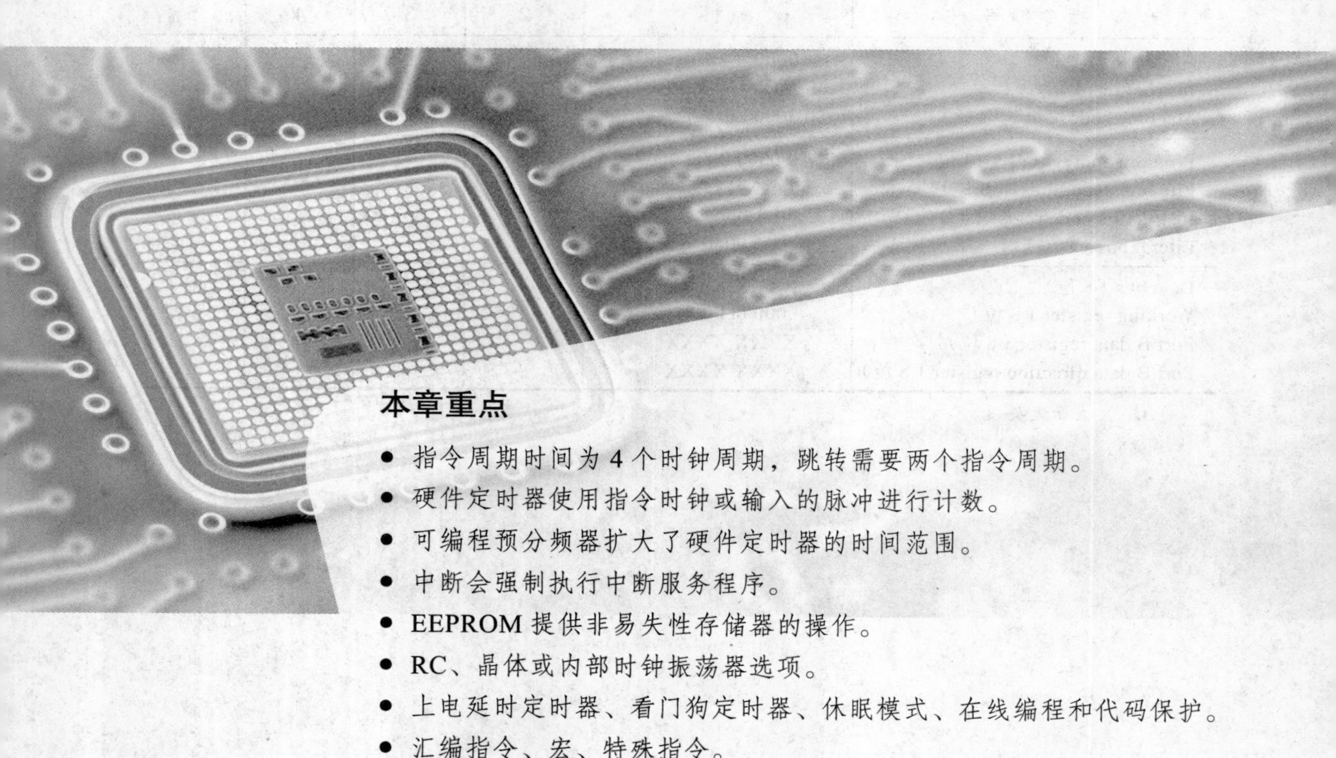

本章重点

- 指令周期时间为 4 个时钟周期，跳转需要两个指令周期。
- 硬件定时器使用指令时钟或输入的脉冲进行计数。
- 可编程预分频器扩大了硬件定时器的时间范围。
- 中断会强制执行中断服务程序。
- EEPROM 提供非易失性存储器的操作。
- RC、晶体或内部时钟振荡器选项。
- 上电延时定时器、看门狗定时器、休眠模式、在线编程和代码保护。
- 汇编指令、宏、特殊指令。
- 数值类型包括十六进制、十进制、二进制、八进制和 ASCII。

基本的编程方法已经介绍过了，现在我们将进一步了解编程技术。本章包括使用定时器、中断和数据表的演示程序。这些例子使用改进的 16F84A 演示电路的硬件原理图如图 6.1 所示，使用跳线，使 RB0 引脚既可用作驱动发光二极管的输出，又可用作外部中断的输入。本章中的所有程序可以下载到 Proteus VSM 上进行仿真，或在 MPLAB 上进行测试。

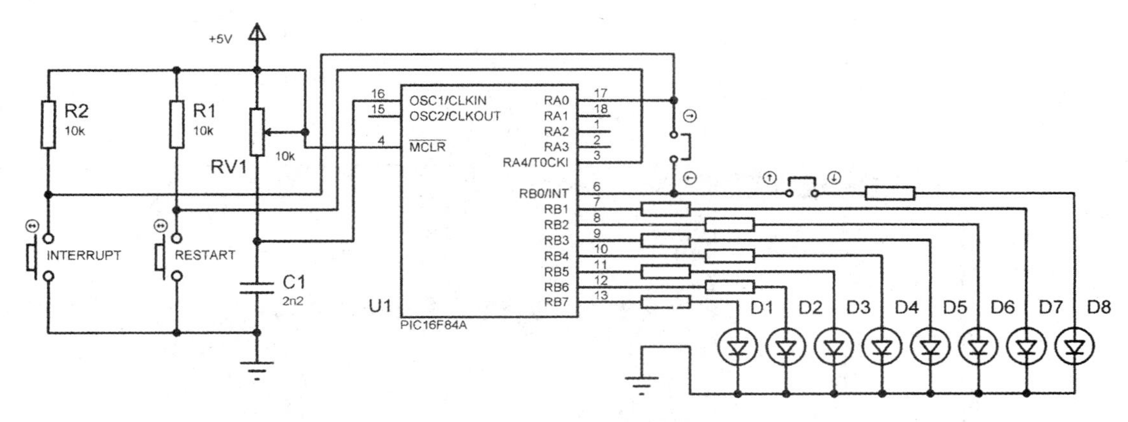

图 6.1　带跳线的改进电路原理图

6.1　程序时序图

微控制器（MCU）程序的执行是由外部 RC 电路或晶体控制的内部振荡器所产生的时钟信号驱动的。这个信号分为四个内部时钟阶段（Q1～Q4），每个阶段以四分之一的振荡频率（$F_{OSC}/4$）运行。这样每个指令周期可以提供四个独立的脉冲，触发处理器的操作，包括从程序存储器读取指令代码，并将其复制到指令寄存器里，然后译码器对指令译码来设置控制线去执行所需的处理。时钟的这四个阶段用来控制 MCU 内的门和锁存器，依次完成数据的移动和处理（参见 Microchip 的“PIC 中档单片机系列参考手册”和附录 C）。

指令的时序图如图 6.2 所示。大部分的操作均在这四个时钟周期内执行，除非遇到跳转（GOTO 或 CALL）指令，这时需要 8 个时钟周期，这是因为程序计数器的内容必须被替换，需要一个额外的指令周期。PIC 芯片采用简单的流水线方式，获取指令和执行指令是重叠进行的，即前一条指令执行的同时取出第二条指令，从线性执行顺序来看快了两倍，但是当遇到跳转时却耗费一个指令周期的延迟。从 CLKOUT 引脚输出的 $F_{OSC}/4$ 指令时钟信号可使外部电路同步工作，也可以用在硬件测试上，如检查时钟运行状况，监控其频率。

如果时钟频率是已知的，就可以预测一段代码的执行时间。采用 4MHz 的频率和晶体振荡器是非常合适的，因为这样设置使电路给出的指令周期时间刚好是 1μs，这也是 8MHz 内部振荡器的默认频率。NOP（无操作）指令在调节程序执行时间方面是很有用的，它可以用来在指令循环里插入一个延迟，也就是 4 个时钟周期。

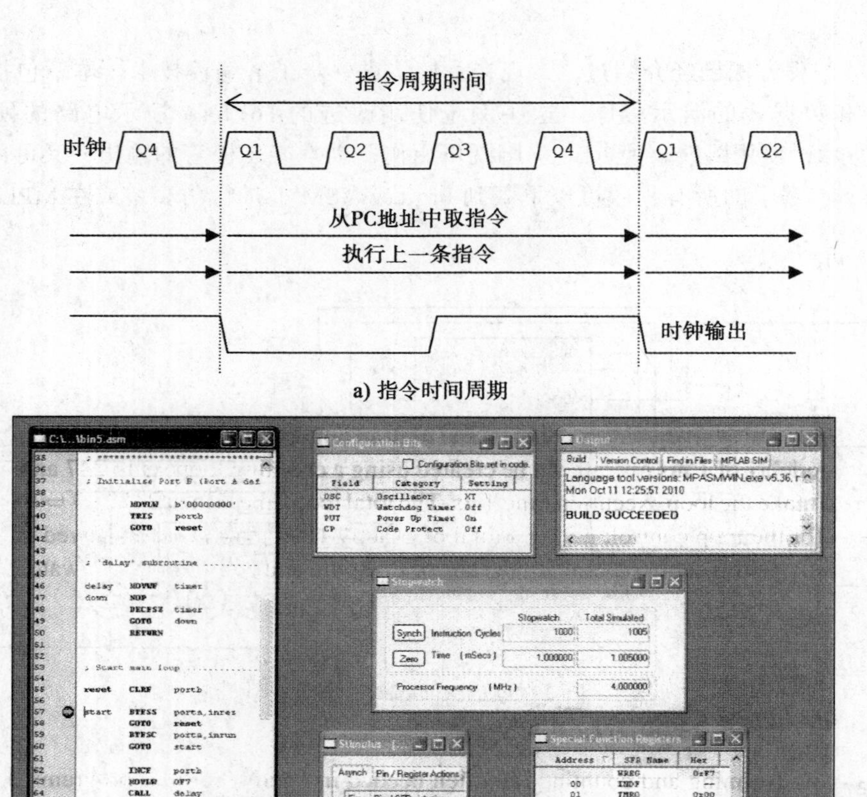

a) 指令时间周期

b) BIN5的MPLAB模拟，显示输出时间

图 6.2　PIC 程序时序图

这可参见图 6.2 中的程序 BIN5 的仿真，它是 BIN4 的变形设计，能实现在 LSB 上输出周期恰好是 2ms（500Hz）的二进制计数。实现 1ms 的延迟时，计数循环设置为 247，在循环中插入 NOP 指令，使循环的执行时间为 4μs，总的循环时间就是 247×4μs＝988μs，再加上 12 个周期的闭环控制，总和正好是 1000μs。仿真时，先在循环中设置一个断点，秒表归零，然后开始运行，循环时间就在秒表上显示出来了。

6.2　硬件计数 / 定时器

在微控制器程序中通常需要对事件进行精确的定时和计数。例如，如果我们有一个电机，每转一圈产生一个脉冲，根据每秒脉冲的数量可推导出轴的转速，或者可以用定时器测量脉冲之间的时间间隔，再计算出速度。执行此操作的步骤如下：

1）等待脉冲。

2）读定时器，并复位定时器。

3）重新启动定时器。

4）处理前一个定时器的读数。

5）回到步骤 1）。

如果用独立的硬件定时器来进行测量，并配合使用定时器中断，控制器就可以去执行其他程序的操作，如处理定时信息、控制输出、检查传感器的输入，而定时器同时记录经历的时间。

6.2.1　使用 TMR0

所有 PIC 16 器件都有特殊文件寄存器 TMR0，这是一个 8 位的计数器 / 定时器寄存器，一旦启动能独立运行。这意味着在它累计输入或时钟脉冲的同时（在同一时间）主程序也在执行。TMR0 的框图及其相关的硬件和控制寄存器在图 6.3 中列出。

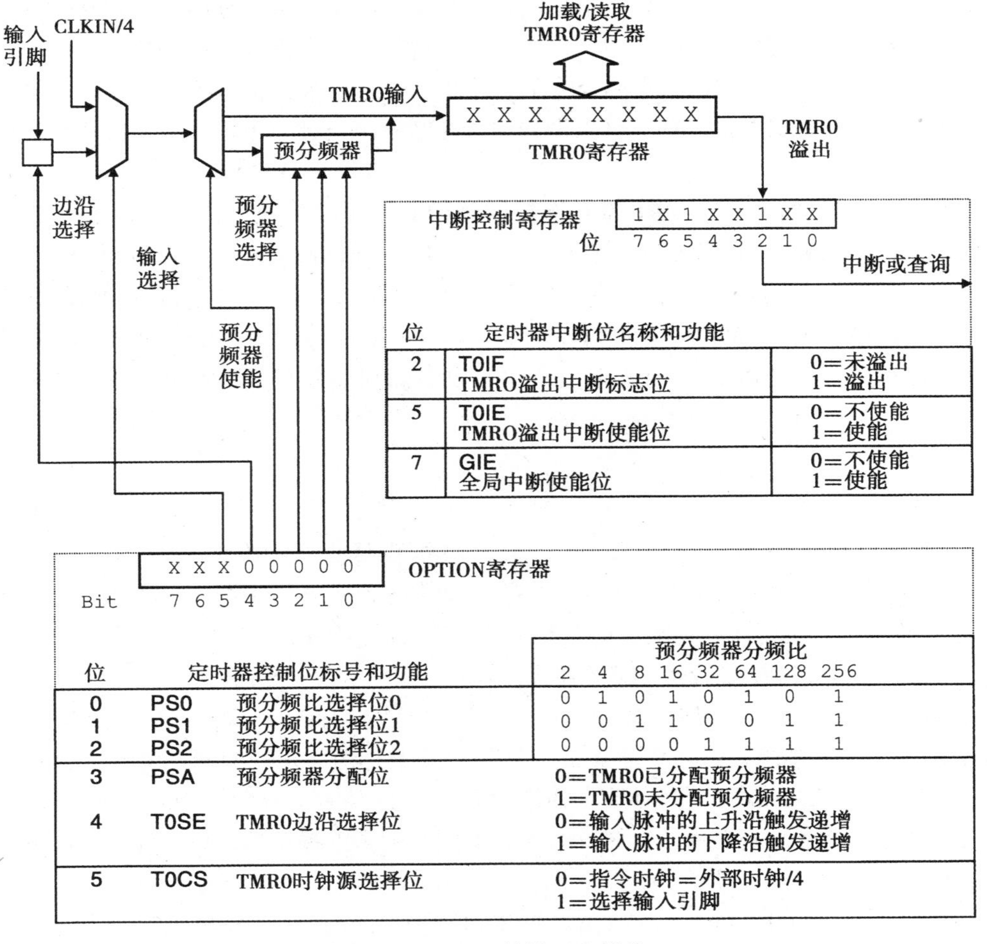

图 6.3　Timer0 的设置和操作

作为一个 8 位寄存器，TMR0 可以从 00H 计数到 FFH（255）。通过传送一个合适的控制码到 OPTION 寄存器来设置定时器的操作，计数器采用外部脉冲序列计数，更多的时候采用指令时钟计数。当计数值达到最大值 FF 时，再递增一次就翻转到 00，同时寄存器溢出，使先前假设已被使能并清零的 INTCON（中断控制）寄存器的 bit 2（T0IF）置位（置 1）。位的变化可以通过程序中的位测试检测到，它也可以用来触发中断（见 6.3 节）。

在许多 PIC 芯片中，8 位的 TMR0 配置有额外的 8 位和 16 位计数器，可以扩展计数值到 65535，并提供更高的精度或更广的范围。这些定时器通常用于测量输入的时间间隔，或在一个控制周期内产生输出信号，使用与下面 TMR0 用法相类似的设置过程。

6.2.2 计数器模式

TMR0 最简单的工作模式是对输入到相应引脚（16F84A 是 RA4 引脚，16F690 是 RA2 引脚）的脉冲进行计数，该引脚另一个复用名称是 T0CKI，TMR0 时钟输入。脉冲可以通过按键手动输入，或由其他信号源产生。例如，由上面提到的电机轴的传感器产生，轴旋转一圈传感器产生一个脉冲，PIC 产生一个输出去控制电机，而微控制器则可以通过编程产生一组转数使轴转动。如果电机减速，可以设计位置控制系统通过一组输出的角度移动，例如机器人。

为了扩大测量的范围，TMR0 寄存器接收到的脉冲个数可通过预分频器进行 2、4、8、16、32、64、128 或 256 的分频。分频比通过 OPTION 寄存器的最低三位进行设置，如 000 选择 2 分频，001 选择 4 分频，依此类推，111 是 256 分频。当最大分频时，脉冲输入 256 个，寄存器的计数值才加 1。TMR0 也可以使用 MOVWF 指令预装入一个值，如 156。当接收到的脉冲个数达到合适的数值（100）时，程序可以检测到计数寄存器溢出，并依此做相应的操作。

6.2.3 定时器模式

OPTION 寄存器的 bit 5 设置为 0 时，内部时钟被选作 TMR0 的输入源。为了获得准确的时间，必须使用晶体振荡器，模式为 XT。设置时钟频率为 4MHz，指令时钟频率即为 1MHz，计数器每隔 1μs 计数一次，从零开始计数到再次为零用时 256μs。如上，预先给计数器里装入数值 156（9CH），经过 100μs 将发生溢出。

如果使用预分频器扩展时间，最大定时时间将是 512μs、1024μs，依此类推，最大可达 65.536ms。通常选择工作频率能够被 2 整除的晶振，例如，一个频率是 32.768kHz 的晶振会产生频率为 8192Hz 的指令时钟。如果设置预分频器的预分频比为 32，则计数器以频率 256Hz 计数，每秒超时一次。有些 PIC 芯片有附加的内部振荡器，设定为与之接近的频率（31kHz）。

在图 6.3 中，在 OPTION 寄存器里设置 TMR0 为 $xxx00000_2$，即选择内部时钟源，预分频比为 2。INTCON 寄存器已设置为使能定时器中断，定时器溢出中断标志位置位（发生溢出)。有关中断的详细内容在 6.3 节中介绍。

6.2.4 TIM1 定时器程序

定时器的演示程序 TIM1 在程序 6.1 中列出，程序设计为每秒端口 B 输出递增一次的二进制数。该程序使用与之前用过的 BIN 相同的演示硬件，即用八个 LED 显示端口输出的内容。其中用到一个可调的 RC 时钟，设置频率约为 65536Hz，这个频率四分频后为指令时钟的频率，随后通过 64 分频的预分频器，即总的分频为 4×64=256。因此，定时器的计数时钟频率为 65536/256=256Hz。定时器的计数寄存器从零计数至 256，每秒溢出一次，输出则递增 1 次。共需要 256 秒完成 8 位二进制的计数输出。

```
; *************************************************************
;       TIM1.ASM        M. Bates          6/1/99        Ver 1.2
; *************************************************************
;
;  Minimal program to demonstrate the hardware timer operation.
;
;  The counter/timer register (TMR0) is initialised to
;  zero and driven from the instruction clock with a
;  prescale value of 64.
;
;  T0IF is polled while the program waits for time out.
;  When the timer overflows, the Timer Interrupt Flag (T0IF) is
;  set. The output LED binary display is then incremented.
;  With the clock adjusted to 65536 Hz, the LSB LED flashes at
;  1 Hz.
;
;       Processor:      PIC 16F84A
;
;       Hardware:       PIC BIN Demo Hardware
;       Clock:          CR = 65536 Hz (approx)
;       Outputs:        RB0 - RB7: LEDs (active high)
;       WDTimer:        Disabled
;       PUTimer:        Enabled
;       Interrupts:     Disabled
;       Timer:          Internal clock source
;                       Prescale = 1:64
;       Code Protect:   Disabled
;
;       Subroutines:    None
;       Parameters:     None
;
; *************************************************************

; Register Label Equates......................................

TMR0    EQU     01              ; Counter/Timer Register
PORTB   EQU     06              ; Port B Data Register (LEDs)
INTCON  EQU     0B              ; Interrupt Control Register

T0IF    EQU     2               ; Timer Interrupt Flag

; *************************************************************

; Initialize Port B (Port A defaults to inputs)...............

        MOVLW   b'00000000'     ; Set Port B Data Direction
        TRIS    PORTB
```

程序 6.1 TIM1 定时器程序

```
        MOVLW   b'00000101'     ; Set up Option register
        OPTION                  ; for internal timer/64

        CLRF    PORTB           ; Clear Port B (LEDs Off)

; Main output loop ....................................

next    CLRF    TMR0            ; clear timer register
        BCF     INTCON,T0IF     ; clear timeout flag

check   BTFSS   INTCON,T0IF     ; wait for next timeout
        GOTO    check           ; by polling timeout flag

        INCF    PORTB           ; Increment LED Count
        GOTO    next            ; repeat forever...

        END                     ; Terminate source code
```

程序 6.1 （续）

6.2.5 与 TIM1 相关的问题

TIM1 程序的工作原理是“查询”定时器的中断位，即表示程序必须持续检查定时器是否溢出使相应的标志位置位（置 1）。这不是有效的使用定时器的方法。在实际应用中，通常的做法是，当定时器运行时处理器进行其他的处理，并允许使用中断去处理超时情况。MCU 的整体性能因此也得到提高。

如果程序放在 MPSIM 中测试，通常使用秒表来测量输出时每一步骤的时间，并需要在递增指令处设置断点。完成定时器启动之前的程序需要一些额外的时间，这将产生一个小的误差，在这种情况下可能不是很显著，但在其他应用中可能很重要。如果时钟可调（有可变电阻的 RC 模式），可以通过调整硬件来调整整体时间，或者使用 NOP 指令调整程序执行时间。

6.3 中断

中断可以由内部事件来产生，如定时器溢出，或由外部异步事件来产生，如开关闭合。中断信号可以在执行其他进程的任何时候被接收到。在使用计算机时，当按下键盘或移动鼠标时，一个中断信号会从键盘接口发送到处理器以请求读入该键盘信号，同样的，鼠标移动产生的信号也会发送给处理器。由于中断而执行的代码被称为“中断服务程序”(ISR)。

当中断服务程序完成其任务后，被中断的进程必须恢复，就好像什么都没发生过。这意味着，中断产生时正在处理的任何信息都需要被暂时保存起来，使它们稍后可被调回，这就是所谓的现场保护。作为 ISR 执行的一部分，当子程序被调用时，程序计数器里的值自动地被保存到栈里，使程序能够在 ISR 完成后返回到原来的执行点（断点）。这样的系统允许 CPU 去执行其他任务，而不必持续检查所有可能的输入源。

6.3.1　中断设置

16F84A 的中断系统框图如图 6.4 所示。有四种可能的中断源：

- 通过设置 INTCON 的第 4 位（INTE），使 RB0 设置为边沿触发的中断输入。
- 通过设置 INTCON 的第 3 位（RBIE），使 RB7—RB4 的电平状态发生变化时触发产生中断。
- 通过设置 INTCON 的第 5 位（T0IE），使 TMR0 溢出中断。
- EEPROM 写操作完成可触发中断。

中断源必须在 INTCON（中断控制）寄存器里选择。然后，使能（INTCON 第 7 位）全局中断使能位（GIE），即 INTCON 的第 7 位必须被置位（置 1）。那么 MCU 将对使能的中断（RBIF、INTF 或 T0IF）作出准备进行的响应。当中断条件被检测到（如 TMR0 溢出），程序计数器就会被自动装入地址 004，这表示 ISR 必须位于这个地址，任何中断都是这样的，因此，如果一个以上的中断被使能，在 ISR 中则必须包含一种机制，用于确定哪个中断是有效的，即要检查中断标志，看看哪个被设置，就跳转到相应的 ISR 里 。一般来说，中断与每个外部接口都有关联，所以大多数的 PIC 芯片有许多中断源，例如，16F690 就有 12 个。

6.3.2　中断执行

中断执行也如图 6.4 所示。每个中断源都有相应的标志位，如果发生中断事件时会被置位。例如，当定时器溢出时 T0IF（INTCON bit2）会被置位。当发生这种情况，且中断被使能，完成当前指令后，下一条指令的程序地址被保存到栈中，然后程序计数器里装入 004 ，于是这个地址上的程序被执行。另外，如果 ISR 放在程序存储器的其他地方，地址 004 里可以存放指令“GOTO addlab（地址标号）”。这就是中断向量。

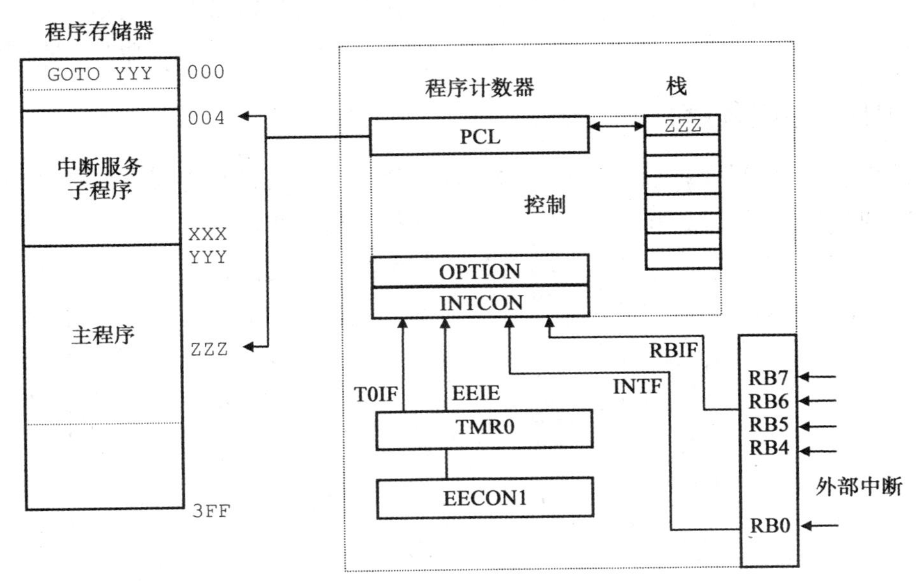

图 6.4　16F84A 中断设置和操作

中断控制位的功能

	位	标号	功 能	设 置
INTCON	0	RBIF	端口B（4:7）中断标志	0=无变化 1=检测到变化
	1	INTF	RB0中断标志	0=无中断 1=检测到中断
	2	T0IF	TMR0溢出中断标志	0=无溢出 1=检测到溢出
	3	RBIE	Port B（4:7）中断使能	0=不使能 1=使能
	4	INTE	RB0中断使能	0=不使能 1=使能
	5	T0IE	TMR0溢出中断使能	0=不使能 1=使能
	6	EEIE	EEPROM写中断使能	0=不使能 1=使能
	7	GIE	全局中断使能	0=不使能 1=使能

OPTION	6	INTEDG	RB0中断触发边沿选择	0=下降沿 1=上升沿
EECON1	4	EEIF	EEPROM写中断标志	0=无中断 1=写完成

图 6.4 （续）

如果要使用中断，GOTO 应被用在复位地址 000 处，这样可以改变程序使其跳到位置更高的存储地址开始执行，因为 ISR（或 GOTO addlab）要占用地址 004。作为程序的源代码的一部分，ISR 必须建立并放置在地址 004（ORG 004）处，或者中断向量放在这个地址。

现场保护也可包含在 ISR 中，这在中断演示程序 INT1（程序 6.2）中通过保存和恢复端口 B 数据寄存器的内容进行了举例说明。中断服务程序必须以 RETFIE 指令终止，即中断返回，这会使以前因中断而保存在栈里的下条指令地址被弹出，程序返回到断点继续执行。

6.3.3 INT1 中断程序

演示程序 6.2 说明了如何使用中断。要运行此程序，BIN 硬件必须进行修改，将按键连接到 RB0 和 RA4 引脚。这是因为只有端口 B 的引脚可用作外部中断（见图 6.1）。

```
; ***********************************************************
;      INT1.ASM       M. Bates          12/6/99        Ver 2.1
; ***********************************************************
;
;      Minimal program to demonstrate interrupts.
;
;      An output binary count to LEDs on PortB, bits 1 - 7
;      is interrupted by an active low input at RB0/INT.
;      The Interrupt Service Routine sets all outputs high,
;      and waits for RA4 to go low before returning to
;      the main program.
;      Connect push button inputs to RB0 and RA4
;
;      Processor:        PIC 16F84A
```

程序 6.2 INT1 中断程序

```
;       Hardware:       PIC Modular Demo System
;                           (reset switch connected to RB0)
;       Clock:          CR ~100kHz
;       Inputs:         Push Buttons
;                       RB0 = 1 = Interrupt
;                       RA4 = 0 = Return from Interrupt
;       Outputs:        RB1 - RB7: LEDs (active high)
;
;       WDTimer:        Disabled
;       PUTimer:        Enabled
;       Interrupts:     RB0 interrupt enabled
;       Code Protect:   Disabled
;
;       Subroutines:    DELAY
;       Parameters:     None
;
; ***********************************************************

;   Register Label Equates................................

PORTA   EQU     05              ; Port A Data Register
PORTB   EQU     06              ; Port B Data Register
INTCON  EQU     0B              ; Interrupt Control Register
timer   EQU     0C              ; GPR1 = delay counter
tempb   EQU     0D              ; GPR2 = Output temp. store

;   Input Bit Label Equates ..............................

intin   EQU     0               ; Interrupt input = RB0
resin   EQU     4               ; Restart input = RA4
INTF    EQU     1               ; RB0 Interrupt Flag

; ************************************************************

;   Set program origin for Power On Reset..................

        org     000             ; Program start address
        GOTO    setup           ; Jump to main program start

;   Interrupt Service Routine at address 004................

        org     004             ; ISR start address

        MOVF    PORTB,W         ; Save current output value
        MOVWF   tempb           ; in temporary register
        MOVLW   b'11111111'     ; Switch LEDs 1-7 on
        MOVWF   PORTB

wait    BTFSC   PORTA,resin     ; Wait for restart input
        GOTO    wait            ; to go low
        MOVF    tempb,w         ; Restore previous output
        MOVWF   PORTB           ; at the LEDs
        BCF     INTCON,INTF     ; Clear RB0 interrupt flag
        RETFIE                  ; Return from interrupt

;   DELAY subroutine.......................................

delay   MOVLW   0xFF            ; Delay count literal is
        MOVWF   timer           ; loaded into spare register
down    DECFSZ  timer           ; Decrement timer register
        GOTO    down            ; and repeat until zero then
        RETURN                  ; return to main program

;   Main Program ****************************************

;   Initialize Port B (Port A defaults to inputs)..........

setup   MOVLW   b'00000001'     ; Set data direction bits
        TRIS    PORTB           ; and load TRISB
```

程序 6.2 （续）

```
        MOVLW   b'10010000'        ; Enable RB0 interrupt in
        MOVWF   INTCON             ; Interrupt Control Register

;   Main output loop ...................................

count   INCF    PORTB              ; Increment LED display
        CALL    delay              ; Execute delay subroutine
        GOTO    count              ; Repeat main loop always

        END                        ; Terminate source code
```

程序 6.2 （续）

程序输出相同的二进制计数值到端口 B（除了 RB0），如前面的 BINx 方案，这样表示它在正常工作。这个过程被 RB0 手动产生的脉冲中断。中断服务程序使所有的输出端开启，然后等待重启按键按下。最后，中断服务程序终止，恢复端口 B 数据寄存器中的值，并返回到主程序原来的执行点（断点）。程序的结构和序列如图 6.5 中的流程图所示。

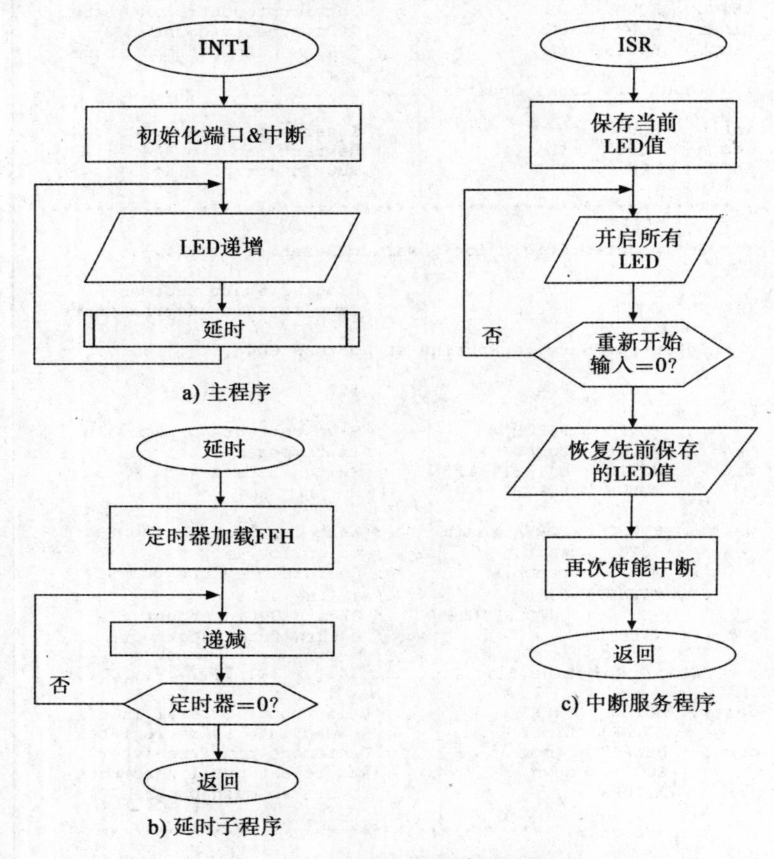

图 6.5 INT1 中断程序流程图

程序有三个部分：输出计数值的主程序，控制计数输出速度的延时子程序，中断服务子程序。主程序中的延时以子程序来实现，并扩展为一个单独的流程图。ISR 必须用单独的流程图表示，因为它可以在程序序列内的任何时间执行。在这个特别的程序中，大部分的时间花费在执行软件延时上，所以这个过程最有可能被中断。如果程序包括与延时同时进行的额外任务，可以添加一个定时器中断。

中断服务程序放在地址 004 上，指令“GOTO setup”跳过它从主程序初始化部分开始运行。中断和延时子程序放在主程序之前，因为它们包含主程序里涉及的子程序起始地址标号。中断服务程序的最后一条指令必须是 RETFIE，该指令会从栈中弹出中断调用时存储的中断返回地址，并把它放到程序计数器里。

现场保护是将在中断开始时 LED 的状态保存在“tempb”寄存器里，因为端口 B 被“FFH”重写，使所有的 LED 点亮。当程序重新启动时端口 B 的值被再次赋值。注意，对输入位写“1”是没有作用的。在中断服务程序执行时，栈将保存 ISR 的返回地址和子程序的返回地址。

默认情况下 RB0 中断的有效触发沿是上升沿（OPTIONS＝1）。当要输入时，只有松开按键，中断才会有效产生，这省去了硬件或软件中的按键抖动处理。机械按键常在最后闭合前产生短暂的反弹，在实际硬件中这可能会导致程序故障，但在模拟仿真时却无法发现。

通过使用交互仿真软件 Proteus VSM（ISIS）能够很容易测试这种特殊应用，因为中断是实时处理的，其效果可以立即在输出 LED 上显示出来。相反，在 MPSIM 中测试时，MCU 寄存器上的程序效果只能在程序停止时观察到。然而，MPSIM 能提供更强大的仿真控制和完整的仿真记录。两者都可以提供虚拟的逻辑分析仪来显示输出在时间上的变化。仿真方法一并在图 6.6 中展示出来，以方便进行比较。这两种模拟形式的文件都可以从支持网站上下载。

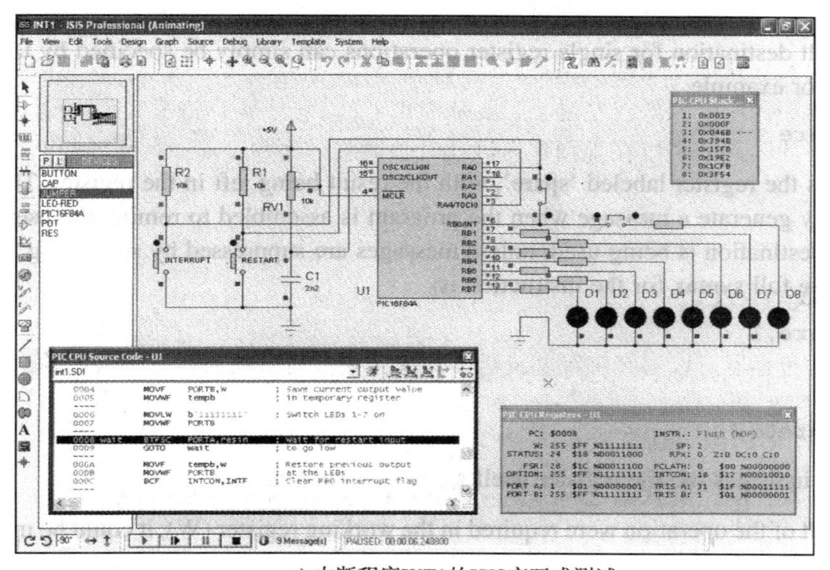

a) 中断程序INT1的ISIS交互式测试

图 6.6　INT1 模拟测试

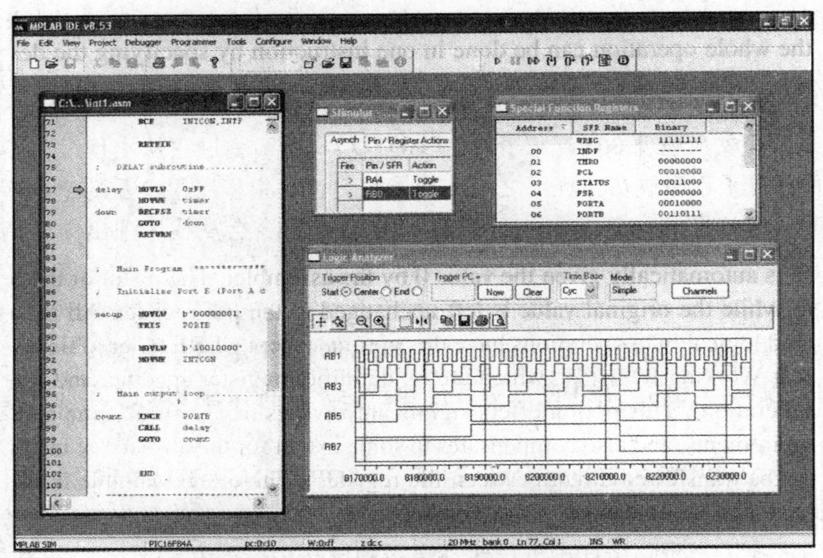

b) 中断程序INT1的MPSIM测试

图 6.6 （续）

6.3.4 多中断

大型的 PIC 16 芯片都会提供许多额外的中断源，如模拟输入、串口和额外的定时器。这些中断源都必须通过附加的特殊功能寄存器进行设置和控制，但仍然只有一个中断向量地址 004 来处理它们。因此，当有多个中断请求时，必须检查每个中断位，在调用适当的 ISR 前，通过软件查看到底是哪个中断产生请求。栈仍然只保存八个返回地址，这意味着只能有八级的中断或子程序调用。如果程序过于高度结构化（如多个子程序嵌套），会很容易地超出八级子程序或中断的限制，所以在规划程序设计时必须牢记这些要求。高性能的 PIC 芯片具有更深的栈。

6.4 寄存器操作

使用文件寄存器可以提高编程的灵活性，现在我们简要地回顾一下可用的选项。

6.4.1 结果的目的地址

单寄存器操作时，默认的目的地址可以通过标号或数字简单地指定。例如，

```
INCF spare
```

标为“spare”的寄存器值加 1，并将结果保存在寄存器中。当编译程序时，上面的语法可能会生成一条消息，提醒用户使用的是“默认”的目的地址，可以通过指定文件列表选项

来禁止该消息产生。这条指令的完整语法是：

```
INCF spare,1
```

或

```
INCF spare,f
```

其中“1”表示将文件寄存器自己作为目的地址。

如果要求操作的结果保存在工作寄存器（W）中，可以使用第 2 条指令来移动：

```
MOVF spare,W
```

然而，整个操作可以使用一条指定目的地址为 W 的指令来完成，指令如下：

```
INCF spare,0
```

或

```
INCF spare,W
```

汇编器自动地给标号 W 赋值为 0，操作的结果存储在 W 中，而文件寄存器中的原值保持不变。所有寄存器的算术和逻辑操作都有这个选项，除了指定寄存器有特殊操作的 CLRF（清除文件寄存器）和 CLRW（清除工作寄存器），及 MOVWF 和 NOP（无操作）。此选项在执行时间和程序存储需求上提出了特别的保存要求，同时还在一定程度上减少了文件寄存器之间直接传输数据的指令。在有更大指令集的高性能的 PIC 芯片中这些常被用到。

6.4.2　寄存器存储区的选择

包括 16F84A 系列在内的最小 PIC 芯片都含有一个文件寄存器（见图 5.2），它被分成两个存储区（bank），最常用的寄存器在默认的存储区 bank 0 里，一些控制寄存器，如端口数据方向寄存器 TRISA 和 TRISB 以及 OPTION 寄存器，被映射到 bank 1 里。许多特殊功能寄存器（SFR）可在两个存储区里进行访问。其他的使用特殊的访问指令，如 TRIS 写端口 A 和 B 的数据方向寄存器的指令，和用来设置硬件定时计数器的 OPTION 指令。汇编器会警告指令 TRIS 和 OPTION 将来可能不再支持。然而，写本书时它们仍然可以使用，为初学者提供能够访问存储区 bank 1 的简化方法。

更新更强大的 PIC 16 芯片的 RAM 最多可以有 32 个存储区，所以需要更通用的存储区选择的方法。在一个特殊功能寄存器中提供有存储区选择位，可以直接使用 BSF 和 BCF 指令修改它们。在 16F84A 中只需要一位存储区选择位，即状态寄存器中的第 5 位，命名为 RP0。存储区 bank 0 是默认使能的（RP0＝0），因此通过设置 RP0＝1 来访问 bank 1 里的寄存器 OPTION、TRIS A、TRISB、EECON1 和 EECON2。这种明确选择存储区方法的描述参见下面设端口 B 为输出的程序片段：

```
STATUS    EQU      03          ; 定义状态寄存器地址
```

```
TRISB   EQU     86          ; 定义数据方向寄存器地址
        BSF     STATUS,5    ; 选择bank1
        CLRW                ; W清零（数据方向码传送给W）
        MOVWF   TRISB       ; 设置Port B为输出
        BCF     STATUS,5    ; 重新选择 bank0
```

立即重新选择 bank 0 是个好方法，这也是最常用的方法。如果要进一步访问 bank 1，就不要执行这一步骤。一旦一个存储区被选中，在取消它前都可以访问。较大的 PIC 芯片需要更多的存储区选择位。

一个更简单的方法是使用伪操作“BANKSEL”，它自动执行上述过程：

```
BANKSEL   TRISB    ;  选择包含TRISB的存储区，bank1
CLRW               ;  W清零
MOVWF     TRISB    ;  设置Port B为输出
BANKSEL   PORTB    ;  重新选择包含PORTB的存储区，bank0
```

BANKSEL 用来选择存储区中指定的寄存器，所以可以选择存储区中需要的任何寄存器。BANKSEL 实际上是一个预定义的“宏”，宏是由汇编器捆绑在一起的指令序列，并使用用户定义的名称调用。宏将在 6.6 节进行详述。

6.4.3　文件寄存器的间接寻址

PIC 16 芯片中的寄存器 04 是文件选择寄存器（FSR），它用于其他文件寄存器的间接或变址寻址。一个目标文件寄存器地址被装入 FSR，该文件寄存器的内容就可以通过文件寄存器 00H 读写。文件寄存器 00H 是间接文件寄存器（INDF），它会自动地将数据复制到目标寄存器里或从目标寄存器里复制出来。此方法可用于访问通用寄存器（GPR）的一个块，经由 INDF 读取或写入数据，然后递增 FSR 选择数据块中的下一个寄存器。这个文件寄存器的变址间接寻址是非常有用的，例如，存储一段时间内由端口读入的一组数据。该技术显示于图 6.7 中。

演示程序 INX1 使用 FSR 作为寻址寄存器，加载虚拟数据（AAH）到 20H—2FH 的文件寄存器中。FSR 作为块的地址指针，每次读或写操作时递增。每次触发文件寄存器写操作时，数据实际上被直接传送到 INDF 里。源代码见程序 6.3。

6.4.4　EEPROM 存储器

PIC 芯片具有电可擦除可编程的只读存储器（EEPROM），它是非易失性的可读可写的存储器，电源关闭后其中的数据依然保存着。这在一些情况下非常有用，如电子锁应用程序，正确的密码组合被存储在里面，以便与不同的输入码进行比较。图 6.8 显示了 MPLAB 中读写 EEPROM 的说明，源代码窗口中可以看到代码序列。请注意，端口 A 的模拟输入（09H）在激励工作窗中生成。源代码在程序 6.4 中列出。

访问 EEPROM 时用到一组寄存器，分别是 EEDATA、EEADR、EECON1 和 EECON2。

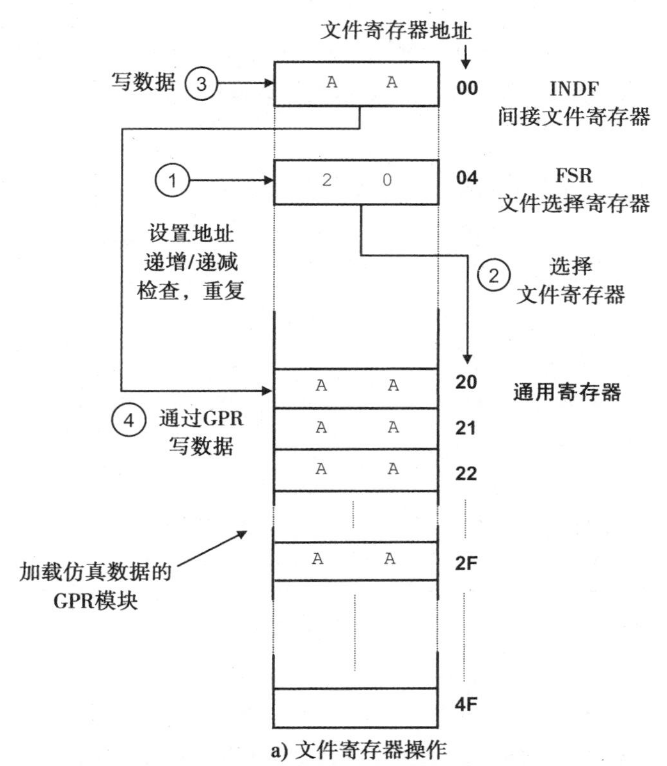

a) 文件寄存器操作

MPLAB IDE v8.60

File Edit View Project Debugger Programmer Tools Configure Window Help

C:\...\inx1.asm

```
9
10   FSR     EQU     04
11   INDF    EQU     00
12
13           MOVLW   020
14           MOVWF   FSR
15           MOVLW   0AA
16
17   next    MOVWF   INDF
18           INCF    FSR
19           BTFSS   FSR, 4
20           GOTO    next
21
22           SLEEP
23
24           END
25
```

File Registers

Address	Hex	Decimal	Symbol Name
00	--	-	INDF
01	0x00	0	TMR0
02	0x08	8	PCL
03	0x10	16	STATUS
04	0x30	48	FSR
05	0x00	0	PORTA
06	0x00	0	PORTB
07	--	-	
08	0x00	0	EEDATA
09	0x00	0	EEADR
0A	0x00	0	PCLATH
0B	0x00	0	INTCON
0C	0x00	0	
0D	0x00	0	
0E	0x00	0	
0F	0x00	0	
10	0x00	0	

Hex Symbolic

File Registers

Address	Hex	De
20	0xAA	
21	0xAA	
22	0xAA	
23	0xAA	
24	0xAA	
25	0xAA	
26	0xAA	
27	0xAA	
28	0xAA	
29	0xAA	
2A	0xAA	
2B	0xAA	
2C	0xAA	
2D	0xAA	
2E	0xAA	
2F	0xAA	

Hex Symbolic

b) MPSIM中INX1运行后的文件寄存器

图 6.7　文件寄存器的变址和间接寻址

要存储的数据放置在 EEDATA 里，它的地址写入到 EEADR 里，然后必须选择存储区 bank 1，读或写的顺序包含在数据手册 EEPROM 部分指定的程序中。设计的写顺序是为了减少 EEPROM 的意外覆盖，即减少丢失基本数据的可能性。读 EEPROM 比较直接，如在源代码中第二列所看到的那样。

```
; INX1.ASM              M Bates         29-10-03
; ...........................................................
; Demonstrates indexed indirect addressing by
; writing a dummy data table to GPRs 20 - 2F
; ...........................................................

  PROCESSOR 16F84A              ; select processor

FSR     EQU       04            ; File Select Register
INDF    EQU       00            ; Indirect File Register

        MOVLW     020           ; First GPR = 20h
        MOVWF     FSR           ; to FSR
        MOVLW     0AA           ; Dummy data

next    MOVWF     INDF          ; to INDF and GPRxx
        INCF      FSR           ; Increment GPR Pointer
        BTFSS     FSR,4         ; Test for GPR = 30h
        GOTO      next          ; Write next GPR

        SLEEP                   ; Stop when GPR = 30h

        END                     ; of source code
```

程序 6.3 间接寻址

```
;       EEP1.ASM        MPB     02-02-11

;       Reads in data at Port A, stores it in EEPROM
;       and displays it at Port B

        PROCESSOR 16F84A

PCL     EQU     02      ; Program Counter Low
PORTA   EQU     05      ; Port A Data
PORTB   EQU     06      ; Port B Data
STATUS  EQU     03      ; Flags
EEDATA  EQU     08      ; EEPROM Memory Data
EEADR   EQU     09      ; EEPROM Memory Address
EECON1  EQU     08      ; EEPROM Control Register 1
EECON2  EQU     09      ; EEPROM Control Register 2

RP0     EQU     5       ; STATUS - Register Page Select
RD      EQU     0       ; EECON1 - EEPROM Read Initiate
WR      EQU     1       ; EECON1 - EEPROM Write Initiate
WREN    EQU     2       ; EECON1 - EEPROM Write Enable


Write   MOVF    PORTA,W         ; Read in data from port
        MOVWF   EEDATA          ; Load EEPROM data
        CLRF    EEADR           ; Select first EEPROM location
        BSF     STATUS,RP0      ; Select Register Bank 1
        BSF     EECON1,WREN     ; Enable EEPROM write
        MOVLW   055             ; Write initialisation sequence
        MOVWF   EECON2          ;
        MOVLW   0AA             ;
```

程序 6.4 EEPROM 操作

```
        MOVWF   EECON2          ;
        BSF     EECON1,WR       ; Write into current address
        BCF     EECON1,WR       ;
        BCF     EECON1,WREN     ; Disable EEPROM write
        BCF     STATUS,RP0      ; Re-select Register Bank 0


Read    BSF     STATUS,RP0      ; Select Register Bank 1
        BSF     EECON1,RD       ; Enable EEPROM read
        BCF     STATUS,RP0      ; Re-select Register Bank 0
        MOVF    EEDATA,W        ; Copy EEPROM data to W
        BSF     STATUS,RP0      ; Select Register Bank 1
        BCF     EECON1,RD       ; Disable EEPROM read
        CLRF    PORTB           ; Set PortB as outputs
        BCF     STATUS,RP0      ; Re-select Register Bank 0
        MOVWF   PORTB           ; Display data

        SLEEP

        END
```

程序 6.4 （续）

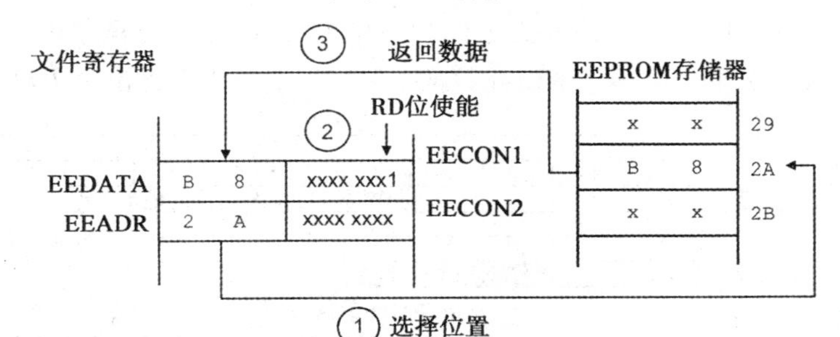

a) 寄存器读取过程

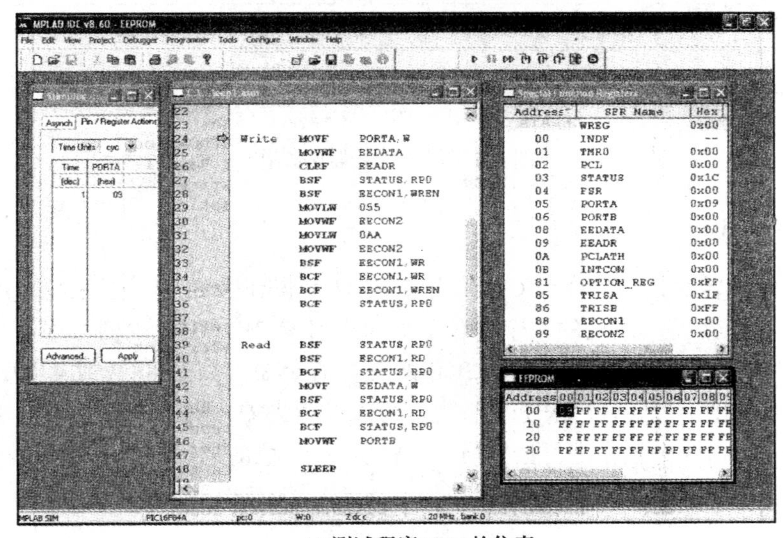

b) 测试程序EEP1的仿真

图 6.8　EEPROM 操作

其他芯片使用不同的技术访问 EEPROM。例如，8 引脚的 PIC 12CE518/9 通过端口寄存器未使用的位进行串行访问。最新推出的芯片已经扩展了 EEPROM 的写入机制，程序存储器的读写包括了进去。使用此功能前必须认真研究每个器件的数据手册。

6.4.5 程序计数器高位寄存器 PCLATH

基本的 16 系列 PIC 程序存储器最多可以容纳 8192 条 14 位的指令（8KB 地址），这需要 13 位的地址（$2^{13}=8192$），因此大部分该系列的芯片都有一个 13 位的程序计数器，即实际可用的存储空间小于最大值。更大的芯片则有一个 16 位程序计数器，可寻址 64KB 的存储空间。

8 位 PCL（程序计数器低字节）只能选择 256 个地址中的一个，所以程序存储器被有效地划分为 256 个指令。同样的，随机存取存储器（RAM）被划分为 256 个指令单元一页。PCL 提供每页中完全可读可写的存储器地址。PCH（程序计数器高字节）寄存器提供了程序地址的高字节，虽不能直接访问，但可以通过 PCLATH（程序计数器锁存的高位字节）寄存器进行操作。如图 6.9 所示，这种方式工作时使用 13 位地址，与程序跳转和直接写入 PCL 不一样。在这两种情况下，必须仔细研究数据手册，以避免出现跳出页边界的情况。

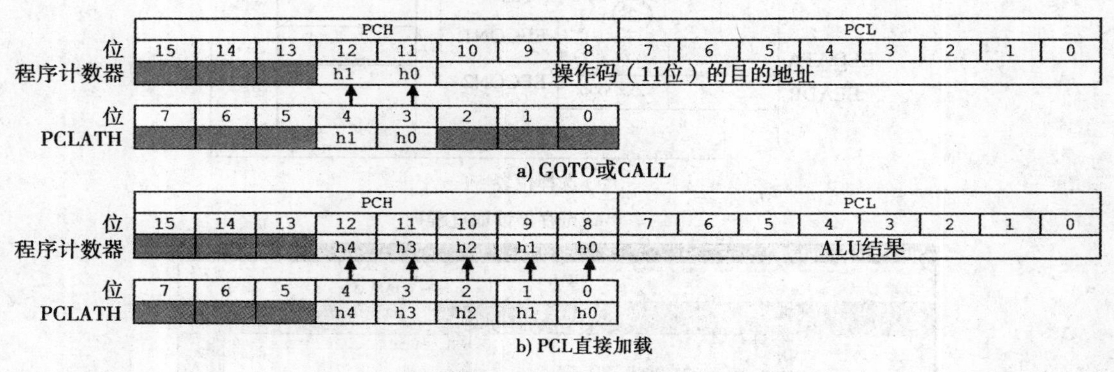

图 6.9 程序计数器的操作

GOTO 和 CALL

当请求程序跳转时，GOTO 或 CALL 指令的 11 位操作数的高三位写入到 PCH 的低 3 位中，PCLATH 寄存器提供地址的其余两位。如果芯片有 2KB 或更少的程序存储器，这些位就不起作用；但是，如果芯片有超过 2KB 的程序存储器（高达 8KB 或 4×2KB 的块）时，GOTO 或 CALL 的访问要越过 2KB 的存储块的边界时将需要对 PCLATH 第 3 和第 4 位进行明确修改。CALL 指令必须在高位被替换之前将所有 13 位的返回地址存储在栈中。

写 PCL

如果 PCL 是在程序控制下通过直接写来修改，程序计数器的高 5 位会由 PCLATH 装入。

如果跳转操作跨越了页的边界，对这些位必须进行相应的修正，例如，一个数据表跨越了页边界（参见6.9节的数据表）。更多的细节请参见Microchip的“PIC中档单片机系列参考手册”。对于其他PIC芯片，可能还存在程序分支操作的其他限制。例如12C5XX系列，虽然其整体的内存可高达1KB，但CALL指令仅限于程序的前256位。

6.5 特殊功能

特殊功能选项主要包括，如振荡器类型、使芯片运行更可靠的内部定时器、代码保护和支持在线编程和调试的内部硬件。大部分的选项是通过芯片配置字进行选择。

6.5.1 时钟振荡器类型

PIC单片机可以通过外部RC网络，或晶体振荡器，或内部产生的时钟信号来驱动。外部系统时钟也可以应用于与其他系统进行同步。时钟类型在芯片配置字中选择，配置字在下载用户代码的同时被编程到一个特殊的位置。配置选项可以通过MPLAB或在程序的头部使用 _CONFIG 指令进行设置（见6.6节）。

默认的时钟选项通常是内部振荡器（如果有的话）。它减少了外部元件的数量，在标准芯片上提供默认的4MHz的时钟频率，在新近的16F1xxx系列芯片上提供最大32MHz的时钟频率。内部振荡器出厂时已经校准过，但仍可通过控制寄存器OSCTUNE中的几位调整到更精确的数上。

对于那些对程序精确时间要求不高的应用，内部振荡器是不适用的，可以选择使用廉价的RC低频率的时钟电路，电路仅需将电阻和电容连接到芯片的CLKIN引脚。如果使用可调电阻器，如BIN硬件，时钟频率就可以在一定限度内进行调整，因此所有输出信号的频率可以同时改变。这样非常有用，但时钟不精确，也不稳定。

选用外部石英晶体振荡器会稍微贵点，但更精确。晶体跨接在OSC1和OSC2引脚之间，每个引脚通过电容（15～22pF）接地，内部配有放大器构成整个电路。晶体谐振在精确的频率上，大约为50ppm（百万分之），或0.005%的精度。这使得硬件定时器能够测量准确的时间间隔，及产生精确的输出信号。程序块的总体执行时间也可以更准确地预测。

外部晶体有三种类型可用：低功耗型（LS）、标准型（XT）或高速型（HS）。低功耗模式应选择32.768kHz的低速晶体，它提供一个能被2整除的频率。标准模式应选择4MHz（1μs的指令周期）的晶体，高功耗模式使用高达20MHz的晶体，这些选择使时钟振荡器具有更高的增益。注意，整体的功耗与时钟速度近似成正比。最大的电源电压（5.0V）通常需要运行在高频率上，因此电池供电可能不适合于这种情况。

了解更多特定芯片的信息和外部连接的各种应用电路，请参阅数据手册。

6.5.2 上电延时定时器

当电源接通时，电压和电流的初始上升方式是不可预知的，它取决于电源的设计和连接的负载。如果处理器程序试图在电源稳定下来之前就开始，可能会出现故障。PIC 提供片内的上电延时定时器（PWRT）来解决这个问题。如果稍后芯片被复位或电源暂时变低（掉电），该定时器也会被调用。

当 PIC 上电时，会一直等待直到最低工作电压达到要求（通常 2.0V），然后产生内部复位启动 PWRT，大约 64ms 后程序开始执行。作为预防措施，在对芯片编程时 PWRT 通常应该使能，启动时产生的延迟通常是微不足道的。

!MCLR（外部上电复位）输入（低电平有效）可以在任何时候重新启动程序。这对在不关掉电源的情况下就能完成重启是非常有用，尤其在调试时，遇到处理器可能会无原由的挂起情况。如果没有复位输入，该引脚必须连接到高电平，以保证处理器能够正常运行。所以建议 !MCLR 输入端同时连接 1kΩ 的电阻（最小值）和 100nF 的去耦电容，以防止电源瞬变引起的随机复位和静电放电对输入端的损坏。

6.5.3 看门狗定时器

看门狗定时器（WDT）是个内部独立的定时器，自动强制 PIC 在选定的时间后重新启动。其目的是使处理器从无限循环或其他错误情况下逃脱，不必手动复位。此功能在更完善的程序中使用，所以这里我们主要关心的是防止看门狗在不需要时发生超时，因为这样会破坏我们演示程序的正常运行。因此 WDT 通常被禁用，在程序下载时可以通过选择适当的配置来设置，或在源代码中指定配置字来设置。

如果看门狗被使能，必须在程序循环中使用 CLRWDT 指令对 WDT 定期复位。为防止发生死循环或其他错误情况，可设置最少 1ms（在 4MHz 时是 1000 条指令）让 WDT 自动复位一次。如果程序在模拟器上不能正常运行，检查 WDT 是否被禁用。如果启用了 WDT 选项，产生一个中断，那么重新启动处理器的相应中断服务程序必须放置在 ISR 向量地址 004 处。

6.5.4 休眠模式

SLEEP 指令会使正常的运行暂停，时钟振荡器关闭。在这种状态下功耗最小，这对电池供电的应用非常有用。通过复位或中断可以唤醒 PIC 芯片，比如按下连接在端口 B 的按键。SLEEP 指令还可用于终止不需要再连续循环的程序（见程序 6.3），这样可以防止程序运行到程序存储器位默认为高电平的未被使用的地方，实际上在 PIC 16 指令集中，这些代码（全 1）全是无效指令 ADDLW FF，贯穿整个未使用的区域。如果程序没被终止，这些毫无意义的指令会被执行到程序存储器的末尾，然后程序计数器翻转，程序从 00 地址重新开始执行，因此程序会在默认情况下重新启动。

6.5.5 代码保护

在商业应用上，为避免被盗版，PIC 固件需要受到保护。编程过程中选择代码保护熔丝，可以阻止代码在未经授权的情况下被复制。如果需要，也可在编程过程给芯片加一个唯一的识别码。在演示程序中，代码保护功能未启用，否则，程序就不能被读回验证了。

6.5.6 配置字

振荡器选择位、看门狗定时器、上电延时定时器、代码保护及其他选项可以通过设置配置字相应的位来选择，配置字放置在一个特殊的地址中，只有对芯片进行编程时才去访问。这些位可在 MPLAB 中通过编程对话来设置，或者在源代码中用汇编指令对配置选项进行设置（配置指令参见 6.6 节）。此处建议的默认设置为：

- 需要时钟源。
- 看门狗定时器禁用。
- 使能上电延时定时器。
- 使能外部上电复位。
- 代码保护禁用。
- 所有其他功能禁用。

6.6 汇编伪指令

汇编伪指令是插在 PIC 的源代码中控制汇编器操作的命令，它们并不是程序的一部分，不会转换成机器码。很多汇编伪指令只有在具备了很好的编程语言基础后才会被使用，所以这个阶段我们只介绍少量有用的汇编伪指令。其中有些已在程序 6.5 ASDL 中使用过了。为了看出伪指令的效果，列表文件也复制在右侧的竖列里。

汇编伪指令放置在源代码中的第二列，它们不区分大小写，但通常用大写字母来区分它们。我们已经遇到过一些最常用的指令，但只有 END 是必不可少的，所有其他的指令都只是使编程更加高效。指令的信息请参阅文档和当前你使用的汇编版本所提供的帮助文件。一些有用的指令解释如下。

PROCESSOR

该指令指定程序设计使用的 PIC 处理器类型，并允许编译器检查处理器的语法是否正确。在 MPLAB 中单片机类型也可以通过菜单 Configure → Select Device 指定。因此，在 MPLAB 中没有必要使用这个指令，但在 Proteus VSM 仿真中使用编译器时则需要。使用的包含文件也指定了处理器（见下面的 INCLUDE 指令）。

__CONFIG

在 MPLAB 中，选择菜单 Configure → Configuration Bits 打开对话窗口，配置位可以在

下载之前进行设置。如果 Configuration Bits set in code 复选框被选中，则对话窗口中设置的配置位可以被源代码中的 __CONFIG 伪指令设置覆盖掉。对 MCU 寄存器操作的伪指令以双下划线开始，每一位的意义在单片机数据手册中有说明。本书中使用的两个芯片的配置位列于表 6.1 中。

16F84A 芯片只有时钟类型、上电延时定时器、看门狗和代码保护 4 个特殊性能需要配置。16F690 有更多的选项，反映出其外围功能更广。第 0～2 位设置时钟类型（111＝RC，001＝XT，010＝HS，101＝INTOSC），第 2 位若清零表示禁用看门狗定时器，第 3 位若清零表示使能上电延时定时器。所有其他位都设置为 1 表示禁止代码保护、欠压保护和其他时钟选项。在 ASD1.LST 列表文件（见程序 6.5）中，配置位以二进制表示，等效的十六进制码和目标寄存器（2007）列在左栏中。

ORG

ORG 设置代码的“起始点”，为跟随这条指令的第一条指令分配地址。我们已经看到（见程序 6.2）它是如何设置中断服务程序的起点为 004 的过程。第一个程序存储单元默认起点为 000，所以如果没有指定 ORG，程序也会被放置在存储器的底部。这是复位地址，是处理器上电或复位后开始执行的地址。如果使用中断，必须在复位地址 000 处使用无条件转移指令“ GOTO 标号”作为第一条指令，这样可以使程序执行点转移到比 ISR 向量单元更高的存储空间去执行。对于在线调试，第二个单元（001）一般需要 NOP 指令。

LIST

文本文件 PROGNAME.LST 由汇编器生成，其中包含源代码（带行编号）、机器码、存储器分配和符号（标号）表，它可以用于错误检查、参考或打印出来。LIST 指令有许多选项，允许对列表文件的格式和内容进行修改，如每页行和列的数量、错误级别报告、处理器类型等。这些都可以在 MPLAB 中的生成输出选项里进行选择。在程序 6.5 中可以看到，ASD1.LST 列表文件的三个主要部分分别是主程序、标号定义和存储器映射。在主程序部分，机器码和相应的存储器单元列在左边。存储器映射（程序 6.5 c）总结了程序存储器的使用和编译信息。

表 6.1 配置位

位	16F84A		16F690	
	名 称	功 能	名 称	功 能
0	FOSC0	振荡器类型：00＝LP，01＝XT，	FOSC0	000＝LP，001＝XT，010＝HS，
1	FOSC1	10＝HS，11＝RC	FOSC1	011＝EC，100＝INTOSCIO，
2	WDTE	看门狗定时器使能＝1	FOSC2	101＝INTOSC，110＝RCIO，
				111＝RC(影响 OSC1 和 OSC2 的 I/O 端口)
3	PWRTE	上电延时定时器使能＝0	WDTE	看门狗定时器使能＝1
4	CP	代码保护 = 0	PWRTE	上电延时定时器使能 = 0

（续）

位	16F84A		16F690	
	名 称	功 能	名 称	功 能
5	CP	代码保护＝0	MCLRE	外部复位使能＝1
6	CP	代码保护＝0	CP	程序存储器代码保护＝0
7	CP	代码保护＝0	CPD	数据存储器代码保护＝0
8	CP	代码保护＝0	BOREN0	欠压保护模式
9	CP	代码保护＝0	BOREN1	不使能＝00
10	CP	代码保护＝0	IESO	转换使能＝1
11	CP	代码保护＝0	FCMEN	故障保护时钟监视器使能＝1
12	CP	代码保护＝0	—	未使用
13	CP	代码保护＝0	—	未使用
典型值		XXX1 1111 1111 0011（FFF3H）		XX00 0000 1110 0100（00E4H）
		代码保护和关 WDT		除 MCLR、PWRT 外都不使能
		上电，RC 时钟		内部振荡器

EQU

这是一种常用的指令，用一个容易记住的标号（列表文件中的符号）来表示数值。该指令常见于包含文件（见下文）中，用于定义处理器的特殊功能寄存器的标准符号（如PORTA），以及用户自己定义的额外的文件寄存器的名称，数值可以指定为十六进制、二进制、十进制或 ASCII 形式（参见 6.8 节）。在列表文件中，所有用户定义的标号值（常数、等于、地址）都放在包含文件标号值的后面。

INCLUDE

这条指令会指示汇编器将磁盘上指定的文件包含到源代码中。如有必要，必须给出完整的文件路径，如果文件已复制到源代码和编译器生成的文件所在的应用程序文件夹中，只需要文件名即可。

在这个 ASD1.LST 例子中（见程序 6.5），由 Microchip 提供的文件 P16F84A.INC 包含在第 18 行，但是其清单没有列出，因为清单长达 134 行。它定义了处理器里的所有特殊功能寄存器和个别的控制位，可以在标号值（程序 6.5 b）列表中看到。该文件还包括用于单独设置配置位的指令编码，如在程序头部使用伪指令 _PWRTE_ON 打开上电延时定时器。

这些标准头文件使用的名称与数据表寄存器的名称一致，提供所有处理器的开发系统文件。它们可以在 Microchip 的系统文件夹中的 MPASM Suite 文件夹里的 MPASMWIN.EXE 文件旁找到。文本文件也可以包含在程序里，仿佛是通过编辑器输入到源代码中一样，因此它必须符合常规的汇编语法，任何程序块、子程序或宏也可以以这种方式包含在程序里。这使得分散的源代码文件被组合在一起，为用户创建可重复使用的程序模块库提供了方法。

```
                        00001 ; ***************************************************
                        00002 ;   ASD1.ASM            M. Bates    13/11/10     Ver 1.2
                        00003 ; ***************************************************
                        00004 ;   Assembler directives, a macro and a pseudo-
                        00005 ;   operation are illustrated in this counting
                        00006 ;   program ...
                        00007 ; ***************************************************
                        00008
                        00009 ;   Directive sets processor type:
                        00010     PROCESSOR 16F84A
                        00011
                        00012 ;   Set configuration fuses:
2007   3FF3             00013       __CONFIG B'11111111110011'
                        00014 ;   Code protection off, power up timer on,
                        00015 ;   watchdog timer off, RC clock
                        00016
                        00017 ;   SFR equates are inserted from disk file:
                        00018     INCLUDE P16F84A.INC
                        00001         LIST
                        00002 ; P16F84A.INC  Standard Header File, Version 2.00
                        00134         LIST
                        00019
                        00020 ;   Constant values can be predefined by directive:
  00FF                  00021     CONSTANT maxdel=0xFF, dircb=b'00000000'
                        00022
  0000000C              00023 timer   EQU     0C          ; delay counter register
                        00024
                        00025 ; Define DELAY macro ********************************
                        00026
                        00027 DELAY   MACRO
                        00028
                        00029         MOVLW   maxdel      ; Delay count literal
                        00030         MOVWF   timer       ; loaded into spare register
                        00031
                        00032 down    DECF    timer       ; Decrement spare register
                        00033         BNZ     down        ; Pseudo-Operation:
                        00034                             ; Branch If Not Zero
                        00035         ENDM
                        00036
                        00037 ;**************************************************
                        00038
                        00039 ;       Initialize Port B (Port A defaults to inputs)
                        00040
0000   1683             00041         BANKSEL TRISB       ; Select Bank 1
0001   3000             00042         MOVLW   dircb       ; Port B Data Direction Code
0002   0086             00043         MOVWF   TRISB       ; Load the DDR code into F86
0003   1283             00044         BANKSEL PORTB       ; Reselect Bank 0
                        00045
                        00046 ;       Start main loop ................................
                        00047
0004   0186             00048         CLRF    PORTB       ; Clear Port B Data & restart
0005   0A86             00049 again   INCF    PORTB       ; Increment count at Port B
                        00050         DELAY               ; Insert DELAY macro
                            M
0006   30FF                 M       MOVLW   maxdel      ; Delay count literal
0007   008C                 M       MOVWF   timer       ; loaded into spare register
0008   038C                 M down  DECF    timer       ; Decrement spare register
0009   1D03 2808            M       BNZ     down        ; Pseudo-Operation:
                            M                           ; Branch If Not Zero
000B   2805             00051       GOTO    again       ; Repeat main loop always
                        00052
                        00053       END                 ; Terminate source code
```

a）主程序

程序 6.5 ASD1 列表文件组成

```
符号表
标号                                值
C                                   00000000
DC                                  00000001
DELAY
EEADR                               00000009
EECON1                              00000088
EECON2                              00000089
EEDATA                              00000008
EEIE                                00000006
EEIF                                00000004
F                                   00000001
FSR                                 00000004
GIE                                 00000007
INDF                                00000000
INTCON                              0000000B
INTE                                00000004
INTEDG                              00000006
INTF                                00000001
IRP                                 00000007
NOT_PD                              00000003
NOT_RBPU                            00000007
NOT_TO                              00000004
OPTION_REG                          00000081
PCL                                 00000002
PCLATH                              0000000A
PORTA                               00000005
PORTB                               00000006
PS0                                 00000000
PS1                                 00000001
PS2                                 00000002
PSA                                 00000003
RBIE                                00000003
RBIF                                00000000
RD                                  00000000
RP0                                 00000005
RP1                                 00000006
STATUS                              00000003
T0CS                                00000005
T0IE                                00000005
T0IF                                00000002
T0SE                                00000004
TMR0                                00000001
TRISA                               00000085
TRISB                               00000086
W                                   00000000
WR                                  00000001
WREN                                00000002
WRERR                               00000003
Z                                   00000002
_CP_OFF                             00003FFF
_CP_ON                              0000000F
_HS_OSC                             00003FFE
_LP_OSC                             00003FFC
_PWRTE_OFF                          00003FFF
_PWRTE_ON                           00003FF7
_RC_OSC                             00003FFF
_WDT_OFF                            00003FFB
_WDT_ON                             00003FFF
_XT_OSC                             00003FFD
__16F84A                            00000001
again                               00000005
dircb                               00000000
down                                00000008
maxdel                              000000FF
timer                               0000000C
```

b）包含文件标号

```
MEMORY USAGE MAP ('X' = Used,  '-' = Unused)

0000 : XXXXXXXXXXXX---- ----------------
2000 : -------X-------- ----------------

All other memory blocks unused.

Program Memory Words Used:    12
Program Memory Words Free:  1012


Errors   :     0
Warnings :     0 reported,     0 suppressed
Messages :     3 reported,     0 suppressed
```

c）存储器映射

程序 6.5 （续）

MACRO···ENDM

宏是插入程序中的一个源代码块，将其所使用的名称作为指令。如在ASD1（程序6.5）中，DELAY就是宏名称，在列表文件中可以看到它被插入到主程序中。使用宏相当于从标准指令中创建一个新的指令，或相当于自动复制和粘贴操作。伪指令MACRO的定义以一个有标号的块开始，ENDM结束。与能执行相同功能的子程序相比，宏的优点在于它是通过消除CALL和RETURN的额外指令周期来减少总体执行时间的，所以它适合在短序列或执行速度非常重要的地方使用。但另一方面，子程序只编译一次，所以使用较少的存储空间。

BANKSEL

该指令允许访问包含主要SFR的存储区（bank 0）以外的寄存器存储区。如在ASD1（程序6.5）中，它被用来访问和初始化端口B数据方向寄存器。其操作对象是所需的寄存器（TRISB），作用是设置状态寄存器中的寄存器选择位。需要记住的是在使用主SFR之前bank 0必须重新选择。更多的细节见6.4.2节。

END

END指令通知编译器源代码到此结束。这是一个必须存在的指令，如果丢失将会产生错误信息。

6.7 伪指令

这些附加指令本质上是预先定义在汇编器里的宏。在程序ASDL（见程序6.5）中有个例子“BNZ down”，它表示“不为零则跳转到标号处”，汇编器用它替代指令序列“Bit Test and Skip if Set and GOTO”。

```
BNZ    down    =    BTFSS    3,2
                    GOTO    down
```

指令测试状态寄存器里的零标志位（bit 2），如果前面的操作结果为零，则跳过GOTO；如果结果不为零，则执行GOTO，程序跳转到标号指定的地址处（down）。

其他的例子还有BZ（Branch if Zero）、BC（Branch if Carry）和BNC（Branch if no Carry）。这种类型的指令包含在更强大的PIC主指令集里。其他伪指令是标准指令的简单的替换形式，如SETC（=BSF 3，00）。长跳转LGOTO和LCALL可以为分开的程序存储器页边界自动调节PCLATH（见6.4.5节，PCLATH）。

6.8 数值类型

PIC源代码中给出的立即数可以写成不同的数值类型。默认是十六进制，即，如果没有指定类型，汇编器将假设它是十六进制。然而，这是非常重要的也是需要注意的地方，如果十六进制的数始于一个字母（如 A、B、C 、D、E 或 F），判断它是数还是标号对汇编器来说是困难的。立即数必须以数字开头，所以在任何时候必须以零开始。因此 8 位的立即数，包括前面的零在内，应该合起来写成三位的十六进制数（000H～0FFH）。

MPASM 汇编器支持的数值类型有：

- 十六进制。
- 十进制。
- 二进制。
- 八进制。
- ASCII 码。

如有必要请参阅附录 A 中有关十六进制和二进制数字的更多介绍。八进制是基于 8 的进制，对我们而言用途有限。ASCII 码在后面描述。要指定一个类型，用该类型的首字母和引号表示，例如：

十六进制：H'3F'（或 0x3F，或默认的 03F）

十进制：D'47'

二进制：B'10010011'

ASCII：A'K'（或 'K'）

数值类型前缀不区分大小写。十六进制的另一种形式用于 C 语言编程中（如 0xFA）。二进制用于指定按位来表示的寄存器值，特别是在设置控制寄存器时，寄存器的每一位的状态都清晰可辨的。

ASCII 码表示文本字符。表 6.2 中列出了这些码，每个字符代码的高位和低位必须组合在一起以形成一个 7 位代码。注意，大多数标准键盘上的字符是可用的，包括大小写字母、数字、标点符号和其他符号。

如果在程序源代码中指定了 ASCII 码字符，会产生范围为 00H—7FH 的相应代码。此选项用于将数据发送到字母数字显示器上或串行端口上，例如：

```
MOVLW   'Y'     ;转换成二进制数01011001
MOVWF   PortB   ;送给显示器
```

注意，如果 ASCII 码前的 A 可以从操作数中去除，字符仍然能被汇编器正确识别。

表 6.2　ASCII 字符集

低　位	高　位					
	0010	0011	0100	0101	0110	0111
0000	Space	0	@	P	‘	p
0001	!	1	A	Q	a	q
0010	’	2	B	R	b	r
0011	#	3	C	S	c	s

（续）

低　位	高　位					
	0010	0011	0100	0101	0110	0111
0100	$	4	D	T	d	t
0101	%	5	E	U	e	u
0110	&	6	F	V	f	v
0111	’	7	G	W	g	w
1000	(	8	H	X	h	x
1001	)	9	I	Y	i	y
1010	*	:	J	Z	j	z
1011	+	;	K	[	k	{
1100	,	<	L	\	l	|
1101	–	=	M	]	m	}
1110	.	>	N	^	n	~
1111	/	?	O	_	o	Del

6.9　数据表

一个程序可能需要输出一组预定义的数据，例如，用正确的模式点亮七段数码管来显示每个数字。该组数据可以以一个表格形式的子程序写入程序，并使用 CALL 和 RETLW 指令访问数据表。为调取数据表中的值，要将数据在表中的位置放入 W 里，“0”是访问的第一项，“1”是第二项，依此类推。在子程序的顶部，ADDWF PCL 用于将这个表指针值加到程序计数寄存器里，这样执行点会跳转到列表中所需项处。然后 RETLW 用于将查询到的值返回到 W 里，此后再将数据传送给所需的文件寄存器里。

程序 6.6 中的 TAB1 查表程序显示了如何使用这样的表，在 BIN 演示硬件的 LEDS 上产生任意序列。在这里它是条形图的显示，LED 采用二进制序列 0、1、3、7、15、31、63、127、255 从一端点亮。

标为“ timer”和“ point”的特殊功能寄存器被使用，端口 B 设置为输出，定义了延时和提供输出码表格的子程序。在主循环中，表指针寄存器 point 被初始化为 0，然后将从 0 到 9 递增，码就依次输出。在每次循环时都会检查该指针的值是否为 9，如果到了 9，程序就跳回到“newbar”，随后指针复位为零。

对于每个输出，指针值（0～8）放置在 W 里并被“ table”子程序调用。第一个指令“ADDWF PCL”将指针值加到程序计数器里，第一次调用时这个值是零，于是执行下一条指令“ RETLW 000”，程序返回主循环，同时 W 的值为 00H，输出此值到 LEDS，执行延时，指针值递增。新的指针值会被测试，看它是否为 9。如果没有到 9，则执行下一次的调用，直到最后第 9 个代码（OFFH）返回到主输出循环进行显示为止。在此之后，检测到指针值等于 9，就跳回到“newbar”，并重复以上过程。注意使用“W”作为减法（SUBWF）指令结果的目的寄存器可以避免指针值被减法结果覆盖掉。

本章所涉及的汇编方面的详细信息请参阅 www.microchip.com 网站上的“MPASM 汇编器用户指南”。

```
;*******************************************************
;       TAB1.ASM                MPB  4-2-11
;*******************************************************
;
;   Output binary sequence gives a demonstration of a
;   bar graph display, using a program data table..
;
; ******************************************************

        PROCESSOR 16F84A

; Register Label Equates..............................

PCL     EQU     02          ; Program Counter Low
PORTB   EQU     06          ; Port B Data Register
timer   EQU     0C          ; GPR1 used as delay counter
point   EQU     0D          ; GPR2 used as table pointer

; ******************************************************

        ORG     000
        GOTO    start       ; Jump to start of main prog

; Define DELAY subroutine.............................

delay   MOVLW   0xFF        ; Delay count literal
        MOVWF   timer       ; loaded into spare register
down    DECFSZ  timer       ; Decrement timer register
        GOTO    down        ; and repeat until zero
        RETURN              ; then return to main program

; Define Table of Output Codes .......................

table   ADDWF   PCL         ; Add pointer to PCL
        RETLW   000         ; 0 LEDS on
        RETLW   001         ; 1 LEDS on
        RETLW   003         ; 2 LEDS on
        RETLW   007         ; 3 LEDS on
        RETLW   00F         ; 4 LEDS on
        RETLW   01F         ; 5 LEDS on
        RETLW   03F         ; 6 LEDS on
        RETLW   07F         ; 7 LEDS on
        RETLW   0FF         ; 8 LEDS on

; Initialise Port B (Port A defaults to inputs)........

start   MOVLW   b'00000000' ; Port B Data Direction
        TRIS    PORTB        ; and load into TRISB

; Main loop ...........................................

newbar  CLRF    point        ; Reset pointer
nexton  MOVLW   009          ; Check if all done yet
        SUBWF   point,W      ; (note: destination W)
        BTFSC   3,2          ; and start a new bar
        GOTO    newbar       ; if true...
        MOVF    point,W      ; Set pointer to
```

程序 6.6　TAB1 查表程序

```
        MOVF    point,W       ; Set pointer to
        CALL    table         ; access table...
        MOVWF   PORTB         ; and output to LEDs
        CALL    delay         ; wait a while...
        INCF    point         ; Point to next value
        GOTO    nexton        ; and repeat...

        END                   ; Terminate source code
```

程序 6.6 （续）

习题

1. 说明（a）PIC 指令周期中的时钟周期数和执行（b）CLRW 与（c）RETURN 中指令的指令周期数。
2. 如果 PIC 的输入时钟频率为 100kHz，指令周期是多少？
3. 如果时钟频率是 4MHz，预分频比是 4：1，计算延时 1ms 时 TMR0 所需的预置值。
4. 要使能 RB7：RB3 中断，列出初始化时 SFR 中各位的设置。
5. 陈述 RC、XT、HS、INTOSC 时钟的各自优点。
6. 说明在 PIC 程序中使用汇编伪指令的必要性。
7. 解释子程序和宏之间的差异和各自的优点。

实践活动

1. TAB1 程序中，假设时钟频率为 100kHz，计算执行一个完整的输出周期所花费的时间，并通过模拟仿真检验这个结果。
2. 修改程序 TIM1，使用定时器中断而不是定时询问来控制延时。
3. 设计通过 RB0 测量输入脉冲波形周期的程序，脉冲波形频率范围在 10～100kHz。当测量时，输入周期应该存储在一个名为“ period”的通用寄存器里，其中 $0A_{16}$＝10μs，64_{16}＝100μs（分辨率为每微秒 1 位）。MCU 时钟频率为 4MHz。

Chapter 7 第 7 章

PIC 开发系统

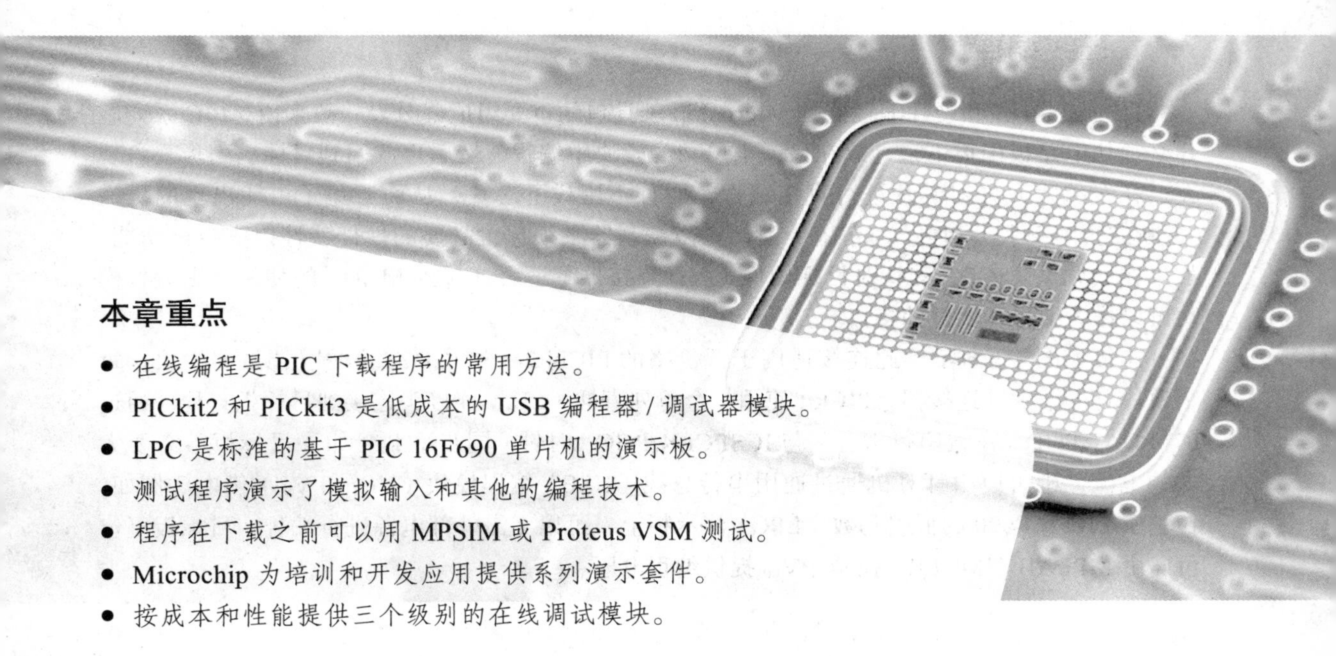

本章重点

- 在线编程是 PIC 下载程序的常用方法。
- PICkit2 和 PICkit3 是低成本的 USB 编程器 / 调试器模块。
- LPC 是标准的基于 PIC 16F690 单片机的演示板。
- 测试程序演示了模拟输入和其他的编程技术。
- 程序在下载之前可以用 MPSIM 或 Proteus VSM 测试。
- Microchip 为培训和开发应用提供系列演示套件。
- 按成本和性能提供三个级别的在线调试模块。

开发系统包括硬件和软件包，它支持特定范围内的微控制器（MCU）。软件提供程序开发环境，包括测试和将程序下载到 MCU 上的工具。许多 MPLAB 中的先进功能没在这本书介绍，特别是汇编工具包里的连接器和管理器的功能。开发系统支持创建新的模块化、可重用的应用程序代码，并被高级程序员用来改善和提高复杂程序开发的效率。第三方供应商提供的工具支持多种不同类型的单片机，其中 Proteus VSM 工具对我们最有用。

开发系统也需要硬件外设完善工具包。编程模块是主要的需求，这里有各种不同的选项，它取决于 MCU 类型和应用程序开发环境，也有各种接口（有些芯片需要仿真头和演示板等）。一些基本的选项如下所述，主要侧重于 16F690 的 LPC 演示板和类似的工具包。

7.1 在线编程

MPLAB IDE 和硬件编程器是 Microchip 工具包的重要组成部分。一般来说，PIC 系列芯片必须从电路板中拔下来，放在另一个单独的模块中编程，然后再放回到目标应用板上。现在，在线编程允许对芯片进行直接编程，而且不用拔下芯片，从而避免了可能出现的机械（折断或折弯引脚）和电气（静态）损伤。微控制器必须包含必要的硬件特性以支持该功能。如果在线调试（ICD）支持对目标硬件（六针连接器，适合连接到 MCU）的使用，则编程模块可以作为编程和调试的接口。

连接如图 7.1 所示，此连接适用于低价格的 PICkit2/3 和 ICD2/3 编程 / 调试器模块。每个模块有一个六针连接器，PICkit 使用一个单列直插（SIL）连接头连接到目标板。程序通过 ICSPDAT/PGD（在线串行编程）与 ICSPCLK/PGC（时钟）同步下载。如果目标板不需要太大的电流，则可以由计算机通过通用串行总线（USB）编程模块（V_{DD} 和 V_{SS}）供电。例如，在基于 PIC 16F690 的低引脚数（LPC）演示板上，可以无需外部电源进行编程。目标板复位可以由 MPLAB（!MCLR）控制，V_{PP} 提供编程电压。

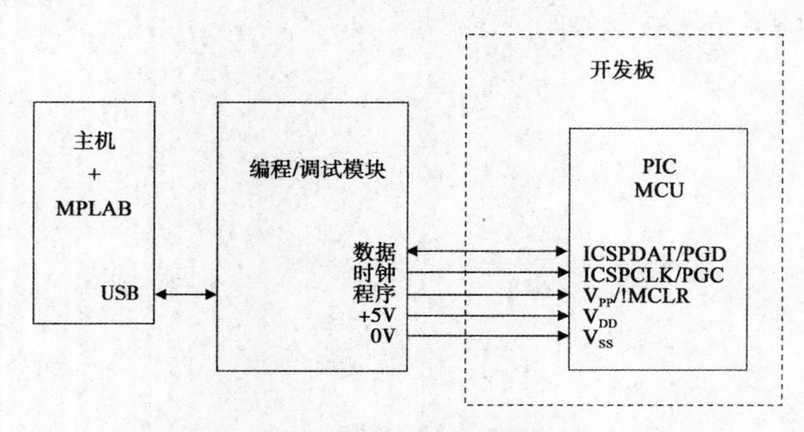

图 7.1 编程 / 调试器的连接

如果芯片开发系统支持 ICD，同样的 MPLAB 仿真工具可以用来测试程序，就如同它运行在实际芯片上一样，有实际的硬件提供输入和输出。这样可以更仔细地检查与硬件的交互，以保证在最后调试阶段的实施中，MCU 在实际电路中能正确操作。所有常用技术，单步、断点、寄存器监控等在这里都可使用，完成的程序可以在目标硬件上全速运行，任何最终错误被显现并删除。此前这种类型的测试都需要一个昂贵的仿真器。

不幸的是，如果 16F690 芯片没有连接头就不支持 ICD。如果需要在线编程功能，可以使用装有 16F887 芯片的 44 针演示板，因为这个芯片具有 ICD 接口，而 16F690 没有。

7.2　PICkit2 演示系统

PICkit2 是一个在线编程模块，支持全方位的 PIC 微控制器，PICkit3 现在也已可用。PICkit2 入门套件还包括 16F690 单片机和最小测试电路 LPC 板（见图 7.2）。运行 MPLAB 时，编程器要连接 PC 主机的 USB 端口，六针单列直插式输出端插到目标板上的六针接头上。连接如表 7.1 所示。

图 7.2　PICkit2 入门套件和 LPC 板

表 7.1　PICkit2 引脚功能

引　脚	名　称	功　能
1	V_{PP}/!MCLR	应用程序运行时的编程电压或复位输入
2	V_{DD} Target	电源的正电压（可以对 LPC 板供电）+5V
3	V_{SS}（ground）	电源参考电压（可以对 LPC 板供电）+0V
4	ICSPDAT/PGD	编程数据：双向串行信号（程序的下载和验证）
5	ICSPCLK/PGC	编程时钟：由编程器提供的单向时钟信号
6	Auxiliary	连接到 LPC 上的 T1G/CLKOUT

这个演示板（图 7.2）有四个发光二极管，可以显示程序的输出序列，一个按键连接到 !MCLR 引脚上，一个小的电位器提供模拟测试输入。LPC 板可以通过引脚 2 和 3 由 USB 端口为其供电。在编程时，+12V 电压会加到引脚 1，编程完毕后恢复其为复位（!MCLR）输入功能。当 PC 主机控制时，主板上的复位按键被 MPLAB 软件的工具栏中的复位按钮替代。当脱离编程器后，按键可以配置为复位输入或数字输入。引脚 4 和 5 传输程序的数据和

时钟，通过它们可以将代码写进目标芯片的程序存储器里。引脚 6 提供编程的其他附加功能。这些特点在 LPC 原理图上可以看到（见图 7.3）。

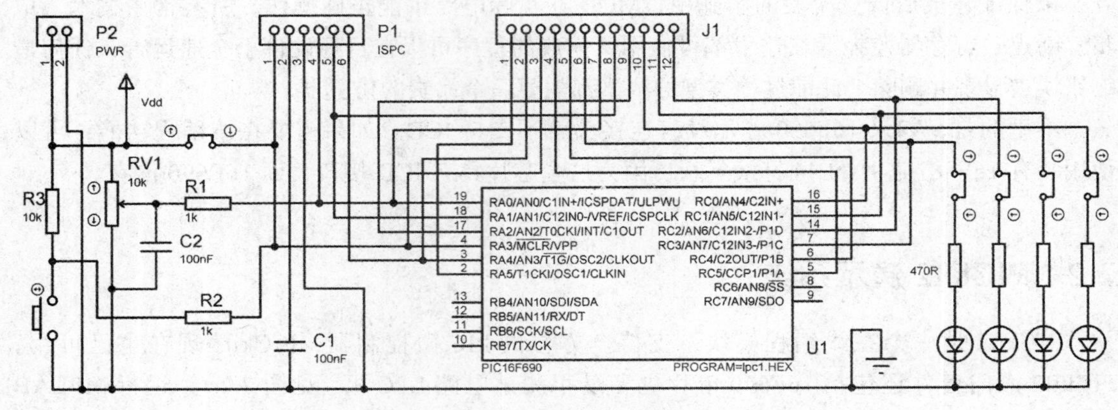

图 7.3　LPC 板原理图

板上所有芯片引脚和小的原型区会有额外连接，可以用来添加外围元件。LED 电路上增加了额外连接，因此如果这些输出被用于其他的线路时可以随时断开。当电路板从编程器上取下来后，它需要通过连接器 P2 接到外部电源上。

7.3 PIC 16F690 芯片

该芯片的数据手册可以从 www.microchip.com 网站上下载，并结合本节内容进行学习。从图 7.3 的原理图中可以看到，芯片只有 20 只引脚，因此是低引脚数芯片。16F690 是 16 系列芯片的代表，具有典型的外围接口，包括：

- 数字输入 / 输出。
- 模拟输入（12）。
- 多模式定时器（3）。
- 串口（USART、SPI、I^2C）。
- 一个内部时钟振荡器（4MHz）。

该芯片具有 4K 的程序存储器，256 字节的随机存取存储器（RAM）和电可擦除可编程只读存储器（EEPROM）。20 个引脚中的 18 个可以初始化为简单的数字输入 / 输出（I/O），并被分为端口 A（6）、B（4）和 C（8）。注意，没有端口 RB0～RB3，芯片通过 RA0 和 RA1 编程。与最新的大多数芯片一样，16F690 有模拟输入，可以通过相应的连接进行电压测量。这里将说明基本的设置，关于模数转换原理的进一步信息将在 12.3.3 节中作出阐述。如下面的测试程序，数字 I/O 端口必须进行初始化，因为如果没有明确设置，模拟引脚默认为模拟输入。

模拟输入使用一个模数（A/D）转换器，它可以通过一个多路复用器连接到 12 个输入引脚（AN0～AN11）中的任何一个。A/D 将输入电压转换为相应的 10 位二进制码，当转换完成时，二进制码被自动放置在特殊功能寄存器（SFRS）ADRESH 和 ADRESL 里。转换是由设置位 ADCON0，1（A/D 控制寄存器 0）触发，通过硬件设置该位为低来表示转换完成。这一位可以通过查询（在循环中反复检查）或中断设置来表明转换完成。

检查模拟输入的另一种方法是使用比较器，它只简单表明两个输入哪一个电压更高（输入极性）。模拟比较器有两个输入，分别标记为正（＋）和负（－）。信号施加到两个输入端，如果（＋）输入的电压高于（－）输入的电压，则输出为逻辑高，否则为低。在 16F690 上，几个输入是与参考电压多路复用的，所以输入的不同组合可以被检测到（见数据表）。

硬件定时器可被用于通常的计数器或定时器模式，此外也可被用于捕获、比较或脉冲宽度调制（PWM）模式。捕获是指当选定的输入产生变化时，当前定时器的值被自动存储，例如，捕获一个被测的输入信号周期。比较模式进行相反的操作，每个上升沿到来后，计数器的值与参考寄存器的值作比较，如果匹配，输出会改变，或产生中断。这可以用来输出一组周期内的脉冲波形。PWM 也是相似的，可设计提供具有特定占空（高 / 低）比的脉冲波形。

串口可以通过单线或双线与其他设备（微处理器或计算机）连接通信。通信方式有各种不同的方法（协议），16F690 支持 RS232、RS485、LIN、SPI 和 I^2C。程序初始化时必须选择各个引脚的功能，因为每个引脚的功能都有多个操作模式可选。内部时钟频率在 OSCCON 寄存器里选择。内部时钟默认频率为 4MHz，最大可达 8MHz。测试程序使用默认频率。

这里提到的所有的外围接口将在第 12 章中作进一步的解释，典型应用的详细描述见作者的另一本书《Interfacing PIC Microcontrollers：Embedded Design by Interactive Simulation》（Newnes 2006）。

7.4 测试程序

测试程序 LPC1（程序 7.1）实现模拟输入和点亮发光二极管，并用来解释测试和下载过程。它的功能是通过端口 B 循环点亮 LED，还包括速度的控制。测试程序具有以下结构：

```
Main
     Processor  configuration                    ;处理器配置
     Control  register  setup                    ;控制寄存器设置
     Main  Loop                                  ;主循环
           Rotate  LED                           ;循环点亮LED
           Read  pot  via  ADC                   ;通过ADC读可调电阻电压
           Call  delay  using  ADC  result       ;用ADC结果调用延时
     Repeat  always
     Subroutine                                  ;重复循环子程序
           Delay  using  ADC  result             ;用ADC结果延时
```

在处理器的控制字中，!MCLR（复位输入）被使能，使得 LPC 板上执行的程序可以由 MPLAB 中的编程工具栏进行控制。存储区的选择用来访问控制寄存器，因存储区按降序排列（bank 2、1、0），所以端口数据寄存器存储区在寄存器被初始化后不需要重新选择。

```
;
;       LPC1.ASM            MPB   Ver 1.0
;       Test program for LPC demo board
;       Rotates LED, pot controls the speed
;
;**********************************************************************

        PROCESSOR 16F690         ; Specify MCU for assembler
        __CONFIG 00E5            ; MCU configuration bits
                                 ; PWRT on, MCLR enabled
                                 ; Internal Clock (default 4MHz)
        INCLUDE "P16F690.INC"    ; Standard register labels

        LOCO    EQU     20       ; GPR labels
        HICO    EQU     21

; Initialize registers..............................................

        BANKSEL ANSEL            ; Select Bank 2
        CLRF    ANSEL            ; Port C digital I/O
        BSF     ANSEL,0          ; except AN0 Analogue input
        CLRF    ANSELH           ; Port C digital I/O

        BANKSEL TRISC            ; Select Bank 1
        CLRF    TRISC            ; Initialise Port C for output
        MOVLW   B'00010000'      ; A/D clock setup code
        MOVWF   ADCON1           ; A/D clock = fosc/8

        BANKSEL PORTC            ; Select bank 0
        CLRF    PORTC            ; Clear display outputs
        MOVLW   B'00000001'      ; Analogue input setup code
        MOVWF   ADCON0           ; Left justify, Vref=5V,
                                 ; Select RA0, done, enable A/D

; Start main loop...................................................

        CLRF    PORTC            ; LEDs off
        BSF     PORTC,0          ; Switch on LED0
loop    RLF     PORTC            ; Rotate output LED
        BSF     ADCON0,1         ; start ADC..
wait    BTFSC   ADCON0,1         ; ..and wait for finish
        GOTO    wait
        MOVF    ADRESH,W         ; store result high byte
        MOVWF   HICO
        INCF    HICO             ; avoid zero count
        CALL    slow
        GOTO    loop             ; Repeat main loop

; Subroutine........................................................

slow    CLRF    LOCO             ; delay block
fast    DECFSZ  LOCO
        GOTO    fast
        DECFSZ  HICO
        GOTO    slow
        RETURN

        END                      ; Terminate assembler..........
```

程序 7.1 LPC1 测试程序

主程序点亮一个 LED，然后通过端口 B 移位循环点亮，读取电位器的电压并在延时计数器里使用这个值，即用电位器的电压控制 LED 序列点亮的速度。在电位器的中间位置，时钟频率是 4MHz，整个周期大约需要 1 秒。请注意，高位也随着 8 位一起循环，但只有其中的 4 位被显示，所以在最后一个 LED 灭掉与第一个 LED 点亮之间有一个延时。

7.5　模拟输入

用于建立和运行模拟输入的寄存器列于表 7.2 中。ANSEL 和 ANSELH（模拟输入选择）寄存器的位若设置为 0 则表示数字输入，设置为 1 则表示模拟输入。在这个应用中，只有 AN0 被用到（ANSEL，0），其他引脚就都设置为数字输入。寄存器位默认为 1，即模拟输入，所以其他 I/O 端口必须都初始化为 0，即数字输入。通常为了方便，先将所有的端口控制位清零，然后再对用到的模拟输入端口进行设置。

模拟 - 数字转换器（ADC）的工作采用的是逐次逼近法，并使用系统时钟去驱动转换器产生与输入电压等效的二进制数。由于每位转换需要一个最小时间，所以时钟不能太快，采用分频器可设置适当的值。根据每个振荡器的频率，建议的分频比参见数据表（表 9.1）。在这个例子中，4MHz 的系统时钟需要除以 8，提供一个 500kHz 的 A/D 时钟。ADCON1 的 bit 4、5 和 6 位是用来选择建议的 ADC 时钟速率的。

表 7.2　AN0 模拟输入的 A/D 寄存器设置

寄存器名称	设　置	位	说　明
ANSEL	0000 0001	Bit 0＝1	输入 AN0＝模拟量
		Bits 1～7＝0	AN1～AN7＝数字量
ANSELH	0000 0000	Bits 0～3＝0	AN8～AN11＝数字量
ADCON1	0001 0000	Bits 6～4＝001	A/D 时钟＝f/8
ADCON0	00 0000 01	Bit 7＝0	结果左对齐
		Bit 6＝0	V_{ref}＝＋5V 内部
		Bits 5～2＝0	选择 RA0 作为输入
		Bit 1＝0	Done 位清零
		Bit 0＝1	A/D 使能
ADRESH	XXXX XXXX	结果	仅高位

ADCON0 有多种功能。ADCON0，0 使能 ADC，当程序里设置 bit1 为 1 时开始转换，当该位被硬件清零时表示转换结束。在测试程序中，会反复的查询该位，直到它被清零为止。bit2—5 根据对应的二进制数选择当前输入端（0000＝AN0，0001＝AN1，依此类

推，直到 AN11=1011）。因为只有一个 ADC 可用，所以一次只能有一个输入被选择并转换。

ADC 需要一个基准电压来设定将要被转换的输入的范围。ANCON0，6 用来选择 5V 的内部参考电压或外部参考电压，外部参考电压必须由恒压电路提供，通常是基于齐纳二极管的电路。10 位转换给出的结果从 0000000000（0_{10}）到 1111111111（1023_{10}），总共 1024 个值，分辨率高于 0.1%。如果提供的精确参考电压是 4.096 V，每比特的分辨率将是 4096/1024=4.00（mV）。如果是 5V 参考电压，结果就不会这样便捷了（5000/1024=4.88（mV）），但是不需要额外的外部电路。在测试程序中，不需要精确的测量，所以使用内部参考电压。

因为转换结果超过 8 位，所以需要两个寄存器来接收结果：ADRESH 和 ADRESL。转换结果会被控制对齐放置在寄存器中，左对齐放置时高 8 位在 ADRESH 中，低 2 位在 ADRESL（bit 6 和 bit 7）中。因此在测试程序中，读取的 ADRESH 里的值就可代替整个转换范围（0～5V），但是性能降低到只有 8 位的分辨率（每位 19.5mV）。右对齐放置时低 8 位在 ADRESL 里，提供最高分辨率下的 25%（0～1.25V）的电压值。

7.6 仿真测试

程序可以在下载到 LPC 板之前以仿真模式进行测试。如果程序已经在 MPLAB 中编辑和编译过，可以调用 MPSIM 运行程序，SFR、秒表等可以配合显示。然而，用 MPSIM 运行程序时，模拟输入激励是不可用的，所以 ADRESH 必须通过寄存器的激励加载，或通过改进的仿真版程序以立即数方式将数据加载给输入。否则，测试程序只能从 ADRESH 中读到 00H。

使用 Proteus VSM 交互仿真软件（见图 7.4）时，处理这种情况则简单方便。程序被编辑、编译，并与电路原理图里的 MCU 连接，仿真运行源代码时，SFR 可以显示出来（见附录 E）。电位器可以在屏幕上调整，LED 可以实时的以动画形式显示，所以正确的程序功能可以被快速地证明。程序执行时间可以通过显示屏状态栏中的模拟时间进行检验。

这两种系统的优点可通过在 MPLAB 上运行交互仿真来了解。MPLAB 提供的调试工具可用来控制观察窗口上的 VSM 仿真，而且互动功能仍然可同时使用。

仿真测试允许在下载之前检查程序的基本语法和逻辑。汇编器能检测到任何的语法错误，错误的行号、错误类型显示在输出窗口。如果无法获得应该的扫描输出，通过单步执行主循环来检查程序的正确性，延时子程序可以直接跳过。如果执行顺序是正确的，则查看 SFR 并检查其变化是否正确。如果主序列和初始化都是正确的，进入延时循环，并确保程序不会陷入无限循环而无法返回。

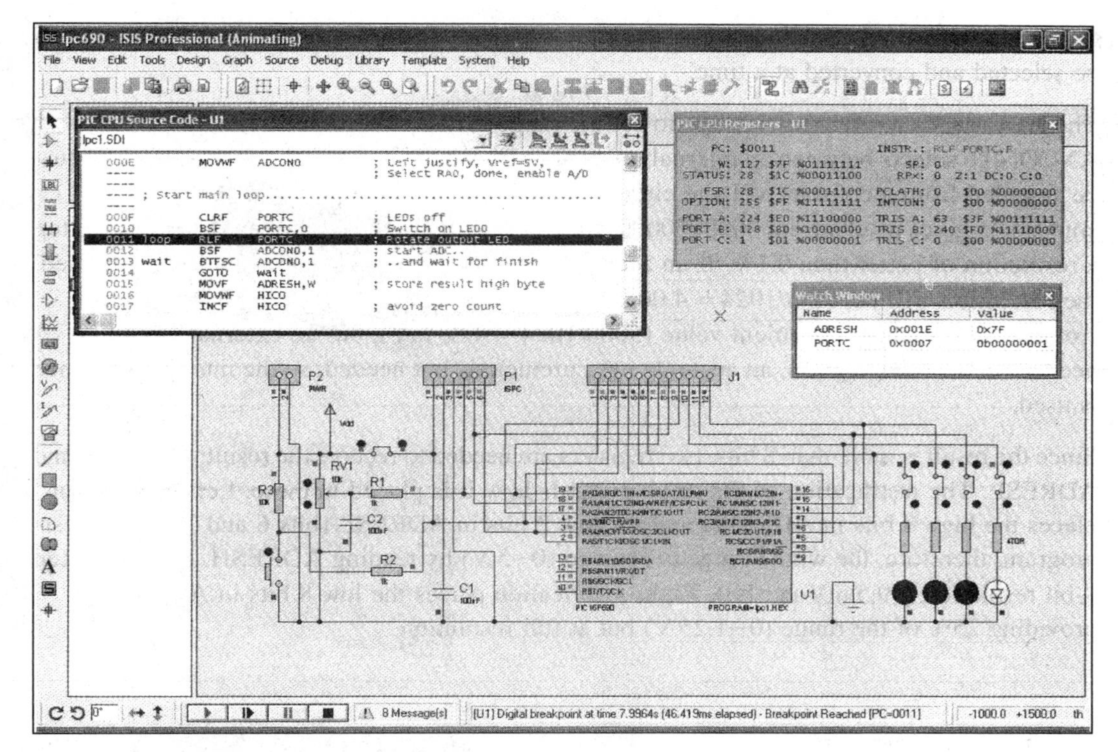

图 7.4 LPC 板的 VSM 仿真

7.7 硬件测试

若仿真正确，程序就可以下载了。首先将 PICkit 编程器分别插入 USB 端口和编程接口，然后在菜单中选择 Programmer → PICkit2，在输出窗口出现确认编程连接成功的信息。有时需要下载最新版的编程操作系统，编程工具栏也会出现在菜单中。

假如源程序已成功地编译装入程序存储器（View → Program Memory），单击 Program the Target Device 按钮下载，然后单击 Bring Target Device MCLR to Vdd 按钮运行该程序。LPC 板上的 LED 就会开始循环点亮，速度由板上的电位器控制。注意，板上的 SW1 按钮是没有任何作用的，因为它被编程器里的 MCLR 所取代。

因此，LPC 板提供了除 ICD 以外所有的 PIC 程序开发的主要功能的演示。

7.8 其他 PIC 演示套件

还有其他一些 Microchip 演示工具包提供给用户，用来进行器件和技术的研究，这为进一步的开发应用提供了便捷的硬件平台。目前可用的演示工具包的特点总结在表 7.3 中，具体描述如下。

表 7.3 PIC 演示系统

PICkit2 44 引脚演示板	
装有 PIC 16F887 MCU	
原型区域	
PICkit2 编程器 / 调试器	
发光二极管、电位器和按键	
20MHz 和 32kHz 的晶振	
PICDEM2 Plus 演示板	
支持 16 和 18 系列单片机	
18、28 和 40 引脚器件	
原型区域	
2 × 16 字符数字显示的 LCD	
串行 EEPROM	
温度传感器和 RS232 端口	
需要 ICD2/3 编程 / 调试器	
PICDEM 实验开发工具包	
支持 5 种不同的 PIC MCUs	
提供 PICkit2 编程器 / 调试器	
原型区域	
直流电机和其他部件	
Demo Flowcode 软件	
PICDEM 系统管理工具包	
PIC 16F886 MCU	
原型区域	
风扇和转速传感器	
加热器和温度传感器	
串行通信和分析仪	
免费的 C 编译器	

44/28 引脚演示板

44 引脚演示板包含有 16F887 MCU，它功能齐全，表面贴装 TQFP 的封装。芯片有 33 个 I/O 引脚（端口 A～E），在需要较多外围设备的情况下是非常实用的。其他特点还包括一排八个发光二极管，为定时器 1 提供 32kHz 的晶体时钟输入和 10MHz 的系统晶体时钟。最主要的优点是 16F887 直接支持 ICD（无需仿真头），否则，板子会类似于 LPC 演示板一样，需要一个小的原型区和额外的芯片连接。28 引脚的演示板具有相似的特点，装有比 16F887 芯片更小的同系列芯片 16F886。

PICDEM2 Plus 演示板

这个板上有一个字母数字式的液晶显示器（LCD），通常用在微控制应用板上实现简单消息的显示。另外还带有按键开关、一个蜂鸣器、一个允许以 I^2C 串行协议访问的串行 EEPROM、一个温度传感器，它可以提供实时数据进行存储。演示板上有 18、28 和 40 引脚双列直插式（DIL）的插座，允许安装各种不同的芯片。

PICDEM 实验开发工具包

该工具包允许用户在一个插件板上搭建外围电路，对 PIC 芯片的学习很有帮助。它包括一组不同的处理器和一个有刷直流（DC）电机。还包括 Flowcode 编程软件，这是避免学习汇编编程细节的用户友好型编程软件。程序以流程图（见 4.2 节的程序设计）输入，然后直接编译成可下载的代码。

PICCDEM 系统管理工具包

该工具包基于 16F886 单片机，板子上有一个小型计算机风扇，集成了直流无刷电机和传感器来监测风扇的转速，可用于闭环电机控制实验，还包括加热器和温度传感器。也包括 C 编译器，它便于开发更复杂的程序，特别是需要实时计算的应用程序。串行分析仪还允许对在电路板上产生通信信号的输出端进行检查。

7.9 在线调试

在线调试（ICD）是微控制器最强大的故障查找技术。它允许使用标准的 MPLAB 调试工具控制程序在实际的目标板上运行，以便对芯片进行在线编程和测试。这显然是个大优点，因为它允许 PIC 芯片与真实的硬件互动，而不是纯粹的软件仿真。目前 Microchip 公司提供了三种主要的调试接口，增加了成本和功耗，它们都支持所有系列范围内的 PIC 芯片。它们是：

- PICkit3。
- ICD3。
- Real ICE.。

它们都有以下特点：

- USB 连接。
- 程序下载、读取和验证。
- 在线调试。
- 无条件和有条件的断点。

● 寄存器显示和秒表计时。

PICkit3 为非专业开发人员提供了具有最大成本效益的解决方案。它封装在一个小巧且易于使用的盒子里，为学习和爱好者提供所有必要的功能。它是 PICkit2 的增强版本，12 Mb/s 的 USB 全速数据速率。它采用六芯直插连接器，通常会直接与电路板上的芯片连接。

更强大的 ICD3 有高速 USB（480Mb/s），提供实时的 ICD、最快的时钟速率和更复杂的断点触发功能。它采用六芯的 RJ11 连接器，直接连接到支持 ICD 的芯片上，或那些不需要 ICD 仿真头（见下文）的芯片上。

PICkitX 和 ICDX 编程器都支持 ICD。但是，中小档（16FXXX）芯片，包括安装在 LPC 板上的 16F690 芯片，不支持 ICD，这是因为受到了引脚和成本的限制。这些芯片可通过仿真头将 ICD 模块和开发板上的芯片插座连接来实现 ICD 的使用。仿真头上有与目标芯片相同的芯片，并集成了片上 ICD 电路，可以代替系统中正在开发的目标器件（这些芯片不可单独使用）。

ICD 仿真头系统配置如图 7.5a 所示。ICD 模块位于运行 MPLAB 的主机和应用板上的 MCU 插座（图 7.5b）之间。当调试完成后，这个芯片可以独立编程并直接插到板子上。ICD 连接显示在图 7.5c 中，表 7.1 提供了定义。主板上的复位电路表明了它是如何用 10kΩ 电阻与 V_{PP} 进行隔离的。

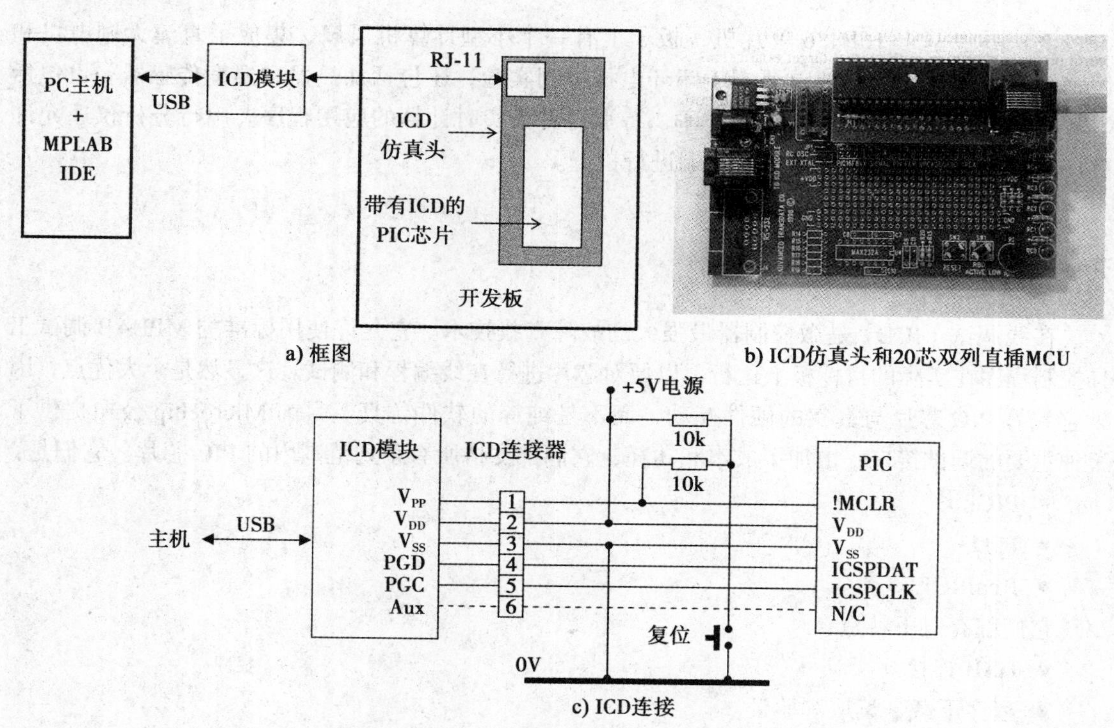

图 7.5 带仿真头的在线调试系统

7.10　在线仿真

在线仿真（ICE）允许在没有微控制器或微处理器时对处理器系统进行测试。一台有专用硬件仿真器的主机可以取代目标处理器，该处理器通过与它有相同引脚的仿真头连接到应用目标板上的插座。仿真器取代处理器全速运行，如同在真实的硬件上运行，并完全的控制目标系统。然而，只有微控制器的端口引脚才可以被访问，因此内部调试电路需要实时的提供寄存器状态信息给调试器，或者需要仿真头来代替单片机并产生相同的数据。

Microchip 的 REAL ICE 调试器提供在线编程 / 调试器，并有多种工作模式的硬件互动测试。与目标的标准连接、可替代仿真头、使用串口和并口提供更多调试信息的高速选项也是值得使用的。PIC32 芯片用特殊的跟踪输出来提高调试操作。

随着越来越专业化的发展，PIC REAL ICE 提供了卓越的性能和更多的调试功能，同时对目标器件使用相同的编程和调试连接。以商业化规模对芯片进行编程时，可使用 Microchip PM3 和一些第三方的编程器。欲获得当前产品的信息，请访问 www.microchip.com 网站。

习题

1. 列出 PICkit2 模块上 6 芯编程连接器上的 1～5 引脚的功能。
2. PIC 16F690 端口 C 的所有引脚被用于数字输入，因此没有对端口进行初始化。这样为何会使它们无法正常工作?
3. 如果参考电压为 1.024V，计算 A/D 转换的最大值和分辨率。要求结果右对齐，只可使用 ADRSEL 的内容。
4. 解释为何在仿真模式下测试程序会加快开发进程。
5. 为什么 LPC 板连接到 PICkit2 编程器上时，板子上的按键不工作。
6. 比较 Microchip LPC 板和 44 引脚演示板，并总结后者的附加功能。

实践活动

1. 从支持网站 www.picmicros.org.uk 上下载程序 LPC1.ASM，加载到 MPLAB 里，并在 MPLAB 上编译和测试，并确保输出端口的位循环达到要求，修改程序，使延时计数固定在 0x80，检查循环时间约为 1 秒，确保时钟频率为 4MHz。
2. 如果使用 PROTEUS VSM 下载 LPC690.DSN 程序，电位器调到中间位置对程序进行测试。设置显示如图 7.4 所示。验证电位器能控制输出速度，ADRESH 和 PORTB 能正确显示。
3. 获取 LPC 的 PICkit2 演示套件，使用程序 LPC1 测试系统。连接硬件，加载程序到 MPLAB 里，选择 PICkit2 编程器，下载并运行。MCLR 按钮应该能重启程序，电位器应该能控制速度。
4. 登录 www.microchip.com，研究当前范围的入门套件（主页→开发工具→初学者工具包）。

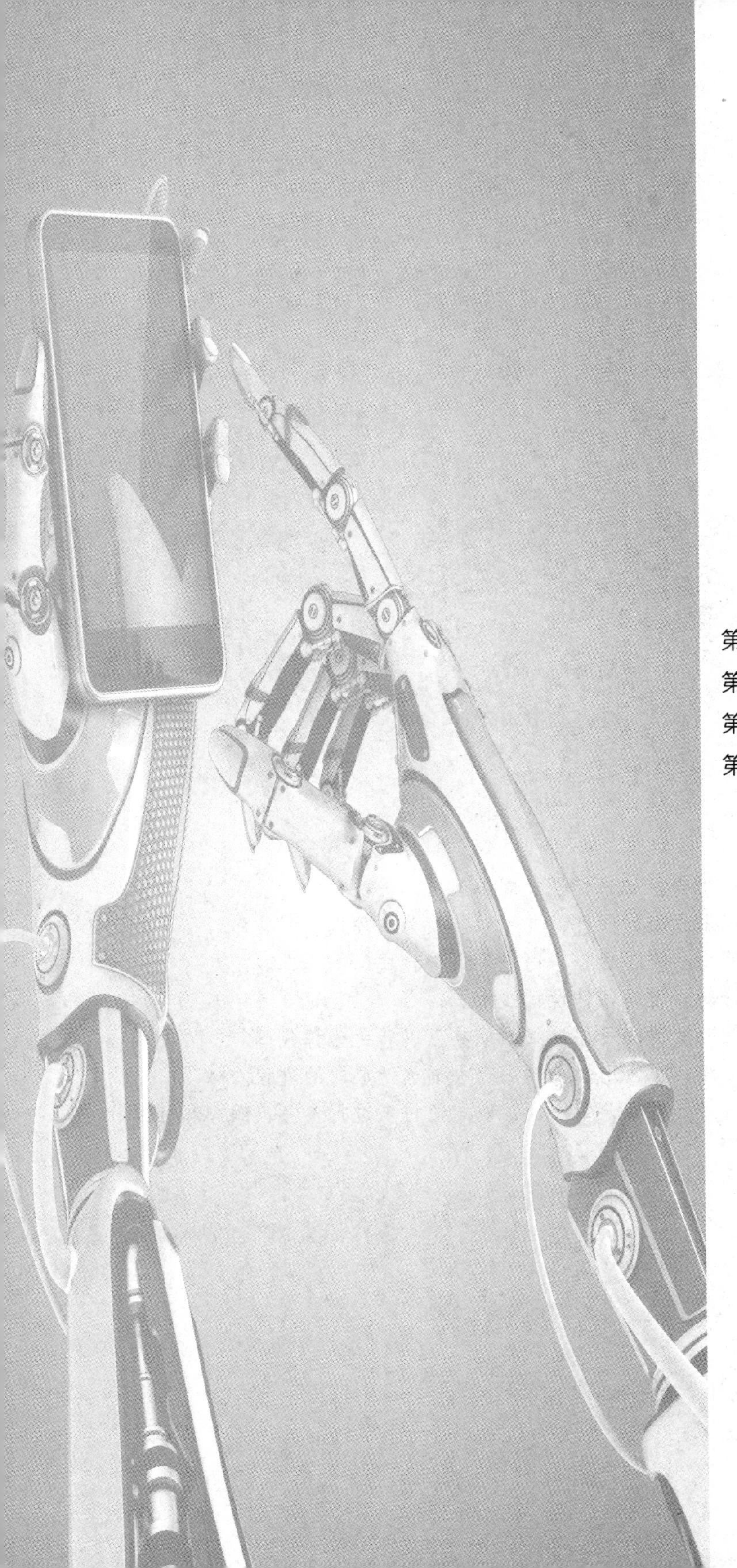

Part 3 第三部分

PIC 应用

第 8 章　应用设计

第 9 章　程序调试

第 10 章　硬件原型设计

第 11 章　PIC 电动机应用

第8章 Chapter 8

应用设计

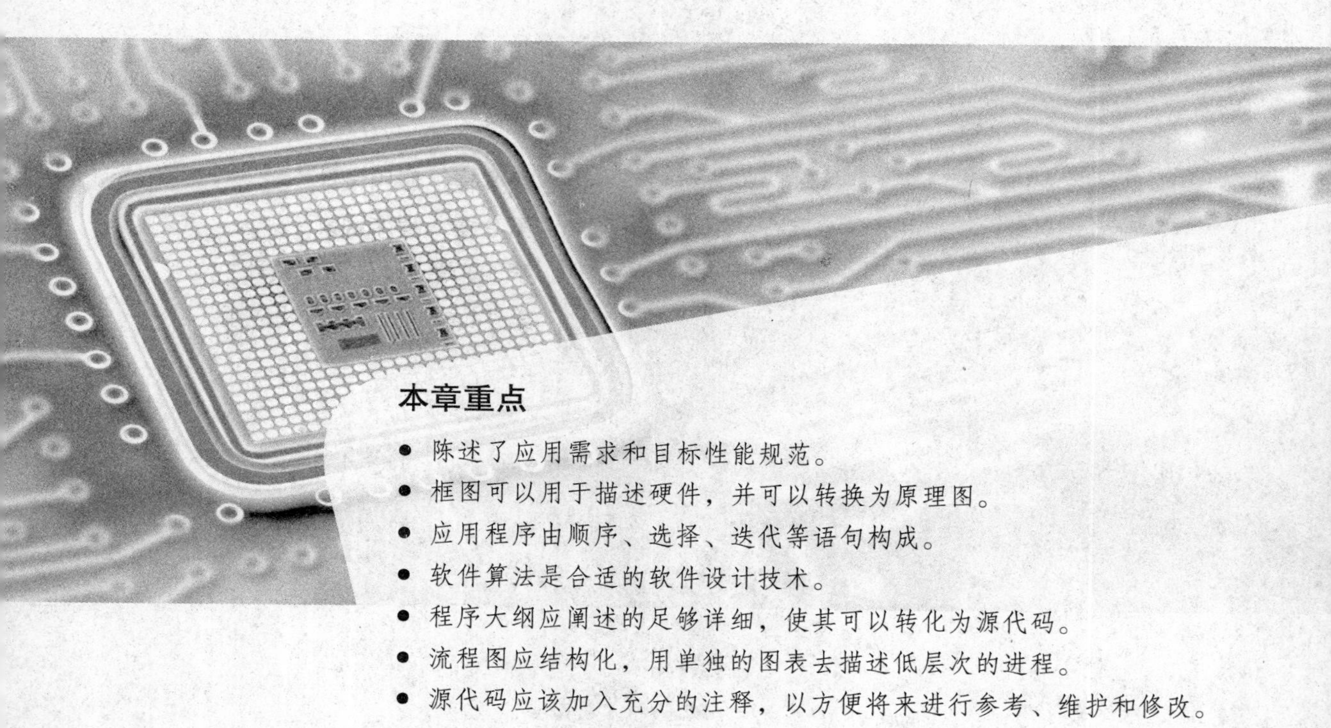

本章重点

- 陈述了应用需求和目标性能规范。
- 框图可以用于描述硬件，并可以转换为原理图。
- 应用程序由顺序、选择、迭代等语句构成。
- 软件算法是合适的软件设计技术。
- 程序大纲应阐述的足够详细，使其可以转化为源代码。
- 流程图应结构化，用单独的图表去描述低层次的进程。
- 源代码应该加入充分的注释，以方便将来进行参考、维护和修改。

本章将通过一个完整的基于简单电机驱动系统的设计开发过程，来说明前面章节中所阐述的原则。在每个步骤中，我们将解释基本的设计技术，并最终实现一个开发应用。

在设计硬件或编写程序之前，我们必须尽可能清楚地描述应用需要。这意味着必须有一个决定用户需求的规范，只有这个规范完成后，我们才可以尝试着做硬件原型设计。而硬件设计的起点是画出原理框图，我们在之前的章节中已经看到过一些例子，原理框图应该以简化的形式来表示系统的主要部分和它们之间的信号 / 数据流。

之后，框图可以被转换成电路图，在印制电路板（PCB）上进行硬件连接和构造。与之相似的，软件设计也可以先概述出应用程序的大致模样，然后逐步填充细节。这种方法就是在前面已经使用过的流程图，这一章将更详细地解释如何使用流程图的基本原则来帮助设计应用程序。

伪代码是软件设计的另一种有用方法。这是一种文本形式的程序概述，可以直接在源代码编辑器里输入，作为一组通用说明来描述每个主要模块。在高级程序设计语言中，模块被定义为函数和过程，在低级语言中则被定义为子程序和宏。然后添加细节到每个标题下，直到伪代码转换为适用于汇编器的源代码语句，或转换为编译器的目标处理程序，或转换为编程语言为止。

现在，我们将专注于流程图，它的图形性质使它成为一个有用的学习工具。在软件设计过程中，第一步是为程序建立一个合适的算法，即，使用可用的编程语言来实现规范的一种处理方法。很明显这需要合适的不同语言知识和在所选语言上的使用经验。正式的软件设计技术只有在软件开发人员非常熟悉相关语言的语法时才能恰当使用。然而，学习编程时，我们也必须培养自己的技能，因此尝试和错误都是不可避免的。学习的时候，反复应用这些设计技术是很有用的，即，将其作为一种分析工具或作为应用程序文档的一部分使用。例如，一个流程图的最终版本可能在程序被编写并测试完成后画出，或在设计算法的适用性被证明以后才最终画出。

真正的软件产品通常比这里的简单例子复杂得多，但是它们都应用了相同的基本设计原则。如果设计纲要不是针对硬件的，那么在可用选项里选择最恰当的软件和硬件组合时，必须具备丰富的经验和知识。在产品的规划、开发、实施、测试、调试和支持中，也应该对其评估相对成本，从而制定最具成本效益的方案。当然，这里用来说明软件开发过程的例子都是被挑选出来可以在 PIC 上实现的。

8.1 设计规范

应用程序需要生成一个脉冲宽度调制（PWM）的输出信号去驱动一个小型有刷直流电动机。由于这是一种常见的需求，因此在包括 PIC 的许多单片机中它都可以通过特别设计的硬件接口产生。应用程序将帮助我们了解基于硬件的脉宽调制（PMW）接口的操作，这些将在后面进行描述。

在脉宽调制信号的控制下，电动机以由脉冲信号的平均值决定的速度运转，脉冲信号的平均值反过来又取决于接通与断开的时间比，或叫作“占空比（接通时间与周期时间的比）”。它是一种利用单个数字输出来控制电动机、加热器、灯或类似的功率输出转换器的有效方法。PWM也用来控制小型数字位置伺服单元，如在无线电遥控中所使用的伺服单元。基本的驱动波形如图8.1所示。

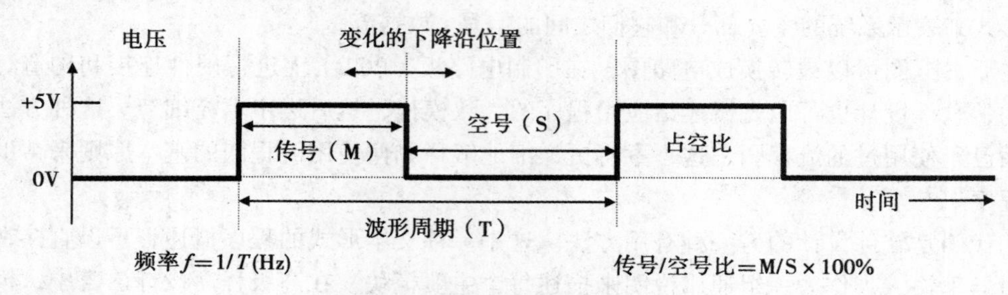

图8.1 脉冲宽度调制信号

这里需要一个0%～100%可变的占空比，并有1%的分辨率。频率不是至关重要的，但是频率也要足够高，能够使电机的运转在每个周期（＞10Hz）中不会有显著的速度变化。让电动机运转在可听范围（＞15kHz）以外是最合适的，因为一些信号能量会以声音形式从电动机的绕组上传播出来，这令人非常恼火。高频率的运转也保证了电流的全平均。不管怎样，采用专用的（硬件）PWM接口去实施会更实用，因此我们采用低频工作仅仅是为了演示所涉及的原理。接口的硬件也简化了，一个场效应晶体管（FET）只能从一个方向驱动电动机，如常用的通风风扇中的应用。以四个场效应管构造的全桥驱动通常用于提供双向电动机控制，如在位置控制器中就需要它。

电动机转速由两个低有效的输入进行控制，它们将增加或减少脉宽调制的输出。保持现有的占空比设置，开/关驱动器也需要一个低电平的使能信号。系统启动时应该重置或者以50%的占空比通电，而且重置输入可以在任何时间将输出改为默认的50%的占空比。递增和递减的操作必须在最大值或最小值处停止，特别是0%不能翻转到100%，以防执行一个单步操作就使电机的转速从零转变到最大。接口要求输入和输出信号必须是TTL（晶体管—晶体管逻辑电路）兼容的（＋5V标称信号），允许脉宽调制由单独的主控制器控制。编程器件（如PIC）允许修改控制参数去匹配不同的电机，以使控制器的选项和性能得到提升。性能规范和控制逻辑表（见表8.1）定义了所需的操作特性。

表8.1 MOT1的应用规范

(a) 性能规范
项目：MOT1 小型直流电机的不同速度控制器 1. 最大载荷：500mA @5V（2.5W @ 100% 占空比）

（续）

2. 手动或遥控不同的占空比：

  2.1 开始：50% 占空比

  2.2 复位：50% 占空比

  2.3 范围：最小＜2%，最大＞98%

  2.4 步进分辨率：＜1%

  2.5 手动控制：

    2.5.1 按键递增、递减

    2.5.2 输入停止时保持占空比

（b）控制逻辑表

输入				操作描述	输出直流电机
!MCLR	!RUN	!UP	!DOWN		
0	X	X	X	初始化，设速度为 50%	关
1	1	X	X	禁止	关
1	0	1	1	以 50% 占空比或当前速度运行	默认速度或速度不变
1	0	0	1	递增占空比（直到最大）	速度递增
1	0	1	0	递减占空比（直到最小）	速度递减

8.2 硬件设计

硬件通常在软件之前设计，尽管随后可能需要对其进行再度审查。可能当总体设计要求已经完成时，还要更换最初选择的 MCU。

8.2.1 框图

在框图中，可以识别系统的输入和输出，确定临时安排的子系统。模块和它们之间的连接应该标记出来以便说明它们的功能，方向和各模块之间信息流的类型应该用箭头表示出来，插图可以用来说明模拟信号的波形，并行数据路径显示为粗箭头，或者用合适的信号标记出来。MOT1 的框图见图 8.2。

框图可以使用 Microsoft Word 中的绘图工具或者通用的绘图软件创建，因为它只需要基本图形、箭头和文字框。在 Word 里，图形可以嵌入到文本文件中，但是注意绘图对象和文本光标的相互影响，它可能会破坏图形。通常把文本光标移到绘图区域下方会比较好。可以使用绘图网格，将主要的绘画对象排列整齐。

大多数元素可以用文本框来画，文本框还可以作为标签来使用。有各种线和箭头的样式可供选择，当绘图完成后，通过循环使用“选择对象”工具和“绘图、组合”选项将所有绘图元素创建成一个绘图对象，这样就不再受文本光标的影响。如有必要，可以调整整个图在页面的位置。

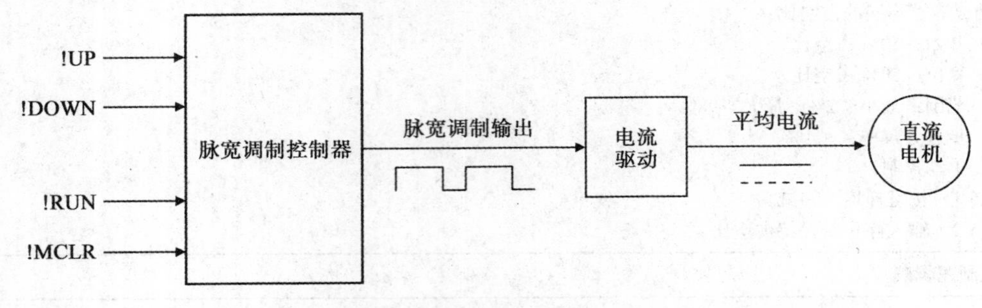

图 8.2 MOT1 系统框图

8.2.2 硬件实现

除非程序是为已经存在的硬件系统编写的，否则硬件配置也必须被制定出来。在选择微处理器或微控制器时，软件的性质和复杂程度是需要考虑的重要因素，如输入输出的数量和类型、数据的存储、接口等。

各种类型的控制系统都可以在这里应用，其中一些在第 14 章详细描述。应用的要求是复杂度最小，没有特殊接口。纯硬件解决方案是基于 555 定时器，它是一个标准的脉冲发生器芯片，其输出由外部的 RC（模拟）网络控制。然而，这个解决方案无法提供用按键（数字）实现连续变化输出的需求。微控制器则可以提供更灵活的解决方案，因为通过软件可以很容易地实现重新配置。

根据框图设计出来的电路如图 8.3 所示。输入控制使用了简单的低电平有效的按键，具有连接远程控制系统的附加功能。电机由一个场效应晶体管控制，场效应晶体管可以作为 PIC 数字输出控制的电流开关。被选择的场效应晶体管的输入门工作于 TTL 电平（源

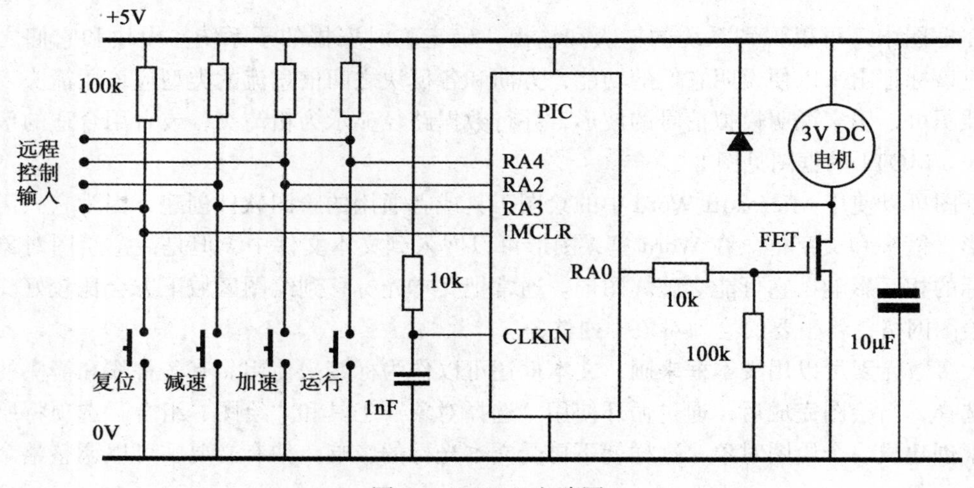

图 8.3 MOT1 电路图

终端是0V或+5V)，因此，它可以直接连接PIC的输出，并且可以处理预期的电机电流（小型电机大约为500mA）。电机呈现为感性负载，因此接一个二极管，使场效应晶体管免受电机产生的反电动势的损害，用额外的去耦电路来防止电机切换瞬变扰乱PIC的工作。

微控制器只需四个输入/输出引脚，因此可以考虑有6个I/O引脚的12XXX系列器件。然而，外部的复位是必需的，所以出于仿真的目的，我们会使用基础芯片16F84A。这里对控制器的I/O引脚分配做了特别说明，如表8.2所示。

表8.2 使用PIC 16F84A的MOT1 I/O引脚分配

信号	类型	引脚	描述	说明
Clock	系统	CLKIN	RC时钟	～100kHz
Reset	系统	!MCLR	低有效	以默认速度重启
PWM	输出	RA0	脉冲	FET驱动
!Run	输入	RA4	低有效	使能电机
!Up	输入	RA2	低有效	速度递增
!Down	输入	RA3	低有效	速度递减

PIC用从RA0端口输出的PWM（脉宽调制）信号来控制电机速度。!RUN（“不运行”，低电平有效）输入分配给RA4接口，信号为低电平时可编程使能PWM输出来驱动电机运转。当RA2（!UP）端口输入为低时，RA0接口的占空比会增加，电机加速；当RA3（!DOWN）端口输入为低时，占空比减小，电机减速。!MCLR是PIC的复位输入，当输入低电平脉冲信号时会重新启动程序，因此会重新设定速度占空比为默认的50%。

8.3 软件设计

现在我们可以开始着手软件的设计工作，用流程图描述出程序的轮廓。使用一些简单的规则来帮助编写汇编代码程序；这些已经在第2章详细地介绍过。

程序由一系列的指令构成，这些指令按它们出现在源程序中的顺序执行，除非有指令或语句会导致跳转或分支。通常跳转是“有条件”的，这意味着会有一些输入或者变量条件被测试，跳或不跳转取决于测试结果。在PIC汇编器中，“Bit Test and Skip if Set/Clear（位测试如果置位/清零，则跳转)”和“Decrement/Increment File Register and Skip if Zero（文件寄存器递减/递增，结果为零则跳转)”指令提供条件分支，紧随其后的指令是“GOTO label（标号)”或者“CALL label（标号)”。

循环可以通过至少跳回一次到之前的指令来创建。比如在标准延时循环中，程序持续跳回，直到循环里的寄存器递减为零为止。在高级语言中，使用IF（条件为真）THEN（执行序列）语句来创建条件操作，使用如 DO（执行序列）WHILE（真或者假的条件）这样的语句来建立循环。这个术语可以用在程序纲要中，来阐明所需的逻辑序列。

8.3.1 MOT1 流程略图

流程图使用了一组简单的符号，以图形方式，阐明程序的顺序、选择和迭代。流程图的基本规则是确保其使用的一致性，这样才能构建出结构良好的程序，电机速度控制程序 MOT1 的流程图略图见图 8.4。

流程图略图展示了这样一个序列，如果任何一个速度控制端产生有效输入，输入（运行、加速和减速）会被检测到，延时的计数值会被修改。其后，输出会在这个周期内设置为高电平或低电平，用计算出来的延时来设置占空比。除非复位，否则循环将无限重复下去。复位操作在流程图中不会表现出来，因为这是一个中断，任何时候都可能出现在循环中。程序名称 MOT1 放置在注释符号的后面。大多数程序需要某种形式的初始化过程，如在主程序循环的开始设置端口，初始化程序通常只需要被执行一次。任何汇编伪指令，如标号的定义，不应被表示出来，因为它们不是可执行程序的一部分。

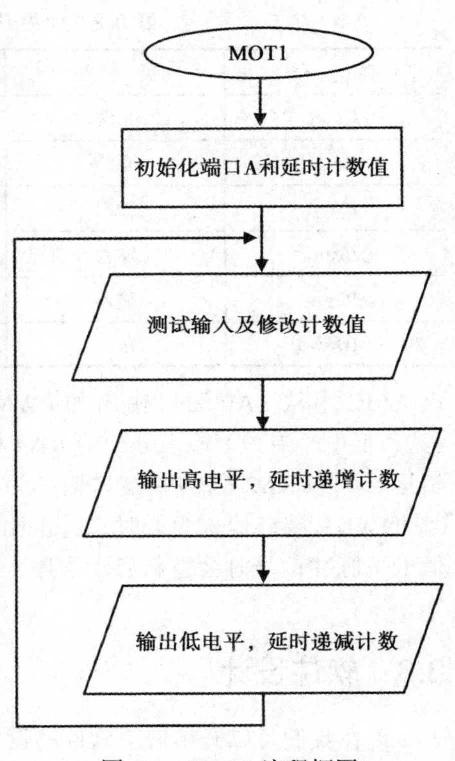

图 8.4 MOT1 流程框图

和大多数实时程序一样，程序不断循环直至复位或者关闭为止。因此，在程序的最后放置了一个无条件跳转，使程序可以回到开始处，但是这样会错过初始化序列。因为这里没有做判定，所以跳回仅用箭头简单的表示，不需要处理符号。建议循环返回应绘制在图的左侧，其他的循环应绘制在图的右侧，避免它破坏流程图的对称性，或造成线段交叉。需要注意的是分支、流程线的连接必须在处理框之间，以保持每个进程都是单输入和单输出的原则，这样每个进程都是开始或结束于同一点。

8.3.2 MOT1 流程详图

图 8.4 给出的流程略图对于有经验的程序员来说可能已经展示出足够的信息。但是如果需要更多细节时，主程序里的框图可以被详细地描述出来，直到对缺乏经验的程序员来说有足够的细节可以将序列翻译成汇编代码为止。详细的流程图如图 8.5 所示。

在初始化序列之后，需要一系列有条件的跳转来启动电机，检查 up 和 down 输入，检测 Count（FF 和 01）是最大值还是最小值。你可以看到判定框的两种不同形式都在这个例子中使用到。这里用到的菱形的判断符号代表 Bit Test and Skip If Zero/Not Zero（位测试，如果为零 / 不为零时跳转）的操作，而拉长的菱形符号代表 Increment/Decrement and Test for Zero（递增 / 递减，测试是否为零）的操作，基本上它们都是将两条指令合二为一。不论在何种情况下，判断框都应该包含一个问题，输出代表“是”或“否”的测试结果。这里要注意，只有由结果产生的跳转需要被指定。

Decrement and Skip if Zero（递减，为零则跳转）指令被用来创建软件的延时循环。这里需要两个不同的延时，一个用于时间，一个用于空间。由于需要的延时相对短一些，而且只需要一个循环，所以就不必使用延时子程序了。

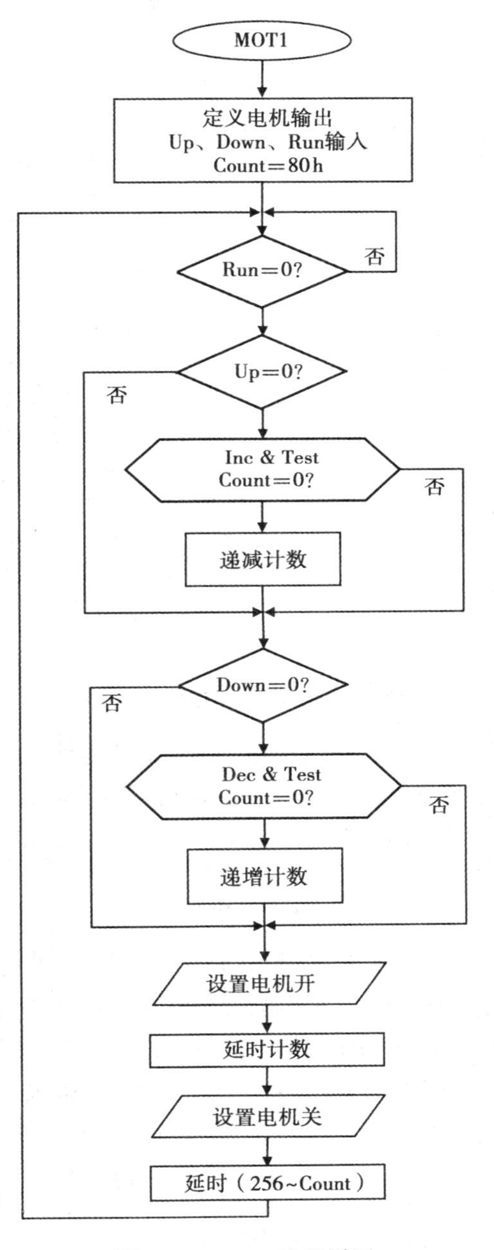

图 8.5　MOT1 流程详图

8.3.3　流程图符号

最小的一组流程图符号如图 8.6 所示。也可以使用 Word（自选图形）提供的数据流程图符号，但是它们与这里的符号含义可能不同。文字可以通过绘图对象属性菜单（右键，添加文本）来插入。

终端框（terminal）

这些符号用来表示一个主程序或子程序的开始或结束。在开始框里，源代码的程序名或进程的标号应该被明确标出。如果程序无限循环，不需要结束（END）符号，但是必须要使用返回（RETURN）来终止子程序。PIC 编程中，在主程序的开始符号（开始框）中标出项目的名称（如 MOT1），在子程序开始符号中标出子程序起始地址的标号。终端框只有一个输入或输出。

处理（process）

处理框是通用符号，表示一系列的指令，可能还包括其内部的循环。复杂程序的顶层流程图可以被简化，每个框中隐藏很多细节。子程序会被当做源代码中一个单独的模块来实现，可能在一个程序中不止一次的被使用，它还可以扩展为一个独立的子程序流程图，调用时使用的名称与开始符号中的名称相同，子程序可以在不同层次的复杂程序里创建。处理功能应只有一个输入和一个输出。

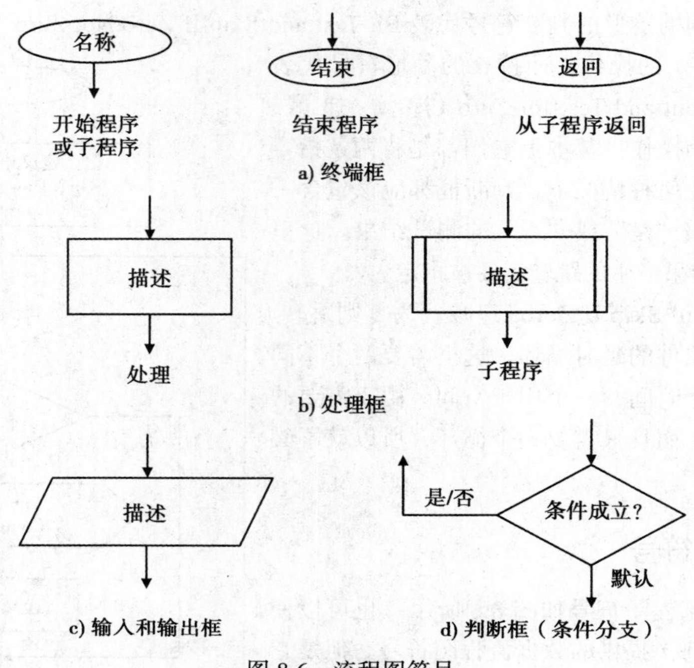

图 8.6 流程图符号

输入 / 输出框（Input/Output）

这个代表流程，其主要功能是在微处理器中使用端口数据寄存器来实现输入或输出。在框中使用声明来描述 I/O 操作的作用，比如，“启动电机”而不是“设置 RA0”，这样能够使流程图更容易理解。这个符号所代表的处理也应该只有一个输入和一个输出。

判断框（decision）

判断框包括了问题条件分支的描述，有两个可供选择的退出路径，答案“是”或“否”。只有当箭头循环后退或向前时需要标记“是”或“否”；默认选项不需要标记，它使程序沿着图表的中心继续执行。在 PIC 的汇编语言中，这个符号指“测试和跳转”指令。在 MOT1 的流程详图中，一个拉长的判断框表示“递减 / 递增，结果为零则跳转”操作。这个符号允许里面有更多的文字，因此对于标准的菱形框这是一个有用的替代。因此这个判断符号里包含一个逻辑问题、一个输入和两个输出，即“是”或“否”输出。

8.3.4 流程图结构

为了保持良好的程序结构，对于所有的处理模块应该只有一个入口和一个出口，就像在完整的流程图中所说明的一样。循环应该加在主要的流程符号之间，就像我们已经看到的那样，不应连接在流程符号的一侧。终端框只有唯一的入口或出口。在汇编程序中判断只有两个结果，是或否，并给予两个出口。如果可能的话，循环返回应画在主流程图的左侧，循环前进应画在主流程图的右侧。对向页下方流动的主流程，显然表示是向前流动，所以可以省略箭头。

页之间的连接有时会用在流程图中，由圆形标记的符号显示。在这里建议避免这样的连接，应该用一组独立的流程图来代表一个结构良好的程序，流程图应画在一页上。流程略图是为主序列设计的，每个过程用一个单独的流程图详细描述，以便每个过程都可以用子程序或宏实现。在这种情况下，主程序序列应尽可能小，并由子程序调用和主要分支操作构成。

因此，程序应该首先在单页上画出简要的流程图，每个处理用子程序或函数在其他页面上独立展开，不断扩大细节直到每个框都能容易地转换为源代码语句为止。像这样结构良好的程序更容易被调试和修改。子程序可以被嵌套，其深度取决于单片机的硬件栈的深度（包括中断）。中档的 PIC 在硬件栈中有 8 个返回地址，这意味着只允许有八级子程序或中断。

8.3.5 结构图

结构图是另外一种描述复杂程序的方法。每个程序模块被放置在分层结构图里来展示它和程序其余部分的联系。这种技术常在大型计算机系统里的数据处理和业务应用中使用，但也可以在微处理器的大型应用中被采用。

结构关系图（见图 8.7）所展示的程序有四层。主程序调用初始化子程序、输入处理和输出处理；输入处理程序依次调用 Sub1 和 Sub2 子程序；输出处理程序只需要调用 Sub3，但是 Sub2 调用最底层的 Sub4 和 Sub5。像这样的层级关系，将会用到 3 个栈单元。

8.3.6 伪代码

伪代码是程序设计的文本概述。主要的操作被写成描述性的语句，用来解释如何安排功能模块。就如同高级语言所约定的那样，结构和序列通过合适的缩退块来表示。MOT1 的概述如图 8.8 所示。

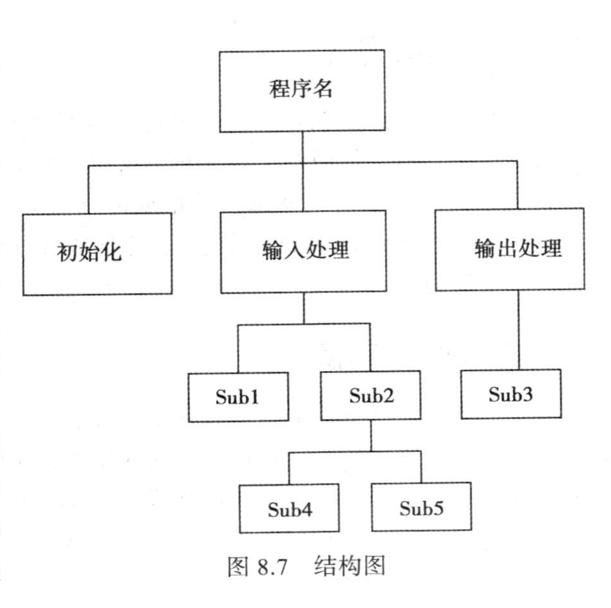

图 8.7 结构图

程序的伪代码使用高级语言的语法风格，如用 IF…THEN 语句在程序中描述选择。伪代码的优点是不需要画图，且可以直接加入到文本编辑器里来编写源程序代码。开始时可以先做一个简要的介绍，再分阶段扩展，直到它可以被转换成汇编语法为止。伪代码可以留在源程序代码中作为程序注释，或被取代，无论哪种情况都可以供程序员使用。尽管在这里仅用来表示一个汇编程序，但是对开发强大的 PIC 单片机应用的 C 语言程序最有用。

```
MOT1
Program to generate PWM output to Motor

       Initialize
              Outputs
                     Motor
              Inputs
                     Speed up
                     Speed down
                     Run enable
              Registers
                     Count = 128
       Start loop

              IF Run enable = off THEN wait
              IF Speed up = on THEN inc Count
              IF Count = 0 THEN dec Count
              IF Speed down = on THEN dec Count
              IF Count = 0 THEN inc Count

              Switch on Motor
              Delay for Count

              Switch off Motor
              Delay for 256-Count

       End loop
```

图 8.8　MOT1 伪代码

8.4　程序实现

当程序逻辑已经用流程图或其他方式制定出来后，就可以用文本编辑器输入源代码了。通常情况下，程序编辑器是如 MPLAB 这样的集成开发包里的一部分，现在大多数编程语言都将其作为集成的编辑调试包的组成部分。汇编程序源代码可以直接输入到包括编辑器和 PIC 汇编器的 Proteus VSM 系统里，这样非常有用，因为原理图已经在 ISIS 中创建好，程序也不会太复杂。

8.4.1　流程图转换

应用程序设计方法应该使程序尽可能容易地转换成源程序代码。PIC 有一个“精简”指令集，里面可用的指令数目被刻意地保持在最小限度内以提高执行的速度，降低芯片的复杂度。这意味着只需要学习较少的指令，而学习汇编语法（指令被集合在一起的方式）则是个棘手的工作，例如，程序分支要使用“位测试并跳转”指令实现。在 CISC 汇编语言中，分支和子程序调用都用单指令来实现，但是 PIC 汇编器需要两条指令。不过，回想一下“特殊功能”（实质上是预定义的宏），它结合了“测试”、“跳转”和“ goto ”指令，提供等效的常规条件分支指令（见第 6 章）。

程序的不同层次的细节都在图 8.9 中说明。图 8.9a 展示了详细的处理过程，每个处理框转换成一行或者两行代码。这在学习程序语法的时候很有必要。之后，当程序员更加熟悉语言和重复使用的标准流程时，如简单的循环，就可以使用更简明的流程图。如图 8.9b 所示，循环隐藏在延迟过程中，就像我们在前面看到的一样。程序也可以被写成一个单独可重用的软件模块——子程序，相应的程序代码节选见表 8.3。

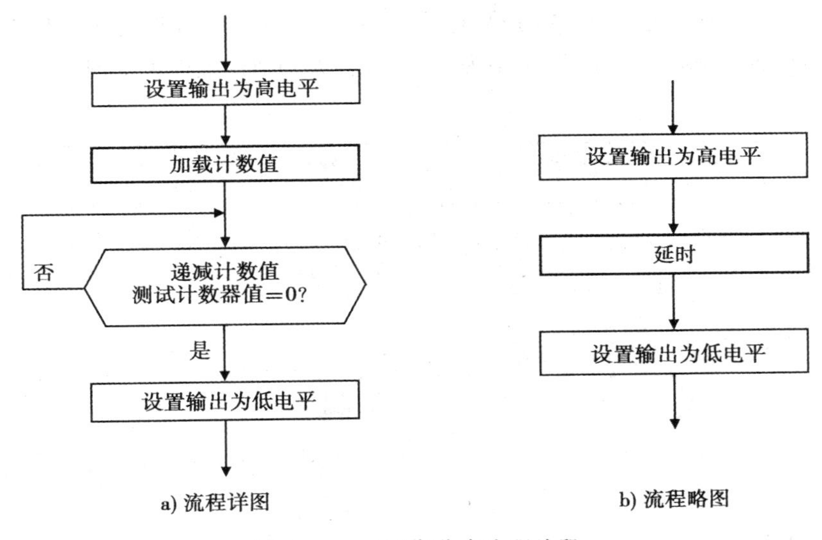

图 8.9　PIC 程序分支流程片段

表 8.3　PIC 程序分支代码节选

```
;         Branch Program Fragment

          .
          .
          BSF     PortA,0       ; Set Output

          MOVLW   0FF           ; Set Count Value
          MOVWF   count1        ; Load Count
back1     DECFSZ  count1        ; Dec. Count & Skip if 0
          GOTO    back1         ; Jump Back

          BCF     PortA,0       ; Reset Output
          .
          .
```

当在寄存器之间移动数据时，PIC 16 汇编器有另一个限制，即不能直接在文件寄存器之间复制数据，必须先把数据传送到工作寄存器里，然后再传送给文件寄存器。这样就需要两条指令，而在其他处理器里则只用一条指令就能实现。在字节处理操作时应有效地使用目的寄存器选项，这样结果被允许放置到 W 里或 F 里，在一定程度上克服了这个问题。然而，PIC 汇编语言的这种简单的优点远胜过这些限制，特别是在学习的初期阶段。

8.4.2 MOT1 源代码

程序的源代码在程序 8.1 中列出。程序通过使用延时切换 RA0 端口来产生 PWM（脉宽调制）信号。当定义为“timer”的寄存器为“on”延时时，则保存当前值。程序没有使用子程序来延时，因为“timer”的值必须在“off”延时时被修改。注意 COMF 指令的使用，它将 timer 寄存器里的值取反，从 256 开始有效地递减，总 PWM 周期时间保持不变。当递增的时候，必须检查“timer”的值防止它从 FFH 翻转到 00H，数值范围内的最小值的翻转也同样被禁止。

```
; ***********************************************************
;       MOT1.ASM                M. Bates        14/6/99
; ***********************************************************
;
;       DC Motor Control using Pulse Width Modulation
;       Motor (RA0) starts with 50% MSR when enabled with
;       RA4. Speed controlled with RA2, RA3.
;
;       Hardware:       Simple Motor Circuit
;       Clock:          CR ~100kHz
;       Inputs:         Push Buttons (active low):
;                       RA2 = Speed Up
;                       RA3 = Slow Down
;                       RA4 = Run
;       Outputs:        RA0 (active high) = Motor
;
;       Chip Fuse Settings:
;       WDTimer:        Disable
;       PUTimer:        Enable
;       Interrupts:     Disable
;       Code Protect:   Disable
;
; ***********************************************************

    PROCESSOR 16F84A

; Register Label Equates....................................

PORTA   EQU     05              ; Port A
Timer   EQU     0C              ; Delay Counter
Count   EQU     0D              ; Delay Count Pre-load

; Input Bit Label Equates ..................................

motor   EQU     0               ; Motor Output = RA0
up      EQU     2               ; Speed Up Input = RA2
down    EQU     3               ; Slow Down Input = RA3
run     EQU     4               ; Motor Enable Input = RA4

; ***********************************************************

; Initialize ...............................................
```

程序 8.1 MOT1 源程序

```
        MOVLW   b'11111110'     ; Port A bit direction code
        TRIS    PORTA           ; Set the bit direction
        MOVWF   PORTA           ; Initialise input bits
        MOVLW   080             ; Initial value
        MOVWF   Count           ; ...for delay
; Next Page ..............................................

; Input Test .............................................

start   BTFSC   PORTA,run       ; Test Run input
        GOTO    start           ; & wait if HIGH

        BTFSS   PORTA,up        ; Test Up input, if hi
        INCFSZ  Count           ; ...inc Count, test
        GOTO    test            ; and check down button
        DECF    Count           ; or dec Count again if 00

test    BTFSS   PORTA,down      ; Test Down input, if hi
        DECFSZ  Count           ; ...dec Count, test
        GOTO    cycle           ; and do an output cycle
        INCF    Count           ; or inc Count again if 00


; Output High and Delay ..................................

cycle   BSF     PORTA,motor     ; Switch on motor

        MOVF    Count,W         ; Get delay count
        MOVWF   Timer           ; Load timer register
again1  DECFSZ  Timer           ; Decrement timer register
        GOTO    again1          ; & repeat until zero then


; Output Low and Delay ...................................

        BCF     PORTA,motor     ; Switch off motor

        MOVF    Count,W         ; Get delay count again
        MOVWF   Timer           ; Reload timer register
        COMF    Timer           ; Complement timer value
        INCF    Timer           ; Inc to avoid 00 value
again2  DECFSZ  Timer           ; Decrement timer register
        GOTO    again2          ; & repeat until zero then

; Repeat Endlessly .......................................

        GOTO    start           ; Restart main loop
        END                     ; Terminate source code
```

程序 8.1（续）

源程序代码使用大写指令助记符，以匹配数据表中的指令集。然而在默认情况下，它们是不区分大小写的，所以你可能会经常看到它们是小写输入的。另一方面，标号是区分大小写的，因此当声明和使用它们的时候必须完全匹配。标号区分大小写的汇编选项可以在你想关闭的时候关闭。用大写字母表示的特殊功能寄存器的名称（PORTA）用来匹配数据手册中定义的寄存器名称，第一个字母大写，其余字母小写的是通用寄存器（Timer，Count）。位标号是小写的（如 motor，up，down，run），地址标号也一样。像这样使用源代码的编辑规则不是强制性的，但是一致的布局和描述可以提高程序的可读性，并且能让程序更容易理解。

大多数编程语言允许注释包含在源程序里来帮助程序员进行调试，并为之后调试程序的其他软件工程师提供信息。PIC 源代码的注释通过分号隔开，汇编器忽略分号之后的任何源代码文本，直至检测到换行则返回。

头模块始终为主程序和相关的例程而创建，它应包括程序下载、调试和维护的相关信息。前面已经给出了例子，布局应该标准化，尤其是在商业产品中，作者的姓名、单位、日期、程序版本号和描述都是必要的。处理器或系统类型的硬件信息是非常重要的，当编译 PIC 程序时，必须指定处理器类型，因为使用的特殊功能寄存器可能不同。处理器类型可以在标题块中作为一条指令被指定（当在 Proteus VSM 使用裸汇编程序时是必要的），或者可以通过 MPLAB 开发系统选项选择处理器。作为一种选择，标准的头文件可以包含进去，它定义了 MCU 和寄存器。目标硬件的细节，如输入输出引脚地址的分配都是很有用的，而设计的时钟频率需要在程序中指定，这样程序的执行时间可以很精确的推算出来。启用或禁用看门狗、上电延时定时器、代码保护等编程设置都应该被列出来，除非明确指定使用汇编指令。

源代码的总体布局应该让程序结构看起来更清晰，子程序以它们的简要功能描述开始。星号（*）通常用来分离和修饰注释；成行的点也很有用，主要目的都是为了使源代码和程序结构尽可能的好理解；空行用于分离程序功能模块，即，指令放在一起来执行具体的操作。用这种方法，源代码在某种程度上可以更容易理解。

当程序完成后，PIC 的存储器和 I/O 需求也已经被建立好，这时可以决定最终的 MCU 的型号了。16F 系列的器件将在第 12 章进行评论。当最后确定电路设计时，接口技术的详细考虑可以在《Interfacing PIC Microcontrollers: Embedded Design by Interactive Simulation》（Newnes 2006）中找到。

习题

1. 画出一个 PWM 的波形，并解释 PWM 怎样用一个数字输出控制功率传递给直流负载。
2. 简要地解释框图和流程图在为应用创建最终的硬件和软件的设计中所起到的作用。
3. 描述程序设计中的两种流程图技术，并说明每种技术的优点。
4. 解释 MOT1 源代码中下列语句的功能，扩展在程序源代码中给出的说明：
   a. motor EQU 0
   b. BTFSC PORTA，run
   c. INCF Count
   d. COMF timer

实践活动

1. 比较 MOT1 源代码和图 8.5 中的流程图，及图 8.8 中的伪代码，并注意它们的对应关系。用 Word 中的画图工具给这个应用程序画出结构图，或等效的文字处理应用程序。

2. 在 MPLAB 中测试 MOT1，并确认操作的正确性，如果可以，在 Proteus VSM 里测试。
3. a）为泡一杯好茶动手制订一套结构化的流程图。
   b）画出咖啡机的框图，并为控制程序设计出一套流程图。你可以假设 PIC 微控制器具有合适的接口、传感器和制动器。
4. a）给具有双向驱动的电机控制系统设计一个框图，并选择电机开 / 关的输入和旋转方向。提供独立的低电平有效的输出，可以从每个方向启用电机。检查全桥驱动电路并修改 MOT1 的电路直到实现输出。
   b）修改 MOT1 的流程略图来控制全桥双向输出，只有当电机禁用时才允许方向改变。生成逻辑表和详细的流程图，遵守源代码文档中的建议并修改源代码。

   将你的设计与第 11 章中提供的设计进行比较。

第9章 Chapter 9

程序调试

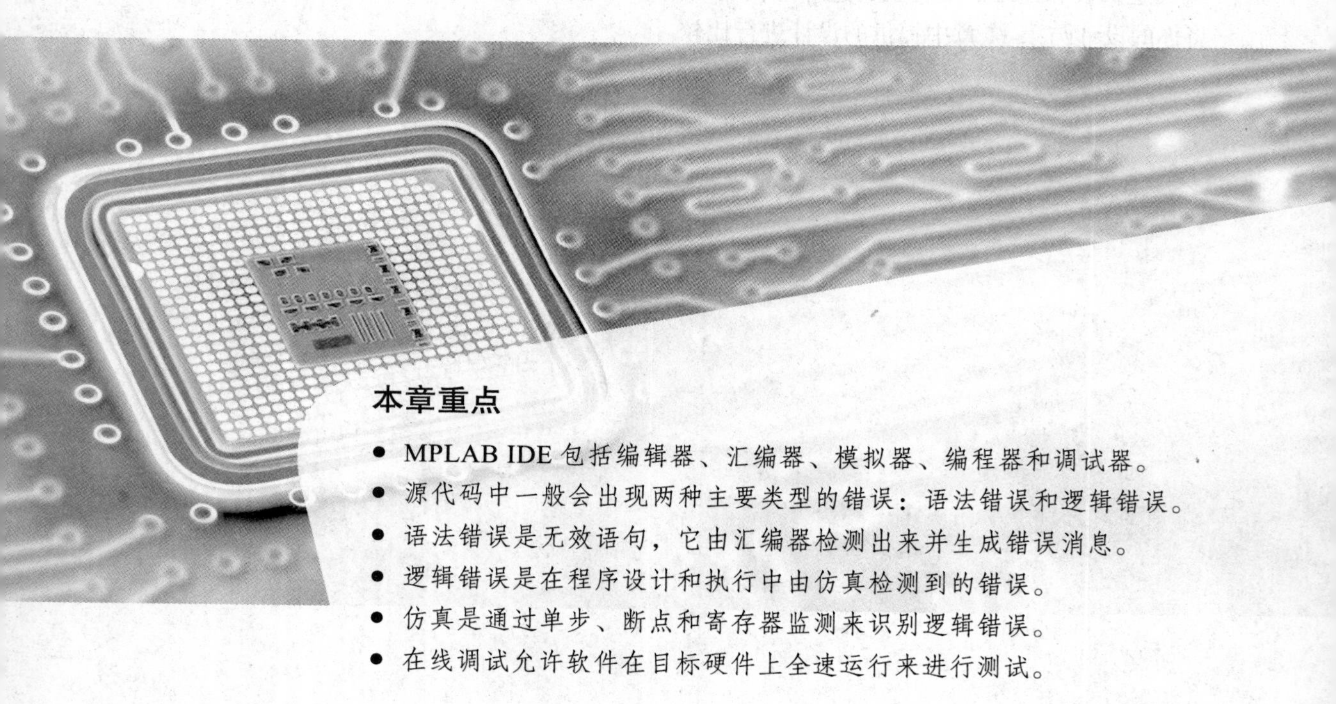

本章重点

- MPLAB IDE 包括编辑器、汇编器、模拟器、编程器和调试器。
- 源代码中一般会出现两种主要类型的错误：语法错误和逻辑错误。
- 语法错误是无效语句，它由汇编器检测出来并生成错误消息。
- 逻辑错误是在程序设计和执行中由仿真检测到的错误。
- 仿真是通过单步、断点和寄存器监测来识别逻辑错误。
- 在线调试允许软件在目标硬件上全速运行来进行测试。

简单的 PIC 电机控制应用的设计——MOT1 已在第 8 章中介绍过，并列出了汇编代码程序（程序 8.1）。在实践中，这样的程序很可能包含错误，尤其在学习汇编语言的时候，所以现在我们需要做的是进一步研究可用于调试（从中去除错误）PIC 程序的技术和工具。我们将继续把 MOT1 作为我们的应用程序范例，并将了解如何解决两种主要类型的错误。

语言的语法是指词语组合的方式。任何语言，编程或口语，必须遵循一定的规则使之意思明确，用法一致（英语就是个很不好的范例！）。编程语言的规则是非常严格的，因为源代码必须无歧义地转换成机器码。语法错误就是源代码中的错误，如指令助记符的拼写错误，或在程序使用之前未定义标号。MPLAB 汇编器（MPASM）可以检测到这些错误，并把编译产生的错误消息显示在单独的窗口中。在最新的 MPLAB 的版本中，源代码按颜色分类标记，以强调正确的语法和错误。如果检测到语法错误，必须根据编程规则核对指令集和汇编指令是否被正确使用。

虽然程序编译后没有任何语法错误，但这并不意味着运行它时就会正常工作，仍有可能存在逻辑错误使程序不能正确运行。软件模拟器（MPSIM）能在程序下载到芯片之前检测并纠正这些错误，它允许程序在虚拟处理器上运行，通过检查程序的输出及与性能规范进行比较来检测出逻辑错误。这通常要求输入是能代表应用程序标准用法的序列，再对其进行仿真，即每次采用异步（用户生成的）输入或激励文件（工作手册）来生成相同的测试序列。另外，交互仿真可以提供动画输入、输出设备和即时的结果。对基于微控制器（MCU）的电路，Proteus VSM 是用户友好的程序包，它提供了高度直观的用户界面和全面协同仿真的模拟，包括全系列的 PIC 微控制器在内的数字编程设备。

9.1 语法错误

在编辑器中创建一个 PIC 程序的源代码后，它必须转换成机器码才可以下载到芯片中。这个过程由汇编编译程序 MPASMWIN.EXE 执行，它通过逐行分析源代码，把指令助记符转换成对应的二进制代码，并将其保存为 PROGNAME.HEX 文件下载到芯片中。只有已定义的有效声明在 PIC 单片机的指令集中才会被承认，并成功转换。汇编伪指令则提供额外的编程指令，但这些指令不能转换为机器码（见第 6 章）。

开始一个项目之前，创建一个文件夹来保存项目文件，并对文件夹命名，如 MOT1。在 MPLAB 中，源代码是在编辑窗口中创建的，单击“新建文件”按钮即可打开编辑窗口。输入文件名如 MOTl.ASM，或扩展名为 .ASM 的任何文件名称，并立即保存到应用程序文件夹中。最好在不同的驱动盘（U 盘、便携式设备或网络）里进行备份。

当程序已经输入并保存，项目菜单的 Quickbuild（快速编译）将编译一个文件。如果需要，可以创建一个项目，这只对于使用多个源文件或高级语言（通常是 C）的复杂应用程序来说是真正有必要的。在菜单中选择 New（新建），并把项目命名为 MOT1，或和源代码同样的名字。现在选择 Add Files to Project（将文件添加到项目）并选择之前创建的源代码。该程序现在可以通过选择“编译所有”（Build All）进行编译并保存项目。另外，工作区也被保存，即保存屏幕配置和工作文件。

在源代码文件中，数字格式、汇编指令等都必须被正确使用。如果没有正确使用，将在程序编译时生成错误信息，这些消息描述了已发现的语法错误。错误信息保存在文本文件PROGNAME.ERR里，在汇编编译完成后显示。一组典型的信息如下所示：

```
Executing: "C:\Program Files\MPLAB IDE\MCHIP_Tools\mpasmwin.exe" /q /p16F84
"MOT1.asm" /l "MOT1.lst" /e"MOT1.err"
Warning[205]  C:\MOT1.ASM 24 : Found directive in column 1. (PROCESSOR)
Warning[224]  C:\MOT1.ASM 44 : Use of this instruction is not recommended.
Message[305]  C:\MOT1.ASM 56 : Using default destination of 1 (file).
Warning[207]  C:\MOT1.ASM 58 : Found label after column 1. (DEC)
Error[122]  C:\MOT1.ASM 58 : Illegal opcode (Count)
Error[113]  C:\MOT1.ASM 71 : Symbol not previously defined (Timer)
Error[113]  C:\MOT1.ASM 73 : Symbol not previously defined (again1)
Error[129]  C:\MOT1.ASM 92 : Expected (END)
Halting build on first failure as requested.
BUILD FAILED
```

为了生成此列表，我们故意引入错误到演示程序MOTl.ASM里，并从错误文件MOTl.ERR里选择信息。这里显示了三个层次的错误：“消息”、“警告”和“错误”，其中指出了问题源代码的行号，及汇编器认为存在的问题类型。不过，提醒一句，由于本身存在错误，汇编器可能会被误导而形成实际的错误，因此，生成的消息并不总是完全正确。例如，在第58行中，错误的指令助记符使汇编器曲解“Count”为非法操作码。

造成非致命错误警告的处理器指令不会阻止程序被成功编译。因为不推荐使用TRIS指令，所以会在MPLAB编译程序中引发警告，但仍会成功编译。我们用它作为例子，是因为另一种使用寄存器存储区的选择对端口初始化的方法比较复杂。

指令助记符DECF被错拼为DEC，使得第58行出现错误，这将导致count寄存器被曲解。在程序顶部的EQU语句漏定义“Timer”寄存器，又导致第71行出现错误。跳转目标“again1”被错误地标记为“again”，这会导致第73行出现错误。最后，END指令在程序末尾省略，导致出现消息“Expected (END)”。

消息“Using default destination of 1 (file)”指的是未使用MOVWF指令的完整语法。当使用完整语法时，通过在目的寄存器编号或标号后放置一个W（0）或F（1），可以指定操作结果存放目标是文件寄存器或工作寄存器。在本文的例子中，如果指令中未标明，我们可以利用汇编器假设目标为文件寄存器来简化源代码。当仔细分析错误信息时，若有需要也可以打印出该信息，之后必须重新编辑和组合源代码直到正确为止。使用文件选项列表中的指令LIST，可以在文件输出列表中有选择地禁止不同级别的错误信息（消息、警告和错误）。这些选项也可以在MPLAB中的Project → Build Options对话里设置，在Assemblertab（汇编器选项卡）里选择输出类型，然后首选Diagnostics（诊断）级别完成设置。

9.2 逻辑错误

当所有的语法错误被消除后，程序编译成功并创建 hex 文件。但这并不意味着下载到芯片后就能正常运行。实际上，它很可能无法正常运行！通常会出现逻辑错误，尤其在你刚学习编程方法的时候。程序的功能序列或语法错误会阻止其按要求操作。例如，使用了错误的寄存器，或执行循环时可能是正确的，但循环次数是错误的；也有可能出现“运行”错误，即只有程序实际执行时才会显示出的程序逻辑错误，一个典型的运行错误“栈溢出”，就是由子程序调用引起的，原因是进程结束的时候未使用 RETURN 返回。这类错误无法被汇编器检测到。

9.2.1 模拟仿真

程序成功编译后，可以下载到硬件并运行进行测试。当出现逻辑错误且输出不正确时，源代码必须被修改、重建、下载，并再次测试。在微处理器的早期只能这样做，即使它耗时且低效。唯一的解决办法是使用仿真系统，用插入处理器的插槽来代替微处理器，并允许使用单步、断点对寄存器进行监测。这种仿真系统很昂贵，每次修改源代码后，除非它们都仿真过，否则程序 ROM 的电路都得重新编程。

为了在下载之前消除逻辑错误，可以进行某些形式的程序序列的虚拟测试。微控制器使用的崛起意味着，至少小型系统中的程序存储器、处理器和外设接口都可以在一个芯片上作为一个完整的包在软件中仿真。通过显示所有的内部寄存器并跟踪程序序列的操作，使得对程序逻辑进行测试和修改变得更为迅速。在单步执行程序时，源代码调试使得源代码执行点能被识别，跳过（Step-over）和断点（breakpoint）设置允许全速执行该程序的选定部分，从而能快速到达有问题的代码或区域处。

因此，微控制器与同样离散的微处理器系统相比有一个主要优点，就是芯片的设计是固定的，因此可以为每个器件提供一个完整的仿真模型。Microchip 的模拟仿真工具 MPSIM 允许打开窗口显示源代码、机器码、寄存器、模拟输入、定时检查等。MPLAB 开发系统包括汇编器和模拟器，一直由 Microchip 免费提供，以促进其芯片市场的发展。

Proteus VSM 提供了可替代的调试环境，是构成 ISIS 原理图输入所必需的。它可以独立运行或作为 MPLAB 内部调试工具。当需要用到 MPLAB 项目管理工具时，我们更倾向于使用上述的后者来处理较复杂的汇编和 C 的应用程序。对于简单的汇编程序，则不需要使用 MPLAB，而是使用 ISIS 图形编辑器输入原理图，并使用集成的源代码编辑器编写程序，而且它也是用 MPLAB 集成开发环境（IDE）提供的相同的 Microchip 的 MPASM 汇编器编译的，上述这些都包含在 Proteus 包里。

之后就可以将所得的 HEX 机器码程序文件加载给 MCU。在源代码窗口中可以运行和调试该程序，窗口包含三个单步执行选项和简单的断点。Proteus VSM 交互测试的过程在附录 E 中有详细介绍。

9.2.2 在MPLAB中测试程序

模拟器必须尽可能的完全模拟选定的微控制器的操作。用户必须能够提供在实际的系统中会出现的输入信号，并监测相关寄存器的响应，特别是输出信号。程序需要在关键点启动和停止，以单步方式检查操作的顺序，并测量时间。所有可能出现的输入事件和序列必须预测和测试到，以确保应用程序在使用时不会出现未预见的问题。

在MPLAB中加载和编译源代码后，从主菜单中选择Debugger → Select Tool → MPLAB SIM，调试工具栏应该出现以下按钮：

- RUN：执行程序。
- HALT：停止在当前执行点所指示的程序处。
- ANIMATE：以单步连续模式执行程序。
- STEP INTO：单步执行程序（包括子程序）的一条指令。
- STEP OVER：单步执行当前程序，但全速执行子程序。
- STEP OUT：全速跳出当前子程序并等待。
- RESET：复位，从程序的顶部再次启动。

这些控件允许源代码使用带有断点的单步执行选项进行调试。可以通过浏览器和调试器菜单打开各种窗口以帮助在MPSIM中调试。最常用的描述如下（参见图9.1）。

编辑窗口（打开/新建文件按钮）

编辑窗口通常被用来创建和修改源代码，如文本文件PROG1.ASM。确保它被保存在一个有其他汇编文件集的项目文件夹里，后面添加的模拟文件也一样。当程序编译好后，通过调试（debug）控制运行和停止，当前指令会通过一个绿色箭头指示在源代码窗口中。如果需要，可以通过双击程序所在的行插入断点，同时红色标记会出现在页边空白处。

特殊功能寄存器窗口（视图菜单）

所有的特殊功能寄存器（SFR）以十六进制、二进制和十进制（右键单击列标题栏选择格式）显示在此窗口中。我们习惯读十进制显示的计数器，而不是一个二进制的数据方向（TRIS）寄存器。16F84A中的一组基本的特殊功能寄存器见表9.1。

这些寄存器的功能已经在第5章和第6章中介绍了。越复杂的芯片含有越多的SFRs，所以它们与这里给出的寄存器地址会有所不同。例如，16F887端口A～E，使用05～09寄存器，所以电可擦除可编程只读存储器（EEPROM）的访问寄存器被转移到bank2里，地址为10CH和10DH。

因此，根据“配置→选择芯片（Configure → Select Device）”选择出来的芯片里的SFR会有所不同。

表 9.1 PIC 16F84A SFR

地　址	名　字	功　能
—	WREG	工作寄存器（不是 SFR）
00	INDF	间接文件寻址访问寄存器
01	TMR0	Timer0 8 位硬件计数器
02	PCL	程序计数器跟踪执行点
03	STATUS	标志寄存器，零标志位＝bit 2
04	FSR	间接寻址的文件选择寄存器
05	PORTA	I/O 端口位，连接到外部引脚 RAx
06	PORTB	I/O 端口位，连接到外部引脚 RBx
08	EEDATA	EEPROM 数据访问寄存器
09	EEADR	EEPROM 地址访问寄存器
0A	PCLATH	程序计数器锁存器高字节
0B	INTCON	中断控制寄存器
81	OPTION_REG	存储区选择的 Option 寄存器
85	TRISA	PORTA 的数据方向寄存器
86	TRISB	PORTB 的数据方向寄存器
88	EECON1	EEPROM 控制寄存器
89	EECON2	EEPROM 控制寄存器

观察窗口（视图菜单）

观察窗口允许显示选定的寄存器，即，只显示特定的应用程序中关注的寄存器。特殊功能寄存器和用户定义的寄存器是分别添加的，并可独立选择每个数值的格式。例如计数值能以十进制显示，而端口和状态位以二进制显示。

模拟器的激励（调试菜单）

在大多数应用程序中，需要生成输入序列来测试所有可能的组合引起的响应。在 MPLAB 中，创建工作表来指定并存储模拟仿真的输入，最简单的方法是使用非同步（异步输入）表，即给每个输入引脚分配激励表中的一行，并在模拟过程中手动进行操作。另外，创建输入变化的时间表，以使程序在每次使用引脚 / 寄存器操作选项卡运行时产生相同的测试序列。

秒表（调试器菜单）

秒表窗口记录模拟仿真消耗的时间和执行的指令数。它可以清零以测量事件之间的时间间隔，例如，一个软件循环，或一个输出脉冲的周期造成的延迟。必须通过“调试器”→“设置”对话框输入MCU的时钟频率来与硬件使用的振荡器频率相匹配。

跟踪窗口（视图菜单）

当程序执行时，跟踪窗口会显示带有相应的机器码和地址的每一行的反汇编信息，因此可以检查和记录执行中的任何变化。同时，原始源代码会显示在下面的窗口中。

逻辑分析仪（视图菜单）

它会以时序方式显示单独的或成组的输入和输出位，并能在示波器上观察到。它能给出系统性能的直观视图，能更容易地核对事件的时间。

9.2.3 设置MPSIM（模拟器）

现将逐步描述典型的应用软件MOT1的设置过程。如有必要，使用Project → Quickbuild选项，或使用Build All按钮重新编译项目。通过Configure → Select Device对话框（基于16F84A的MOT1项目）确保选择正确的处理器。同时，建议通过Configure → Configuration Bits设置芯片保险。对于MOT1，取消选中Configuration Bits set in code，选择RC振荡器，关闭看门狗定时器，关闭电源定时器并打开代码保护。并通过Debugger → Settings → Osc/Trace（100kHz的MOTl）来设置处理器的时钟频率。

现在可以运行或停止程序以确保模拟器工作正常。暂停时，当前执行点显示在源代码窗口的边缘。现在，我们需要设置模拟器，以显示相关信息来证实程序功能的正确性，或修改逻辑错误。仅在模拟器上运行的程序一般无法提供足够的信息来确保操作的正确性，更不用说进行调试了。单步允许程序一次执行一条指令，这时便可在程序执行的过程中检查寄存器内容是否正确了。

在监视窗口中，使用Add SFR显示PCL、WREG、PORTA和TRISA寄存器，并使用Add Symbol以显示计数和定时器寄存器。右击PORTA，从下拉菜单中选择属性，显示格式更改为二进制，则可以看出各个位的状态。对TRISA重复上面操作。在相同的对话框中，将Count和Timer寄存器的格式改为十进制。

9.2.4 异步输入测试

具体设置如图9.1所示，模拟输入最简单的方法是异步激励。在程序执行单步模式时，用户可通过屏幕上的按钮更改单个位的输入。可以显示源代码、秒表、激励、观察和跟踪窗口。

跟踪功能（View → Simulator Trace）可提供程序执行过程的全记录，该功能是在每条指令及完成周期数后，通过从源、目的寄存器地址和内容（SA、SD、DA、DD）旁的文件列表中显示程序行来实现的。它可以被保存、输出并拿来分析。单步执行时，原来的源代码也显示在下方的窗格中。

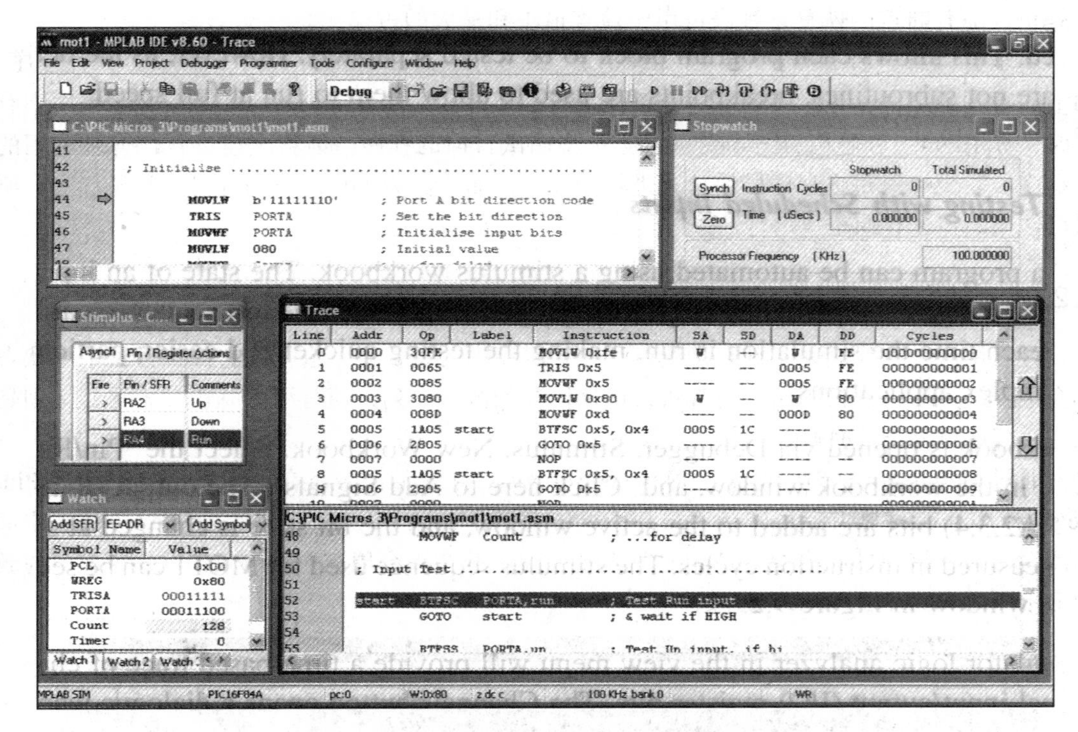

图 9.1　MPSIM 使用异步输入和跟踪的测试

若要设置为模拟输入，请选择 Debugger → Stimulus → New Workbook 和 Asynch 选项卡。在 Pin/SFR 列中，在 Action 中为每个输入选择 RA2、RA3 和 RA4，并选择切换模式。添加注释说明其功能，通过单击“启动”按钮和“单步”设置所有的输入为高。检查 SFR 窗口的端口 A 的输入位是否已被设置为高。

复位程序并单步执行初始化序列到标号 start 处，检查寄存器 Count 是否被正确初始化。run 输入为高电平后，程序一般在 start 标号处等待。现在，通过单击 Fire 按钮，清除输入 RA4，执行到延时序列开始处。一旦进入延时序列，单步执行是没有帮助的，所以我们将使用“断点”测试主循环。通过双击源代码 cycle 标号的行号设置一个断点，此时会出现一个红色标记，在 BCF 指令处也设置一个断点。复位程序并运行到第一个断点处。

秒表清零，运行至下一个断点处，记下时间（15 毫秒）。秒表再次清零，并运行至第一个断点处，时间应该大致相等（16 毫秒），这表明占空比约为 50%。同时你会发现每次 RA0 都在翻转，这表明输出 PWM 信号也存在。

现在可以测试上下控制功能了。按 Up 按键（RA2），检查每个输出周期的计数值是否递增。禁用 Up 并使能 Down，计数值会递减。现在，禁用断点（右击），然后运行该程序，计数值应该下降到 1 并停止。现在使用“Up”输入，检查计数可到达最大值（255）并停止。随着断点的恢复，秒表可用于检查最小和最大的占空比。

单步有两种选择，step into 和 step over。step into 意味着执行包括子程序的所有程序。如上面看到的那样，延时序列不适合单步执行，因为它是重复执行的。如果一个子程序中有延时，如 BIN4，可使用 step over，它会单步调试目前的程序，但将全速运行任何被调用的子程序。它允许对每个程序模块单独进行测试。然而，因为 MOTl 里的延时不是子程序，所以可使用断点让它们全速运行。

9.2.5　预定输入测试

可以用激励工作表来实现自动测试程序。程序中的每一步，输入或文件寄存器中的状态都会改变，所以每次模拟仿真时都可以应用同样的测试序列，使得测试既快又容易，特别是在应用程序更复杂的时候。

通过 Debugger → Stimulus → New Workbook，打开工作表。在工作表窗口中选择 Pin/Register Actions 和 Click here to Add Signals。输出（RA0）和输入（RA2—RA4）位被添加到活动窗口，该位的状态会在特定时间发生变化，并在指令周期内被测量。从图 9.2 中的激励窗中可以看到用于 MOT1 的激励序列。

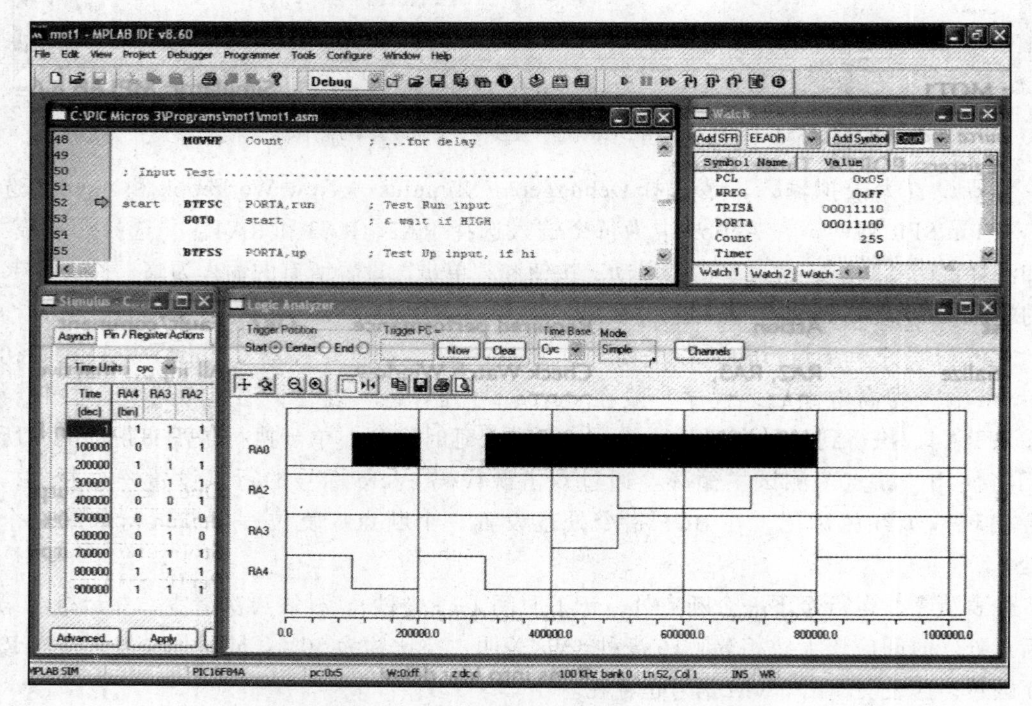

图 9.2　MPSIM 用预定的输入和逻辑分析仪测试

视图菜单中的“模拟仿真逻辑分析仪”可提供每个输入 / 输出（I/O）寄存器位的时序跟

踪记录。频道按钮会打开一个对话框，选中的位被显示。为了在合适的时间段来记录输出信号，中断必须设置在适当数量的周期后。可以用 Debugger → Settings Dialogue 设置，检查跟踪缓冲器已满的中断和设置缓冲区的大小（如 1000KB）为上述工作表中的预定激励输入。这提供了足够的时间使输入生效，大概在 10s 左右。

在 RA0 上的跟踪输出可以从图 9.2 的这些设置中获得（它在满时出现实线）。可以看出，RA4（运行输入）为低电平时它被接通，RA4 为高电平时关闭。RA3（减速）使占空比降低而 RA2（加速）使其增加。为了知道这些输入对输出波形的影响，缩放控件可用于扩大指定区域内的波形。调整整体的时间表，使工作循环有足够的时间达到最大值和最小值。一些实验需要获得正确的总体时间和输入时间。预定测试中可以每次使用完全相同的测试序列，还可以以增加设置的时间为代价来保存需要的记录。

9.3　测试计划

使用模拟器，可以针对设计要求测试该程序的功能。MOT1 的规范已被改造成一个功能测试的计划，我们也需要预见可能导致问题的错误输入序列。MOT1 的测试计划见表 9.2。

表 9.2　MOT1 仿真测试计划表

项目：MOT1　　模拟器：MPLAB 8.60

设置：源码：MOTl.ASM
观测的寄存器：PORTA，Timer，Count
模拟激励：RA2＝up，RA3＝down，RA4＝run (toggle mode)
秒表：频率 100.00Hz
可选：程序存储器

测　试	行　动	需要执行	说　明
1　初始化	RA2, RA3,	检查窗口，	所有输入无效
	eRA4＝1	PORTA	
2　开始	跳过	Count = 80，	等待 Run 使能
		在 Start 处循环等待	
3　Run 使能	输入：	RA0＝1	一个周期的输出
			默认为 50% 占空比
	RA4＝0	运行进入 high 延时	秒表：输出周期 33ms
	跳过	Timer 递减到 0	
		RA0＝0	
		运行进入 low 延时	

（续）

测　试	行　动	需要执行	说　明
3　Run 使能		Timer 递减到 0 重复	
4　禁止 Run	输入：RA4＝1 跳过	回到 start 循环	等待 Run 使能
5　选择递增	输入： RA2＝0 RA4＝0 跳过	Count 递增到 81， 下个循环 82…	Count 递增 占空比增加
6　测试无溢出翻转	全速运行，停止	最大 Count＝FF Count 不为 00	翻转被禁止
7　选择递减	输入： RA3＝0 RA4＝0 跳过	Count 递减到 FE 下个循环 FD…	Count 递减 占空比减小
8　测试无向下翻转	全速运，停止	最小 Count＝01 Count 不为 00	翻转被禁止
9　重启	所有输入为 1 运行，停止	回到 start 循环	重启正确
10　程序复位	复位	执行复位到第 1 条指令	复位正确
11　复查默认输出	RA4＝0	Count＝80	输出切换 占空比 50%
测试人员：		时间：	
说明：			

9.3.1　典型的逻辑错误

很难精确预测会出现什么样的逻辑错误，出现逻辑错误通常是缺乏经验的结果，以下为典型的逻辑错误：

- 端口初始化：如果一个端口没有出现对输出操作的响应，请检查初始化是否正确。
- 寄存器的操作：如果一个寄存器没有正确响应，请确认正确的寄存器是否被修改，及该地址标号是否正确。检查设置过程中存储区选择是否正确。
- 位测试和跳转：能否获取程序操作的正确顺序取决于这些指令。确保跳转的条件逻辑是正确的，因为这里很容易犯错误。

- 跳转的目的地址：确保指定的目标是正确的，并且循环序列包括所有必要的步骤。
- 程序结构：如果程序在子程序执行期间出错，检查调用的地址标号是否正确，并且所有子程序用“返回”指令终止。

9.3.2　软件仿真的局限性

使用模拟器可在实际硬件运行程序之前测试程序逻辑，以确保程序功能正确。然而，仿真不能 100% 接近现实，所以在测试实际系统时需要考虑到它的局限性。以下给出了一个易错型问题的例子，它会严重影响应用程序的运行，如果使用功率更强大的电动机则会妨碍实际系统的安全运行。

16F84A 的数据手册显示，上电复位后，端口 A 各个位的状态是未知的。因此，程序开始执行之前，电机的输出也许会出现在上电延时期间。这对于按照端口初始化指令来清除马达输出位来说，显然是一个潜在的问题，即程序开始之前仍有脉冲给电机。如果这在实践中引起问题，就需要进行合适的修改。如，常用的电源电路中一个单独的故障安全开关就可以保证电机在控制器成功启动后才通电。

9.3.3　硬件测试

尽管写出的测试计划看起来很详细，但在实践中并没有测试出 MOT1 的所有功能。它可以转换成如前一节中所示工作手册的激励序列，在原型硬件中，软件产品只需要满足规范一次即可。一旦证明软件是正确的，产品单元的硬件就可以连同正确的固件（最终的 ROM 程序）进行测试了。可用类似的测试计划来测试每个单元。用示波器监视 RA0 的输出波形，可以在输出占空比的范围内测量实际产生的电机速度（电机运行通常不会低于一个最小的占空比）。此外，在下载当前版本的程序之前，可以写入一个特殊的测试程序去验证硬件。

9.4　交互式调试

单片机电路的交互仿真为应用程序的设计和调试提供了强大的额外维度。Proteus VSM 提供了一个完整的设计包，含有原理图编辑和设计的交互仿真，还提供了一个图形符号原理图、电路分析和电路布局的数学模型设计包组件库。这些都由 ISIS 原理图输入和 ARES PCB 布局这两个软件包提供。使用 Proteus VSM 的详细指导见附录 E。

9.4.1　ISIS 原理图

应用设计的概念可以用框图进行概述，并可转换为临时电路输入到 ISIS 里。从元件库中选择元件放置在屏幕上，并使用虚拟布线连接。其结果如图 9.3 所示，里面包含了虚拟示波器来监测输出。

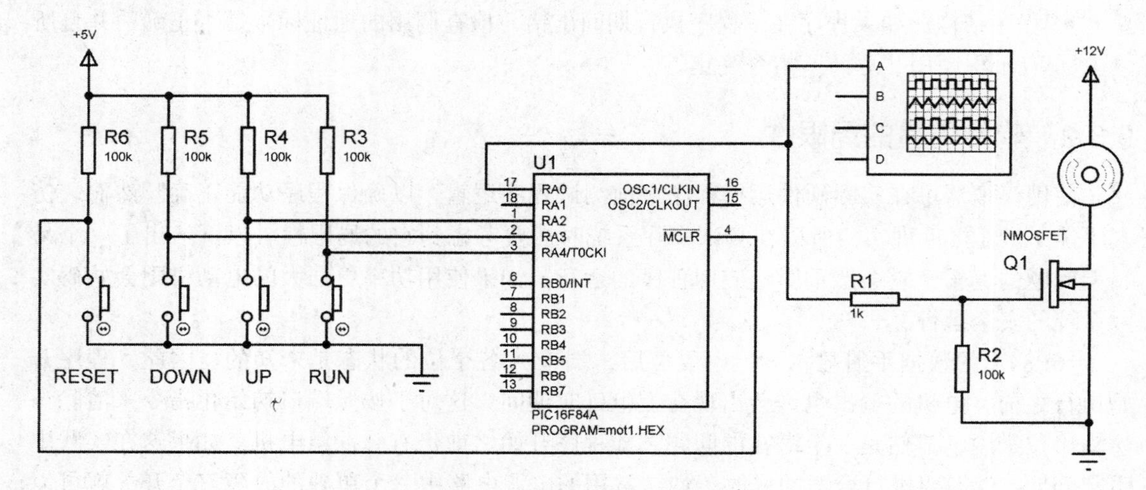

图 9.3　MOTl 电路原理图

混合模式的仿真针对电路的模拟部分采用了标准电路建模技术。例如，一个电阻器的数学模型为 $V=IR$。使用复杂的数学运算来设置无功耗器件（如电容器和电动机），从而表示出电压和电流之间的相位关系，模拟开关上电压的瞬态和频率响应。总体上，将电路的模拟部分表示为一组元件连接到一起的节点，由此形成一个网格，然后以一组矩阵形式的联立方程来表示，从而可以解答出针对任何给定的输入信号的解。每隔一段时间重复这个过程来预测输出，便提供了一个动态的互动电路模型。

数字电路元件的建模从另一方面讲就是通过合适的逻辑模型元件来表示一个简单的逻辑过程。例如，“与”门的输出是 A·B（见附录 B）。微控制器可通过其内部逻辑和附加的应用程序的组合来表示，各类元件的效果结合起来使整个电路成为一个相当完整的模型。模拟仿真的主要限制在于有时它们并不能汇聚到一个解决方案里，尤其是在处理复杂或高速的电路时。于是则需要简化模型，但是这又会导致模拟仿真不准确。当然，无论如何模型只是近似于实际电路，如汽车这样复杂设备的建模尤为如此。

MOT1 中使用的大多是一般类型的元件，即它们不是特殊元件。如，电阻器可以描述为“原始模拟”或“通用模型”。电容器也一样。按键是个有源器件，即，无论是短暂（单击按键）模式或锁存（单击控制点）模式，它都可以在屏幕上进行操作。通用的 NMOS FET（见附录 B）可以用具有适合这个特殊元件的操作参数的模型来替换。直流电动机的参数可以在属性对话框（即工作电压、额定速度、线圈电阻）中改变。

与此相反，微控制器是特定的生产厂家生产的特殊器件。它需要连接机器码程序（hex 文件）以确定其操作。如果 PIC 用包含仿真包的 MPASM 集成，内置的编辑器便可创建出来。hex 文件可以通过器件属性对话框在器件上双击左键来连接。时钟速度（100kHz）和配置字也可以在此对话框中定义。上述元件均从元件库中选择，如图 9.4 所示。

在众多的虚拟仪器中，示波器是可选仪器之一，其电源一端接地（0V），另一端接标有标识符号（+5V 和+12V）的电源端。通过编辑窗口左侧的模式工具栏按钮可选择这些额外的选项（详见附录 E）。

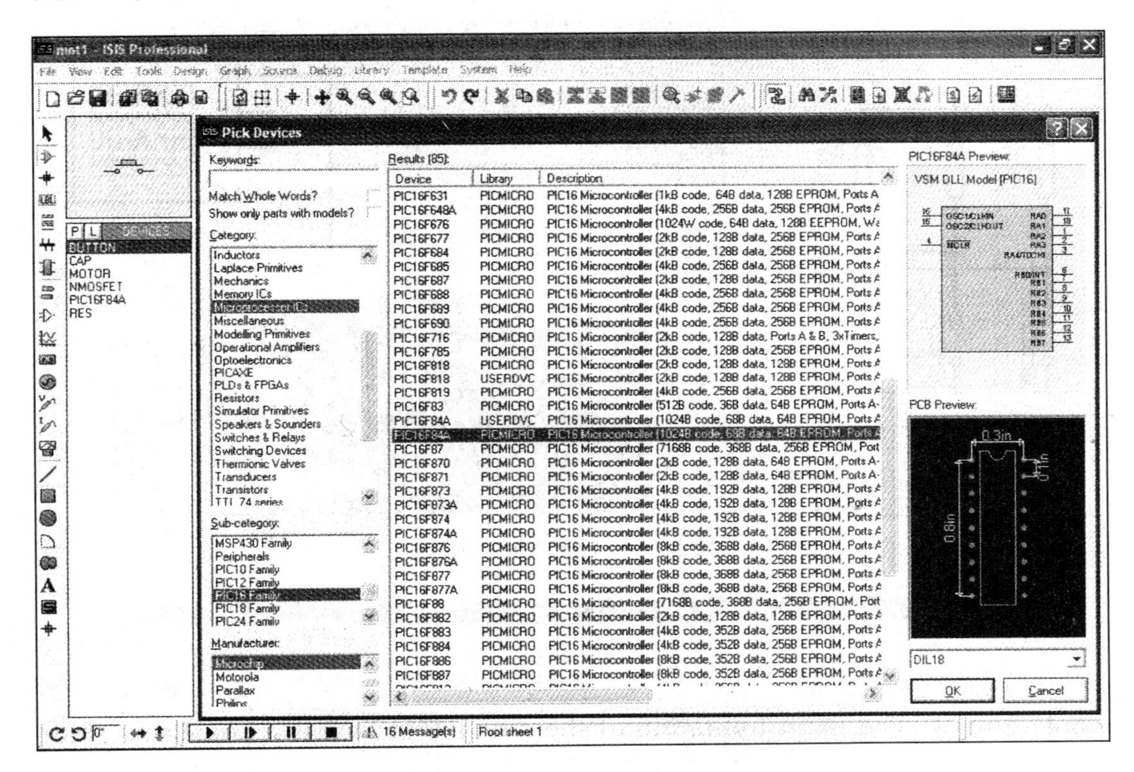

图 9.4　VSM 元件选择

9.4.2　VSM 调试

完成电路并加载单片机程序后，仿真器才可以运行。每个连接上的逻辑电平显示为蓝色（低）或红色（高）。在原理图中单击 Run 按钮，电机会出现转动。Up 按键会让它加快，Down 按键则会让它减慢。复位按键会使其以默认速度重新启动。通过虚拟示波器显示的 PWM 信号让它们更加直观。如果需要调试程序，可以显示出其源代码，单步执行和使用断点。VSM 调试的屏幕截图如图 9.5 所示。

Proteus VSM 有用户友好的界面，MPLAB 有更多更广泛的调试和项目管理工具，二者的优点可以通过内部运行的 MPLAB（图 9.6）VSM 调试工具来体现。当被 MPLAB 菜单选定为调试工具时会打开 VSM 观察窗，此时允许存储器中的程序在交互模式下运行。调试和修改程序仍使用与 MPLAB 控制相同的控件和设备进行。然而，如果需要修改原理图，必须在 ISIS 中重新编辑。

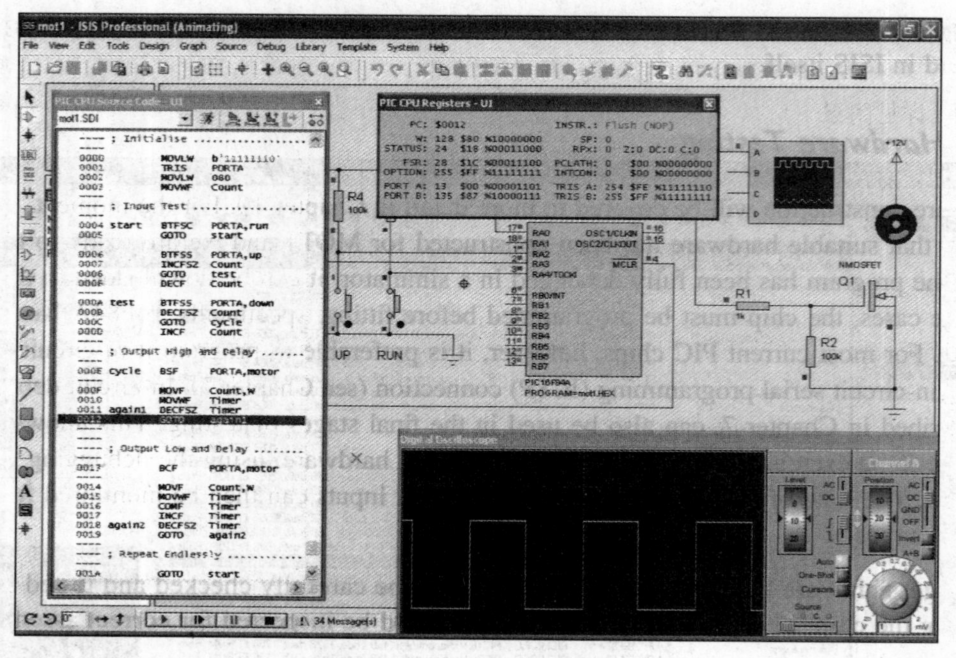

图 9.5 VSM 调试的屏幕截图

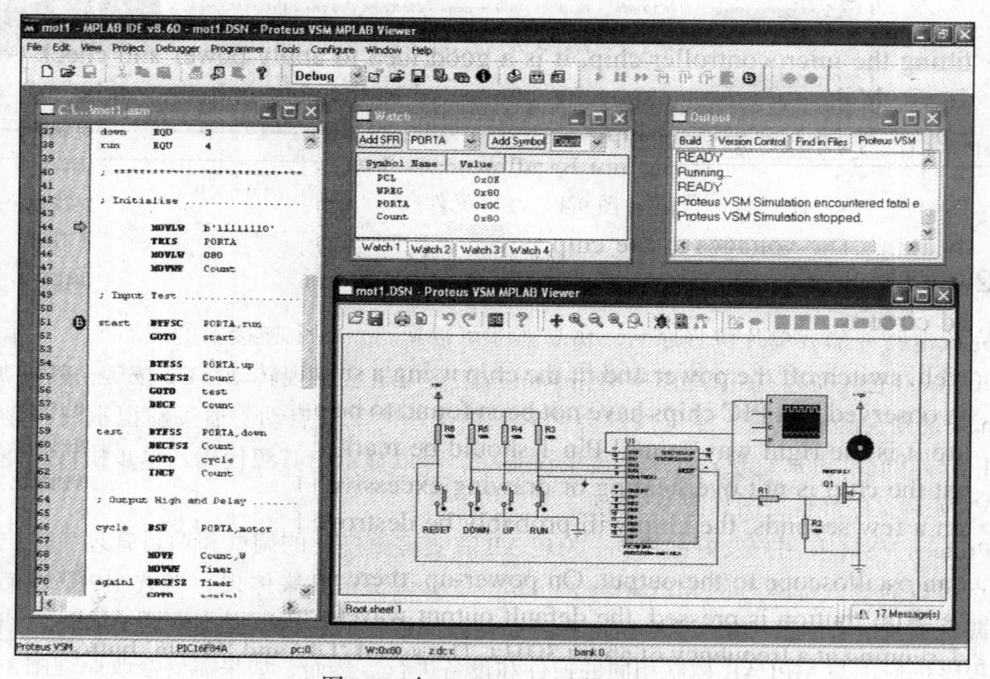

图 9.6 在 MPLAB 上运行 VSM

9.5 硬件测试

硬件结构将在第10章中详细介绍。就目前而言，我们假设已经为MOT1构建了合适的硬件，并准备进行测试。程序在模拟器上调试通过后，就可以下载到芯片中。有时，芯片必须在装配之前完成编程，基于16F84A的电路中尤为如此。但是，目前大多数的PIC芯片最好还是通过使用六针在线串行编程（ICSP）连接来下载程序到目标电路（参见第7章）里。在线调试，如第7章所述，可以在测试的最后阶段使用。这使得程序在使用MPLAB调试工具后可与最终的硬件连接，然后便可监测实际输入寄存器的状态，从而检测错误。

插入芯片之前，应仔细检查和测试目标硬件的布局和连接，应检查密集的电路板是否正确地安装，元件安装方向、引脚的焊桥是经常出现的错误。随着连续测试，这些连接如果会发出嗡响，那么就需要再次检查电路图。

插入MCU芯片之前，最好接通电源检查其余的电路。确保连接到芯片的输出元件在开路输入时可以安全地供电。例如，在MOT1电路中，场效应晶体管（FET）的栅极输入不应允许自由浮动，所以会连接一个下拉电阻。电源电流不应太大，并且应该检查器件是否过热。芯片的电源引脚（V_{DD}和V_{SS}）上的电压也应检查一下，如果没有正确连接，则电源会损害大多数集成电路。

如果一切顺利，关闭电源，使用合适的工具安装芯片。应注意防静电措施，但在实践中并没有发现PIC芯片对此很敏感。一定确保连接正确！ 1引脚应在板上标记出来。打开电源并检查芯片是否过热或过流。芯片过热超过几秒钟后就有可能会损坏。

将示波器连接到输出。上电时，MOT1上没有输出。按下Run按钮时能观察到有默认50%占空比的波形输出，频率约30Hz。操作Up和Down速度按键，以确定速度能停止在最小值或最大值，并且不会因再操作一步就从零翻转到全速。注意，程序算法不提供100%或0%的占空比，但会在最大值或最小值的那一步停止。因为共有255步，所以步进小于1%。

电路也应对故障安全操作进行测试，即，不会因不正确的操作序列的输入而引起计划外或潜在的危险输出。在这种情况下，同时操作Up和Down按键是错误的输入组合，这将导致速度没有变化，因为递增和递减操作相互抵消。

还需考虑其他可能存在的问题，如输入开关弹起、元件性能（检查规范）的变化、电机动态操作，使电机运行在最小的占空比等。复杂的应用程序可能会存在更多潜在的错误输入条件和与元件相关的问题，但测试计划应能够理想的预测出所有可能出现的故障模式（不容易）。如果电路正在进行商业生产，需要建立正式的测试计划，也需要产品规格的性能认证。

基于PIC 16F84A的MOT1程序运行的一个基本测试计划已经概括在表9.2的仿真测试中，并且它也适用于硬件测试。根据情况（教育、商业、科研）准备好附加文件，将这些文件和使用系统的相关信息都提供给用户或产品客户。

习题

1. 简单概括程序语法错误和逻辑错误之间的区别，及它们是如何被检测出来的。
2. 在程序调试时如何应用以下功能：单步、断点、引脚激励、观察窗口？
3. 程序存储器列表中的指令显示如下：

```
0005    1A05 start   btfsc   0x5, 0x4
```

解释每行中的六大要素的意义，以便在调试时可以预测它们的正确效果。
4. 陈述使用 Proteus VSM 进行交互式调试的两个优点。
5. 陈述在启动一个微控制器电路板之前所进行的两种检查。

实践活动

1. （a）在 MPLAB 中，打开源文件编辑窗口，输入或下载源代码 MOT1，使用快速编译选项编译。注意所产生的任何错误信息。如果程序第一次就编译通过，则故意在源代码放一些错误，再检查错误信息。

   （b）在 MPLAB 中创建一个项目 MOT1，添加 MOT1.ASM 到项目里，按 9.2.5 节中的描述重新编译和测试程序。
2. （a）用 16F690 LPC 演示板设计一个采用 PWM 控制 LED 亮度的应用。当输入按键按下时，该 LED 的亮度应提高到最大然后降低到最小，松开按键它能停止在任何点。在 MPLAB 中使用异步激励证明操作正确。

   （b）如果在 Proteus VSM 中 16 系列的 PIC 可用，下载 LPC 板的仿真程序进行交互式测试。修改它，使 LED 的亮度由电位器控制。

Chapter 10 第10章

硬件原型设计

本章重点

- 使用面包板能够快速简单的设计出电路的原型。
- 条状铜箔板更可靠，但是不能重复使用。
- 软件 ISIS 可用来创建原理图，并可以通过仿真来测试设计。
- ARES 软件可用来创建电路板。
- DIZI 板可演示一系列简单应用。

电路设计、仿真及布线的软件发展到现在，有大量价格合理的软件包可提供给开发者以便创建基于微处理器的电路。原理图输入软件使得一个电路能够在屏幕上进行设计，并使元件和连接以网表的形式被打印和保存。而且还能够导入印制电路板（PCB）设计封装，将电路展示在屏幕上。布线结果能够打印到掩膜上，从而能够手动地将布线结果转化到铜箔板上，或者，将布线结果放在一个可以在生产系统中制造 PCB 的文件中。下面将会用到 Labcenter Electronics 公司的 Proteus VSM™ 软件，它为当前的 PIC 设计提供了最全面的支持，其中包括两个主要部分：ISIS™ 用作电路设计和原理图输入；ARES™ 用作 PCB 布线。

面包板、条状铜箔板和传统的原型设计方法，也将在本章进行讨论，这些方法需要的支出最小，并且仅需要简单的工具就能够创建一个微处理器测试电路的原型。面包板是临时性的，易于构建，但是不可靠，尤其是在移动板子的时候。条状铜箔板用的更久些，也是业余爱好者建立半永久性电路板的标准物料，但不适合产品化。

10.1 硬件设计

在基于计算机的电子计算机辅助设计（Electronic Computer—Aided Design, ECAD）被广泛应用之前，设计电路时都是在纸上描出电路并进行手工布线。在缺少如 SPICE 这样的快速而强大的计算机仿真方法的情况下，这个过程更多得依赖于设计工程师根据理论知识和实践经验预测电路性能的能力。找到一个合适的解决方案可能需要大量的原型。

由于桌面计算机发展的日益强大，设计过程得到根本性的改善。设计者虽然仍需要具有最基础的设计思路，但是现在电路能够快速地在屏幕上绘制和测试，一个可行的设计很快就能产生。硬件原型通常能够在第一时间得到，或者至少说这个过程占用了更少的开发时间。由于从设计概念的产生到投入市场的时间是主要的竞争因素，所以现在 ECAD 对电子工程师而言是个至关重要的工具，就好比如今计算机辅助设计（CAD）在机械工程中的地位一样。

现在，一个电路原理图能够在软件中创建、测试并转化成 PCB 布线，如 Proteus VSM 软件。它提供了所有的最常用的元件和微处理器的库，包括数学模型、在屏幕上显示的电路标识，及在某些情况下每个元件的实际物理引脚。动画模拟的元件还能够进行交互式仿真。在屏幕上绘制好电路，应用程序和相应的微处理器关联起来，然后就能够通过鼠标操纵屏幕上显示的开关或键盘等输入元件来测试程序。输出能够在模拟的显示设备（LED 和 LCD）上看到，或者操作如继电器和电机这样的模拟输出器件。例子可在前面的章节中看到。

另一个例子显示在图 10.1 中，它将被转化为 PCB 版图。它由 PIC 16F84A 控制，是带有按键、七段数码管和蜂鸣器的电子骰子板。通过编程，在按键按下时，能显示一个 1 到 6 之间的随机数。

在进行仿真时（见下文），若将一个合适的程序放入 PIC 中，电路在屏幕上变得可以交互。当操纵开关时，显示设备会像实际的设备一样工作。如果芯片中烧入了使蜂鸣器产生声音的程序，相应的波形就能够通过虚拟示波器显示出来，并且 PC 的音频设备中会发出这个声音。开发固件的技术已在前面的章节详细介绍过。

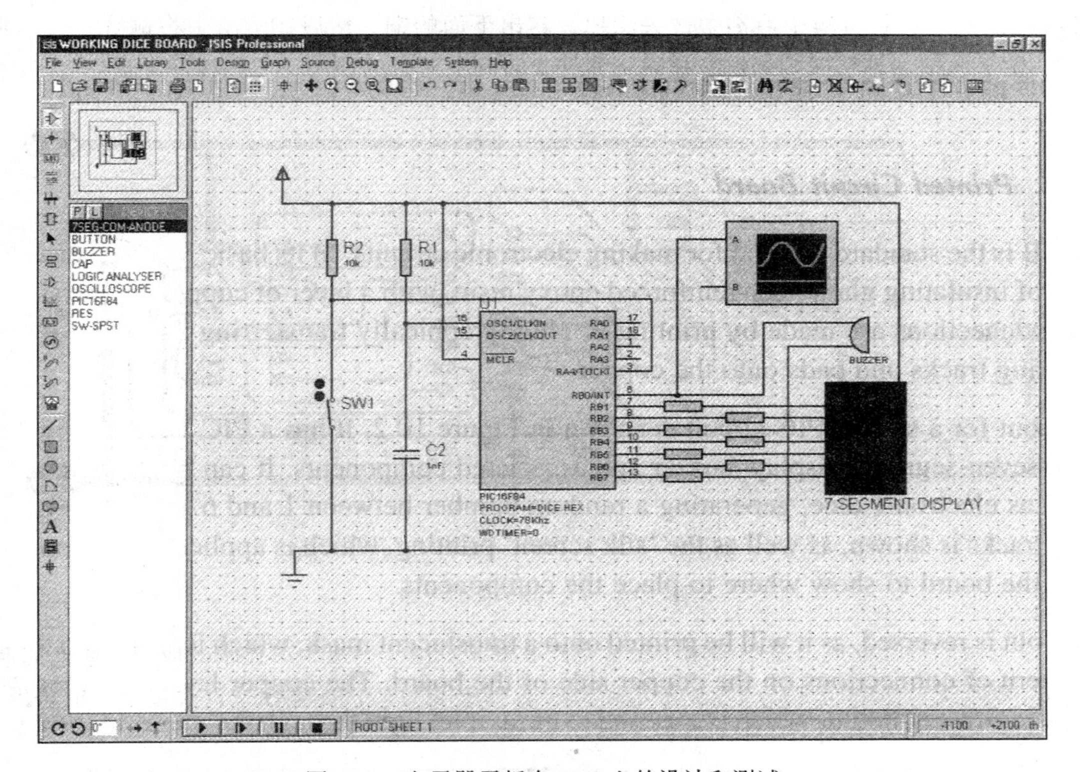

图 10.1　电子骰子板在 ISIS 上的设计和测试

10.2　硬件结构

首先，我们使用如图 10.1 所示的电子骰子板来简单地看看一些适合构建一次性电路板和原型的传统技术。然后会设计一个更复杂的通用目的演示板，以原型形式进行设计和布局，并提供一些程序来演示其功能和相关的编程原则。

10.2.1　印制电路板

印制电路板（PCB）是制造电子电路的标准方法。它的基板是绝缘玻璃纤维增强环氧树脂，并在其一侧覆铜。电路连接可通过印刷或照相将导线和焊盘印到铜皮上。

一个简单的 PIC 电路版图如图 10.2 所示。其上有一片 PIC 16F84A 芯片、按键、七段数码管、蜂鸣器及相关元件。通过编程使其产生 1～6 之间的一个随机数，即可作为一个电子骰子。铜线的走线及标注元件位置的丝印都在图中显示出来。

布线是相反的，因为它会被印到一个半透明的掩膜上，然后将其用于创建电路板铜面上的图案连接。在铜层上涂有感光材料，感光材料通过掩膜暴露在紫外线中。裸露的电路板区域的感光材料可溶于溶剂中被去除掉，露出下面的铜。然后在酸浴中将铜溶解掉（蚀刻），留下由耐蚀刻层保护的铜。最后将元件安装到电路板的顶层，并焊接到焊盘上。

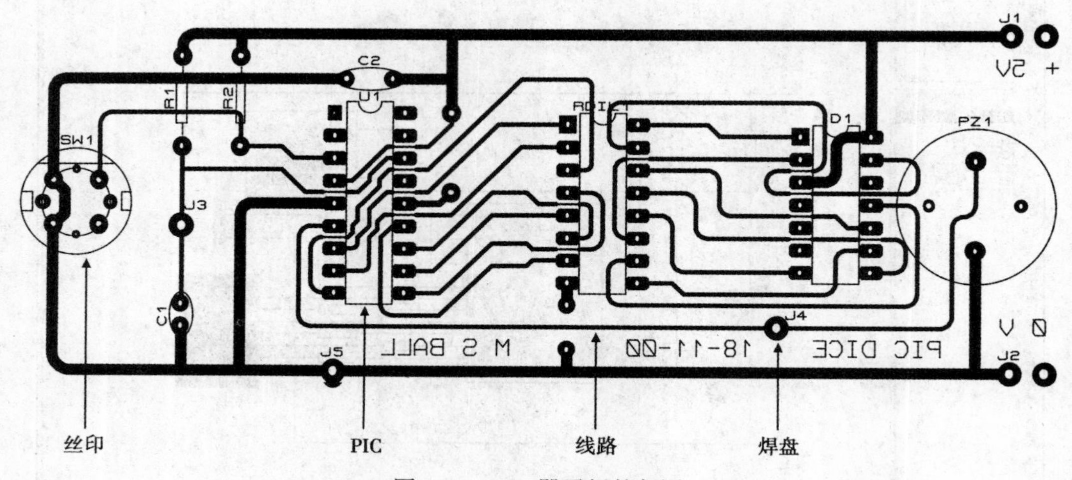

图 10.2 PIC 骰子板的版图

一旦版图设计完成，就能够用于批量生产硬件了。由于高级生产技术的应用，生产周期更短，成本更低，因而现在的专业公司经常根据 PCB 设计软件的输出文件直接生产电路板。最终的产品如图 10.3 所示。

另外一个简单的单层版图如图 10.4a 所示。图中所示的是 ARES PCB 设计软件的编辑界面，此软件能够导入 ISIS 的原理图并将其转化成适于打印的版图，或者用标准形式输出到一个制造系统（通常是 Gerber 文件）。在 ISIS 软件转化之前，每个元件需要根据实际使用的器件进行合适的引脚分配。例如，电阻的物理尺寸取决于其额定功率，而物理尺寸将影响到引脚分布。开关有各种各样的引脚输出，甚至可以离开电路板安装，因而必须提供合适的终端。ARES 库提供标准输出引脚，如有必要，一些非标准元件可以自己创建。

图 10.3 PIC 16F84 骰子板

下一步将网表导入到 ARES 软件里，元件的列表会出现在编辑界面左方的窗口中（图 10.4a）。可以在板图编辑界面中独立地选择并放置元件，元件的位置以最紧凑为标准进行调整（也可以选择自动布局）。最初，连接是用引脚之间的飞线显示的，当选择自动布线工具时，这些飞线会转化为走线。最终这些布线需要手动调整。如有必要，尽量在板子的单面进行连线来实现版图。因为虽然双面板大大简化了布线的安排，但必须有镀通孔或连接引脚。布线完成后，可产生附有元件的电路板的三维预览。附录 E 中有 ARES 软件更详细的使用说明。

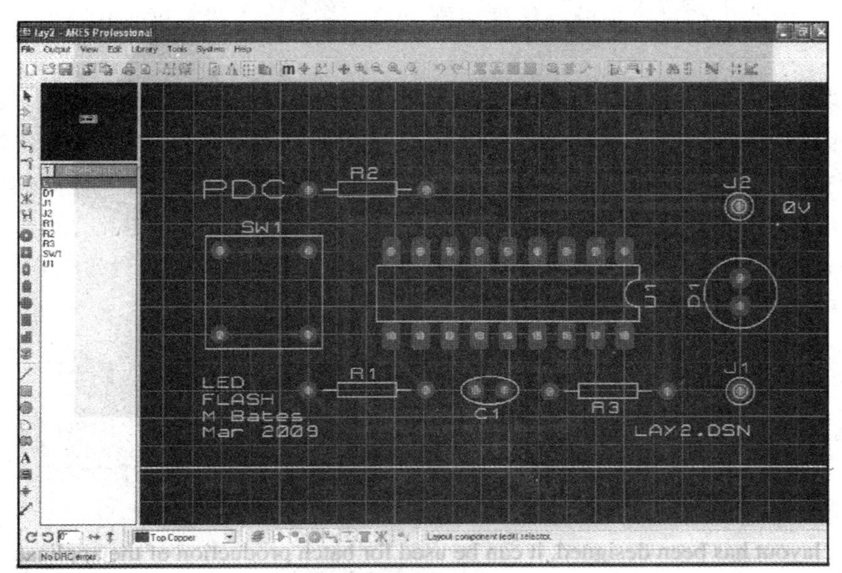

a) 板图编辑界面

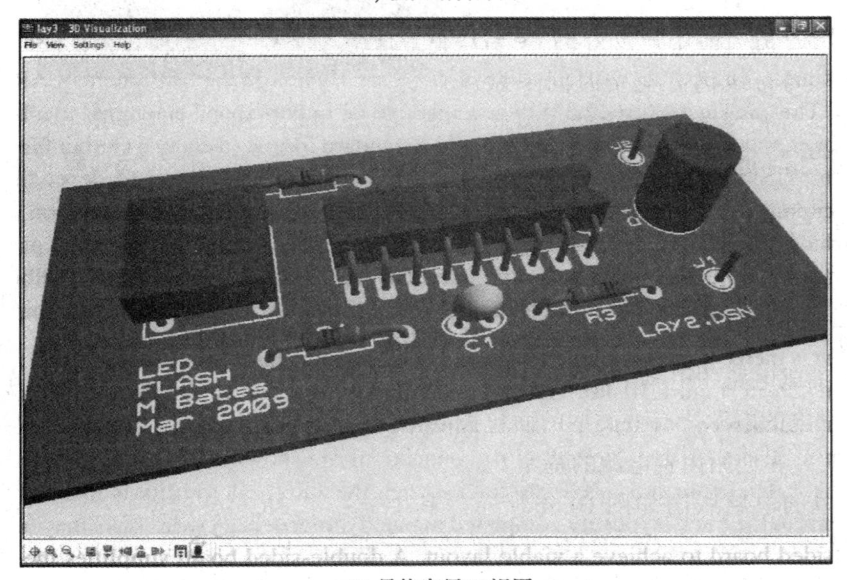

b) 最终布局3D视图

图 10.4　ARES PCB 图截图

Microchip 公司的 LPC 演示板是个双面板的例子，它被大量商业化生产。电路板的两侧都被使用，使其在总体上更加紧凑，并且简化了布局布线。一般而言，走线在每一侧有一个大致的方向，并和另一侧垂直。像 PC 母版这种复杂的电路板都有多个布线层，共同提供了系统总线所需的大量连线。通过镀通孔来连接不同的布线层，在上侧会有一个丝印层来标注元件（或说明）。商业生产过程中的高精度印刷技术允许更窄走线宽度（电流小）及更紧凑的版图。

现在多数产品使用表面贴装元件，它们的尺寸更小并且不需要通过打孔来固定，都是通过表面焊接固定到表层。Microchip 44 引脚板上能够看到表贴封装的 PIC 16F887 芯片。这些电路板的所有细节都能够从网站 www.microchip.com 上下载，其版图在相应的用户手册中提供。这两个电路板上都有原型区域，从而可以在其上增加简单的外设电路，无需从头设计一个测试板。

近来，PCB 车床已在业余爱好者、培训组织及小公司中成为制造简单原型板的替代方法。它本质上是一个小型的 2.5 维车床，雕刻工具放置在 X、Y 和 Z（有限区域）轴，并通过对其编程将铜走线、焊盘和铜层绘出（图 10.5）。这避免了使用腐蚀性化学品，且对小规模生产来说是实际可行的。

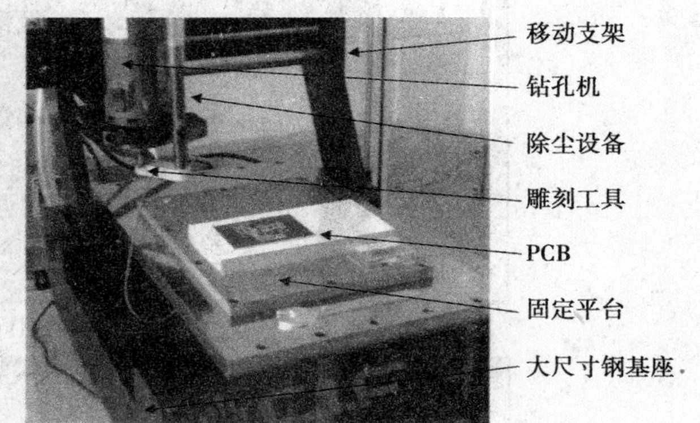

图 10.5 PCB 制造车床

即使使用的是当前用户友好的 ECAD 工具，PCB 布局布线仍需花费时间来做，并且需要较熟练得掌握这些软件。因此，我们也将了解如何使用传统方法创建我们的硬件原型，这不需要专门的软件或 PCB 制造设备。

10.2.2 面包板

面包板（插板）分布着间隔 0.1 英寸[⊖]的小孔，能在其中手动插入元件的引脚和镀锡铜线（TCW）（图 10.6a）。板子中间两侧有按组的形式互连的行，在板子中间可插入集成电路（ICs），每个集成电路的引脚上就会有多个连接点。在板子的每一侧，都有相互连接的长行，可用来连接供电的电源。有些类型的面包板以模块的形式提供，从而可连在一起组成更大的电路，或者安装在使用内置电源的基座上。

一个简单的电路版图如图 10.6b 所示。其中，一个 PIC 16F84A 通过一个连接 RB0 的限流电阻驱动发光二极管（LED）。另外需要的元件是组成时钟电路的电容和电阻，切记要将 !MCLR 引脚连接到正电源，否则芯片不会运行。现在可以对该芯片进行编程，使其以某一特定频率闪烁输出。

面包板电路可快速搭建，搭建过程除了需要绝缘线（废弃的电话线是很好的选择）和钢

⊖ 1 英寸 = 2.54 厘米。

丝钳以外无需其他工具。但是，相对而言这种连接不是很可靠，在更复杂的电路中这样的连接很有可能出现问题。因此，焊接才是构建原型电路更可靠的方法。

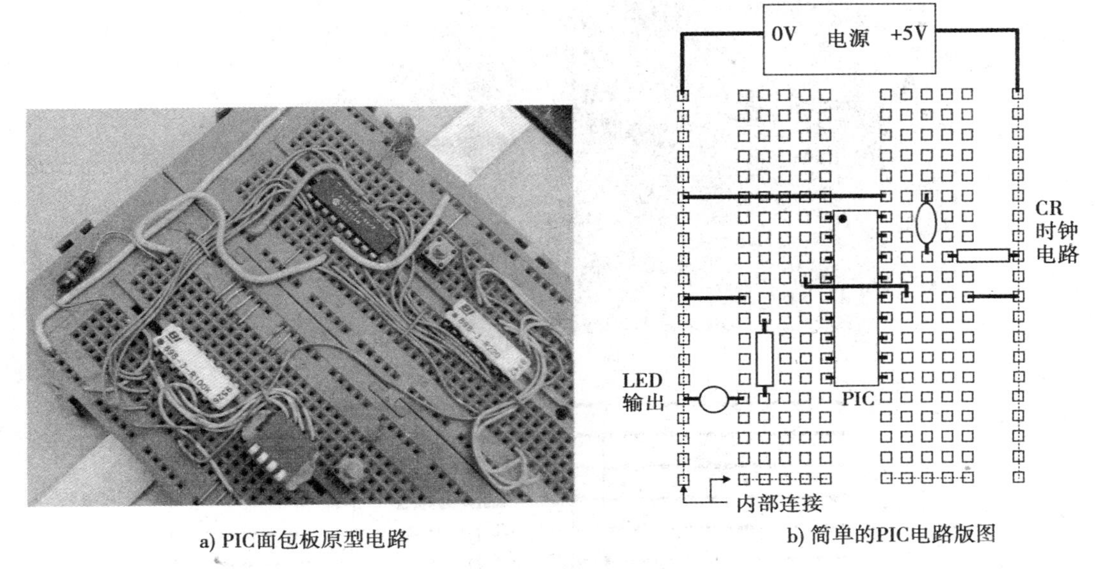

a) PIC面包板原型电路　　b) 简单的PIC电路版图

图 10.6　面包板

10.2.3　条状铜箔板

条状铜箔板不需要特殊的工具或化学处理。元件通过铜线连接，铜线位于绝缘板上分布间隔为 0.1 英寸的小孔之间（图 10.7a）。

元件焊接在板上的合适位置，并通过在覆铜侧的焊接连线来完成电路。连线在必要时需要用手钻切断以孤立电路中的连接点。元件需要在连接线路之间放置，以保证每个引脚连接着一个独立的走线。双列直插芯片在同行的引脚之间的连线必须切断。需要注意避免虚焊（焊锡过少）或由于焊锡飞溅和焊点拉尖（焊锡过多）造成的连线之间的短路。如有必要，可手动绘图来起草布局，而经验丰富的工程师常常可随手绘出电路，仅仅可能会浪费一些电路板空间。

图 10.7b 展示了如何使用通用目的绘图工具在条状铜箔板上构建简单的 PIC 电路，如 Word 所提供的工具。在 Word 软件中，打开绘图工具，并选择页面视图，在 Draw 菜单中，网格设置为 0.1 英寸，这是标准的引脚间距，这样能够绘制出实际的版图尺寸。然后电路可用合适的线型、文本框等绘制。完成时，用对象选择工具选择整个绘图，并在绘图菜单中将其组合成一组。这就避免了文本光标的移动影响到绘图，并且如有需要，可改变整个框图在页面中的位置。

当然，该电路也可以用传统方法手工绘出。

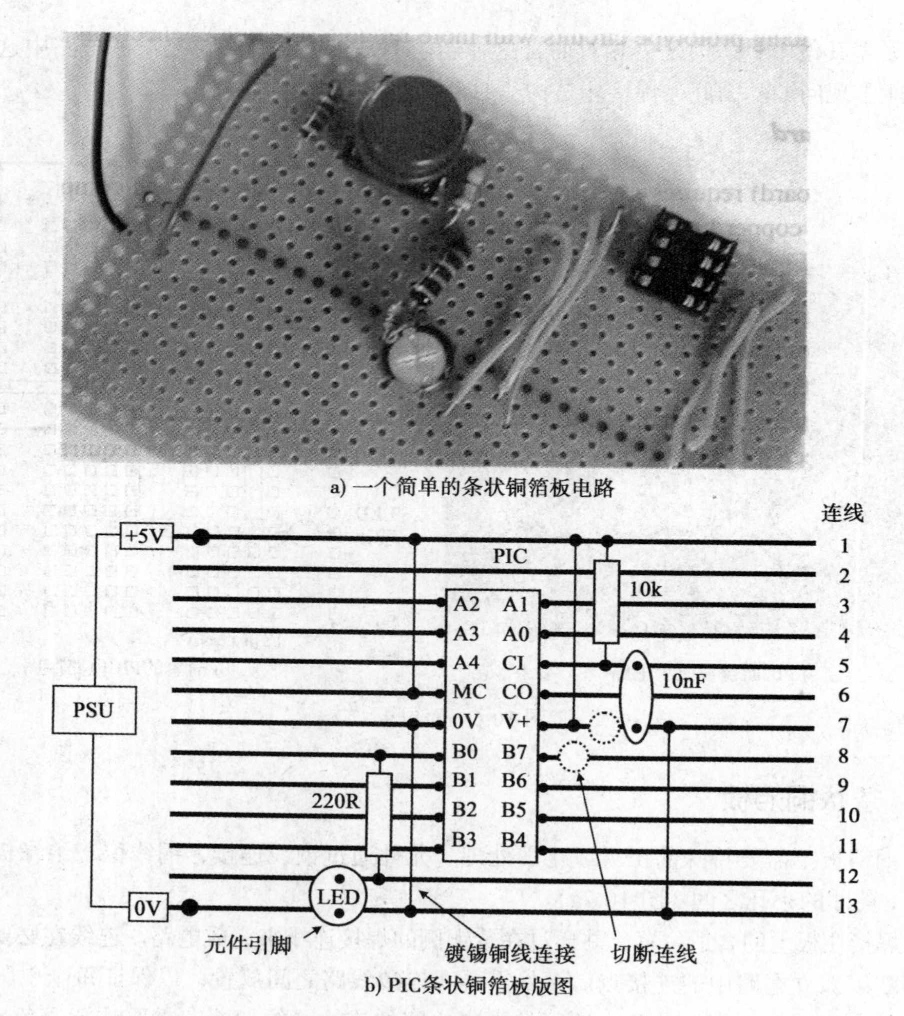

图 10.7 条状铜箔板

10.3 Dizi84 板的设计

下面将设计一个电路，并提供一系列程序来说明硬件设计过程和前面章节介绍的编程原则。DIZI 板使用户能够体验到 PIC 硬件和编程技术的不同功能特性。

10.3.1 硬件规范

单片机演示板适于演示包括显示、音频、计数、定时及中断操作的过程。板上包括一个以十六进制或十进制显示输出数据的七段数码管，和一个低功耗音频转换器。手动操作的切换开关提供了 4 位的并行输入。两个输入按键用于总体控制（如运行、清零），及模拟计数输入或产生一个外部中断。板子应能够测量或产生优于 1% 精度的定时。电路采用电池供电，一个按钮开关保证电源不会一直开，并有一个电源指示灯。板子要尽可能小，带有闪存的微处理器必须能方便地重新编程。

10.3.2　硬件实现

七段数码管需要微处理器的 7 个输出端口。共阴 LED 数码管需要高电平有效操作，显示的小数点可以用作电源指示器。音频转换器需要一个输出端口。压电式蜂鸣器有足够的带宽和输出功率，而且功耗较低。一个微型的双列直插开关组将用于 4 位的输入，并使用微型按键开关来节省空间。

板子需要 14 个输入 / 输出（I/O）引脚，而 PIC 16F84A 仅仅有 13 个，所以应考虑使用有更多 I/O 引脚的芯片，如 16F690。然而，音频输入和终端输入可以共享一个 I/O 引脚，因为蜂鸣器的高阻抗不会干扰到同一引脚上的输入信号。RB0 将用作双功能引脚，因为它主要被定义为中断输入端口，但是也可用作输出。输出端口可以提供高达 25mA 的电流，但是限流电阻会限制数码管上的每个显示段的电流为 10～15mA，从而控制了所有显示段都亮时的最大负载。该项目的 I/O 分配如表 10.1 所示。

表 10.1　DIZI 板 I/O 分配

元　器　件	类　　型	端　　口
七段数码管	输出	RB1～RB7
4 位开关组	输入	RA0～RA3
按键	输入	RA4
中断按键	输入	RB0（双功能）
音频转换器	输出	RB0（双功能）

为达到所需的时钟精度，并且方便得到 1μs 的指令周期，将使用 4MHz 的晶振作为系统时钟。供电电压在 2.0V～5.5V 之间时，16LF84A-04（LF 表示低电压）能够正常工作，所以该电路将使用两个 1.5V 的干电池，提供 3.0V 的电源。“04”后缀表示可使用最大 4MHz 的时钟频率。建议的系统框图如图 10.8 所示。其中，输入输出所给出的标号将会在应用程序中使用。

10.3.3　实现

DIZI 板的电路图如图 10.9 所示。PIC 16LF84A 的 B 端口（RB1～RB7）通过 220R 的限流电阻排驱动一个高有效（共阴极）低电流的七段数码管。当设置 RB0 为输出时，RB0 驱动一个音频发生器；当设置 RB0 为输入且芯片初始化为本选项时，可用来检测中断按键。为了防止设置为输入时 RB0 和地短路，将 220R 电阻连在按键和 RB0 之间。由于蜂鸣器具有高内阻，因此不会对其造成影响。4 位的双列直插选通开关连接到端口 A（RA0～RA3）上，一个

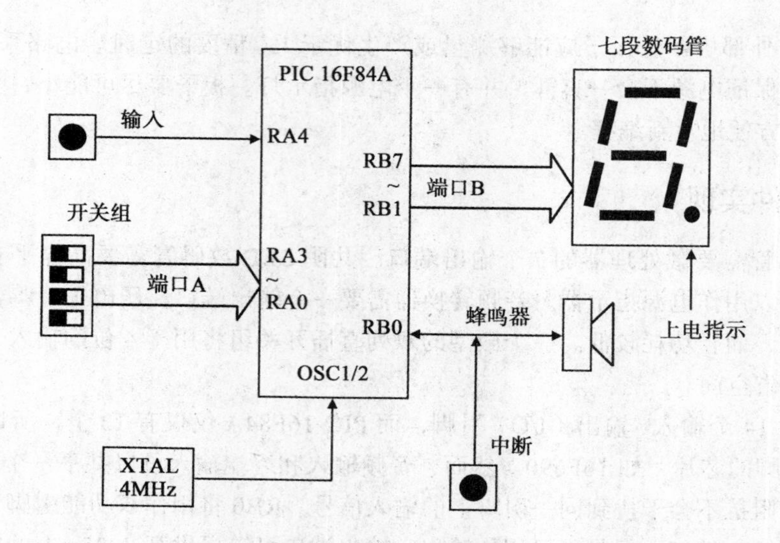

图 10.8　DIZI 演示板框图

按键连到 RA4，可用作计数器 / 定时器寄存器 TMR0 的外部脉冲输入。这几个输入端都是低有效，并且都连接着 100kΩ 的上拉电阻，中断按键也是如此。

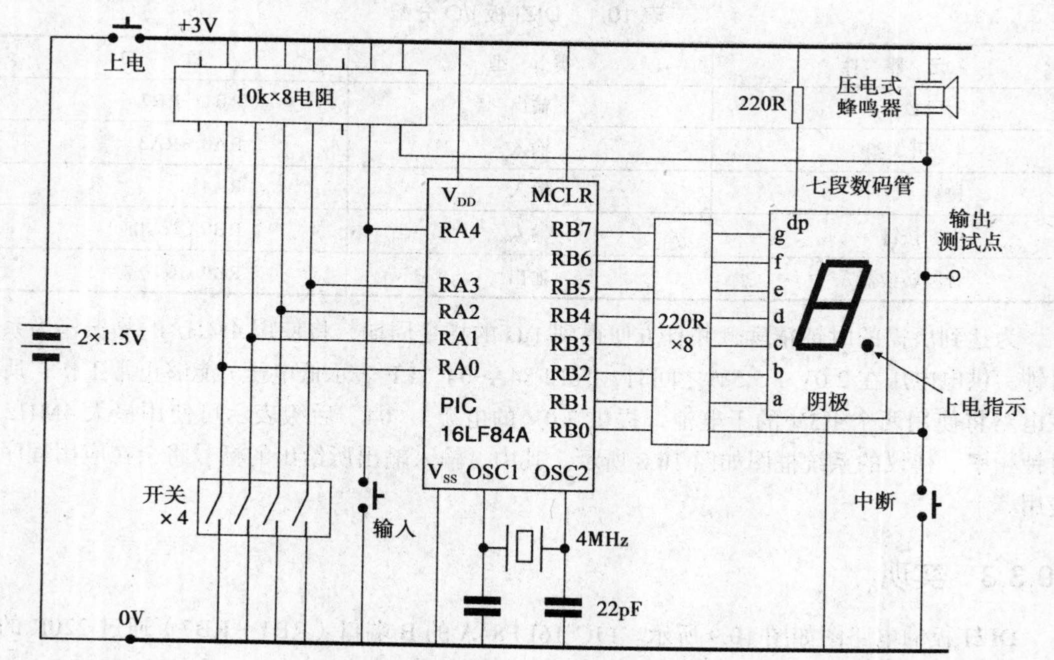

图 10.9　演示板电路原理图

DIZI 板的条状铜箔板版图如图 10.10 所示。为了减小图片尺寸，略去了元件引脚连接的细节，通过选中特定元件，此信息可从元件引脚输出数据中得到。最终完成的条状铜箔板电路如图 10.11 所示。对板子做了微小改动后的结构在附录 D 中描述。

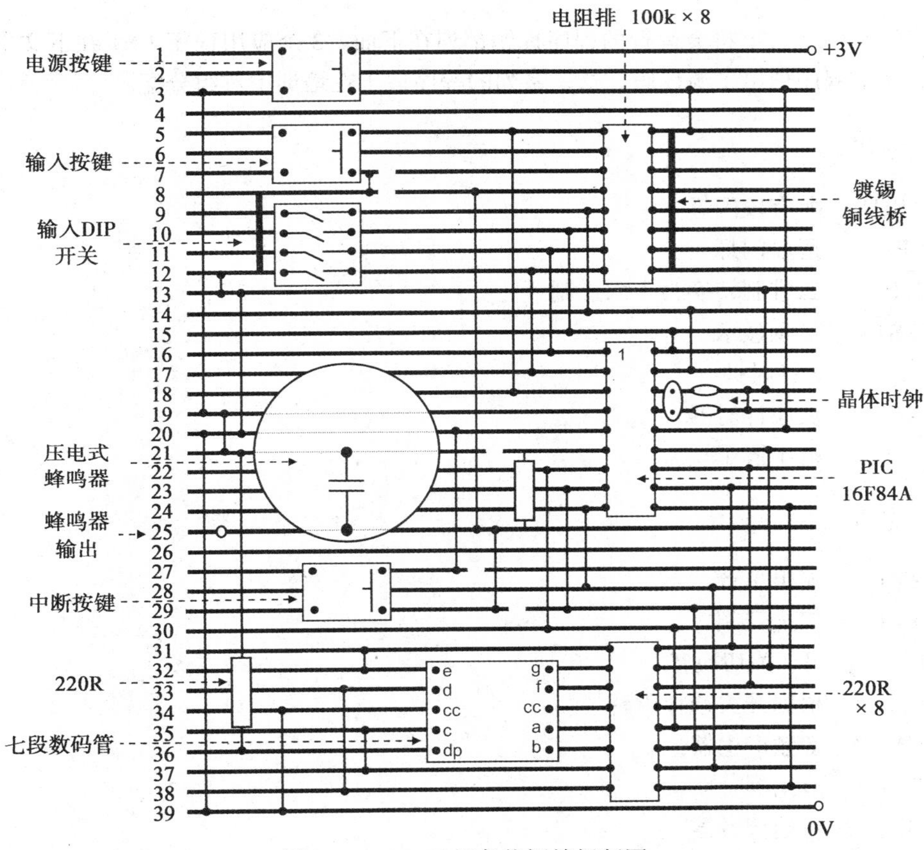

图 10.10 DIZI 板条状铜箔板版图

图 10.11 条状铜箔板电路

10.4 Dizi84板的应用

在这个硬件平台上将会运行的程序标题都列在下面。3个应用程序（*）在下文中详细描述，还有8个程序列出了源代码。这一系列的程序适于在培训中按组分配。

显示应用

FLASH1　所有段闪烁
STEP1　逐段闪烁
HEX1　二进制转换为十六进制
MESS1　信息显示
SEC1　1秒时钟
REACT1　反应计时器
DICE1*　电子骰子

声音应用

BUZZ1*　输出单音
SWEEP1　扫描音频
TONE1　开/关切换音
SEL1　根据开关选择声音
GEN1　音频产生器
MET1　节拍器
GIT1　吉他调音器
SCALE1*　音阶
BELL1　门铃调音器

中断应用

STEP1　阶标
STEP2　阶标和显示音符
BUZZ2　用TMR0输出音调
REACT2　用TMR0实现反应计时器
SEC2　用TMR0实现1秒时钟
MET2　用TMR0实现节拍器

EEPROM应用

STORE1　在EEPROM中保存显示序列

STORE2　在 EEPROM 中保存音节序列

LOCK1　保存代码和相应的蜂鸣声

DIZI 板的 ISIS 原理图显示在图 10.12 中，在其中能对上述应用进行仿真测试。上面的所有程序都可以从支持网站 www.picmicros.org.uk 上下载，若没有 Proteus VSM 则可在 MPLAB 中测试。如果有 VSM，虚拟元件可以用来测试输出。图 10.13 中显示了频率计和示波器。

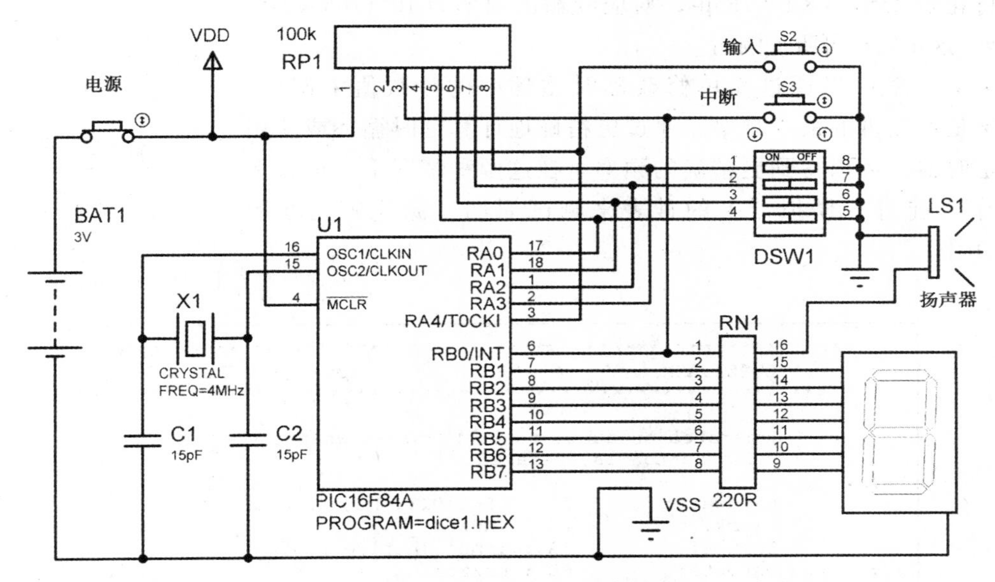

图 10.12　DIZI 板原理图

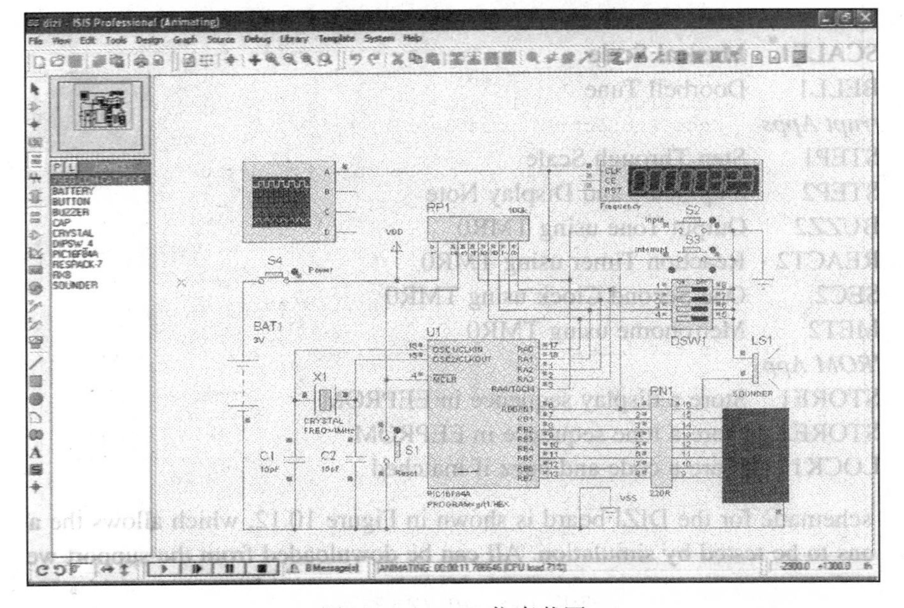

图 10.13　DIZI 仿真截图

10.4.1　BUZZ1 程序

程序 BUZZ1 的流程图如图 10.14 所示。当按下输入按键时它会在蜂鸣器上产生一个单音，这是通过每隔一段时间反转连接蜂鸣器输出端口的状态来实现的。若指令周期为 1μs，计数 255 次，则循环将花费 255×3×1=765μs，对应的输出频率为 $10^6/(765\times2)$=654Hz，这正好在可听范围内。

这个频率可以通过简单修改延时循环中的计数值来调整，654Hz 是可提供的最小频率。通过更精确地计算延时循环或使用硬件定时器，可以得到更精确的频率。在这两种情况下，可在下载程序之前打开模拟器上的秒表来测试周期。源代码列在程序 10.1 中。

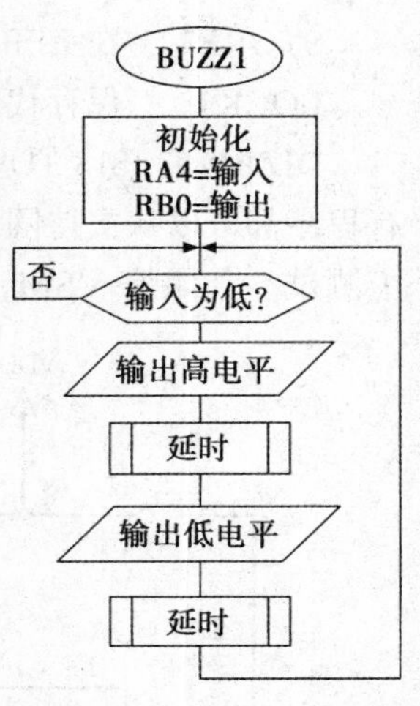

图 10.14　BUZZ1 流程图

```
; ***********************************************************
;       BUZZ1.ASM            MPB            30-11-10 Ver 1.1
; ***********************************************************
;
;      Generates an audio tone at Buzzer when the
;      Input button is operated..
;
;       Hardware:        PIC 16F84 DIZI Demo Board
;       Clock:           XTAL 4MHz
;       Inputs:          RA4: Input (Active Low)
;       Outputs:         RB0: Buzzer
;       MCLR:            Enabled
;
;       PIC Configuration Settings:
;
;       WDTimer:         Disable
;       PUTimer:         Enable
;       Interrupts:      Disable
;       Code Protect:    Disable
;
        PROCESSOR 16F84A       ; Declare PIC device

; Register Label Equates.....................................

PORTA   EQU     05             ; Port A
PORTB   EQU     06             ; Port B
Count   EQU     0C             ; Delay Counter

; Register Bit Label Equates ................................

Input   EQU     4              ; Push Button Input RA4
Buzzer  EQU     0              ; Buzzer Output RB0

; Start Program *********************************************

; Initialize (Default = Input) ..............................

        MOVLW   b'00000000'    ; Define Port B outputs
```

程序 10.1　BUZZ1 源程序

```
        TRIS    PORTB           ; and set bit direction
        CLRF    PORTB           ; Switch off display
        GOTO    check           ; Start main loop

; Delay Subroutine ........................................

delay   MOVLW   0FF             ; Standard Routine
        MOVWF   Count
down    DECFSZ  Count
        GOTO    down
        RETURN

; Main Loop ...............................................

check   BTFSC   PORTA,Input     ; Check Input Button
        GOTO    check           ; and wait if not 'on'

        BSF     PORTB,Buzzer    ; Output High
        CALL    delay           ; run delay subroutine
        BCF     PORTB,Buzzer    ; Output Low
        CALL    delay           ; run delay subroutine
        GOTO    check           ; repeat always

        END                     ; Terminate source code
```

程序 10.1 （续）

10.4.2 程序 DICE1

当按下输入按键时，此程序将会在显示设备上显示 1～6 之间的一个随机数。连续的循环将会使寄存器值从 1 递增到 6 再回到 1。当按下按键时，循环停止，并且显示出此数值。当释放按键时，显示的数值仍会保留。

首先，需要建立的是数码管的段与显示芯片引脚之间的分配关系。数码管的段是从 a 标到 g，如图 10.15 所示。它们必须以合适的组合点亮，从而显示出每一个数字，例如，显示数字“1”时，段“b”和“c”必须点亮。与输出显示的数字相对应的编码的段码表如表 10.2 所示。

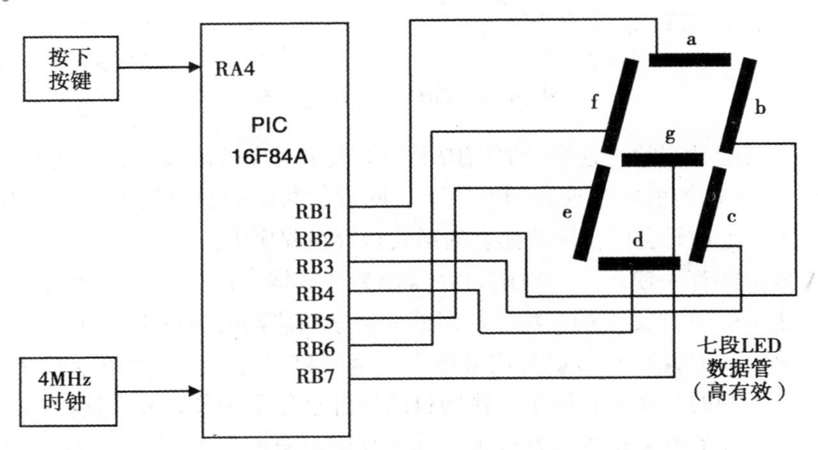

图 10.15 DICE1 系统框图

表 10.2 DICE1 显示编码表

显示的数字	段代码（1表示点亮段）							
	g	f	e	d	c	b	a	十六进制
	RB7	RB6	RB5	RB4	RB3	RB2	RB1	(RB0=0)
1	0	0	0	0	1	1	0	0C
2	1	0	1	1	0	1	1	B6
3	1	0	0	1	1	1	1	9E
4	1	1	0	0	1	1	0	CC
5	1	1	0	1	1	0	1	DA
6	1	1	1	1	1	0	1	FA

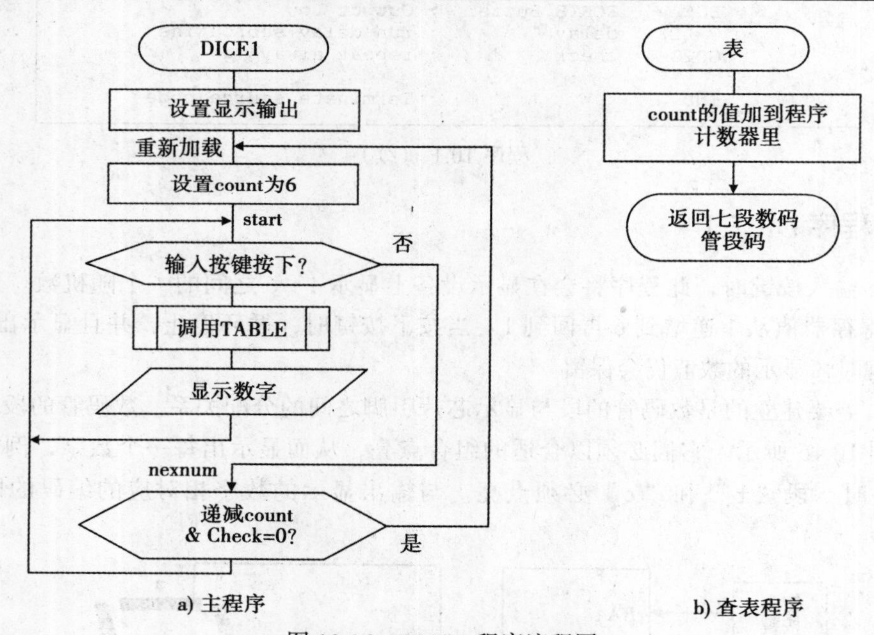

a) 主程序 b) 查表程序

图 10.16 DICE1 程序流程图

此数码管是高电平有效，这意味着引脚上的 1 表示对应的段被点亮。这种设置也称为共阴极，因为所有 LED 的引脚都连在同一端上。同理，共阳极数码管是低电平有效。每个数字的二进制或十六进制码会以程序数据表的形式包含在程序中。

流程图所表示的程序使用一个空闲寄存器作为计数器，计数器不断地从 6 递减到 0。当按键按下时，使用程序 10.2 中的方法，用当前的数字从段码表中选出对应的段码。这个伪随机数被显示出来，并且保持到按键再次被按下。由于数字是通过手动终止快速循环得到的，所以数字是不可预测的。在流程图中，跳转目的地址已作了标号，并且这些标号也将在程序源代码中使用。查表子程序被命名为 table，与源代码中 start 标号对应子程序一致。

```
; *************************************************************
;       DICE1.ASM               MPB       30-11-10 Ver 2.0
; *************************************************************
;
;       Displays pseudo-random numbers between 1 and 6
;       when a push button is operated.
;
;       Hardware:               PIC 16F84A DIZI Demo Board
;       Clock:                  XTAL 4MHz
;       Inputs:                 RA4: Roll (Active Low)
;       Outputs:                RB1-RB7: 7seg LEDs (AH)
;       MCLR:                   Enabled
;
;       PIC Configuration Settings:
;       WDTimer:                Disable
;       PUTimer:                Enable
;       Interrupts:             Disable
;       Code Protect:           Disable
;
; Set Processor Options......................................

          PROCESSOR 16F84A      ; Declare PIC device

; Register Label Equates.....................................

PCL       EQU       02          ; Program Counter
PORTA     EQU       05          ; Port A
PORTB     EQU       06          ; Port B
Count     EQU       0C          ; Counter (1-6)

; Register Bit Label Equates ................................

Roll      EQU       4           ; Push Button Input

; Start Program *********************************************

; Initialize (Default = Input)

          MOVLW     b'00000001'           ; Define RB1-7 outputs
          TRIS      PORTB                 ; and set bit direction
          MOVLW     0FF                   ; Switch on..
          MOVWF     PORTB                 ; ..all segments
          GOTO      reload                ; Jump to main program

; Table subroutine .........................................

table     MOVF      Count,W               ; Put Count in W
          ADDWF     PCL                   ; Add to Program Counter
          NOP                             ; Skip this location
          RETLW     00C                   ; Display Code for '1'
          RETLW     0B6                   ; Display Code for '2'
          RETLW     09E                   ; Display Code for '3'
          RETLW     0CC                   ; Display Code for '4'
          RETLW     0DA                   ; Display Code for '5'
          RETLW     0FA                   ; Display Code for '6'

; Main Loop .................................................

reload    MOVLW     06                    ; Reset Counter
          MOVWF     Count                 ; to 6
```

程序 10.2　DICE1 源程序

```
start      BTFSC     PORTA,Roll        ; Test Button
           GOTO      nexnum            ; Jump if not pressed
           CALL      table             ; Get Display Code
           MOVWF     PORTB             ; Output Display Code
           GOTO      start             ; start again

nexnum     DECFSZ    Count             ; Dec & Test Count=0?
           GOTO      start             ; Start again
           GOTO      reload            ; Restart count if zero

           END                         ; Terminate source code
```

程序 10.2（续）

10.4.3　程序 SCALE1

此程序将输出包含 8 个音调的音阶。中音 C 以上的音阶频率分别为 262、294、330、349、392、440、494 和 523Hz。由于周期 T＝1/f，其中 f 表示频率（Hz），所以上述单音频率可以转化为一个延时计数表。DIZI 板上的蜂鸣器是由引脚 RB0 驱动的，所以它需要根据每个音调的频率以固定的频率翻转状态。因此，我们需要使用一个计数寄存器或者硬件定时器来根据每个音调提供延时值。前面已经讨论过如何根据循环精确计算延时时间。根据这个分析可以推导出一个计算计数值的公式，根据每个音调的半周期来进行计算，计算结果列在 SCALE1.ASM 的数据表中。为了保持程序的简洁，每个音调输出 255 个周期，所以我们使用另外一个寄存器来计算每个音调完成的周期数。这个音阶会以约 5 秒的周期反复播放。可以通过修改表中的数值得到门铃程序中的曲子。

这里没有使用流程图，而是在 SCALE1 程序源代码中标注箭头来表示执行顺序。这种非正式的分析方法可在仿真之前用来检查程序的逻辑。8 个音调的频率通过“HalfT”的值进行控制，其值从程序数据表“getdel”中获得。“HalfT”是在时钟频率为 4MHz 的情况下，根据音调频率对应的半周期得到延时计数值。8 个音调通过“TonNum”的值被依次选中，其初始化值为 8。此寄存器的值在数据表查询的操作中当作程序计数器的偏移值。在主循环中寄存器“TonNum”的值在每个音调完成后会递减，从而选择下一个音调。因此“HalfT”的值是从表的底部往上依次选择。

音调在程序“note”中产生，其中 RB0 设置为高，用“HalfT”调用延时子程序，随后 RB0 清零，执行第二个半周期的延时。插入空操作指令（NOP）使得每个半周期的执行时间相等。RB0 的状态根据“Count”寄存器的值切换 255 次，对应的时间约为半秒，这取决于产生的是哪个音调（越低的频率对应越长的时间）。主循环依次选择“HalfT”的 8 个值中的每一个，并输出每个音调的 255 个周期。

```
;***********************************************************
; SCALE1.ASM      MPB        30-11-10 Ver 1.1
; **********************************************************
```

程序 10.3　SCALE1 源代码

```
; Outputs a scale of 8 tones, 255 cycles per tone,
; tone duration of between a half and one second.
; Hardware: PIC 16F84  XTAL 4MHz
; Start input RA4, audio output: RB0

        PROCESSOR 16F84A

; Assign Registers **********************************

PCL      EQU     02              ; Program Counter
PORTA    EQU     05              ; Port A for input
PORTB    EQU     06              ; Port B for output
HalfT    EQU     0C              ; Half period of tone
Timer    EQU     0D              ; Delay time counter
Count    EQU     0E              ; Cycle count
TonNum   EQU     0F              ; Tone number (1-8)

; Initialize Registers .............................

        MOVLW   B'11111110'      ; RB0 set..
        TRIS    PORTB            ; as output
        GOTO    wait             ; Jump to main loop

; Tone Period Table (HalfT) ........................

getdel  ADDWF   PCL              ; jump offset
        NOP
        RETLW   D'156'           ; 262 Hz
        RETLW   D'139'           ; 294 Hz
        RETLW   D'124'           ; 330 Hz
        RETLW   D'117'           ; 349 Hz
        RETLW   D'104'           ; 392 Hz
        RETLW   D'92'            ; 440 Hz
        RETLW   D'82'            ; 494 Hz
        RETLW   D'77'            ; 523 Hz

; Delay for half tone cycle ........................

delay   MOVF    HalfT,W
        MOVWF   Timer
again   DECFSZ  Timer
        GOTO    again
        RETURN

; Output 255 cycles of tone ........................

note    MOVLW   D'255'           ; cycle count
        MOVWF   Count
cycle   BSF     PORTB,0          ; output high
        CALL    delay            ; high delay
        NOP                      ; fill to ..
        NOP                      ; match low..
        NOP                      ; ..cycle
        BCF     PORTB,0          ; low cycle
        CALL    delay            ; low delay
        DECFSZ  Count            ; next cycle
        GOTO    cycle
        RETURN                   ; unitl done

; Main Loop Outputs 8 Tones ....................

wait    BTFSC   PORTA,4          ; Wait for button
```

程序 10.3 （续）

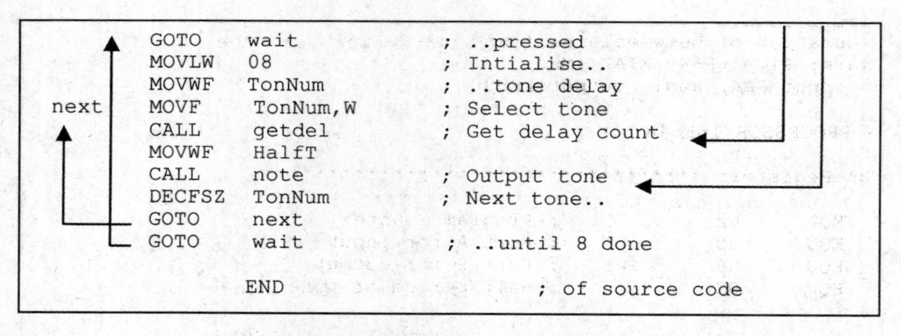
```
            GOTO    wait          ; ..pressed
            MOVLW   08            ; Intialise..
            MOVWF   TonNum        ; ..tone delay
next        MOVF    TonNum,W      ; Select tone
            CALL    getdel        ; Get delay count
            MOVWF   HalfT
            CALL    note          ; Output tone
            DECFSZ  TonNum        ; Next tone..
            GOTO    next
            GOTO    wait          ; ..until 8 done

            END                   ; of source code
```

程序 10.3 （续）

10.4.4 DIZI 应用概述

下面列出另外 8 个应用程序，每一个的源代码都列在程序 10.4 中。程序可从网站 www.picmicros.org.uk 上下载，并在 MPSIM 或 ISIS（若可用）中以仿真模式测试。如果搭建了 DIZI 的硬件系统，可以使用编程器将程序下载到 16F84 芯片中。

HEX1 十六进制转换器

将 DIP 开关输入表示的二进制数所对应的十六进制数显示在数码管上。开关输入选择七段段码表里的 16 个编码，这 16 个编码将根据需要驱动显示设备，显示的每个十六进制数字为：0、1、2、3、4、5、6、7、8、9、A、b、C、d、E 和 F。注意，B 和 D 用小写形式显示，这样表示是为了使它们能够与 0 区分开来。

MESS1 信息显示

字母序列显示大概为 0.5s。大多数字母表中的字母能够以小写或大写形式在七段数码管上显示，比如“HELLO”。字母的数目必须在一个计数器中设置，或使用一个终止字符。

SEC1 秒计数器

输出每秒计数一次，从 0 到 9，不断重复，并将计数结果显示出来。这里需要一个像十六进制转换器应用中类似的显示段码表。使用硬件定时器（第 6 章）和空闲寄存器可实现 1s 的时间延时。通过每个循环对扬声器产生一个脉冲，能够在音频输出端得到滴答声。

REACT1 反应定时器

产生 1～10s 之间的一个随机延时，然后输出嘟嘟的响声，测出输入按键被按下之前的延时时间，通过这种方式能够测试用户的反应时间。在数码管上显示从产生声音到按下按键的时间，以 100ms 的倍数为单位表示，显示数字可为 0～9，即最大反应时间为 900ms。

```
;****************************
;  BEL1.ASM   MPB 2-12-10
;...........................
;  Program to output a tone
;  Sequence (random) of 8
;  RBO = Output Buzzer
;  RAO = Input Button
;...........................

        PROCESSOR 16F84

PCL     EQU     02
PortB   EQU     06
PortA   EQU     05
Notnum  EQU     0C
Tabnum  EQU     0D
Cycnum  EQU     0E
Count   EQU     0F

;Initialise ...............

        MOVLW   B'11111110'
        TRIS    PortB
Wait    BTFSC   PortA,4
        GOTO    Wait

; Get note ................

Start   MOVLW   08
        MOVWF   Notnum
Nexnot  MOVF    Notnum,W
        CALL    Table
        MOVWF   Tabnum

; 256 Cycles of note ......

        CLRW
        MOVWF   Cycnum
Cycle   BSF     PortB,0
        CALL    Half
        BCF     PortB,0
        CALL    Half
        DECFSZ  Cycnum
        GOTO    Cycle

; Next note of 8 .........

        DECFSZ  Notnum
        GOTO    Nexnot
        GOTO    Wait

;Half cycle delay ........

Half    MOVF    Tabnum,W
        MOVWF   Count
Down    DECFSZ  Count
        GOTO    Down
        RETURN

;Table of delay values....

Table   ADDWF   PCL
        NOP
        RETLW   D'124'
        RETLW   D'82'
        RETLW   D'117'
        RETLW   D'156'
        RETLW   D'77'
        RETLW   D'156'
        RETLW   D'92'
        RETLW   D'104'

        END
```

```
;*******************************
;  GEN1.ASM  MPB 2-12-10
;  Audio generator 200Hz-20kHz
;  RB0 = Output to buzzer
;  RA0 = Decrease frequency
;*******************************

        PROCESSOR 16F84A

PORTA   EQU     05
PORTB   EQU     06
Multi   EQU     0C
Count1  EQU     0D
Count2  EQU     0E

; Initialise ...............

        MOVLW   B'11111110'
        TRIS    PORTB
        MOVLW   02
        MOVWF   Multi

; Output one cycle .........

Cycle   BSF     PORTB,0
        CALL    Half
        BCF     PORTB,0
        CALL    Half
        BTFSC   PORTA,4
        GOTO    Cycle

; Reduce frequency.........

        INCF    Multi
        CLRF    Count2
Down2   DECFSZ  Count2
        GOTO    Down2
Wait    BTFSS   PORTA,4
        GOTO    Wait
        GOTO    Cycle

; Delay one half cycle...

Half    MOVF    Multi,W
        MOVWF   Count1
Down1   NOP
        NOP
        NOP
        NOP
        NOP
        DECFSZ  Count1
        GOTO    Down1
        RETURN
```

程序 10.4 8 个 DIZI 应用程序

```
;*************************************
;  GIT1.ASM    MPB  2-12-10
;  Guitar Tuner
;  Outputs standard frequencies
;  330,245,196,147,110,82Hz
;  3030,4081,5102,6802,9090,12195us
;  Count = 30,41,51,68,91,122 x50us
;  Measured accurate to about 1%
;  RB0 = buzzer(string tone)
;  RA4 = button(next string)
;
;*************************************

PortA     EQU       05
PortB     EQU       06
String    EQU       0C
Count1    EQU       0D
Count2    EQU       0E
PCL       EQU       02

          PROCESSOR 16F84A

; Initialise ...................

          MOVLW     B'11111110'
          TRIS      PortB
          MOVLW     06
          MOVWF     String

; Output one cycle ............

Next      BSF       PortB,0
          CALL      Cycle
          BCF       PortB,0
          CALL      Cycle
          GOTO      Next

; Delay and check inputs ......

Cycle     MOVF      String,W
          CALL      Table
          CALL      Tone
          BTFSS     PortA,4
          CALL      Wait1
          RETURN

; Select next tone ..........

Wait1     BTFSS     PortA,4
          GOTO      Wait1
          DECFSZ    String
          RETURN
          MOVLW     06
          MOVWF     String
          RETURN

;Table of tone values.........

Table     ADDWF     02
          NOP
          RETLW     D'122'
          RETLW     D'91'
          RETLW     D'68'
          RETLW     D'51'
          RETLW     D'41'
          RETLW     D'30'

; Subroutine to generate Tone..

Tone      MOVWF     Count1
Loop1     CALL      Fifty
          DECFSZ    Count1
          GOTO      Loop1
          RETURN
```

```
; Subroutine 50us   delay .....

Fifty     NOP
          NOP
          MOVLW     08
          MOVWF     Count2
Loop2     NOP
          NOP
          DECFSZ    Count2
          GOTO      Loop2
          RETURN

          END
```

```
;*********************************
;       HEX1.ASM  MPB  2-12-10
;       Program to convert binary
;       input to 7 segment output
;*********************************

        PROCESSOR 16F84A

PortA   EQU     05
PortB   EQU     06
PCL     EQU     02

        MOVLW   B'0000000'
        TRIS    PortB

Start   MOVF    PortA,W
        ANDLW   B'00001111'
        CALL    Table
        MOVWF   PortB
        GOTO    Start

Table   ADDWF   PCL
        RETLW   07E
        RETLW   00C
        RETLW   0B6
        RETLW   09E
        RETLW   0CC
        RETLW   0DA
        RETLW   0FA
        RETLW   00E
        RETLW   0FE
        RETLW   0CE
        RETLW   0EE
        RETLW   0F8
        RETLW   072
        RETLW   0BC
        RETLW   0F2
        RETLW   0E2

        END
```

程序 10.4 （续）

```
;**************************
;       MESS1.ASM
;       MPB 2-12-10
;       Message display
;**************************

        PROCESSOR 16F84A

PCL     EQU     02
PortA   EQU     05
PortB   EQU     06
Timer1  EQU     0C
Timer2  EQU     0D
Timer3  EQU     0E
count   EQU     0F

; Initialise..............

        CLRW
        TRIS    PortB

; Output loop.............

repeat  MOVLW   D'12'
        MOVWF   count

next    MOVF    count,w
        CALL    table
        MOVWF   PortB
        CALL    delay
        DECFSZ  count
        GOTO    next
        GOTO    repeat

; Meassage delays.........

delay   MOVLW   05
        MOVWF   Timer3

loop3   MOVLW   0FF
        MOVWF   Timer2
loop2   MOVLW   0FF
        MOVWF   Timer1
loop1   DECFSZ  Timer1
        GOTO    loop1

        DECFSZ  Timer2
        GOTO    loop2
        DECFSZ  Timer3
        GOTO    loop3
        RETURN

; Message characters.....

table   ADDWF   PCL
        NOP
        RETLW   B'00000000'
        RETLW   B'00000000'
        RETLW   B'01111110'
        RETLW   B'00000000'
        RETLW   B'01110000'
        RETLW   B'00000000'
        RETLW   B'01110000'
        RETLW   B'00000000'
        RETLW   B'11110010'
        RETLW   B'00000000'
        RETLW   B'11101100'
        RETLW   B'00000000'

        END
```

```
;********************************
;       MET1.ASM  MPB  2-12-10
;       Program to output beeps
;       between 0.1-10Hz
;       RB0 = Output Buzzer
;       RA0 = Input Button Up
;       RA1 = Input Button Down
;...............................

        PROCESSOR 16F84A

PortB   EQU     06
PortA   EQU     05
Count1  EQU     0C
Count2  EQU     0D
Count3  EQU     0E
Wait1   EQU     0F
Count0  EQU     10

; Initialise..................

        MOVLW   B'11111110'
        TRIS    PortB
        MOVLW   D'10'
        MOVWF   Wait1

; Main loop..................

start   MOVLW   020
        MOVWF   Count0
beep    BSF     PortB,0
        CALL    delay1
        BCF     PortB,0
        CALL    delay1
        DECFSZ  Count0
        GOTO    beep

; Read buttons...............

fup     BTFSS   PortA,0
        DECFSZ  Wait1
        GOTO    fdown
        INCF    Wait1
fdown   BTFSS   PortA,1
        INCFSZ  Wait1
        GOTO    Wait
        DECF    Wait1

; Wait 0.1 - 2.5s.........

Wait    MOVF    Wait1,w
        MOVWF   Count3
loop3   CALL    del100
        DECFSZ  Count3
        GOTO    loop3
        GOTO    start

; Wait 100ms..............

del100  MOVLW   D'100'
        MOVWF   Count2
loop2   CALL    delay1
        DECFSZ  Count2
        GOTO    loop2
        RETURN

; 1ms Delay..............

delay1  MOVLW   D'250'
        MOVWF   Count1
loop1   NOP
        DECFSZ  Count1
        GOTO    loop1
        RETURN
        END
```

程序 10.4 （续）

```
;*******************************
;  REACT1.ASM  MPB 30-11-10
;  Reaction time program
;  RBO = Buzzer
;  RA4 = Test Input
;  RB1-RR7 = Display
;*******************************

        PROCESSOR 16F84A

PortA   EQU     05
PortB   EQU     06
Random  EQU     0C
Rtime   EQU     0D
Count3  EQU     0E
Count2  EQU     0F
Count1  EQU     10

; Initialise..................

        MOVLW   B'00000000'
        TRIS    PortB
        MOVLW   0FF
        MOVWF   PortB

; Generate random count 0-100..

wait    BTFSC   PortA,4
        GOTO    wait
        CALL    onehun
        CLRW
        MOVWF   PortB
reload  MOVLW   D'100'
        MOVWF   Random

down    BTFSC   PortA,4
        GOTO    randel
        DECFSZ  Random
        GOTO    down
        GOTO    reload

; Delay for random time(0-10s)..

randel  CALL    onehun
        DECFSZ  Random
        GOTO    randel

; Beep and start timer(512ms)..

        CLRF    Rtime
beep    BSF     PortB,0
        CALL    onems
        BCF     PortB,0
        CALL    onems
        BTFSS   PortA,4
        GOTO    stop
        INCFSZ  Rtime
        GOTO    beep

; Divide Reaction time by 32..

stop    MOVLW   4
        MOVWF   Count3
loop3   BCF     3,0
        RRF     Rtime
        DECFSZ  Count3
        GOTO    loop3
```

```
; Display reaction time..

        MOVF    Rtime,W
        CALL    table
        MOVWF   PortB
done    CALL    onehun
        BTFSS   PortA,4
        GOTO    done
        GOTO    wait

;100ms delay............

onehun  MOVLW   D'100'
        MOVWF   Count2
loop2   CALL    onems
        DECFSZ  Count2
        GOTO    loop2
        RETURN

; 1ms delay.................

onems   MOVLW   D'249'
        MOVWF   Count1
loop1   NOP
        DECFSZ  Count1
        GOTO    loop1
        RETURN

; Display codes 0-9..........

table   ADDWF   002
        RETLW   0EC      ; H
        RETLW   00C      ; 1
        RETLW   0B7      ; 2
        RETLW   09E      ; 3
        RETLW   0CC      ; 4
        RETLW   0DA      ; 5
        RETLW   0EA      ; 6
        RETLW   00E      ; 7
        RETLW   0FE      ; 8
        RETLW   0CE      ; 9
        RETLW   0EC      ; H
        RETLW   0EC      ; H
        RETLW   0EC      ; H
        RETLW   0EC      ; H
        RETLW   0EC      ; H

        END
```

程序 10.4 （续）

```
;*******************************
;       SEC1.ASM
;       MPB 30-11-10
;       One second counter
;*******************************

        PROCESSOR 16F84A

PCL     EQU     02
PortA   EQU     05
PortB   EQU     06
count   EQU     0C
Timer0  EQU     0D
Timer1  EQU     0E
Timer2  EQU     0F

        CLRW
        TRIS    PortB

repeat  MOVLW   D'10'
        MOVWF   count

next    MOVF    count,w
        CALL    table
        MOVWF   PortB
        CALL    delay
        DECFSZ  count
        GOTO    next
        GOTO    repeat

delay   MOVLW   D'25'
        MOVWF   Timer0
loop0   MOVLW   D'100'
        MOVWF   Timer1
loop1   MOVLW   D'99'
        MOVWF   Timer2
loop2   NOP
        DECFSZ  Timer2
        GOTO    loop2
        DECFSZ  Timer1
        GOTO    loop1
        DECFSZ  Timer0
        GOTO    loop0
        RETURN

Table   ADDWF   PCL
        NOP
        RETLW   07E
        RETLW   00C
        RETLW   0B6
        RETLW   09E
        RETLW   0CC
        RETLW   0DA
        RETLW   0FA
        RETLW   00E
        RETLW   0FE
        RETLW   0CE

        END
```

程序 10.4 （续）

GEN1 音频产生器

音频产生器的输出频率在 20Hz 到 20kHz 之间。同 BUZZ1 程序类似，音频输出的状态以一定的延时翻转，延时时间取决于需要产生的音频频率。例如，为产生 1kHz 的频率，需要 1ms 的延时，在指令周期为 1μs 的情况下，即为 1000 个指令周期。延时时间，即频率，可使用输入按键来增加，也要考虑使用输入开关时的范围问题，因为使用 8 位寄存器作为周期计数器时，只有 255 个可选频率。

MET1 节拍器

用 DIP 开关或输入按键设置频率，按照此频率产生音频脉冲。输出每秒 1 到 4 次可调的滴答声，输入开关决定是上调还是下调速度，中断按键对速度进行具体的调整。用软件循环或用 TMR0 寄存器可产生需要的时间延时。

BELL1 门铃

按下输入按键时，播放一段乐曲，使用程序查询表来决定乐曲中的频率和持续时间。根据乐曲的需要，每个音调必须持续合适的时间，或者说合适的重复次数。可进一步使用 DIP 开关来选择播放的乐曲，并显示所选择的乐曲编号。

GIT1 吉他调音器

此程序允许用户通过逐步改变频率来实现调谐吉他弦，或使用输入按键或选择 DIP 开关来调谐其他的乐器。可通过显示调谐的弦数目来改进程序。得到的音调频率可提供给门铃应用程序。数字显示段码也需要放在查询表中。

习题

1. 说出下面几项的一个优点和一个缺点：
   （a）面包板；（b）条状铜箔板；（c）测试原型设计的仿真。
2. 假设连接关系如图 10.15 所示，写出下述各种情况在共阴极七段数码管上输出显示的二进制码：（a）所有段灭；（b）显示“2”。
3. 在 DIZI 板上使用硬件定时器产生大约 1kHz 的固定频率输出，概述其算法。
4. 绘制此过程的流程图：在按键按下和输出 LED 变亮之间产生一段随机的时间延时。

实践活动

1. 用面包板、条状铜箔板或 PCB 搭建 DIZI 电路，并测试程序 BUZZ1、DICE1 及 SCALE1。
2. 通过计算或仿真来验证程序 SCALE1.ASM 所使用的程序数据表的数值对应着正确的延时。
3. 为图 3.3 中的 BIN 电路设计面包板版图。搭建此电路并测试 BINx 程序。
4. 设计并实现一个 DIZI 板的程序，并将你的实现方法与提供的 HEX1、MESS1、SEC1、REACT1、GEN1、MET1、BELL1 或 GIT1 模型程序作比较。
5. a）研究如何检测数字键盘的输入。可参考 1.4.1 节。图 10.17 是一个典型的键盘，排成 4 行 3 列共 12 个键：1，2，3；4，5，6；7，8，9，*，0，#。这些按键连接到 7 个端口上，可以按行和列进行扫描。通过检测行和列的连接点来检测按键是否被按下。上拉电阻保证所有线默认为逻辑“1”。如果某个列端口（C1、C2、C3）的电平是“0”，表示有按键按下，在行端口（R1、R2、R3、R4）上也会检测到这个“0”。如果按键接线端口连到一个 PIC 的端口上，可以循环地将 0 输出到这三列，若选择的列中，某一行检测到为 0，则对应的按键按下。列端口可设置成输出，行设置为输入。画出将按下的数字键转化为对应的 BCD 码的流程图。

b）电子锁功能可以通过将输入序列和存储的序列进行比较来实现，例如选 4 位数字，如果相匹配，输出信号控制电磁线圈打开门。为此电子锁的应用指定硬件设备并概述程序。

c）使用所示的键盘、合适的 PIC 芯片及 LED 来设计、搭建并测试一个电子锁系统，此系统能显示出电子锁的状态（ON 表示未锁）。探究用电磁线圈操作门锁的接口设计。

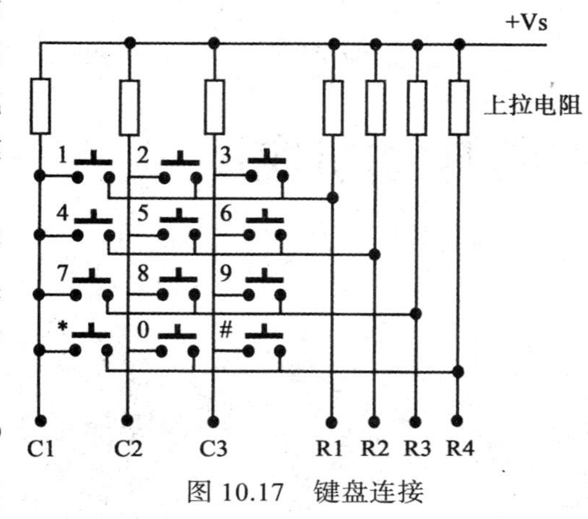

图 10.17　键盘连接

注：键盘扫描使用了程序 13.1 中的程序，门锁应用程序的概述在附录 D 中。

第 11 章 Chapter 11

PIC 电动机应用

本章重点

- 演示硬件 MOT2 基于 PIC 16F690 芯片（硬件和仿真）。
- MOT2 板有一个带索引脉冲传感器的直流电机、全电桥驱动器和数字输入。
- 提供双向驱动和位置测试程序。
- 使用脉冲反馈调整 PWM 驱动输出来实现速度控制。
- 给出位置控制模块、机电一体化板、Hobby Servo 和无刷电机的描述。

由于电机控制是一个重要的应用领域，并且通过它能说明一些重要的实时控制原则，所以从第 8 章起，我们逐步深入了解小型电机的控制问题。打印机、DVD 播放器、电脑硬盘、机器人、汽车、很多消费和工业产品中都含有微处理器控制的电机。各种各样的电机有它们各自的驱动要求及在程序中需要考虑到的不同特性，并且在实际应用中可能会引起一系列的问题。简单的永磁有刷直流电动机会作为本章的讨论起点。

11.1 电动机控制

有两种主要的控制系统，分别是开环和闭环系统。开环系统本质上是手动控制或说在固定条件下操作负载。例如，冷却风扇通常不需要精确的速度控制，只是在固定的供电电压下开或关控制。闭环系统使用传感器来调整系统输出并进行自动控制，所以，在电机控制中，输出的速度或位置能更精确地控制。动态响应（例如在速度和位置上有一个改变时）从而也相对更可预测，特别是当开机和关机时。机械手臂（图 11.1）的位置控制是电机应用的闭环系统中使用数字反馈的一个很好的例子。

图 11.1b 中的框图展示了一个坐标轴上的操作。电机通过 PWM 驱动（见第 8 章）进行控制，当电机旋转时，递增的编码器会产生一个脉冲串，电机的位置和速度根据此脉冲串进行调整。在机器人程序中，位置序列是指定好的，主控器会将坐标控制器需要的下个位置的坐标发送过来，即当前位置到下一坐标的步数。相应地，坐标控制器使用编码器提供的反馈来控制电机加速或减速，保证了平滑移动并精确地到达终点，从而完成了坐标移动。

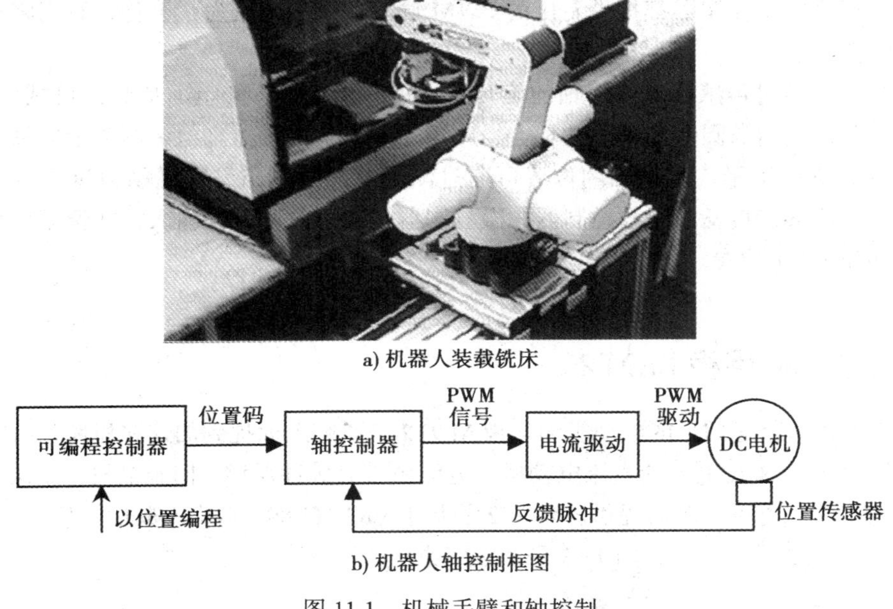

图 11.1 机械手臂和轴控制

这里使用一个小型廉价的有刷直流电动机来演示 PIC 微控制器（MCU）在控制领域的应用，可用其探索简单的开环和闭环操作。如今，由于无刷电机更为有效可靠，越复杂的系统越趋向于使用无刷电机，但是由于需要电子换向，其控制就更为复杂了。电子换向使得微控制器必须依次切换绕组开和关，并控制电流来提供精确的控制。

电机输出的传动轴速或位置会被测量。电机开环控制包括：在手动控制下简单地以一定频率开或关来控制其位置，或在手动控制下改变速度。开环控制有一些明显的缺陷。由于惯性、静摩擦及电磁特性，除非有非常大的电流，否则直流电机不能从稳定状态开始工作。这使其响应至少在低速时是非线性，即意味着速度不是直接和供应电流或电压成比例的。另外，由于传动轴上的负载会变化，所以在任一给定电流下，速度不能精确获知。当电机停止时，传动轴的最终位置也不能精确控制。因此，如果要精确控制直流电机的速度或者位置时，我们需要传感器来测量输出，并需要一个控制系统来驱动电机。

一个简单的模拟电压计能够通过将位置信息转化为电压来测量位置，另外，转速计（本质上是一个小型直流产生器）的输出电压和电机的速度成正比，所以可用来测量速度。这些传感器以前用于模拟电机控制系统，其中所有的信号都是连续可变的电流和电压。随着电子控制系统的发展，反馈源于开关传感器（光或磁），微控制器是一个可编程的设备，可以设计其中的程序来处理电机特性和负载要求，电机的动态特性也能够在软件中进行调整。

直流电机的速度由电枢中的电流控制，电枢中的电流和激磁绕组（或小型电机中的永磁体）所产生的磁场相互作用来产生力矩。一个模拟控制系统通过电机电流提供连续控制，若反馈和控制信号是数字的，可在输出端使用数模转换器。然而，若使用脉冲宽度调制（PWM），就能够简化控制接口。PWM 是将数字信号转换为成比例的驱动电流的简单有效的方法。现在很多的微控制器都提供专用的 PWM 输出，但是这里为了简化，我们将在软件中产生有关的控制信号。

数字反馈可通过传感器对传动轴的旋转进行检测来获得，如上面提到的机械坐标控制。将打孔的或分成扇面的圆盘连到传动轴上，并用一个光学传感器来检测圆盘上的槽或孔，可用这样的方式进行测量。传动轴的位置可通过测量脉冲数测出，速度则通过测量其频率得到。这个信号能够直接反馈回微控制器，微控制器在这里监测脉冲输入，并调整输出来控制电机的速度和（或）位置。

11.2 电动机应用板 MOT2

我们将通过一个通用目的电动机测试板 MOT2 来研究上面提到的这些思路，MOT2 板控制着一个需要 30A 驱动电流的直流电动机。电流由带有脉冲反馈（伺服电机）并允许双向速度和位置控制的全电桥驱动器提供。MOT2 是基于 PIC 16F690 芯片（如 LPC 演示板中所用）的测试板。图 11.2 是其框图，图 11.3 是其电路原理图。

用此系统可演示一系列的电动机控制操作：

- 电动机开 / 关。
- 电动机正转 / 反转。
- 开 / 闭环位置控制。
- 开 / 闭环速度控制。

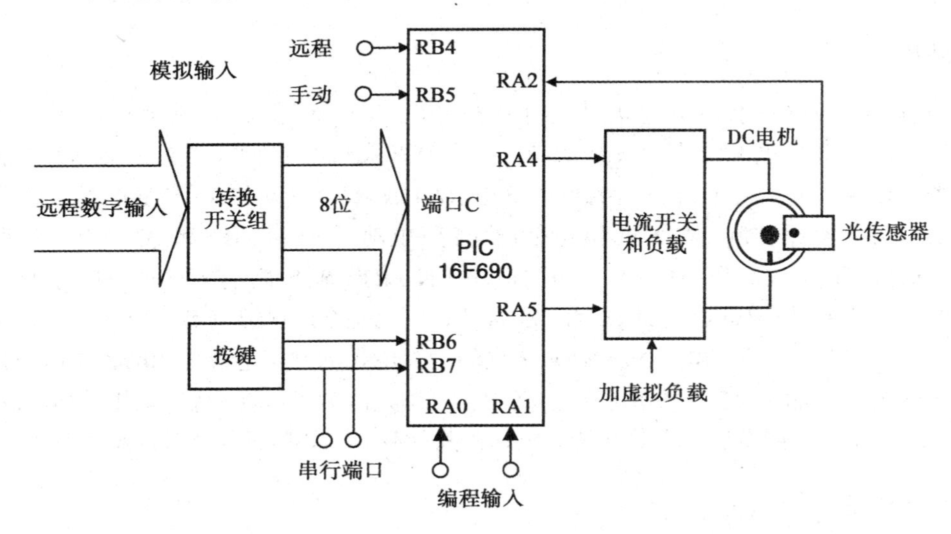

图 11.2　MOT2 框图

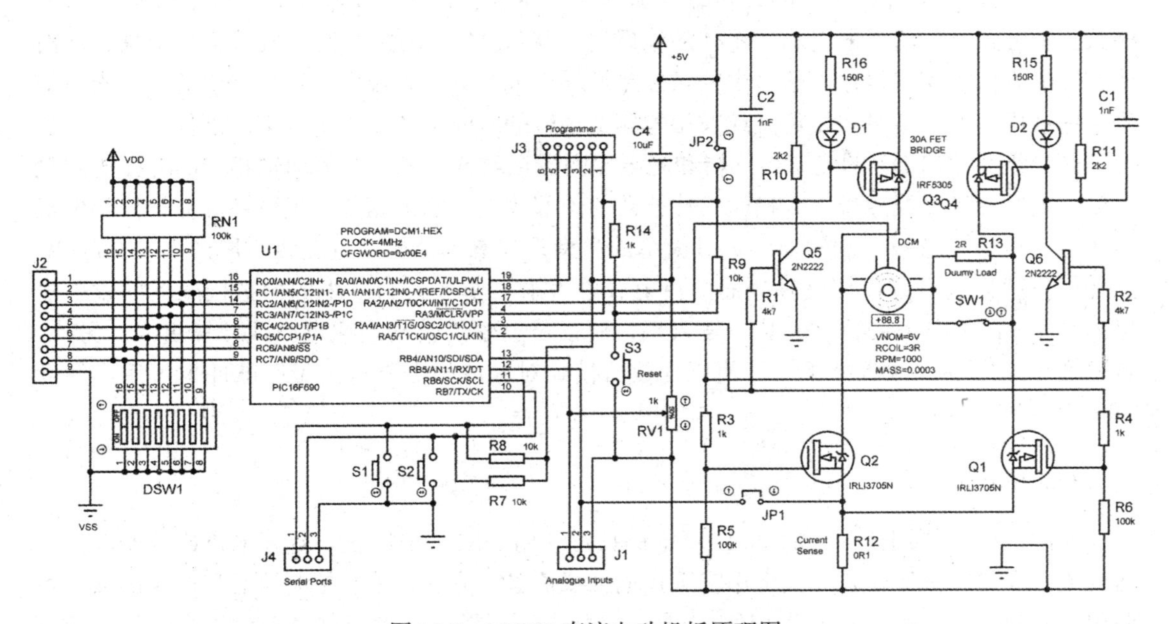

图 11.3　MOT2 直流电动机板原理图

可用一个 8 位开关组、一个远程 8 位主控制器、两个按键模拟输入或串行端口作为命令输入。电动机可通过全电桥驱动器提供的位置和速度控制调整到任意方向。脉冲宽度调制(见第 8 章)将用来控制其速度。传动轴速度和位置由传动轴编码器来监控，此传动轴编码器有 3 个输出口，但在初始化设计中仅连接了索引输出口（每转一个脉冲)。在仿真原理图中，电机和编码器集成到一个伺服电机模型 DCM 中。

电动机驱动

这里使用一个 6V 永磁电动机，它可在与 PIC MCU 同样的 5V 供电情况下工作。然而，由于电动机会在电源上产生大量的噪声，尤其在关机时，所以需要放置一个大容量的去耦电容（C4)。电动机电流方向的正或反由 RA4 或 RA5 驱动的 4 个 MOS 场效应晶体管（MOSFET）中的两个控制。如果 RA4 的输出变高（电动机正转)，Q1 和 Q3 打开，如果 RA5 变高（电动机反转)，Q2 和 Q4 打开。当门电路（N-FET）输出高电平时 Q1 和 Q2 打开，但当门电路（P-FET）输出低电平时 Q3 和 Q4 打开，因此每个门电路都需要双极性。电流对角地经过电桥和电动机来驱动电动机往任意方向转动。电桥的额定电流为 30A，所以小型到中型系列的直流电机都能够正常驱动。在仿真中，可调整电动机特性来表示不同的电机：标称电压、线圈电阻、线圈电感、空载转速、电动机和负载的有效质量及每转的编码脉冲个数。

输出传感器

仿真电路原理图 11.3 中的旋转编码器有 3 个输出。其中两个输出，每转有相同数目的槽数（在仿真中可调整来表示一系列的编码器，默认 24)，但是它们均偏移了半个槽，从而使旋转的方向能够根据输出信号中的相位差推导出来。第三个输出是每转产生的一个索引信号，它被用作产生绝对初始位置或被用来测量每转的时间，从而得到速度。硬件上，一个包含发光二极管（LED）的光学传感器和光电探测器被放置在和电机传动轴相连的有孔的圆盘两侧。这样使得光线穿过洞或槽时，传感器的内部放大器输出端便产生数字脉冲，使得电机的速度或位置能够被控制器监测。最简单的类型是只有单个槽，每旋转一周产生一个脉冲。此外，传感器也可利用传动轴表面的反射或磁力来工作。图 11.3 中的模拟伺服器的索引输出连到了 PIC 的 Timer0（T0CKI）输入端，所以传动轴的转动周期可由此计算出来。另外，若要产生更精确的测量结果，可使用计数器模式对脉冲间隔进行测量。脉冲也可用来触发 Timer0 中断。

开关型输入

控制程序可使用连到 RB6 和 RB7 上的按键（S1、S2）来停止、打开电机或改变电机的速度或转向。二进制输入开关可用来选择速度或位置。另外，由主控制器远程产生的数字控制码可提供给数字输入连接器引脚（J2)，这种方法可操作自动控制系统或机床里的大量电机。这种情况下，数字输入的一部分可用作电机选择码，一部分可用作位置或速度命令码。

这里也可使用串行码，而 PIC 的 PORTB 端口可重新分配用作此目的（见 12.4 节）。如果电路的并行输入端被移除，可使用更小更便宜的 PIC 12FXXX 系列芯片来代替。这一系列的 PIC 芯片有 6 个输入 / 输出（I/O）引脚，所以有 3 个可用的输入引脚来控制电机的速度、位置和方向。若电机需要电压控制，也有可用的模拟输入端口。

模拟输入

模拟输入可用来接收设置电机速度或位置的电压。例如，一个位置伺服系统可能使用电位器来向控制器提供位置反馈，或可能用温度传感器来控制风扇转速。模数转换器（ADC）必须初始化，在这里，可使用内部参考电压来设置范围。出于测试的目的，一个电位器连接到 AN10 来提供虚拟的模拟输入。由于 R1 电流敏感电阻两端的电压连到了电桥（100mV/A）的共同的臂上，所以如果跳线是合上的，AN11 可用来监测电机的输入电流。这可用作反馈信号或当电机电流过高时用来关闭输出。外部模拟输入信号可连接到 J1 上。

默认的 PIC 16F690 内部时钟频率是 4MHz，因而指令周期是 1μs。内部时钟模式需要在程序开始时在配置字中进行选择，同理还有上电定时器及 MCLR 使能信号（00E4H）。MCLR 在测试过程中被编程器所控制，但电路板上也提供了复位按键。上电定时器在编程下载期间应使能，从而保证有可靠的启动。电机驱动需要外部电源提供足够的电流，所以在编程期间，应将编程连接器的电源在 JP2 处断开。

11.3　电动机控制方法

下面介绍的程序已经在之前版本的硬件平台上测试过，也在仿真模式下测试了当前的设计。

11.3.1　开环控制

直流电机（MOT1）的开环控制已经在第 8 章进行了讲述，并且开发了实现速度手动控制的程序。在 MOT2 电路（图 11.3）中，可通过设置 RA4 或 RA5 为高，使得电机向正或反方向驱动，若两者都设置为低，电机关机。两者不能同时为高，否则会打开两个三极管，导致无电流流过电机，也可能会造成供电三极管的损害。因此，开环速度控制可通过在 RA4 或 RA5 上输出 PWM 信号来实现。

对按键输入进行编程可使电机朝任一方向运行，或在一个方向增减速度，增减速度可通过修改 PWM 程序中的延时来实现。另外，也能够通过端口 B 的输入来设置速度，端口 B 的输入可来自 DIP 开关的手动操作或来自主控制器的 8 位数字输入码。

模拟控制可能来自手动输入（RV1）或来自远程电压源。这些输入中的任一个都可用来设置驱动波形的占空比。然而，在没有反馈的情况下，速度或位置都不能精确控制。

11.3.2　闭环控制

为了原型更容易实现，在仿真设计中使用伺服模块的索引输出作为反馈。信号可通过在传动轴（或等效磁）上使用光电传感器标记或在和传动轴相连的圆盘上制造一个槽或孔来产生。每转产生一个脉冲，脉冲之间有足够的时间提供给控制程序去完成其他处理任务。传感器连接到 Timer0 输入端，可用一个 8 位的以外部时钟或系统时钟为基准的计数器 / 定时器寄存器来测量总的脉冲数、转动频率或周期。

闭环位置控制需要在传动轴转动时计算转数。这听起来很直接，但是需要考虑电机的动态特性。例如，通过控制器打开电机，脉冲计数开始，当产生一定数量的脉冲后关电机。然而，由于转子和负载的惯性，电机可能过冲。一个简单的解决方法是保持计数并将电机回转所需的转数。这个过程可能要重复多次，导致振荡。另一种改进方法是在电机启动和结束转动时使其速度增加或减少。

只有一个槽时，位置仅能根据最近的旋转来确定。变速箱能够减慢角旋转速度，所以如果安装了变速箱，是可以接受的。例如，如果一个变速箱的减速比为 50∶1，输出能定位在 1/50 周内。如果使用传动轴编码器，每旋转一周会产生一个已知数量的槽数，从而获得成比例的精度改进。例如，变速箱有 100 个槽，其精度是 360/(50 × 100)=0.072。然后这个结果可用来估计连接的负载的位置精度。例如，一个 300mm 长的机械手臂连接到了这个电机上，旋转臂末端的精度将是弧的长度：

$$\text{工作区的周长} = 2\pi r = 2\pi \times 0.3 = 1.885\ (\text{m})$$

$$\text{每步的弧长} = 1.885 \times 0.072/360 = 0.38\ (\text{mm}) = \text{精度}$$

速度控制需测量索引脉冲的时间间隔，并将其和一个目标值作比较。目标值可以是 MOT2 板提供的任意一个模拟的、数字的或串行的数据源。然后不断根据这个目标值调整 PWM 的占空比。

电机的响应会由于机械惯性而存在一定的延时，所以速度在某种程度上可能在目标值附近波动。这很大程度上取决于电机和负载的特性，可在仿真时不断改变这些参数来研究它们的影响。

11.4　MOT2 的测试程序

下面的 MOT2 测试程序将展示电机的方向、位置和速度控制。

11.4.1　方向测试

程序 11.1 中列出了一个简单的测试程序 DCM1，它控制电机向任意方向转动。

当 S1 打开时，电机正转，当 S2 打开时，电机反转。在 ISIS 仿真模式中，电机特性可设置为供电电压＝6V，电枢阻抗＝3Ω，负载质量＝0.0001，所以电机响应很快。电压探针可连接到电桥的公共节点来测量传感电阻（60mA）上通过的电流。由于最大可显示的转速为 999，额定速度应设置为 1000。可调整仿真的伺服参数来检验效果。

```
;***********************************************************
;       DCM1.ASM        MPB  Ver 1.0
;       Test program for DC motor demo board MOT2
;       S1 = Forward, S2 = Reverse
;
;***********************************************************

        PROCESSOR 16F690        ; Specify MCU for assembler
                                ; MCU configuration bits
        __CONFIG 00E4           ; PWRT on, MCLR enabled
                                ; Internal Clock (4MHz)
        INCLUDE "P16F690.INC"   ; Standard register labels

; Initialize registers.....................................

        BANKSEL ANSEL           ; Select Bank 2
        CLRF    ANSEL           ; Port A digital I/O
        MOVLW   B'00001100'     ; Input setup code
        MOVWF   ANSELH          ; RB6, RB7 digital input

        BANKSEL TRISA           ; Select Bank 1
        MOVLW   B'11001111'     ; PortA setup code
        MOVWF   TRISA           ; RA4, RA5 output
        BANKSEL PORTA           ; Reselect Bank 0

; Start main loop........................................

        CLRF    PORTA           ; Both FETs off
S1      BTFSS   PORTB,6         ; Test S1
        GOTO    For
        BCF     PORTA,4         ; If not,off
        GOTO    S2
For     BSF     PORTA,4         ; If on, forward

S2      BTFSS   PORTB,7         ; Test S2
        GOTO    Rev
        BCF     PORTA,5         ; If not,off
        GOTO    S1
Rev     BSF     PORTA,5         ; If on, reverse
        GOTO    S1              ; repeat always

        END     ; Terminate assembler......................
```

程序 11.1　DCM1 源代码

11.4.2　位置控制

程序 POS2 控制电机移动到指定的位置，图 11.4 为其流程图，源代码列在程序 11.2 中。

程序的原理是，从 ADC 读取范围在 0～255 之间的 8 位电位器的值作为位置信息，然后将电动机移动到对应的位置。按键 S1 用来触发移动，电动机响应前可以用电位器进行调整。初始时，电动机位置设置在中间 127 处。如果电位器向正向或反向位置移动，电动机移动相同数目的转数，如 ±127。伺服电动机的索引输出反馈到 MCU 的 Timer0（8 位计数器），它会对转动圈数进行计数。计数结果和监测的目标值相比较，若接收到了正确数量的脉冲，电机停转。

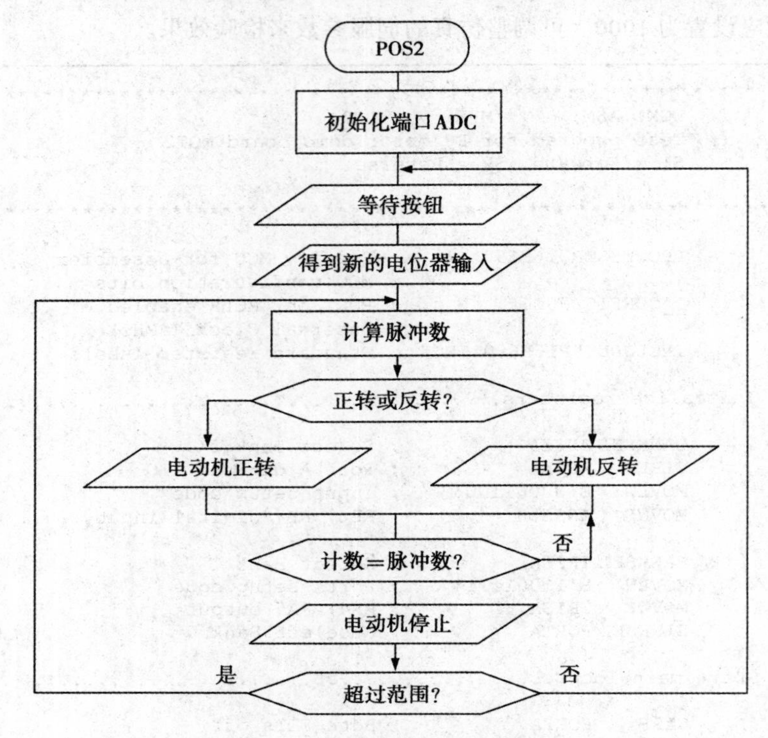

图 11.4 电动机程序 POS2 流程图

```
;**********************************************************************
;       POS2.ASM        MPB     Ver1.0
;       Test program for motor demo board MOT2
;       Position control from pot
;       Counts motor pulses in TMR0
;       Complete 15/12/10
;
;**********************************************************************

        PROCESSOR 16F690        ; Specify MCU for assembler
                                ; MCU configuration bits
        __CONFIG 00E4           ; PWRT on, MCLR enabled
                                ; Internal Clock (4MHz)
        INCLUDE "P16F690.INC"   ; Standard register labels

PotLas  EQU     020             ; Pot start position
PotNow  EQU     021             ; Pot target position
Count1  EQU     022             ; Overrun counter
Count2  EQU     023             ; Overrun counter
PotDif  EQU     024             ; Pot change or overrun
Timer1  EQU     025             ; Delay timers
Timer2  EQU     026             ;
Timer3  EQU     027             ;
```

程序 11.2 POS2 源代码

```
OverCo  EQU     028             ; Overcount holding

; Initialize registers.......................................

        CLRF    PORTA           ; Motor off

        BANKSEL ANSEL           ; Select Bank 2
        CLRF    ANSEL           ; All digital I/O
        CLRF    ANSELH          ; ..initially
        BSF     ANSELH,2        ; Analogue inputs
        BSF     ANSELH,3        ; ..AN10, AN11

        BANKSEL TRISA           ; Select Bank 1
        MOVLW   B'11001111'     ; RA4, RA5 output
        MOVWF   TRISA           ;
        MOVLW   B'01110000'     ; A/D clock setup code
        MOVWF   ADCON1          ; Internal clock

        BANKSEL ADCON0          ; Select Bank 0
        MOVLW   B'00101001'     ; Analogue setup code
        MOVWF   ADCON0          ; Left justify, Vref=5V,
                                ; RA10, done, enable A/D
        MOVLW   D'127'          ; Mid value
        MOVWF   PotLas          ; ..into position regs
        MOVWF   PotNow

        CLRF    PORTA           ; Switch off motor
        CLRF    PotDif          ; Zero pot movement

; Main loop .................................................

start   BTFSC   PORTB,6         ; Wait for S1
        GOTO    start

getpot  MOVF    PotNow,W        ; Save previous pot input
        MOVWF   PotLas

        BSF     ADCON0,1        ; Start ADC..
finish  BTFSC   ADCON0,1        ; ..and wait for finish
        GOTO    finish
        MOVF    ADRESH,W        ; Store result high byte
        MOVWF   PotNow          ; Current pot value

        BCF     STATUS,Z        ; Clear zero flag
        BSF     STATUS,C        ; Set carry flag
        MOVF    PotLas,W        ;
        SUBWF   PotNow,W        ; W = PotNow - PotLas
        MOVWF   PotDif          ;
        BTFSC   STATUS,Z        ; If PotDif = 0
        GOTO    start

        BTFSC   STATUS,C        ; Pot moved negative?
        GOTO    forwrd
        COMF    PotDif          ; Convert to positive
        GOTO    revers          ; yes - reverse motor

forwrd  BCF     PORTA,5         ; Reverse off
        BSF     PORTA,4         ; Motor forward
```

程序 11.2 （续）

```
        CALL    wait
        MOVF    PotDif,W        ; Motor at target?
        BTFSC   STATUS,Z        ;
        GOTO    start           ; Yes - start again

revers  BCF     PORTA,4         ; Forward off
        BSF     PORTA,5         ; Motor reverse
        CALL    wait
        MOVF    PotDif,W        ; Motor at target?
        BTFSC   STATUS,Z        ;
        GOTO    start           ; Yes - start again

        GOTO    forwrd

; Subroutine to stop motor and to correct overrun ........

wait    CLRF    TMR0            ; Count motor pulses
check   MOVF    TMR0,W
        SUBWF   PotDif,W
        BTFSS   STATUS,Z        ; until target reached
        GOTO    check
        CLRF    PORTA           ; Motor off

        CLRF    TMR0            ; Reset pulse count
stop    MOVF    TMR0,W
        MOVWF   Count1          ; Store pulse count
        CALL    long            ; Wait a while
        MOVF    TMR0,W          ; Store count again
        MOVWF   Count2
        MOVWF   OverCo
        SUBWF   Count1          ; Check if changed
        BTFSS   STATUS,Z
        GOTO    stop            ; ..until unchanged
        CALL    long            ; Wait a while

        MOVF    OverCo,W        ; store overcount
        MOVWF   PotDif
        RETURN

; Long delay...........................................

long    MOVLW   D'10'
        MOVWF   Timer1          ; 1s
loop1   MOVLW   D'100'
        MOVWF   Timer2          ; 100ms
loop2   MOVLW   D'249'
        MOVWF   Timer3          ; 1ms
loop3   NOP
        DECFSZ  Timer3
        GOTO    loop3
        DECFSZ  Timer2
        GOTO    loop2
        DECFSZ  Timer1
        GOTO    loop1
        RETURN

        END     ; Terminate assembler..................
```

程序 11.2 （续）

这个例子已阐明电动机控制中的主要问题，即由于机械惯性造成电动机相对目标位置过冲。程序中展示了一种修正方法，即必要时对过冲计数，再将电动机反转，可在电动机关闭后等待任意一段时间，再次检查计数值来实现此过程。如果程序的时序和电动机特性不能很好地吻合，电动机可能会在目标位置附近振荡（摆动）或停在一个不准确的位置。在 ISIS 中仿真此程序，能够看出其效果。为使仿真工作正常，电动机质量需要调整 0.0002，这个值可根据过冲效果进行调整。

在这种情况下，位置精度仅能控制到一转的分辨率。使用伺服电动机的递增编码输出能在一转中计数更多的脉冲，从而可改善此性能。另一个获得更好性能的方法是将当前位置和目标位置不断比较，控制电动机速度和此误差量成正比。当接近目标位置时，电机会减速。这种过程称为 PID（比例、积分、微分）控制，此时，系统的响应调整到使得响应速度、精度和过冲量达到最佳折衷。也可使用一个被称为“梯形”控制的简单方法。这种方法在电动机开机和关机时使速度渐变，在中间状态时速度恒定。

11.5　闭环速度控制

在此例子中，电动机板作为伺服速度控制单元来运作。主控制器提供一个 8 位的控制码来设置电动机速度，本地控制器则需要以一定的精度维持此值。MOT2 板为仿真这个额外需求通过转换开关组提供测试输入。另外，所需速度值也可以数据字节通过串行端口输入。

假设电动机设置以每分钟 600 转的速度工作。对于只有一个槽的转盘，每秒钟会产生 10 个脉冲（pps）。由于 DCM 转数计数器仅能计到 999 转 / 分钟，所以这个相对的低速度可用于 ISIS 中的仿真。真实的硬件，需要使用频率更高的 MCU 来控制速度至少达到 3000 转 / 分钟。测量速度有两种主要方式：在一个固定时间内累计传感器脉冲数；或测量传感器脉冲之间的时间间隔。

11.5.1　脉冲计数

通过这个方法测量速度的精度取决于计算的槽数，因为速度误差总是在 ±1 个槽内。如果转速被设定在 1s 内 10pps，则精度将达到 10%，并且速度只能在 1 秒内修正一次。这个响应时间对于大多数实际应用来说太慢了，所以这个方案不可行，如果编码器在每转内有更多的槽或电机转速更高时，这个方案可行。

11.5.2　测量脉冲周期

在 10pps 时，脉冲周期为 100ms。脉冲周期可通过一个 100ms 的定时器测量，此定时器可通过 8 位 TMR0 硬件计数器 / 定时器设置（见第 6 章）。定时器被指令时钟所驱动（MCU 晶振频率的 1/4）。通过设置 option 寄存器中的 3 位码，定时器的预分频器可将指令时钟频率除以

2、4、8、16、32、64、128 或 256。如果 MCU 时钟为 1MHz，定时器时钟频率为 250kHz，即周期为 4μs，而最大的预分频为 256，所以最长可测量的周期为 256×256×4μs = 262144μs = 262ms。需要的计数值将为 100/262×256 = 98（最接近的整数）。定时器计数到 FF 之后复位为 00，溢出标志位置位，所以应将这个数字求补（256－98 = 158）后预加载到定时器里。

11.5.3　PWM 电动机控制

PWM 以一定的周期开关电动机电流来实现电机速度控制。开 / 关周期比控制着平均电流，从而控制速度。这里将用软件延时循环来产生电动机的 PWM 驱动信号，同时，运行一个硬件定时器来产生每次与传感器反馈作比较的定时参考。占空比用来调节速度。通过开关输入产生定时器预装载值来设置目标速度。

时序图说明了这个过程（见图 11.5）。当定时器开始工作时，产生的传感器脉冲的上升沿标志着时序周期的开始。在每个电动机周期内，程序将等待传感器脉冲的下降沿，然后开始检查下一个脉冲是否到达，或定时器的定时时间是否已到。如果速度太慢，定时时间比脉冲

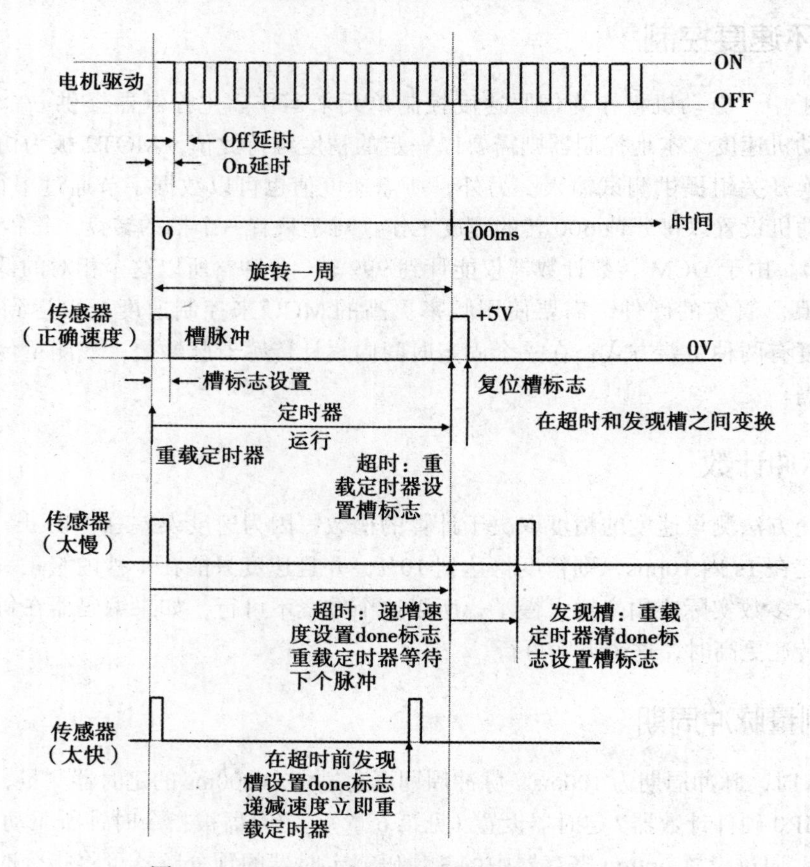

图 11.5　PWM 电动机调速时序图（CLS2.ASM）

先到，所以下一个时序周期内速度必须提高。如果脉冲比定时时间先到，意味着电动机运行太快，所以下一个周期速度必须降低。需要定义以下的用户标志位：一个用来标识检测到了下降沿并且起了作用（“slot”标志位），另一个用来标识定时器已经重启动（“done”标志位），使得程序需要等待下一个槽来重启定时器。当速度正确时，速度校正将在递增和递减之间交替。

图 11.6 显示了此程序的顶层流程图。这初始化了程序并开关电动机。“Speed”是一个记录着 PWM 处于“on”时间的用户寄存器，“off”时间来自这个值的补码。每个电动机的总计数值为 256，表示频率会一直保持为常量。在主循环的一开始，传感器脉冲的上升沿到来时，Timer0 装载从开关组读出来的 8 位数值。小的数值会使得 Timer0 中的剩余计数值更大和更长的目标周期时间，对应一个低速度。大的数值对应快的目标速度。

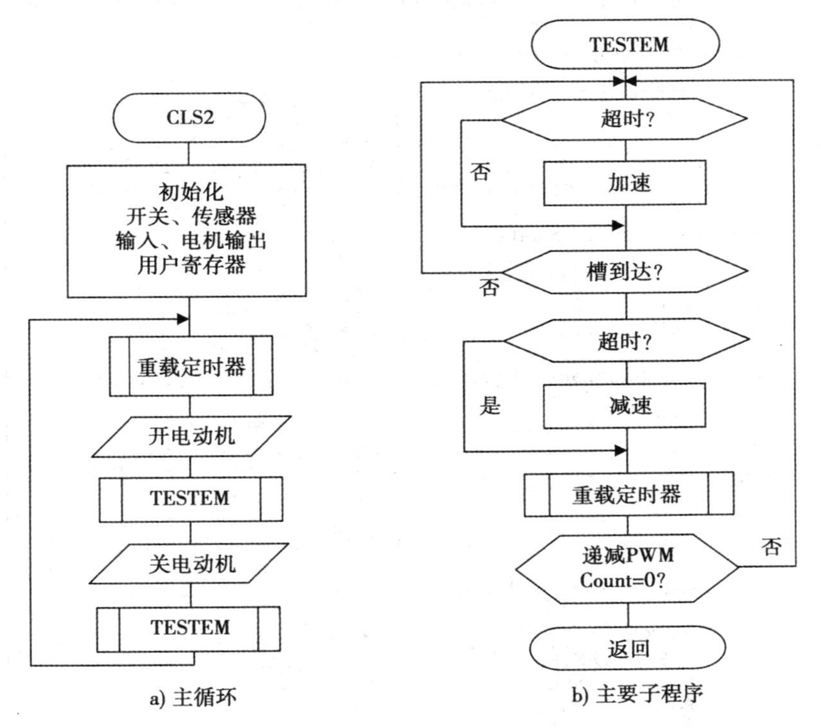

图 11.6　闭环电机速度控制流程图

主要的子程序在查询循环中检查输入和超时标志。如果定时器在下一个槽到达之前先超时，如同开始的情况一样，说明电动机运行过慢，所以要增加 PWM“on”的时间。如果电动机最终运行太快，则槽在超时之前先到，要减少“off”时间。速度必须保证不能从 FF（最大值）翻转到 00（最小值），所以需要在递增或递减之后检测速度值是否为 0，若是 0，应相应地设回为 FF 或 1。

当电动机以正确的速度运行时，传感器周期应该和定时器周期相匹配。在实际中，由于测量、程序显示、电机的瑕疵及机械惯性等因素造成的局限性，电机会在目标值附近摆动。源程序 CLS2.ASM 在程序 11.3 中列出。

```
; ***********************************************************
;       CLS2.ASM        MPB     Ver1.0
;       Status: Working OK in simulation 17-12-10
; ***********************************************************
;       Closed Loop DC Motor Speed Control using Pulse
;       Width Modulation (software loop) to control speed
;       and hardware timer to set reference time interval
;
;       Hardware:       MOT2 Proteus VSM simulation
;       MCU:            16F690, 1MHz internal clock
;       Inputs:         RC0-RC7 DIP switches
;                       RA2 index sensor (high pulse)
;       Outputs:        RA4,5 Motor forward, reverse
;
; Set Processor Options.....................................

        PROCESSOR 16F690        ; Specify MCU for assembler
                                ; MCU configuration bits
        __CONFIG 00E4           ; PWRT on, MCLR enabled
                                ; Internal Clock (1MHz)
        INCLUDE "P16F690.INC"   ; Standard register labels

; Register Label Equates....................................

Speed   EQU     020             ; Counter Pre-load Value
Count   EQU     021             ; Delay Counter
Flags   EQU     022             ; User Flags

; Register Bit Label Equates ...............................

forwd   EQU     4               ; Motor Forward = RA4
revrs   EQU     5               ; Motor Reverse = RA5
sensor  EQU     2               ; Shaft Opto-Sensor = RA2
slot    EQU     0               ; Slot Found Flag
done    EQU     1               ; Time Out Done Flag
timout  EQU     2               ; Time Out Flag = TMR0,2

; Initialize, Port B defaults to input...................

        BANKSEL ANSEL           ; Select Bank 2
        CLRF    ANSEL           ; All digital I/O
        CLRF    ANSELH          ; ..initially
        BSF     ANSELH,2        ; Analogue inputs
        BSF     ANSELH,3        ; ..AN10, AN11

        BANKSEL TRISA           ; Select Bank 1
        MOVLW   B'11001111'     ; RA4, RA5 output
        MOVWF   TRISA           ; and load dirc. reg.
        MOVLW   B'10000111'     ; Code for TMR0..
        MOVWF   OPTION_REG      ; sets prescale 1:256
        MOVLW   B'01000111'     ; Code to select..
        MOVWF   OSCCON          ; internal clock = 1MHz
```

程序 11.3 闭环速度控制 CLS2 源代码

```
        BANKSEL PORTA          ; Select Bank 0
        CLRF    PORTA          ; Motor off
        MOVLW   d'100'         ; Initial value for
        MOVWF   Speed          ; ..speed
        CLRF    Flags          ; and clear user flags
        GOTO    start          ; Jump to main program

; Subroutine reloads Timer0..............................

reltim  MOVF    PORTC,W        ; Get input switches &..
        MOVWF   TMR0           ; Load Timer with input
        BCF     INTCON,timout  ; Reset 'TimeOut' Flag
        RETURN

; Subroutine checks for time out or slot..................

testem  BTFSS   INTCON,timout  ; Time Out?
        GOTO    tessen         ; NO: Skip Speed Increment
        BSF     Flags,done     ; YES: Set Time Out Flag
        INCFSZ  Speed          ; Test for maximum speed
        GOTO    reload         ; NO: jump to timer reload
        DECF    Speed          ; YES: Decrement to 255
        GOTO    reload         ; & jump to timer reload

tessen  BTFSC   PORTA,sensor   ; Slot Present?
        GOTO    teslot         ; YES: jump to test slot
        BCF     Flags,slot     ; NO: Reset 'Slot' Flag
        GOTO    datcon         ; & continue Count loop

teslot  BTFSC   Flags,slot     ; 'Slot' Flag Set?
        GOTO    datcon         ; YES: Skip speed decrement
        BTFSC   Flags,done     ; NO: 'Done' Flag Set?
        GOTO    clrdone        ; YES: Skip speed decrement
        DECFSZ  Speed          ; NO: Test for min. speed
        GOTO    clrdone        ; NO: continue loop
        INCF    Speed          ; YES: increment back to 1

clrdone BCF     Flags,done     ; Clear 'Done' Flag
setslot BSF     Flags,slot     ; Set 'Slot' Flag
reload  CALL    reltim         ; Reload timer
datcon  DECFSZ  Count          ; Decrement & Test Count
        GOTO    testem         ; Counter not zero yet
        RETURN                 ; End motor cycle if zero

; Drive loop outputs one cycle of PWM to motor ............

start   CALL    reltim         ; reload timer to start

again   BSF     PORTA,forwd    ; Motor ON
        MOVF    Speed,W        ; Put ON delay value
        MOVWF   Count          ; into counter
        CALL    testem         ; Modify speed

        BCF     PORTA,forwd    ; Motor OFF
        MOVF    Speed,W        ; Put ON delay value
        MOVWF   Count          ; into counter
        COMF    Count          ; and convert to OFF value
        BTFSC   STATUS,Z       ; Test for zero count
```

程序 11.3 （续）

```
        INCF    Count           ; ..and avoid
        CALL    testem          ; Modify speed
        GOTO    again           ; next drive cycle

        END     ; Terminate source code   *******************
```

程序 11.3 （续）

11.5.4　程序仿真

电动机的速度控制应用在仿真模式下进行了测试（图 11.7）。向前驱动、索引传感器反馈和电流监测信号都可以在虚拟示波器上观测。

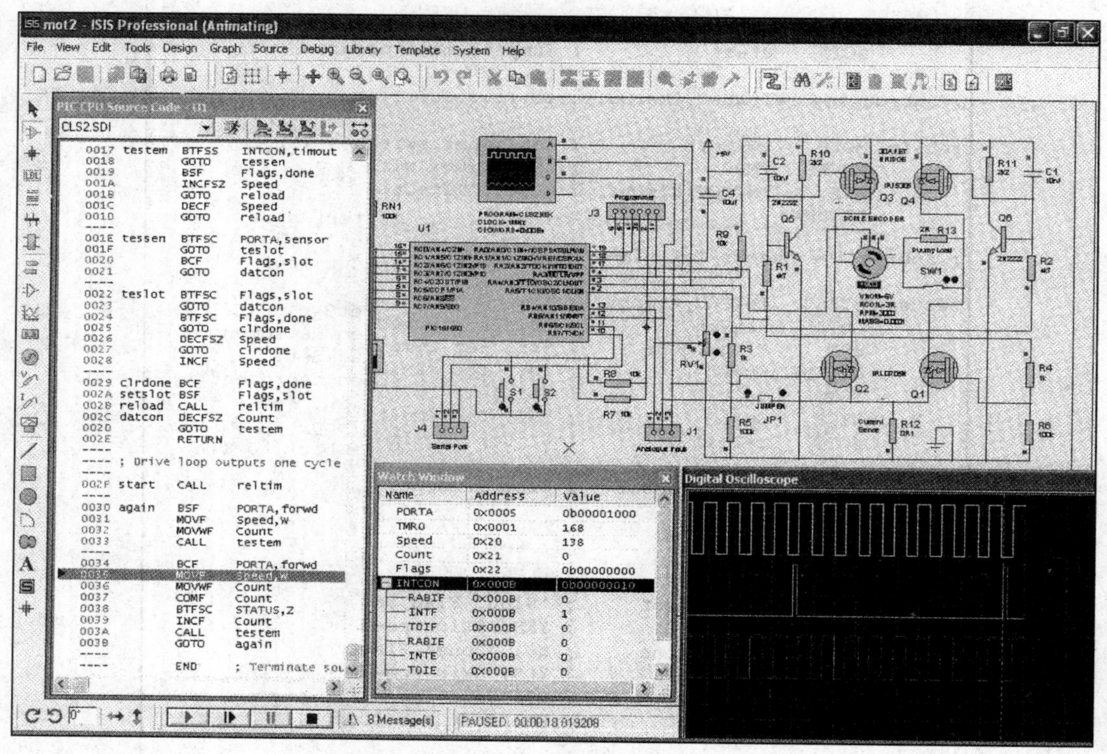

图 11.7　CLS2 仿真截图

驱动器的运行周期大约是 100Hz，反馈时间为 100 毫秒，速度为每分钟 600 转（开关输入＝0xA0）。电动机的最大转速（开关输入＝FFH）刚刚超过每分钟 1000 转，这也是在虚拟电动机上显示的最大值，而最小速度（开关输入＝00H）低于每分钟 240 转。

接通 2Ω 的虚拟负载后打开开关，闭环响应测得为每分钟 600 转。电动机串联接通后，额外电阻的增加使得速度降低。通过增加脉冲宽度调制驱动改善驱动程序，从而恢复之前设置的速度值。

桥式驱动器中的正向和反向电流可以通过 0.1Ω 的传感电阻监测到。接通电源后，电路产生 0.4V 的电压和 4A 的电流。关闭跳线 JP1，连接到模拟输入 AN11，通过测量电压与电流达到控制的目的。这也可以用来防止桥式驱动中电流过大现象，如电机出现故障时。

测试电路时，仿真速度与计算机的处理能力有关，因此速度可能很低，落后于实时操作的速度。检查编辑屏幕下方的状态信息：当处理器加载达到 100% 时，仿真时钟将放慢。

11.5.5　硬件测试

我们可以用双光束范围测试的方法来进行硬件实现，如前文所讲。闭环控制过程的正确功能可以通过设置 10100000 的二进制输入和测量传感器脉冲周期（应是 100 毫秒）以检查电机的实际速度来进行测试。在一定的范围内，二进制输入可以是多种多样的，在传感器的周期内也应成比例变化。瞬态和启动响应可以通过关闭电机来测得（如果电机不是太强），锁定目标速度可以研究电机响应。接通负载后，电机的速度通过增加驱动 PWM 占空比维持。

11.5.6　评价和改进

由于整个程序可选择的路线都存在不同的时序，所以输出相对于理想情况有些不稳定，但实际的电机负载惯量趋于保持恒定的速度，因而输出不稳定显得并不重要。在理想的情况下，PWM 速度控制部分应运行在大约 15kHz 的频率以上。演示程序 CLS2 工作在一个较低的频率，因为需要时间对定时器状态和传感器输入进行采样，并只使用 8 位的计数器 Timer0 计数，来完成一个驱动器周期的软件循环。MCU 工作在最大时钟频率 20MHz，并使用中断操作，硬件 PWM 的输出使用 16 位的定时器 Timer2，这样都会使电机性能得到提升。定时器 1 是个 16 位的计数器，它在速度的测量上提供更大的范围和更高的精度。定时器 1 的中断可以纳入信号超时的范畴。另外，传感器的脉冲可以以端口 A 电平变化的中断来检测到。

11.6　电动机控制模块

有关位置控制器的更完整的设计例子介绍如下。

11.6.1　串行输入位置控制器

Microchip 应用笔记 AN532 介绍了串行输入位置控制器（图 11.8a）。虽然它基于如今看来已过时的 MCU，但它代表的是商业上可行、应用上可更新的设计，如打印机和 X，Y(二维）定位系统。串行输入位置控制器由一个直流电机、正交（两相）编码器、全桥驱动集成电路和独立的可编程逻辑器件（PLD）编码器接口合并组成。

它所需要的输入来自于主控制器或 PC 的 RS232 串行输入，并产生一个梯形的输出速度曲线。应用笔记中介绍了关于伺服控制设计的一些有用的附加信息，这些笔记可以在 www.microchip.com 网站上找到。

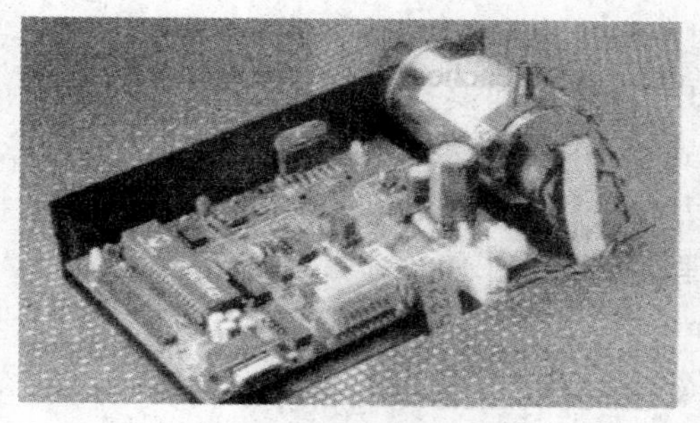
a) AN532伺服模块

b) PIC机电一体化开发板

图 11.8 直流电机控制板

11.6.2 Microchip 机电一体化工具包

PIC 的机电一体化开发工具包提供了一个非常有用的电机演示系统（图 11.8b）。它有一个由单槽转盘、步进电机、可重构的全桥驱动和控制逻辑构成的直流有刷电机。它是基于有专用接口可操作 3.5 位液晶显示器（LCD）的 PIC 16F917 芯片。该板上有一个可用于 PICkit2/3 编程和电路调试的 6 芯接头，并且可在本章作为目标硬件来测试程序（适当修改）。如果需要完整的描述，请参阅产品信息表或《 Programming 8 bit PIC microcontrollers in C with Interactive Hardware Simulation 》(Newnes 2008)。仿真原理图可以从 www.picmicros.org.uk 网站上下载。

最近，人们非常关注无刷直流电动机，正如其名称所暗示的，它代替了传统的换向器，使用一个被固定绕组包围的永久磁铁转子。旋转磁场驱动转子，以类似的方式驱动步进电机。无刷直流电机比有刷直流电机更有效更可靠，但控制起来也更复杂，需要一个由六个晶体管构成的三相全桥驱动器。我们可以在 Microchip 应用笔记中搜索 BLDC（直流无刷电机）的理论背景和演示电路。

11.6.3 Hobby Servo 控制器

Hobby Servo 是一种流行的位置控制器，主要用于转向控制，如用于遥控系统的模型船和飞机。一个紧凑的独立单元包含一个小的直流电机、反馈电位器和控制芯片，它接收一个标准的 PWM 信号，根据脉冲宽度移动输出轴的位置。信号通过一个无线电频率接收器模块接收，控制伺服插入在这个模块中。发射机安置在有两个操纵杆的控制台上，它可以操作多达四个伺服电机，每个操作杆控制一个左 / 右电位器，或一个上 / 下电位器。

图 11.9 连接到 LPC 测试板的 Hobby Servo

相同的伺服模块可以直接与 PIC 芯片连接，组成一个简单的位置控制系统。图 11.9 显示了它与

LPC 板的连接（可以用来测试），原理图见 11.10，使用的程序是 HOB1（程序 11.4）。伺服 PWM 输入需要一个 TTL（晶体管 – 晶体管逻辑）正脉冲，相应运行的极限大约在 0.5 和 2.5 毫秒（取决于伺服规范）之间。中间位置时设置脉冲周期为 1.5 毫秒。通常一些现场校准是必需的。整个信号周期大约是 18 毫秒，但这并不关键。

在测试电路中，PIC 读取电位器的输入，并相应地设置输出的脉冲宽度，这样伺服的位置就由电位器决定。为了简单起见，使用软件循环来产生 PWM，但是在完整的应用程序中通常使用硬件定时器和中断来产生。

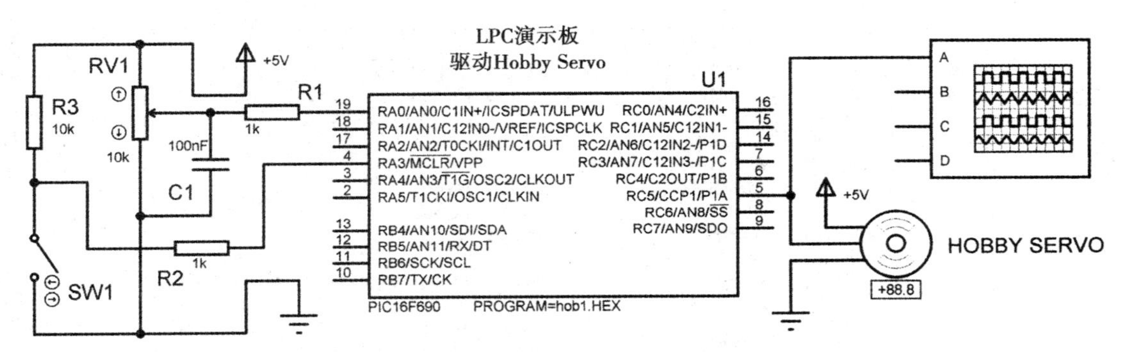

图 11.10　LPC 驱动 Hobby Servo

```
;***********************************************************
;       HOB1.ASM        MPB   Ver 1.0
;       Test program for LPC demo board
;       Pulse output to servo on RC5
;
;       Internal clock = 4MHz
;       Variable frequency pulse output to servo
;       0.5 - 1.5 - 2.5 ms pulse, overall 18ms period
;
;       Status: working 21-12-10
;
;***********************************************************

        PROCESSOR 16F690        ; Specify MCU for assembler

        INCLUDE "P16F690.INC"   ; MCU register lables

        Count   EQU     20      ; Delay count
        Two     EQU     21      ; Delay multiplier
        Ten     EQU     22      ; Delay multiplier
        HiPer   EQU     23      ; High period count
        LoPer   EQU     24      ; Low period count
        ADres   EQU     25      ; AD result store

; Initialize registers.....................................

        BANKSEL ANSEL           ; Select Bank 2
        CLRF    ANSEL           ; Ports digital I/O
        CLRF    ANSELH          ; Ports digital I/O
```

程序 11.4　LPC 板 Hobby Servo 测试程序（HOB1.ASM）

```
        BSF     ANSEL,0         ; except AN0 Analogue input

        BANKSEL TRISC           ; Select Bank 1
        CLRF    TRISC           ; Initialise Port C for output
        MOVLW   B'00000000'     ; Analogue input setup code
        MOVWF   ADCON1          ; Left justify result, ref=Vdd

        BANKSEL PORTC           ; Select bank 0
        CLRF    PORTC           ; Clear display outputs
        MOVLW   B'00000001'     ; Analogue input setup code
        MOVWF   ADCON0          ; f/8, RA0, done, enable

; Start main loop.............................................

getpot  BSF     ADCON0,1        ; Start ADC..
wait    BTFSC   ADCON0,1        ; ..and wait for finish
        GOTO    wait
        MOVF    ADRESH,W        ; Test result
        BTFSC   STATUS,Z
        INCF    ADRESH          ; Avoid zero
        MOVF    ADRESH,W        ; store result
        MOVWF   HiPer           ; Store high time
        MOVWF   LoPer
        COMF    LoPer           ; Calculate low time
        BTFSC   STATUS,Z
        INCF    LoPer           ; Avoid zero
        BSF     PORTC,5         ; output high pulse
        MOVWF   Count
        CALL    by12            ; and wait for HiPer

        BCF     PORTC,5         ; Output low
        MOVF    LoPer,W
        MOVWF   Count
        CALL    by12            ; and wait for LoPer

        MOVLW   D'10'           ; Extra delay for 15ms
        MOVWF   Ten             ; to make total cycle
by4     MOVLW   D'125'          ; time = 18ms
        MOVWF   Count
        CALL    by12
        DECFSZ  Ten
        GOTO    by4
        GOTO    getpot          ; Repeat main loop

; Wait for Count x 12us ......................................

by12    MOVLW   02              ; Loop delay adjusted
        MOVWF   Two             ; in simulation
by3     NOP
        DECFSZ  Two
        GOTO    by3
        DECFSZ  Count
        GOTO    by12
        RETURN

        END     ; Terminate assembler ***********************
```

程序11.4 （续）

习题

1. 概述通过 PWM 控制小型直流电机速度的方法。确定所需主要的硬件组件。
2. 解释增量式编码器是如何通过轴给微控制器提供速度和位置反馈信息的。
3. 根据你对问题 1 和 2 的回答，解释微控制器是如何通过数字反馈来精确控制直流电动机的速度。
4. a）如果一个每转 200 步的轴编码器与电机轴相连，计算 90:1 的变速箱驱动的机械臂输出轴的位置分辨率（最小步长），用度表示。
   b）计算由上述轴控制器控制的距离转动轴线 500 毫米的机械爪的位置分辨率的有效值。

实践活动

采用测试硬件或仿真的方法进行下面的研究，或两者同时进行。

1. 在条状铜箔面包板上构建 MOT2 电路并制定一个测试计划。在插入 PIC 芯片之前确保硬件操作正确，或下载 MOT2 板仿真，并确认 DCM1 的操作正确。
2. 从响应速度、精度和可靠性方面评估位置控制程序 POS2 的性能，电机的哪些特点影响了它的性能?
3. a）从可靠性、反应时间和控制范围（最大和最小速度）方面研究程序 CLS2 的性能。设计用加载电机去测试具有不同负载的控制器的性能的方法（在一定限度内，速度应保持不变）。
   b）修改程序 CLS2，读取 MOT2 上的输入按键来增加或降低设置的速度。
4. a）修改 MOT2 板的程序 CLS2，使用定时器中断来表示信号超时。试比较修改后的程序与原来的程序的优劣。
   b）修改程序 CLS2，使用 PORTA 中断监测电机的反馈。试比较修改后的程序与原来的程序的优劣。
   c）修改程序 CLS2，通过模拟输入 AN10 控制设置的速度。

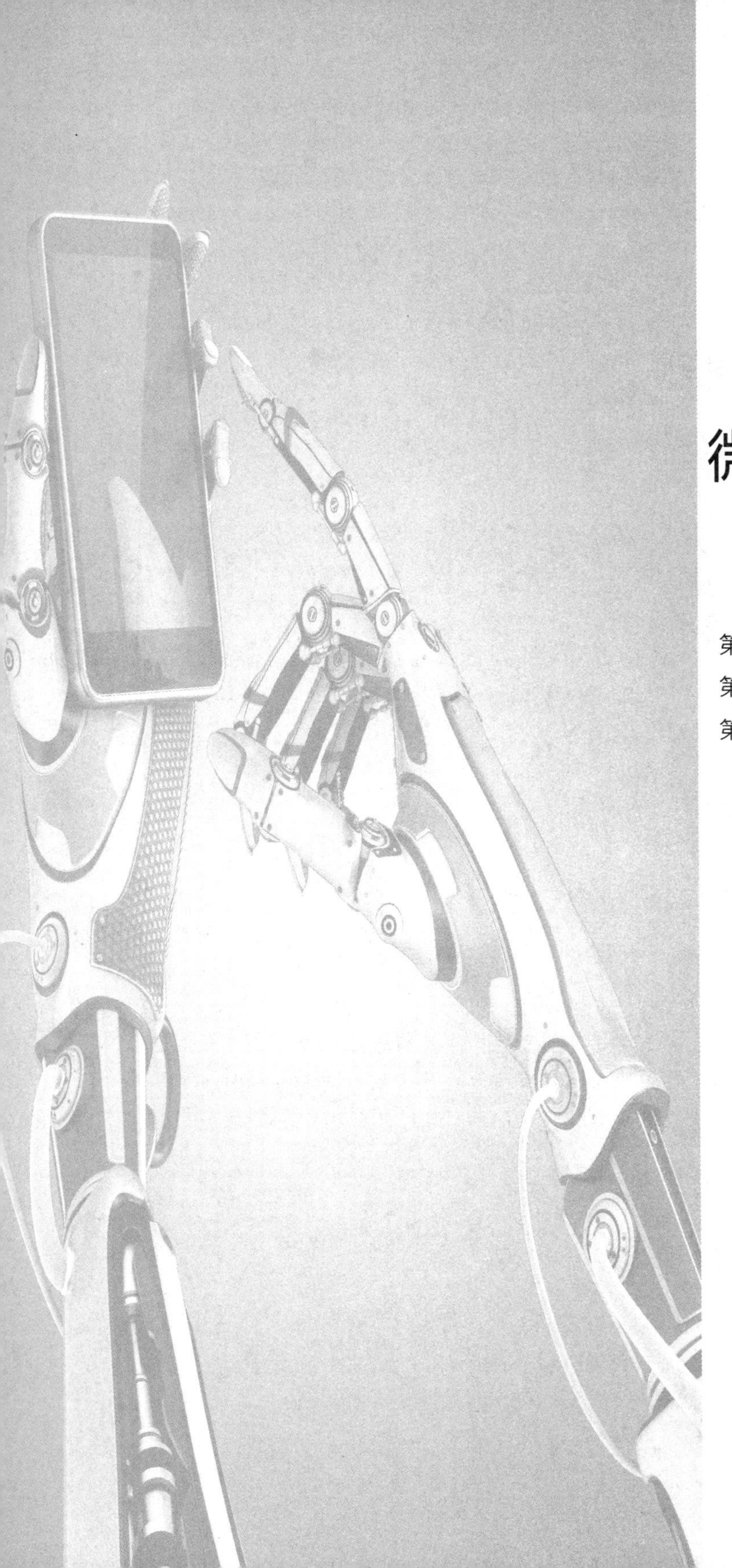

Part 4 第四部分

微控制器系统

第 12 章　更多的 PIC 微控制器

第 13 章　更多的 PIC 应用

第 14 章　更多的控制系统

第 12 章 Chapter 12

更多的 PIC 微控制器

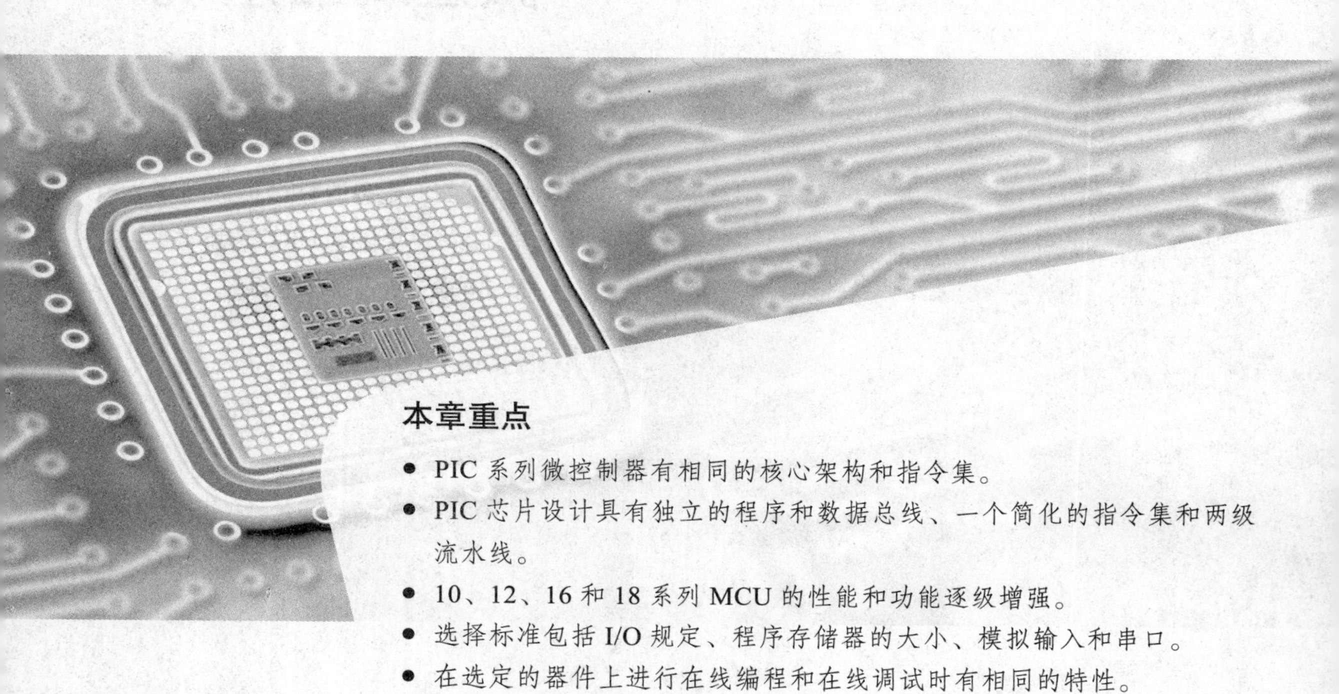

本章重点

- PIC 系列微控制器有相同的核心架构和指令集。
- PIC 芯片设计具有独立的程序和数据总线、一个简化的指令集和两级流水线。
- 10、12、16 和 18 系列 MCU 的性能和功能逐级增强。
- 选择标准包括 I/O 规定、程序存储器的大小、模拟输入和串口。
- 在选定的器件上进行在线编程和在线调试时有相同的特性。
- 串行通信接口包括 RS232、LIN、SPI、I^2C 和 CAN。

在这本书中，PIC 16F84A 仅作为参考器件，因为它是 PIC 16 系列内最简单的芯片。现在它已经过时了，有更多功能多、价格低的芯片可供人们使用。16F690 被选为重点研究对象，因为它在 Microchip 公司自己的基本演示硬件 LPC 板上（见第 7 章）使用。本章将总结其他的 8 位 PIC 器件的附加功能，这样可以为给定的应用程序选出一个最合适的芯片。从本质上讲，这意味着选择 PIC 芯片时，我们需要考虑输入和输出引脚需要的数量和类型、程序存储器的容量和其他特殊功能，并且价格要最低。

8 位（内部数据总线宽度）PIC 闪存芯片的主要分组如表 12.1 所示。它们被分成四组：10F2XXX 系列微控制器（MCU）是四输入 / 输出（I/O）器件，具有最基本的功能，12FXXXX 系列是八引脚的微型 PIC 芯片，16FXXXX 系列是中档系列，18FXXXX 系列是高性能器件，具有更大的内存和丰富 I/O 设备的器件。

综合选择表和单独数据表可以在 www.microchip.com 网站上下载。

表 12.1　8 位 PIC 闪存微控制器系列

PIC 闪存器件组	摘要细节
10F2XXX	低成本和最小的尺寸 8 引脚封装、6 个可用引脚、4 个 I/O 引脚 33 条 12 位指令 可存储多达 512 条程序指令 多达 23 个 RAM 单元 只有 4/8MHz 的内部振荡器 仅有 1 个 8 位定时器 多达 2 个模拟输入① 共 6 个器件
12FXXXX	低成本、体积小 8 引脚封装、6 个 I/O 引脚 33/35 条 14 位指令 可存储多达 1024 条程序指令 多达 256 个 RAM 单元 最大时钟 20MHz、4MHz 内部振荡器 8 位和 16 位定时器 多达 4 个模拟输入① 共 14 个器件
16FXXXX	中档的成本和性能 14—64 引脚封装 多达 55 个 I/O 引脚 35/49×14 位指令 可存储多达 16KB 的程序指令 多达 1536 个字节的 RAM 最大时钟 20MHz、16MHz 内部振荡器① 多达 6×8 位和 3×16 位定时器① 多达 30 个模拟输入和 4 个串行端口① 共 92 个器件

（续）

PIC 闪存器件组	摘要细节
18FXXXX	更高的成本和性能 18～100 引脚封装 多达 70 个 I/O 引脚 77×16 位指令 可存储多达 64K 的程序指令 多达 4096 个字节的 RAM 最大时钟 40MHz、16MHz 内部振荡器[①] 多达 6×8 位和 5×16 位定时器 多达 28 个模拟输入 多达 4 个串行端口、USB、以太网[①] 共 198 个器件

①在该范围中选择器件。

12.1 共同特征

所有的 PIC 微控制器使用相同的基本架构（第 5 章）和指令集（第 4 章），从简单的程序到最复杂的应用都提供了设计路径。我们可以通过研究数据表中每个器件的框图来对比它们的结构特征。这里考虑的 8 位器件具有共同的特点，分别是：

- 带有 RISC 指令集的哈佛架构。
- 具有在线编程功能的闪存程序存储器。
- 包括特殊功能寄存器的 RAM 块。
- 独立的工作寄存器和专用不可写的栈。
- 上电、掉电和看门狗定时器。
- 具有单向量地址的多中断源。
- 具有 PWM、捕获和比较模式的 8 位和 16 位硬件定时器。
- 休眠模式和低功耗操作。
- EEPROM 非易失性数据存储器。

12.1.1 哈佛架构

在传统的处理器系统中，指令代码和相关操作数作为系统数据从存储器读取时使用相同的地址总线和数据总线，读入的数据是通过输入端口读入或由处理器产生。PIC 架构的指令和系统数据具有独立的路径，因此，在存储上一条指令的运行结果时，取下一条指令的操作可以同时进行。其效果就是以相同的时钟速度可以同时执行两个操作，这样程序执行速度更快。预取指令和执行周期重叠使执行速率加倍（流水线，见第 5 章）。

12.1.2 RISC 精简指令集

PIC 相对于传统的复杂指令集（CISC）的处理器，有较少的指令。这主要有两个好处：

指令集更容易学习，代码执行更快，这是因为指令的译码硬件不复杂。其缺点是：复杂的操作可能必须由简单的操作来构造，这样就需要更长的时间来执行。总体而言，精简指令集（RISC）的性能通常比较优越，因为在典型的应用中，这些复杂的指令不需要频繁使用。PIC 16 芯片通常有 35 条指令，而 18 系列的 MCU 有多达 85 条指令，因此性能越强大的芯片需要越多的指令。

12.1.3　闪存程序存储器

闪存存储器的引进是微控制器发展的一个关键阶段。在嵌入式系统中能存储控制程序、可写且非易失性的存储器是必不可少的。以前使用的是可擦除可编程的只读存储器（EPROM），只有将其放在紫外线下才能擦除内部原有的程序，所以为了重新编程必须从系统板上把它取出。电池支持的随机存取存储器（RAM）是另一种选择，但是电池的寿命是有限的。在线串行编程允许闪存 ROM 在不取出的情况下被重新编程，因此不会带来每次从电路中取出芯片的不便，及可能造成的损害，也不会浪费时间。程序存储器的容量范围很广，最小的 10F 芯片可存放 256 条指令，较大的 18F MCU 则可存放 128k 条指令。程序计数器的计数范围也根据程序存储器的容量发生相应变化。

12.1.4　RAM 和特殊功能寄存器

在初始化芯片或在程序运行过程中，特殊功能寄存器（SFR）的各个位需要读取和写入。因为它们与通用寄存器（GPR）都位于同一个 RAM 块内，所以可以使用相同的指令去访问。这意味着，访问控制寄存器的特殊指令是不需要的，这有助于指令集保持在较小的状态。RAM 的范围从 16 字节到 2KB 变化，SFR 的数量也随着芯片的复杂度和外设接口数量的增加而增加。

12.1.5　EEPROM 数据存储器

在应用中 EEPROM 数据存储器是非常有用的，端口读入的数据或由处理器产生的数据都需要被存储在非易失性的存储器里。例如，在键盘操作的电子锁应用中，用户先输入锁码，然后保存，下次将用户用键盘输入的码与保存的锁码作比较来开锁。在数据记录应用中，采样输入的数据可能需要保留一段时间，电源关闭时，数据也需要存储。电可擦除可编程只读存储器（EEPROM）与闪烁只读存储器（Flash ROM）不同，它允许单个字节的数据写入，但其本身的物理结构不紧凑，所以只在小的存储块中使用。EEPROM 的容量介于 256 字节到 1KB 之间，某些芯片没有配置。

12.1.6　ALU 和工作寄存器

CISC 处理器往往有一个用于存储当前数据的寄存器块，而不像 PIC 一样有一个独立的工作寄存器（W）。它们往往具有更大的地址空间，这意味着，相比于14位的PIC 16芯片，CISC处理器的指令数量包括操作数在内，通常共有典型的4字节大小。PIC的架构只有一个工作寄存器，用在与RAM寄存器块结合时，由于选项减少，可以降低所需指令的整体数量和复杂性，然而这意味着所有的数据传输都要通过W。在更强大的微控制器中，算术和逻辑单元（ALU）的支持硬件更复杂，例如，18F4580具有一个8×8位的乘法器，但是仍只有一个工作寄存器。

12.1.7 栈深度

栈深度决定了可以在应用程序中可使用的子程序的数量或中断嵌套的级数。CISC处理器可以有无限深度的栈，如可使用通用RAM作栈，这点不同于PIC处理器，在PIC中使用的是有限深度的专用内部栈。12系列芯片只有两级栈，16系列有8级，18系列有32级。这反映出每种类型芯片的程序复杂度。应用程序的程序员需要注意到，使用多级子程序时要平衡程序使其结构良好，并要考虑栈深度带来的绝对限制。PIC不像CISC处理器，其栈不会被程序指令覆盖，因而使用起来更安全。

12.1.8 保护装置

在复位或短期接通电源后，内部定时器用于确保在上电时产生可靠的启动。对于16F690，上电定时器提供一个标准的64ms延迟，使得电源在程序开始执行前能够保证电压达到稳定。如果程序没有按照正常的顺序执行，看门狗定时器允许芯片自动复位，从而提高整体的可靠性。如果电源在短时间内出现故障，掉电保护可以使芯片以有序的方式复位。包括框图的所有细节都会在每个芯片的数据手册中提供。随着时间的推移，这些保护功能变得更精细，如果适当应用，PIC应用程序的整体可靠性将会随之提高，然而代价是固件变得越来越复杂。

12.1.9 中断

中断是由内部或外部产生的信号，它迫使处理器暂停当前操作，转而执行中断服务程序（ISR），因此中断服务程序的优先级别高于后台进程。PIC芯片提供多种中断源，如选定的输入端口的电平变化，或硬件定时器的超时。许多最新的18系列PIC芯片都有一个可用的中断优先级系统，如果一个优先级更高的中断源需要响应，那么可以设置芯片暂停当前中断源的响应，转而响应优先级更高的中断源。在CISC微处理器中，通常多个中断向量都是可用的，不同的中断源可以调用不同的中断服务程序。在PIC中，所有中断服务必须由一个在程序存储器中地址是004的中断向量提供。区分它们并确定需要采取的操作时，中断服务程序要先检查相关的控制寄存器标志，找出哪些中断源申请中断响应，然后再跳转到需要响应的中断服务程序里执行。随着外围设备的增加，如额外的定时器、串行接口等，潜在的中断源数目也在增加，这使得通过单一的向量提供中断服务变得更复杂。

12.1.10 硬件定时器

通常可用的硬件定时器的数目随着芯片复杂度的增加而增加。8 位或 16 位的计数器具有预分频器或分频器，可以对定时器的输入或输出分频来扩大其范围。如果我们使用第 11 章里的电机程序作为例子，就可以看到额外的硬件定时器如何使用；20ms 的时间间隔和电机输出周期的延迟都已经以硬件操作方式实现，而传感器的脉冲监测也使用了 RB0 中断。与简单的计数器和定时器类似，可以配置硬件定时器来测量输入时间间隔，产生定时输出，并使用脉冲宽度调制（PWM，见 12.3.1 节）来驱动输出负载。有时独立的时钟与定时器及保护装置相关联，因此当主时钟发生故障或需要不同的时基时，它们仍然可以继续工作。

12.1.11 休眠模式

休眠模式对于终止不再连续循环工作的程序，暂停操作等待中断，或在电池应用中节电等都是非常有用的。当发出休眠指令（SLEEP）时，处理器时钟被关闭，并禁止其他正常功能的使用，电流消耗会降至大约 1μA，在低功耗器件（称为 LP）中电流会更小。使用 SLEEP 指令终止程序，可以防止程序一直执行到未被编程的存储单元，未被编程的存储单元通常对应着一个有效的 14 位的指令代码 ADDLW FF（W、C、DC 和 Z 都会有影响）。如果一个程序在执行休眠指令或 GOTO 指令后没有终止，该程序将执行到存储器的结束位置，程序计数器将翻转到零，程序将重新启动。如果程序被休眠指令终止，则需要硬件复位或合适的中断输入来唤醒。

12.1.12 在线编程

PIC 微控制器使用一个通用的程序下载系统，在芯片处于编程模式时，可以通过一个数据引脚将机器码以串行的方式下载。以前，芯片需先被放置在一个下载应用程序代码的编程单元里，然后以物理方式转移到应用板上。现在芯片通常采用在线编程方式，被编程的芯片可以留在电路中，以减少损坏的风险。在电路板已经制造装配好后，任何时候都可以通过六芯的板上连接器对芯片进行编程，这可以参见 LPC 板上的 16F690。连接器可以是 SIL（PICkit2/3）连接器或 RJ11（ICD 2/3）连接器（参见第 7 章）。

12.1.13 在线调试

现在中档的 PIC 芯片通常被设计为支持在线调试（ICD），编程完成后，固件可以通过编程接口在 MPLAB IDE 控制下在最终的目标硬件上执行。这允许应用程序使用与 MPSIM 相同有效的调试工具进行更充分的测试，并且在测试的最后阶段更容易消除固件和硬件错误。不提供内部 ICD 支持的较小的芯片，必须使用携带包含 ICD 电路芯片的仿真头连接器进行调试。PICkitX 开发编程器提供了所有的编程和调试功能，并且成本低廉，而 ICDX 模块可以用来调试需要仿真头的较小的芯片。

12.1.14 PIC 芯片的功耗

要完成整个 PIC 系列的分析，必须考虑功能更强大的 PIC 芯片。PIC24 系列微控制器有一个 16 位的内部数据总线和 ALU，并从单个工作寄存器模块转换为一组 16×16 位的工作寄存器组，而架构类似 8 位的 MCU。dsPIC30 和 dsPIC33 也是 16 位的处理器，但它们内部包括一个能快速浮点计算数字信号处理（DSP）的引擎。顶级产品是带有中央处理单元（CPU）的改进的 32 位 PIC32 芯片，用于提高 CISC 器件的性能，如英特尔 PC 处理器：分离的总线结构、指令预取和缓存、五级执行流水线和高性能的中断控制器。同样的 MPLAB IDE 也支持这些功能，但这些处理器通常会用 C 语言编写，使附加功能得到最佳利用。

12.2 器件选择

不同类型的 PIC 微控制器提供不同的功能组合。对于任何给定的应用，可以选择最合适的组合。随着附加功能的增加，性能的改进，成本的降低，组合范围也在不断扩大。关于各个系列的 MCU 的表格可以在 www.microchip.com 网站上找到，表中列出了每个芯片目前的功能和价格，以便进行比较。关键的选择标准是：

- 可用的 I/O 引脚数量。
- I/O 端口的分组。
- 程序存储器的容量。
- 数据 RAM 的容量。
- EEPROM 数据存储器的可用性。
- 定时器（8 位或 16 位）、CCP、PWM。
- 10 位模拟输入端口的数量。
- 串行通信口（USART、SPI、I²C、CAN、LIN）。
- 内部 / 外部振荡器和最大时钟速度。
- 封装（DIP、SOIC、PLCC、QFP）。
- 价格。

开发嵌入式应用时，通常会首先指定和设计硬件。这将决定所需的输入和输出端口的数量和类型。简单的开关将提供一个数字输入，而键盘则提供多个输入，温度传感器提供一个模拟输入，而电机则可能需要一个 PWM 输出。大多数系统需要某种状态或信息进行显示，显示器的类型则决定需要驱动它的输出引脚的数量。如果 PIC 是大系统的一部分，或连接到一个主控制器，串行通信将会被使用。

硬件需求建立好后，则可以开发程序，并通过仿真来测试程序了。那时就会知道程序的大小，这样芯片上的存储器容量就可以确定。此外，所选的器件中的栈深度必须足够大，以满足子程序和中断级别的要求，否则就要重新构建程序，或使用不同的芯片。如有必要，最初可以使用功能较强的芯片，最后再替换为能与应用需求更精确匹配的芯片。

当设计参数，如 I/O 需求、程序存储器容量时，可在程序最后设定，这样可以在制造商网站上使用搜索工具选择最适合的器件。8 位 PIC 闪存微控制器的摘要信息见表 12.2，可把它作为选择器件功能范围的指导。目前网站上的器件选择工具如图 12.1 所示。

表 12.2　可选的 8 位 PIC 闪存微控制器

PIC 器件型号	总引脚数	I/O 引脚	程序 ROM 字	文件 RAM 字节	EEP-ROM 字节	模拟输入 × 10 位	定时器 8+16 位	最大时钟频率 (MHz)	内部晶振 (MHz)	在线调试	CCP/PWM 模块	串口	指令数	价格
10F200	6	4	256	16	—	—	1	4	4	—	—	—	33	0.30
10F222	6	4	512	23	—	2	1	8	8	—	—	—	33	0.39
12LF1822①	8	6	3k5	128	256	4	2+1	32	32	√	1	全部	49	0.73
12F508	8	6	512	25	—	—	1	4	4	—	—	—	33	0.41
12F629	8	6	1KB	64	128	—	1+1	20	4	√	—	—	35	0.70
16F627A	18	16	1KB	224	128	—	2+1	20	4	—	—	UART	35	1.30
16F648A	18	16	4KB	256	256	—	2+1	20	4	—	—	UART	35	1.67
16F676	14	12	1KB	64	128	8	1+1	20	4	√	—	UART	35	0.98
16F690	20	18	4KB	256	256	12	2+1	20	8	—	1	全部	35	1.20
16F72	28	22	2KB	128	—	4×8 位	2+1	20	—	—	1	—	35	1.91
16F77	40	33	8KB	368	—	8×8 位	2+1	20	—	—	2	全部	35	4.12
16F819	18	16	2KB	256	256	5	2+1	20	8	√	1	I²C、SPI	35	1.78
16F84A	18	13	1KB	64	64	—	1	20	—	—	—	—	35	3.11
16F877A	40	33	8KB	368	256	8	2+1	20	—	√	2	全部	35	N/A②
16F88	18	16	4KB	368	256	7	2 + 1	20	8	√	1	全部	35	2.20
16F887	40	33	8KB	368	256	14	2+1	20	8	√	2	全部	35	1.77
16LF1907①	40	33	8KB	256	—	14	1+1	20	16	√	—	UART	49	F③
18F1220	18	16	2KB	256	256	7	1+3	40	8	√	1	UART	77	1.96
18F4320	40	36	4KB	512	256	12	1+3	40	8	√	2	全部	77	4.81
18F4580	40	36	16KB	1536	256	11	1+3	40	8	√	2	全部	83	4.38
18F6520	64	52	16KB	2048	1024	12	1+3	40	—	√	5	全部	77	5.93
18F97J60①	100	70	128KB	3808	—	16	2+3	42	—	√	5	全部+以太网	85	3.77

①低电压工作模式（最大 3.6V）。

②不再使用。

③在撰写本书时尚未生产出的产品。

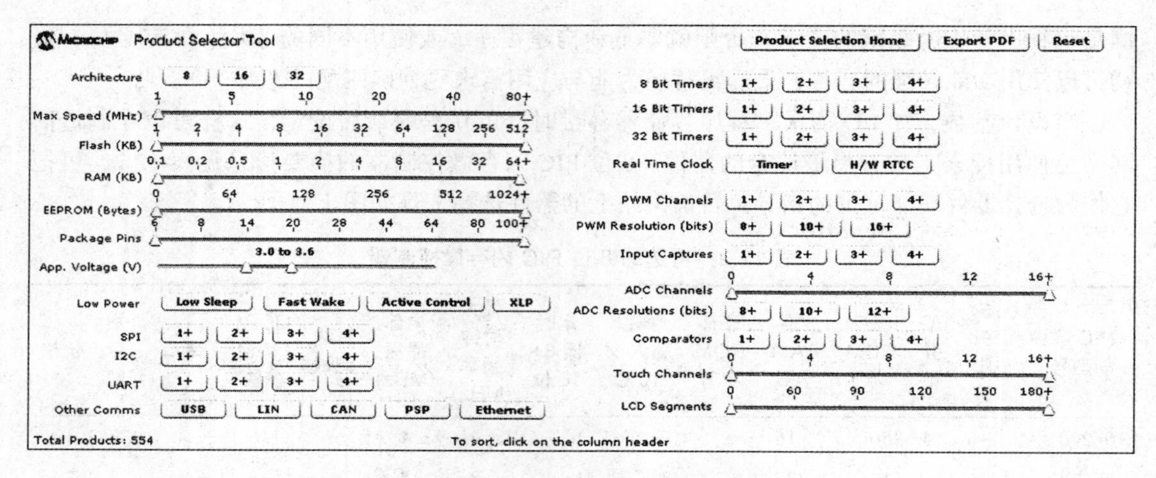

图 12.1 Microchip 产品选择工具

目前最小的 8 位芯片提供四个 I/O 引脚，256 条指令和一个内部 4MHz 振荡器的定时器。最大的芯片有 70 个 I/O 引脚，128K 的程序存储器，更丰富的指令集和多种多样的外设，并可运行在 42MHz 的频率上。

12.2.1 输入 / 输出引脚

所需输入 / 输出引脚的数量和类型需要在电路设计的早期阶段考虑。特定的接口与引脚的分组是相关的，许多芯片的部分端口已实现分组。例如，4 位端口可以方便地用于由 DIL 开关提供的 4 位输入，而带小数点的七段数码管则需要完整的 8 位端口。提供的模拟输入的引脚数量也必须满足电压测量输入的要求。大多数 I/O 引脚有一个以上的功能，它们在初始化过程中通过设置相应的控制寄存器被使能。如果一个特定的引脚没有进行任何设置，那它通常会默认为数字输入或模拟输入。在程序里，我们可重新配置引脚，使它在不同时间有不同的功能。如果是这种情况，设计者必须确保这两个功能在硬件和软件方面不会互相干扰。

12.2.2 程序存储器

存储器的容量规格只能在软件开发完成后确定，但经验丰富的应用程序开发人员应该能够相当早地预见到这一要求。否则，首先使用有足够存储容量的芯片，最后再选择有合适容量的芯片。如果程序是用 C 语言开发的，所需的存储容量将更大，因为每个程序声明都可以扩大到几个机器码指令。在这种情况下，18 系列的器件可能是最好的选择。Microchip 为 18XXXX 芯片提供了一个免费的 C 编译器，第三方的编译器也可用于 18 和 16 系列的芯片。PIC 微控制器通常都提供 flash 程序存储器，因为这是进行原型设计和生产最灵活的选择。如果需要大量的带有固定程序的芯片，在最后的制造阶段可以配置掩模 ROM 的程序存储器

（不可重新编程）以满足需求。

12.2.3　数据存储器

包括特殊功能寄存器（SRF）和通用功能寄存器（GPR）的文件寄存器 RAM 块增加了程序存储器容量和芯片的复杂性，8 位 PIC 芯片的存储范围为 16～4096 字节。需要注意的是，一些 RAM 存储器块是独一无二的，而另外一些对于所有的 RAM 存储区（即，同一个寄存器在不同的存储区中所对应的地址）都是相同的，而其他的地址范围可能并没有被使用。因此，RAM 的总量不能简单地用每个存储区的单元数量乘以存储区的个数来计算。例如，16F690 有四个 128 个单元的存储区，相当于 512 个地址，每个存储区中前 32 个地址被分配给 SFR（共 128 个），但是 RAM 里所有独有的单元也只有 256 字节（20H～7FH、A0H～EFH 和 120H～16FH）。剩下的 128 个寄存器是副本或未生效的。当程序开发出来时，所需的变量总数和临时数据存储块就可以确定了，这也为将来的扩展或性能的改变增加了可能性。如果还需要存储非易失性数据，那么也必须核对 EEPROM 的容量。

12.2.4　内部振荡器

为了节省外部元件，现在许多 PIC 都有自己的内部振荡器。在 PIC 16F690 中，内部振荡器的运行频率为 8MHz，或分频为更低的频率；如果 OSCCON 寄存器未初始化，且在配置字中选择内部振荡器便默认为 4MHz。现在，32MHz 内部振荡器也相继推出。如果需要更准确的时钟频率，可以使用一个内部寄存器对频率进行校准，但是外部晶体时钟仍然能提供最高的准确性。在最近推出的芯片中，可以选择多个时钟模式来优化时钟速度、精度和功率消耗。许多芯片有一个额外的内部振荡器和一个 31kHz 的内部时钟，可以与定时器 1 连接，作为独立时基驱动上电定时器系统。

12.2.5　时钟速度

时钟速度是影响任何微处理器系统性能的主要因素，并在某些应用中至关重要。例如，在前面所述的电机控制的例子中，时钟速度越快，控制就越精确，同时可以更精确地测量轴的转速。目前大多数闪存 PIC 提供的频率高达 20MHz（12 和 16 系列）或 40MHz（18 系列），使得指令周期时间变为 200 或 100ns（纳秒），执行速率为 5 或 10MIPS（每秒百万条指令）。所有的 PIC 都使用全静态设计，这意味着它们的工作频率可以降到零。时钟速率受限于内部信号的上升和下降，所以正确的执行可以保证达到最高额定的速度，最大速度也受限于功耗和随之而来的热效应。

12.2.6　功耗

功耗一般与互补金属氧化物半导体（CMOS）器件的时钟速度成比例，因为当晶体管开关打开和关闭时，大部分功率被消耗。图 12.2 中所示的典型器件电流消耗曲线说明了这一点。外部晶体在时钟频率为 4～20MHz 之间工作时，我们必须选择高速（HS）模式，芯片编程时需选择低于 4MHz 的晶振（XT）模式。芯片在高速运行时可能需要采取额外的散热措施使温度保持在使用范围内，特别是较大的 PIC。正如在典型的 PC 主板上的处理器会使用散热器或风扇。出于这个原因，芯片的一个主要的发展方向就在于如何降低功耗。现在超低功耗（XLP）器件工作在电池供电的低电压（3V）下，并且声称这种电池的寿命可达 8 年。明智地使用休眠和唤醒模式在降低功耗上也是很重要的。

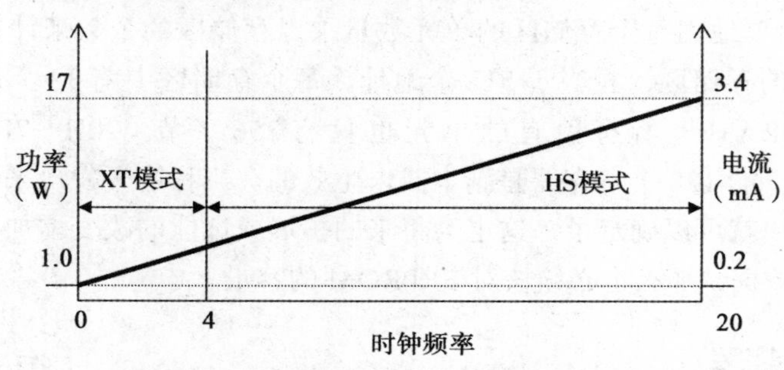

图 12.2 PIC 功耗与晶体时钟频率的关系图

12.2.7 封装

一些集成电路（IC）的封装如图 12.3 所示。集成电路的传统封装形式是塑料双列直插（PDIP）的芯片，该类芯片有两排间距为 0.1 英寸⊖的引脚。实际上，这类包装中最大可容纳的引脚数目是 64，所以对于更大的芯片我们采用其他样式的封装来减少占用的电路板面积。带引线塑料芯片载体（PLCC）封装是四周排有引脚的正方形封装，这样的设计是为了适应凹形的插座。插针网格阵列（PGA）封装是在封装的一面以网格形式排列插针，并有一个扁平的插座。

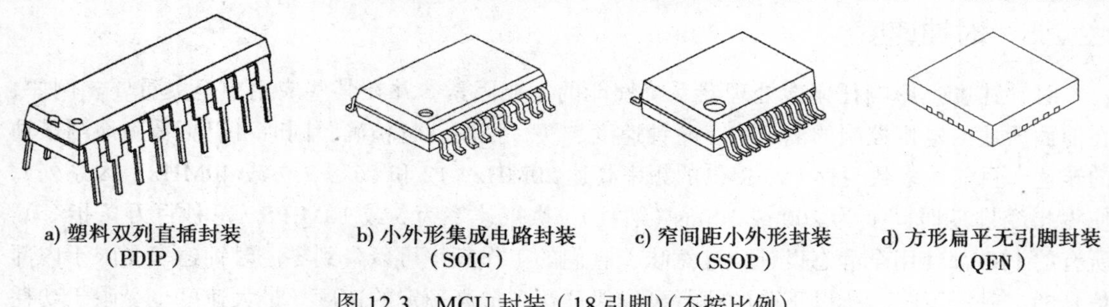

图 12.3 MCU 封装（18 引脚）(不按比例)

在实际的集成电路中，双列直插（DIP）封装只占其中的一小部分，所以如果提供将它们连接起来的装置，产品的小型化是可能的。随着芯片变得更大，电路变得更复杂，还有产

⊖ 1 英寸＝ 0.0254 米。

品本身的小型化，在现在的商业产品中，表贴元件使用地更普遍。IC 集成电路的引脚在板上不用通过通孔安装，而是在平坦的焊盘表面上焊接。表面贴装电路板需要非常精确的制造技术，一般在自动化生产系统中生产。随着焊膏印刷技术的应用，器件被机器自动地放置到电路板上，整板将流水式焊接。

小外形集成电路（SOIC）是一种表贴 DIL 封装，引脚间距为 0.05 英寸。更小间距的小外形塑料封装的引脚间距是 0.026 英寸。方形扁平封装（QFP）是个四方形的表面贴装封装，适合体积较大的芯片，如四个边共带有 44 个引脚的 PIC 16F887。较大的 8 位芯片可以使用薄型四方扁平封装（TQFP），四边各有一排引脚；或使用由焊料连接球替代引脚的球栅阵列（BGA）封装，这为机器焊接做好了准备。

12.2.8　价格

表 12.2 所示的每个芯片的相对成本，是基于编写本书时制造商给出的“预算价”的基础上的相对成本。我们可以比较相对成本，而实际的价格将随着时间明显变动，这取决于采购量和第三方供应商提出的价格。个别的价格是由芯片的复杂性和生产量所决定的。

随着芯片的不断更新换代，每个设计将由功能更好的芯片取代。随着销量的增加，产品的经济规模和开发成本的回收，新的器件变得更加便宜。作为一种营销策略，新的芯片在还未变陈旧之前，也可能被低价出售，功能较少的老款设计可能会更加昂贵。例如，目前最早的 16F84A 的建议价格是 3.11 美元，而引脚兼容的替代品，具有模拟输入和其他额外功能的 16F819，却只有 1.78 元；16F690 有更多功能，价格也只是 1.20 美元。因老款芯片不复杂，所以被用来作例子，但读者应在新的设计中考虑使用较新的芯片，即使它的功能没有得到充分利用。以前某些可用的器件已不再生产，尤其是 40 个引脚封装的 16F877A，它有全面的功能，这使得它非常通用和流行，但是已被有一个内部振荡器和其他改进功能的 16F887 取代。

12.3　外设接口

在每个芯片的框图中，外设作为独立的模块连接到内部数据总线上，这为器件提供了额外的功能，如定时器、模拟输入和串口。这些通过初始化相关的 SFR 来使用。外设的适当组合是选择芯片的一个重要因素。

12.3.1　定时器和 CCP

硬件定时器用于定时和计数操作，当定时器运行时，它允许处理器执行其他进程。基本的定时器操作已在第 6 章中讲解过，时钟输入驱动计数寄存器测量时间或对外部事件计数。通过使用额外的寄存器来存储定时器的值或创建一个 CCP 模块以扩展它的功能。CCP 指的是捕捉 / 比较 /PWM。

捕捉模式提供输入时间间隔的测量（图 12.4a）。当输入变化时，定时器寄存器的值被捕获（存储）。因此，从定时器开始工作到输入电平发生变化的时间将被记录。例如，在电机应用程序中，定时器接收到来自轴传感器的脉冲时将会启动；在下一个脉冲到达时时间被捕获，从而获得轴传感器脉冲的周期。可使能中断来标志此事件。

比较模式提供了输出时间间隔的生成（图 12.4b）。数值加载到寄存器中，然后不断地与运行中的定时器寄存器比较。当寄存器的值与之匹配时，输出引脚电平翻转，并产生一个中断信号表示超时事件。因此，这是一种方便生成时间间隔的方式，如，一个输出脉冲波形可以通过设定脉冲周期来产生。

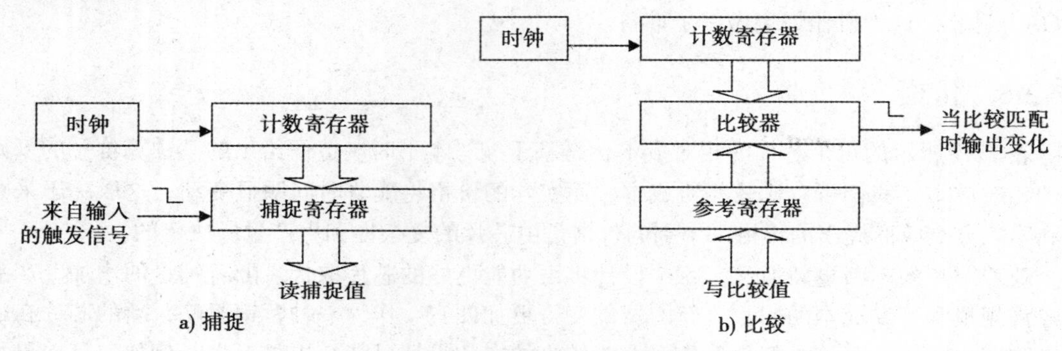

图 12.4　定时器 CCP 操作

在 PWM 模式下，预置值加载到两个寄存器里，它们分别代表 PWM 输出所需的高电平和低电平的时间（图 12.5）。然后，定时器的值与存高电平时间的寄存器的值作比较，当达到预设的值时，输出切换。接着，定时器重新启动，运行时定时器的值也与存低电平时间的寄存器的值作比较，如果匹配则输出切换。上述过程反复进行，当匹配每发生一次时，触发器的输出就切换一次，产生 PWM 输出。

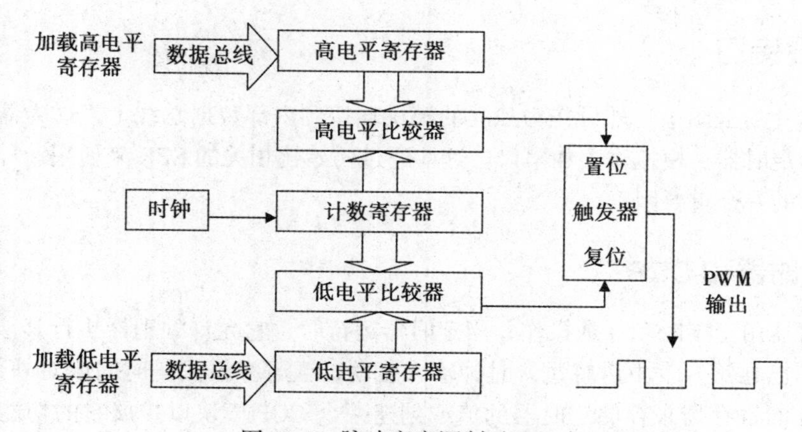

图 12.5　脉冲宽度调制（PWM）

12.3.2　模拟比较器

比较器允许两个电压进行比较，并根据输入的极性对输出位进行置位或清零。许多 PIC 采用比较器的输入，如同模拟 / 数字（A/D）的输入，结果位记录在相关的 SFR 里。通常情况下，它有多个输入，可设置为工作在不同的组合下，这会引发一系列的输出事件，如中断。具体见 16F690 的 C1 比较器模块的框图（数据手册中的图 8-2）。

12.3.3　模拟 / 数字输入

模拟输入用于有输入传感器的控制系统。传感器根据环境变化或系统测量而产生一个电压、电流或电阻的变化。例如，在 LPC 板中，一个电位器与 RA0 连接，当 RA0 作为模拟输入时会被指定为 AN0。在测试程序中，它会从电位器里读取 0～5V 的电压值，并将这个值复制到延迟计数器里，以此作为初始值来控制 LED 输出扫描的速度。第 13 章描述的温度控制器接收来自温度传感器的输入，提供变化为 10mV/℃的输出，然后 PIC 操作加热器或冷却风扇的输出，使温度保持在目标系统设定的范围内。

大多数 PIC 提供 10 位转换。这意味着输入电压被转换为一个 10 位的数字，分辨率为 1/1024 或优于 0.1%。除了最苛刻的应用，这已经足够了。如果不需要全分辨率，可以忽略两个额外的位，只使用 8 位的结果。多个模拟输入通常是可行的，PIC 16F690 有 12 个（AN0～AN11）模拟输入。执行模拟输入转换的编码在 LPC 程序 7.1 中给出。

图 12.6 介绍了模拟 – 数字转换器（ADC）系统。包含 ADC 输入的端口可设置为模拟

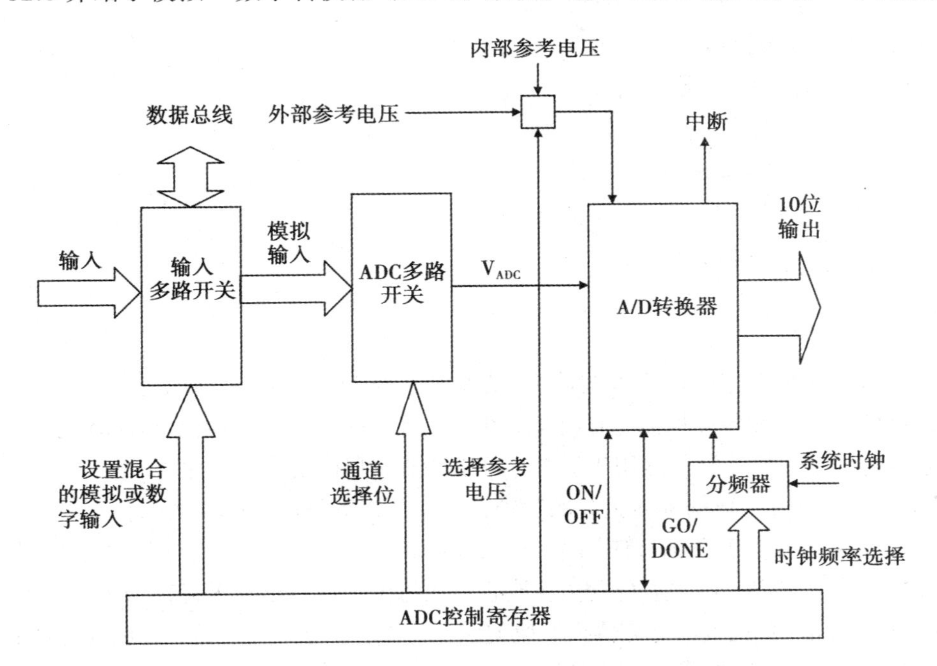

图 12.6　模拟 – 数字转换器的总体方框图

和数字输入的组合或全是模拟输入。模拟输入中的一个在某时刻被选择转换，并且转换器的输出存储在一个 ADC 结果寄存器中。需要转换的最大电压（参考电压）可以在外部设置，或使用内部的电源电压（+5V）。温度控制器板使用 2.56V 的外部参考电压，因为这样给出的 8 位结果是每位 0.01V，易于使用。转换器由芯片的时钟驱动，但是分频器必须设置为满足指定的最低转换时间（约 20μs）。例如，如果芯片时钟为 20MHz，则必须选择 32 分频；如果时钟是 4MHz，需选择 8 分频。控制寄存器的 GO/DONE 位是用来启动转换的，当转换完成时，相同的位会有所指示。

ADC 通过逐次逼近进行工作，其中的细节可以在标准的电子参考手册中找到。转换器由一个寄存器、一个数模转换器（DAC）和一个模拟比较器组成。该寄存器可以被加载一半范围内的值（10 位时为 512），这些值被 DAC 转化为模拟值，它们的最大输出根据 ADC 参考电压设置。DAC 的输出与参考输入电压进行比较，如果输入比较高时，比较器的值将增加剩余范围的一半（512+256 = 768，第 8 位置 1）。再次对输入进行比较，寄存器的值向上或向下调整，直到该值收敛于实际输入值的 10 次迭代以内为止。

12.4 串口

串行通信端口允许 PIC 与其他 MCU 通信或与主控制器通过一个单连接交换数据。串行连接也可以由外部存储设备和传感器组成。PIC 中几个可用的协议如下：

- USART（通用同步 / 异步串行接收 / 发送器）。
- SPI（串行外设接口）。
- I²C（两线式串行总线）。
- LIN（本地互连网络）。
- CAN（控制器局域网络）。
- 以太网。
- USB（通用串行总线）。

12.4.1 USART

RS232 是个异步通信协议，以前作为 PC 的串行端口（COM），在 USB 开发之前用于连接如鼠标这样的外围设备。虽然它速度低，但很容易理解，多年来被用作计算机、终端和其他系统之间的直接通信，也仍然用于 PIC MPSTART 编程模块下载程序。

“异步”是指没有为数据提供独立的时钟信号，所以数据的正确接收依赖于发送器和接收器以相同的速度运行，每个字节使用一个起始位同步接收。使用一对移位寄存器（图 12.7a）对串行数据以单个字节的形式进行发送和接收。在每位数据移出发送寄存器传到线路上之后，它必须在同一时间转移到接收寄存器里。换句话说，接收器必须在被传输的位存在的时间内进行采样。然后，在适当的时间间隔后必须进行下一次采样，这依赖于数据传输速率。

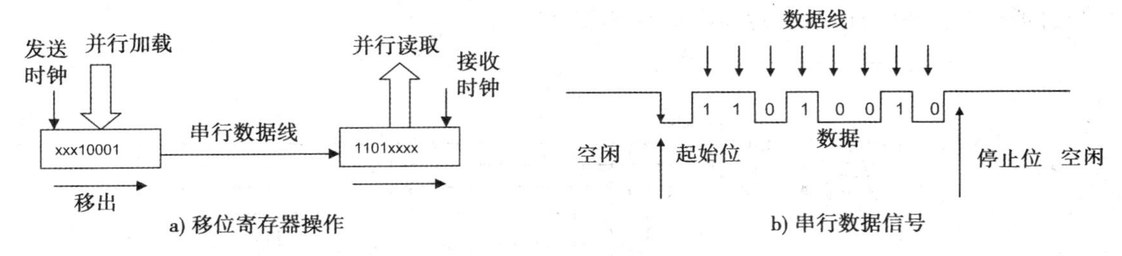

图 12.7　USART 操作

“波特率”设定时间间隔，它有一组介于每秒 300～15200 位之间的标准速率。发送者和接收者必须初始化在相同的波特率上运行。19200 波特率（约 20kbit/s）这个典型的速率，每位的时间间隔约为 50μs，信号如图 12.7b 所示。当无效时，信号是高电平；起始位的下降沿表示一个字节开始。然后接收器以给定的时间间隔进行采样来读取每一位，每个字节开始时，采样被重新触发。

当 USART 工作在异步模式下（见图 12.8），发送（TX）和接收（RX）各有一个单独的数据路径。数据通过串行线一次传输一个字节，启动、停止和可选的错误检测（奇偶校验）位的传输与数据传输一样。如果检测到错误，则需要重发请求。当 TX 引脚用来代替产生时钟信号时，同步模式同样可行。时钟信号和数据信号一起发送给接收器，从而使得过程更加可靠。在这种模式下，设备仍然可以发送和接收，但一次仅在一个方向传输。

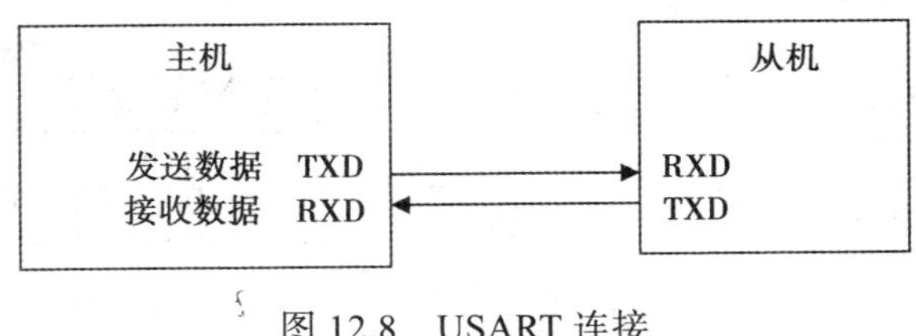

图 12.8　USART 连接

由 PIC 的 USART 产生的 RS232 数据信号以 TTL（晶体管 – 晶体管逻辑电路）电平输出。大多数终端，如 PC，将产生一个更高的双极性电压来传输信号，通常是 ±12V，从而使信号在线上传输得更远（最远约 100m）。如果 PIC 与这样的终端进行通信，信号必须通过驱动器，这样就可以增大电压，按照要求的电压水平传输了。

12.4.2　SPI 总线

SPI 系统使用每个系统设备上的三个引脚：

- 串行数据输出（SDO）。
- 串行数据输入（SDI）。
- 串行时钟（SCK）。

这是个一主多从的系统，使用硬件要“从选择”（见图 12.9）。为了与从动装置进行数据交换，主动装置通过使从动选择输入（SS）变低来选择它。然后通过 SDI 或 SDO 同步交换 8-bit 数据，随着时钟脉冲的到来，选通数据的每一位传送到目的寄存器。由于硬件的选择要求，本系统最适合于同一电路板上设备之间的通信。数据可以在同一时间被发送和接收，芯片时钟频率为 20MHz 时，时钟速率可高达 5MHz。

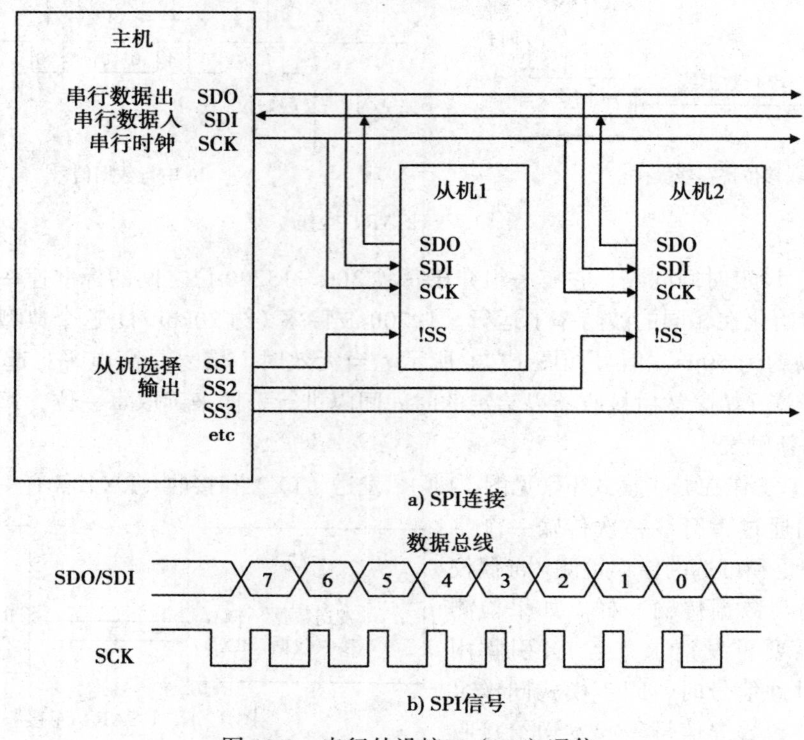

图 12.9 串行外设接口（SPI）通信

12.4.3 I²C 总线

I²C 系统只需要每个系统设备的两个引脚：

- 串行数据（SDA）。
- 串行时钟（SCL）。

该系统也是采用主从同步通信，但它是基于软件而不是硬件的寻址系统（图 12.10）。在网络中发送数据之前，目的地址在相同的线（SDA）上被发送。7 位或 10 位地址可被使用（从机最多 1023 个），它们必须在每个从机的地址寄存器中预先编程。然后，从机只能获得自己地址的消息。时钟频率可高达 1MHz。I²C 适合分散的微控制器板之间的通信，因为没有从选择的硬件连接需要。与 SPI 相比，硬件简单，但软件更复杂。请注意，在硬件框图中，连线上拉至＋5V，低电平有效，线或操作在串行总线和时钟线上进行。

12.4.4 LIN 总线

LIN 总线是 I²C 和 RS232 协议的混合（见图 12.11）。PIC 接口指定为 EUSART（扩展 USART），表明它支持这个额外的总线选项。它使用单个双向信号线，单主多从协议，运行

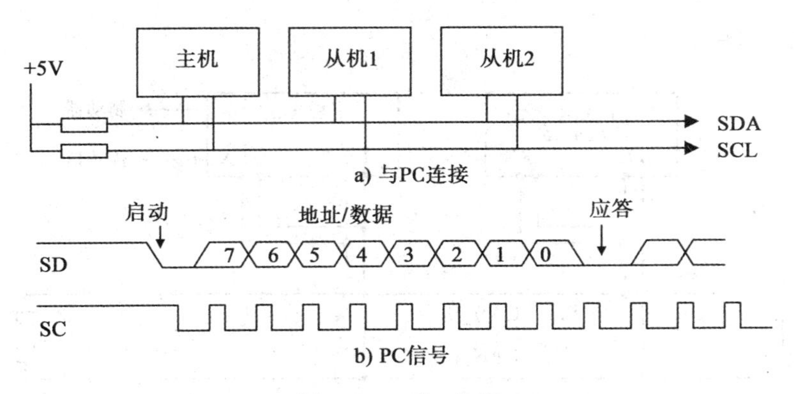

图 12.10　I^2C 总线

在 9～18V（12V）上，带有集电极开路输出总线收发器和上拉电阻。每个 RS232 的收发器连接到 TX 和 RX 引脚。如同 RS232，数据、控制字节、启始和停止位在异步模式下传输，但它们是与标识符及多达 8 个字节的数据作为消息块同步发送的，并且由一个错误检验字节以与网络数据帧相同的方式终止。它主要应用于汽车系统，这个系统需要一个既简单又强大的协议来整合成网络分布式控制器。详细信息请查看 Microchip 应用笔记 AN729。

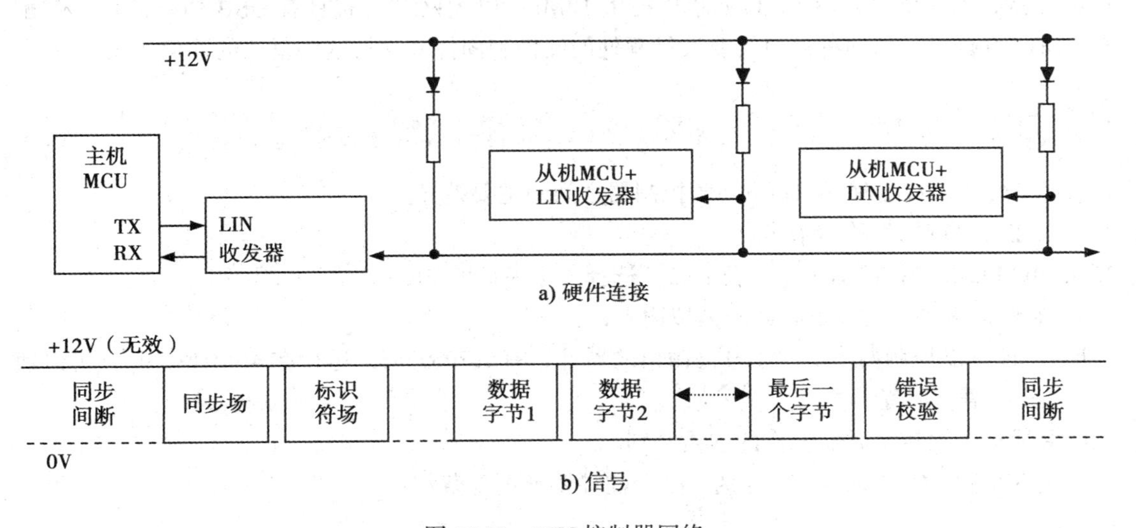

图 12.11　LIN 控制器网络

12.4.5　CAN 总线

CAN 系统（见图 12.12）设计用来在电气噪声环境下进行信号传输，如汽车控制，在 5V 的差分电流驱动器上使用。这是一个多主机系统，意味着系统的所有节点（电子控制单元）可以在任何时间发送消息。它的数据帧包括标识符位、多达 8 个数据字节、错误检验和应答位。冲突通过每个消息标识符中的优先级代码解决。CAN 总线是目前被选定的高性能 PIC18

系列器件中唯一可用的。

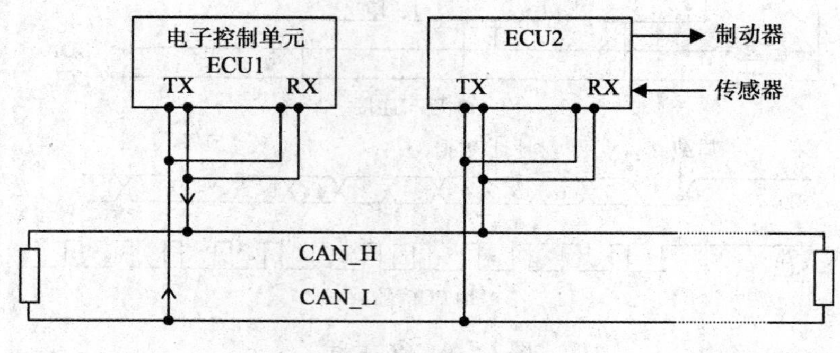

图 12.12 CAN 总线系统

12.4.6 以太网和 USB

以太网和 USB 接口正被添加到一些更强大的 PIC 微控制器中，这样它们可以直接连接到标准的外围设备上。有些 PIC32（32 位）的器件支持 100Mb/s 以太网，PIC24（16 位）芯片不支持，而一些 PIC18（8 位）芯片提供 10Mb/s 以太网。所有具有 USB 功能的器件都配有 USB 2.0 接口。这两种接口需要大量额外的硬件和固件来支持这些复杂的通信协议。

习题

1. 总结 PIC10、12、16 和 18 系列微控制器之间的主要差异。
2. 说出在线串行编程的两个优点。
3. 从 PIC Flash 微控制器表中（表 12.2）选择成本最低的 PIC：
   a）器件在最小的封装下有 8 个模拟输入；
   b）一种可以控制两个 PWM 电机输出的器件，有 EEPROM，运行在 40MHz，并且可以通过 C 语言编程。
4. 解释捕捉和比较定时器操作的本质区别。
5. 描述 SPI 和 I^2C 寻址的本质区别。哪个硬件要求更复杂？

实践活动

1. 下载数据手册，学习 PIC 12F67、16F690 和 18F8720 的摘要。总结各自的特点，并为每个器件选取一个典型应用。
2. 机器人有四个由 PIC 微控制器控制的轴。每个都有一个 PWM 速度控制电机和一个增量式编码器，三个数字输出提供位置反馈信息。EEPROM 的块可用来存储多达 128 个编程位置，轴的每个位置需要一个 16 位的码。从 Microchip 网站选择最合适的芯片作为机器人定位系统的控制器。下载数据手册，并为系统绘制框图，确定应连接到电机和编码器的引脚。概述控制器如何在编程位置之间移动机器人。如有必要，请参阅第 11 章内容。

3. 设计上面活动实践 2 中的机器人控制器的另一种实现方法，画出框图，每个轴使用一个单独的控制器并连接到主 SPI 控制器上。为主从控制器选择合适的芯片，并列出所需的连接。比较每个系统的成本，并给出活动实践 2 中提出的单控制器控制的主从系统的优势。

第 13 章 Chapter 13

更多的 PIC 应用

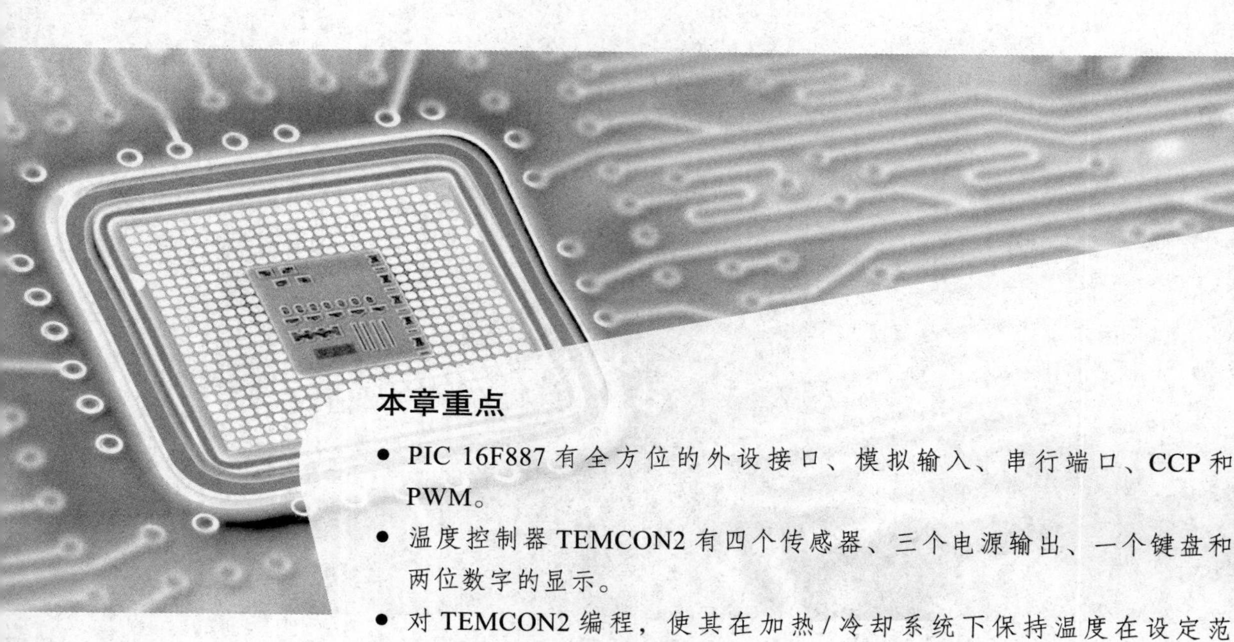

本章重点

- PIC 16F887 有全方位的外设接口、模拟输入、串行端口、CCP 和 PWM。
- 温度控制器 TEMCON2 有四个传感器、三个电源输出、一个键盘和两位数字的显示。
- 对 TEMCON2 编程，使其在加热 / 冷却系统下保持温度在设定范围内。
- 使用 16F818 实现一个无键盘的类似应用。
- 使用 12F675 实现一个无显示的类似应用。
- 18F4580 与 16F887 类似，但 18F4580 可以用 C 语言编程，并且它的运行速度是 16F887 的两倍。

在第 12 章中，我们对主要系列的 PIC Flash 微控制器（MCU）的特点进行了概述。16 系列提供了中等规模器件的性能，其 I/O 引脚为 13～33 个，程序存储器容量在 lKB-8KB 之间。小型组（10F/12F 系列）的 8 引脚芯片有 6 个 I/O 引脚和 1KB 指令。18F 的高性能组提供 64KB 的程序存储器和多达 70 个 I/O 引脚。这一章将会描述 16F887 应用的一些细节，及如何使用小规模且功能有限的器件去实现类似的应用。

13.1　TEMCON2 温度控制器

16F887 具有一套完整的外设功能，包括 14 个模拟输入、3 个定时器、4 个 ECCP（增强型捕捉比较 PWM）通道、通用的扩展同步 / 异步收发器（EUSART）、MSSP（主控同步串行端口）和在线调试（ICD）。16F887 与 16F877A 引脚相互兼容，能够替代 16F877A，但它有一些额外的功能，如模拟输入、比较器、脉宽调制输出（PWM）、内部振荡器和本地互连网络（LIN）。

温度控制器的应用板 TEMCON2 使用大多数的有效的 I/O，所选择的 PIC 与其应用完全匹配。8KB 容量的内存器能满足大部分利用这个硬件进行开发的应用程序。文中提供了一个示范程序，我们可以使用仿真和硬件来进行测试。

13.1.1　系统规范

空间中的环境控制需要加热和通风系统，如温室的温度必须保持在设置的有限范围（0～50℃）内。一个基本的框图如图 13.1 所示。

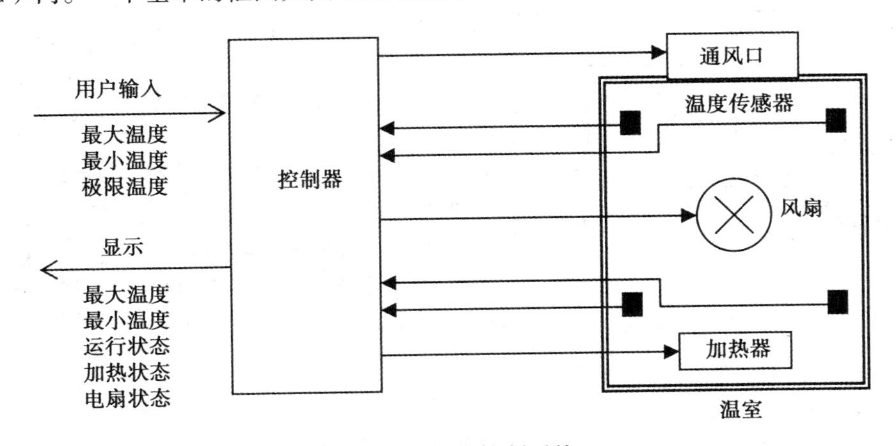

图 13.1　温度控制系统

该装置通过编程可以接受最高和最低温度、或一组温度及工作温度范围的设置。该系统将运行在由 4 个传感器读回的平均温度上，这样可以更精确地表示整体温度。如果该应用程序的固件可以检查出传感器的温度是否超出正常范围，那么我们可以通过使用多个温度传感器来防止系统因一个传感器故障而不能正常运行的情况发生。温度可以通过继电器在加热器、出风口和风扇之间切换，风扇可以通过场效应晶体管（FET）的输出来控制速度。风扇安装在加热器上，以便进行强制加热或冷却，这取决于加热器是否接通。FET 接口通过 PWM 控制风扇速度。系统操作如表 13.1 所示。

表 13.1 温度控制器功能表

测量温度	加热器	通风口	风扇	操作
测量温度≪最小值	打开	关闭	打开	强制加热
测量温度＜最小值	打开	关闭	关闭	加热
最小值＜测量温度＜最大值	关闭	关闭	关闭	合适的温度
测量温度＞最大值	关闭	打开	关闭	冷却
测量温度≫最大值	关闭	打开	打开	强制冷却

图 13.2 显示应用程序的接口要求。四个温度传感器被用来监视目标系统中不同点的温度。幸运的是，该应用程序在输入端并不需要对模拟信号进行太多的调整，不同于电容去耦抑制噪声，温度传感器可以直接连接到 PIC 上。通过对它们的读数进行取平均，或对每个加权因子进行处理，从而得到测量到的温度的代表值。

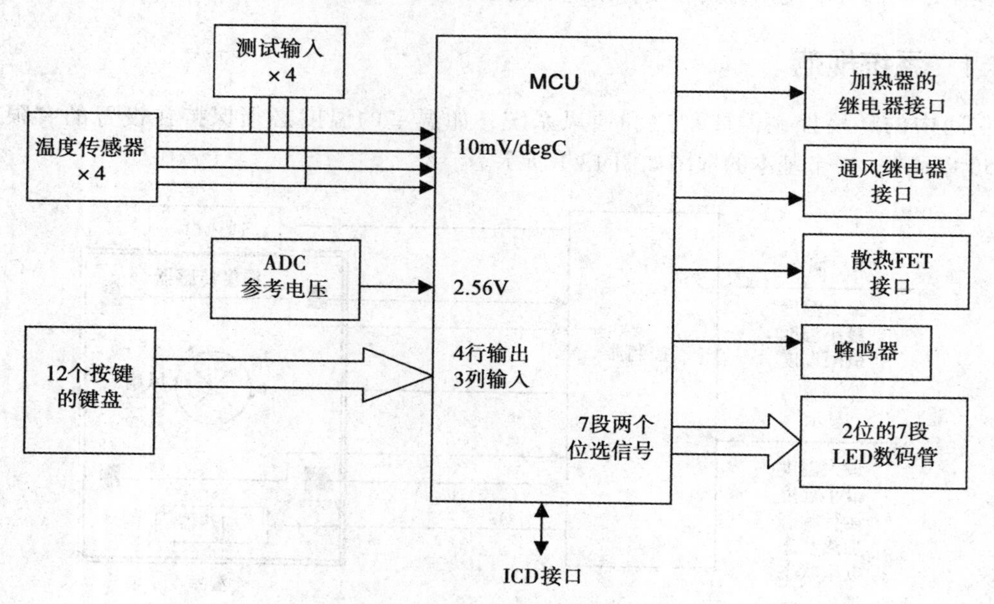

图 13.2 温度控制器的接口

通过两个不同的接口控制输出。假设开 / 关控制得当，则继电器被用于加热器和通风口。这些接口能够实现常开开关继电器的功能，以便可以使用外部电源。风扇输出示范了另一种通用的功率场效应管的固态接口。它允许按比例控制，但外部电路必须工作在 5V 电压下。

在一个完整的系统中，速度被控制的风扇的接口需要详细阐述，并且在 16F887 中，可能需要重新分配一个 PWM 输出给这个接口。

13.1.2　输入 / 输出分配

PIC 16F887 所提供的 I/O 功能详见表 13.2。它们的映射不受应用程序的限制，而是以最方便的分组方式来确定，表 13.3 给出了 I/O 的分配。

表 13.2　16F887 引脚功能（40 引脚 DIP 封装）

引　脚　号	引 脚 名 称	说　　明
12/31	Vss	地（0V）
11/32	V_{DD}	电源（通常＋5V）
	端口 A（8 位）	
2	RA0/AN0/ULPWU/C12IN0$_-$	数字 I/O/ 模拟输入 / 比较输入
3	RA1/AN1/C12IN$_-$	数字 I/O/ 模拟输入 / 比较器输入
4	RA2/AN2/Vref-/Cvref/C21N$_+$	数字 I/O/ 模拟输入 /ADC 输入 / 比较器负极参考电压输入 / 参考输入
5	RA3/AN3/Vref+/C1IN$_+$	数字 I/O/ 模拟输入 /ADC 输入 / 比较器正极参考电压输入
6	RA4/T0CKI/C1 OUT	数字 I/O/ 定时器 0 的输入 / 比较器 1 输出
7	RA5/AN4/SS/C20UT	数字 I/O/ 模拟输入 / 从选择输入（SPI 模式）/ 比较器 2 输出
14	RA6/OSC2/CLKOUT	数字 I/O/ 外部时钟电路 / 指令时钟输出
13	RA7/OSC1/CLKIN	数字 I/O/ 外部时钟电路 / 时钟输入
	端口 B（8 位）	
33	RB0/AN12/INT	数字 I/O（电平变化中断）/ 模拟输入 / 外部中断输入
34	RB1/AN10/C12IN3$_-$	数字 I/O（电平变化中断）/ 模拟输入 / 比较器输入
35	RB2/AN8/P1B	数字 I/O（电平变化中断）/ 模拟输入 /PWM 输出
36	RB3/AN9/PGM/CI2IN2$_-$	数字 I/O（电平变化中断）/ 模拟输入 / 编程模式 / 比较器 1 输入
37	RB4/AN11/P1D	数字 I/O（电平变化中断）/ 模拟输入 /PWM 输出
38	RB5/AN13/T1G	数字 I/O（电平变化中断）/ 模拟输入 / 定时器 1 门输入
39	RB6/ICSPCLK	数字 I/O（电平变化中断）/ 在线串行编程时钟输入
40	RB7/ICSPDAT	数字 I/O（电平变化中断）/ 在线串行编程数字输入
	端口 C（8 位）	
15	RC0/T1OSO/T1CKI	数字 I/O/ 定时器 1 振荡器输出 / 定时器 1 时钟输入
16	RC1/T10SI/CCP2	数字 I/O/ 定时器 1 振荡器输入 / 捕捉模块 2 输入 / 比较模块 2 输出 /PWM2 输出
17	RC2/P1A/CCP1	数字 I/O/ 捕捉模块 1 输入 / 比较模块 1 输出 /PWM1 输出
18	RC3/SCK/SCL	数字 I/O/ 同步串行时钟输入 /SPI 和 I^2C 模式输出

（续）

引 脚 号	引脚名称	说 明
23	RC4/SDI/SDA	数字 I/O/SPI 数据输入 /I²C 数据输入 / 输出
25	RC5/SDO	数字 I/O/SPI 数据输出
26	RC6/TX/CK	数字 I/O/USART 异步发送 /USART 同步时钟输出
27	RC7/RX/DT	数字 I/O/USART 异步接收 /USART 同步数据输出
	端口 D（8 位）	
19	RDO	数字 I/O
20	RD1	数字 I/O
21	RD2	数字 I/O
22	RD3	数字 I/O
27	RD4	数字 I/O
28	RD5/P1B	数字 I/O/PWM 输出
29	RD6/P1C	数字 I/O/PWM 输出
30	RD7/P1D	数字 I/O/PWM 输出
	端口 E（4 位）	
8	RE0/AN5	数字 I/O/ 模拟输入
9	RE1/AN6	数字 I/O/ 模拟输入
10	RE2/AN7	数字 I/O/ 模拟输入
1	RE3/MCLR/Vpp	数字 I/O/ 复位输入 / 编程电压输入

表 13.3 温度控制器 I/O 分配

设 备	功 能	16F887 引脚	初 始 化
温度传感器	0～512mV ＝ 0～51.2℃	RA0、RA1、RA2、RA5	AN0、AN1、AN2、AN4
ADC 参考电压	2.048 V	RA3	VREF ＋
加热器	开关输出	RE0	数字输出
通风口	开关输出	RE1	数字输出
风扇	开关输出	RE2	数字输出
4×3 键盘	读列、扫描行	RD0、RD1、RD2、RD3、RD4、RD5、RD6	数字输出、数字输入
2×7 段数码管	段显示，两位数选择	RC1～RC7，RB1、RB2	数字输出、数字输出
蜂鸣器	音频报警	RB0	数字输出
ICPD 接口	编程 & 调试	RB3、RB6、RB7	N/A

13.1.3 电路描述

图 13.3 是温度控制器的原理图。每个接口将分别被描述。虽然在这个应用中，不需要严格的时间操作，但是需要使用内部默认的 4MHz 的时钟，以提供一个适当的指令执行时间。

模拟输入

四个温度传感器连接到端口 A，通过四个电位器提供虚拟输入。利用已校准过的 10mV/℃输出的标准传感器（LM35，或类似产品），使得温度传感器在 0℃时预期输出 0mV。该控制器可在高达 50℃的情况下工作，在这样的温度下，传感器的输出为 500mV。如果传感器没有用很长的导线连接，这样低的电压是可以接受的，但会引起电子干扰。为了适合远程操作，传感器连接的末端应使用一个直流放大器，以增大电压，即，50℃时对应电压为 5.00V，并且模拟 – 数字转换器（ADC）也应进行相应比例的缩放。同时使用屏蔽导线，使输入不受噪声影响，并且通过 1KHz/1nF 的低通滤波器进行电压保护；由于 ADC 的输入阻抗很高，其对输入电压测量的影响可以忽略。

ADC 通常是以 10 位的分辨率工作，输出范围在 0～1023 之间。它需要参考电压来设置输入电平的最大值和最小值。参考电压可以由 ADC 内部提供，表示为 V_{DD} 和 V_{SS}（电源电压），但 V_{DD} 没有给出一个方便的转换因子。因此，使用 2.7V 的齐纳二极管和分压器来提供一个外部参考电压，给定的正参考电压 V_{ref+} 调整到 2.048V，这样得到的转换因子为 2048mV/1024bit＝2mV/bit。为了简化软件，并覆盖正确的范围，测试程序只使用 ADC 低 8 位的结果，最大值为 255。在 50℃时，输入为 500mV/2mV＝250，分辨率为 0.2℃ /bit。测试电位器允许手动设置输入，有了它无需加热和冷却目标系统就可以检查软件操作。根据需要，可将这些信号通过一组双列直插封装（DIP）的开关输入和输出。

输出

这里提供了两种类型的输出设备：继电器和 FET。继电器保证了负载电路与控制器相互隔离（电分离）。外部电路工作时使用自己的电源，所以负载（此处为加热器）可以由单相或三相电源供电。该继电器虽然易于使用，但是它的转换速度相对较慢，接触点可能会随着时间磨损。相比之下，FET 接口更可靠，因为它是固态的。但是用它进行设计的缺点是负载必须工作在与 FET 相同的电源上，即板上提供的 5V 电源，且控制器和负载之间也没有足够的电气隔离。

然而，FET 接口可以高频率地切换，即允许 PWM 控制切换，并可以修改隔离操作。所有的输出状态可由板子上的发光二极管（LED）来表示。

键盘

12 个按键的键盘允许用户输入所需的温度及应用程序所需的其他工作参数。如目标温度

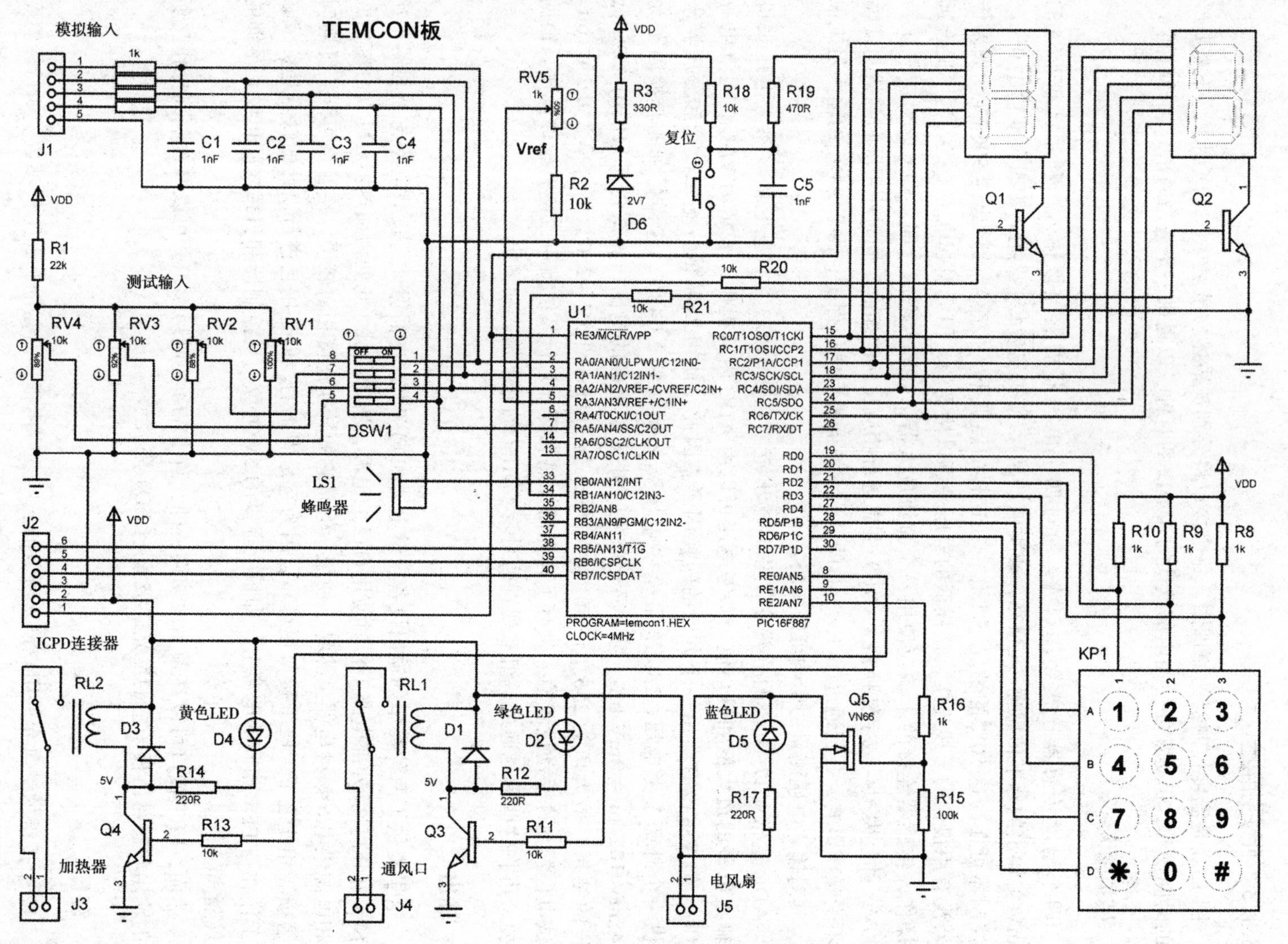

图 13.3 TEMCON2温度控制器原理图

的上限和下限、报警值等均是两位数字输入。键盘是一组按照矩阵式排列的开关，通过扫描程序进行访问。如果每一行的输入（A、B、C、D）开始时都设置为高电平，且没有按键被按下，则所有的列（1、2、3）将输出高电平（拉升到 5 V）。同样，如果每一行上依次将电平置为“0”，且有一个按键被按下，则 MCU 可以检测到哪一列出现低电平“0”。通过检测到的有效的列和行就能判断出所按的键。

显示

这里我们使用七段数码管作为显示器，因为它相对液晶显示器（LCD）来说更容易操作，而且是自发光的。它的编码在第 10 章中已经介绍过，表 10.2 是为每个显示的数字提供的输出组合。如果要显示两个数字，则可以通过复用相同的一组输出同时操作它们。数字通过 Q1 和 Q2 交替输出，但只要交替的速度足够快，两个数码管就像在同一时间显示一样。虽然这样做降低了亮度，但有效减半了平均电流，所以原先显示屏输出所使用的限流电阻可以不要。同时开关晶体管可以当作恒流源，恒定的电流被分配到那些点亮的数码段上，所以显示时数字的亮度会有差别。这可以通过使用恒定电压源控制公共端电流来改进。

其他接口

所安装的蜂鸣器可以提供声音报警输出。这可用于提示系统故障，如温度太低、时间太长，也可以为按键提供声音反馈。板上还提供一个手动复位，使程序可以在不关机的情况下重新启动。在进行测试和正常操作时，这是非常有用的。通过 ICPD 连接器可以进行在线编程和调试，ICD 模块必须连接在 PC 和应用板之间。

13.1.4　硬件开发

电路开发可使用 Labcenter™ ISIS 原理图设计软件，它是 Proteus VSM 的一个组成部分，它为集成软件和硬件测试（有关详细信息参阅附录 E）提供了动画绘制对象。当电路经过仿真测试之后，就能在条状铜箔面包板上实现（见图 13.4）。这种布局是专为早期版本的电路板设计的，该电路采用的芯片引脚与 PIC 16F877A 芯片相兼容，并有一个共阳极显示器，所以图 13.3 中的 TEMCON2 电路需要做轻微改动。

这种原始的设计构建了一个目标演示系统，以高电流的 5V 电源驱动两个白炽灯当作加热器，一个 5 V 供电的中央处理单元（CPU）风扇作为冷却元件，温度传感器在外壳内对称分布。目标硬件接线如图 13.5 所示。注意，在风扇上有一个传感器的输出口，如果添加一个合适的接口将风扇传感器脉冲转换为 TTL 电平，就可以用来监测风扇的实际转速。测试硬件上没有给出通风口的物理实现电路。

图 13.6 给出了已完成系统的照片，它包括图片右边的模拟器，在 TEMCOM 板上通过 ICD 模块（嵌入在 ABS 盒中）连接到 ICPD 连接器，加上 5V 电源和 PC 就完成了系统。当完

成最终的硬件测试后，使用 Labcenter ARES 印制电路板（PCB）软件创建好应用板，如图 13.7 所示。板上包括连接电源适配器的 +5V 工作电源。

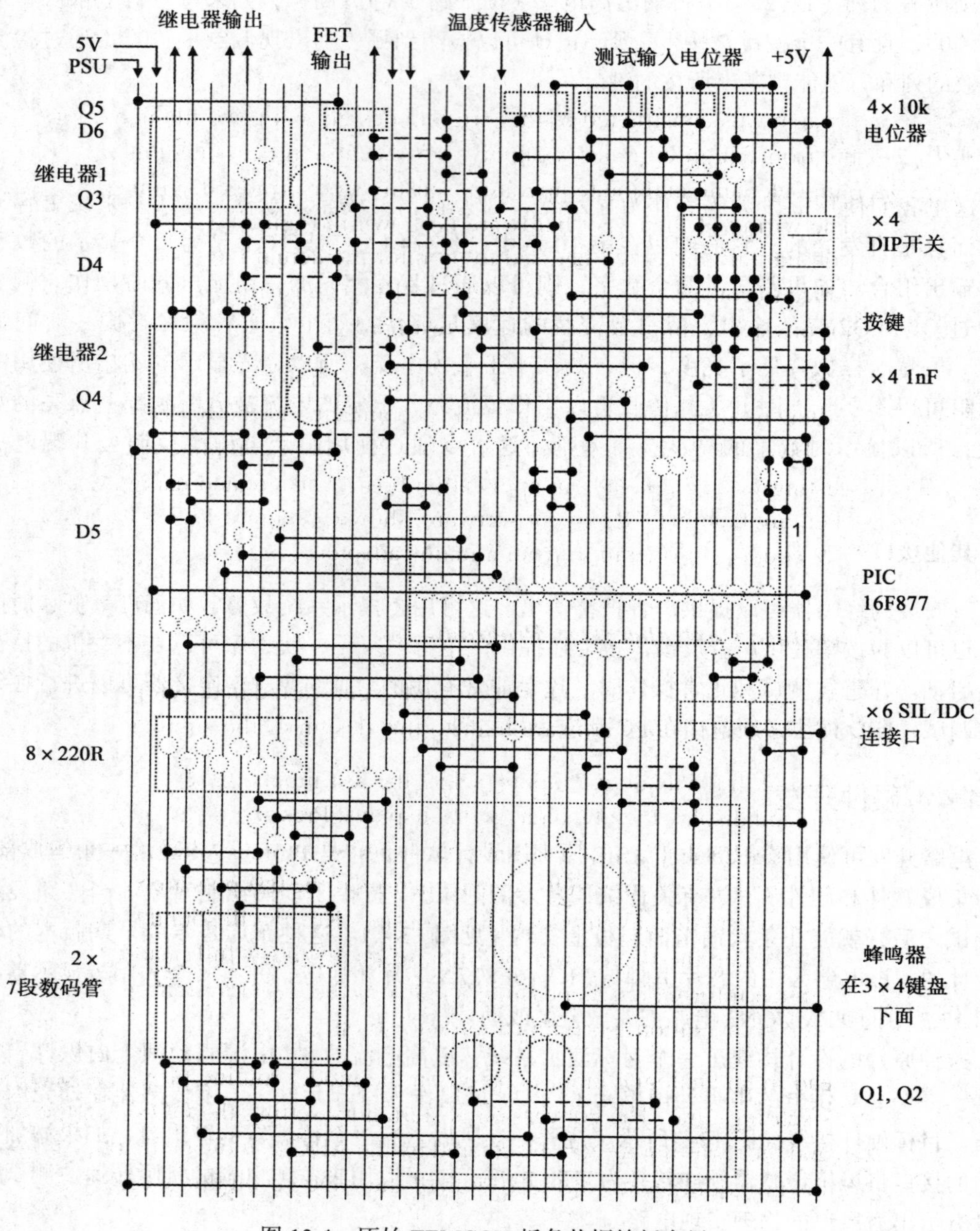

图 13.4　原始 TEMCON 板条状铜箔板布局

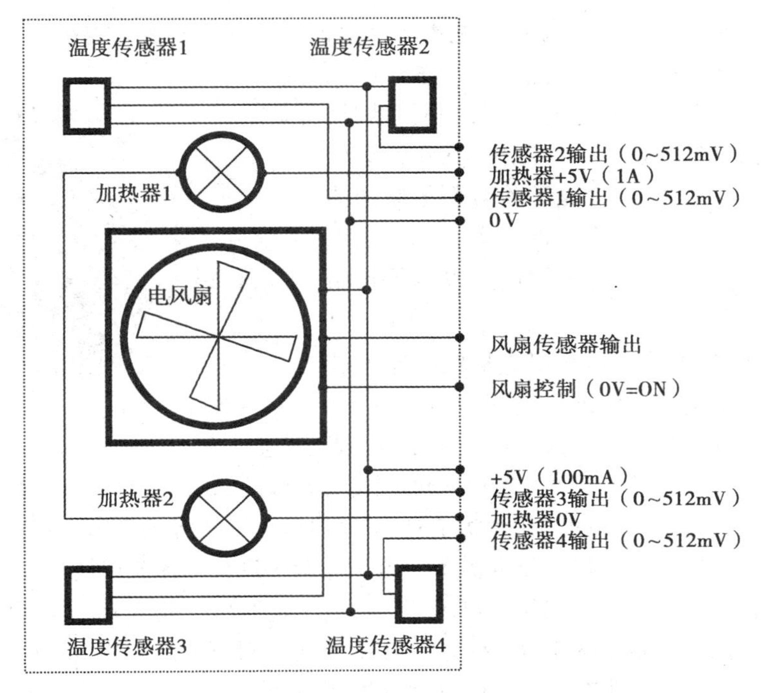

图 13.5　温室仿真器接线图

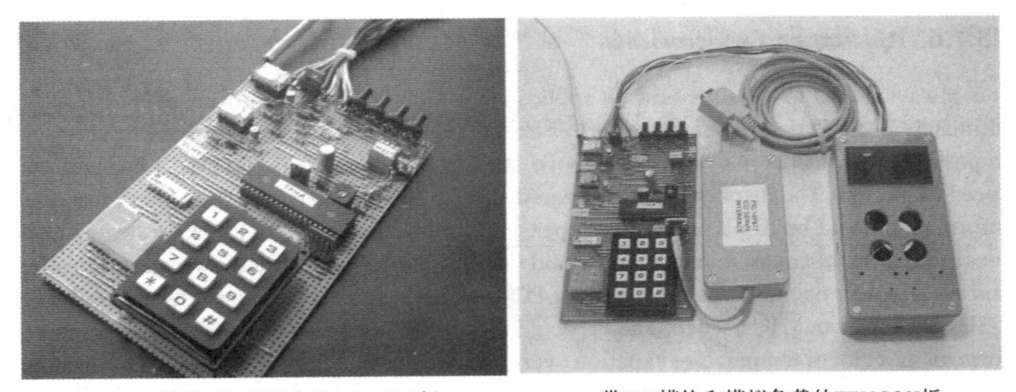

a) 条状铜箔面包板版本的TEMCON板　　b) 带ICD模块和模拟负载的TEMCON板

图 13.6　TEMCON 温度控制器硬件

13.1.5　温度控制器的测试程序

程序 13.1 是为了练习使用硬件并开始为 TEMCON2 系统开发应用，可以使用硬件实现该设计，或通过仿真器下载来实现。

该程序将读取（通过设置双列直插 DIL 开关选择测试输入）模拟输入，并在数码管上显示原始数据。按下键盘上的一个按键，选择一个模拟输入进行显示。按键“1”代表模拟输入1，依此类推直到按键“4”，然后重复5～8键。如果改变测试电位器，会产生一个明显的随机结果，这表明硬件输入和显示接口正在工作。按键9会发出蜂鸣声，而“*”、“0”和“#”将分别控制加热器、排气口和风扇。完整的头文件包含了尽可能多的信息：目标系统的细节、程序说明，寄存器初始化、端口分配等。

图 13.7 TEMCON 温度控制板

根据数据手册提供的演示程序，从模拟输入端读取数据程序的建立时间为20μs。通过设置ADC控制寄存器GO位开始转换，然后等待它被ADC清除来表示转换完成。在这个程序中，10位ADC仅有8位的结果被使用，所以结果是“右对齐”的，并将低有效的8位数据放在ADRESL寄存器里，以便将结果输出到数码管。注意，ADRESL在16F887的bank 1里，根据需要对这个存储区进行选择或取消选择。在正在运行的程序中，模拟输入值将被转换成用于显示两位数的十进制值。使用上面提到的转换系数进行计算，温度50℃对应的数值为250，在ADRESL中为右对齐的二进制数。因为输入范围仅为500mV，所以只有ADC动态范围的四分之一被使用到。这个结果之后被转换成相应的显示数字“5”和“0”，之后依此类推直到零。

键盘扫描程序使用一个简单的方法来检查是否有任意行的任意键被按下，如果有键被按下则调用所需的操作。当读取的是数值时，可以使用一个更简洁有效的键盘扫描方法。一个完整的工作程序允许用户输入目标温度的最大值和最小值，然后进入运行模式，此时温度在加热器、排气口和风扇的操作下被控制在用户设定的范围内。此应用程序的要点如程序13.2所示。

```
;**********************************************************************
;         Source File:          TEMCON1.ASM
;         Design & Code:        MPB
;         Date:                 13-1-11
;         Version:              1.0
;
;         Target Hardware:      TEMCON Board
;         Simulation:           Proteus VSM Ver7.7
;         ISIS Design File:     TEMCON.DSN
;
;**********************************************************************
;
;         Test program for PIC887 Controller Board
;
;         Circuit description:
;         PIC 16F887 flash microcontroller receives 4 analogue
;         inputs from temperature sensors (or test input pots)
```

程序 13.1 TEMCON 板的测试程序

```
;         to control Heater, Vent and Fan in a target system.
;         Target temp will be set up using keypad input and
;         displayed on 2-digit multiplexed LED display.
;
;         Test program:
;         Checks all inputs and outputs for correct operation
;         - Press keypad buttons 1-4 to display input pots
;         - Buttons 5-8 ditto
;         - Button 9 to sound buzzer
;         - Button * to operate HEATER output
;         - Button 0 to operate VENT output
;         - Button # to operate FAN output
;
;         Configuration:
;         -Internal clock mode (4MHz, 1us per instruction)
;         -Power-up timer enabled
;         -Watchdog timer disabled
;         -Code Protection off
;
; I/O ALLOCATION **************************************************
;
;         Analogue temp sensors input (10mV/degC)    RA0,RA1,RA2,RA5
;         ADC reference volts input (2.048V)         RA3
;         Buzzer output                              RB0 = toggle
;         7-segment display     Select lo digit      RB1 = 1
;                               Select hi digit      RB2 = 1
;                               Segments             RC1 - RC7 = 1
;         Keypad column detect input (active low)    RD0 - RD2
;         Keypad row select output                   RD3 - RD6 = 0
;         Relay interfaces      Heater               RE0 = 1
;                               Vent                 RE1 = 1
;         FET interface         Fan                  RE2 = 1
;
;         Data direction codes:
;         TRISA = 11111111
;         TRISB = 11111000
;         TRISC = 00000001
;         TRISD = 00000111
;         TRISE = 00000000
;
;         RB3, RB6, RB7 reserved for ICD operation
;
; ADC SETUP *******************************************************
;
;         ADCON0     Bits 76     01 = A/Dclock = f/8)
;                    Bits 5432   Channel Select (AN0 - AN13)
;                    Bit  2      Go=1 / Done=0
;                    Bit  0      A/D module enable = 1
;         ADCON0 = 01xxx001 depending on channel required
;
;         ADCON1     Bit  7      1 = RIGHT justify result
;                    Bits 3210   0010 = RA0-RA5 analogue
;                                       RE0-RE2 digital
;         ADCON1 = 00000010
;
; ASSEMBLER DIRECTIVES ********************************************
;
          PROCESSOR 16F887              ; Select processor
          INCLUDE "P16F887.INC"         ; Include file
;         0x00E4 = CONFIG CODE 1
```

程序 13.1 （续）

```
;         0XFFFF = CONFIG CODE 2
;         ..........................................................
;
count     EQU       020         ; assign GPR1 for counter
;
;         ..........................................................
;
;         Set origin at address 000:
          org       0x000
;
; START PROGRAM ****************************************************

          nop       ; No op. required at 000 for ICD mode

; Initialise control registers ....................................

          banksel   ANSEL                   ; Select Bank 3
          movlw     b'00011111'             ; Set Port A anlogue
          movwf     ANSEL                   ; ..& Port E digital
          clrf      ANSELH                  ; Set Port B digital

          banksel   TRISB                   ; Select Bank 1
          movlw     b'11111000'             ; Set up..
          movwf     PORTB                   ; display select
          clrf      TRISC                   ; display outputs
          movlw     b'10000111'             ; Set up..
          movwf     PORTD                   ; keypad I/O
          clrf      PORTE                   ; relay/FET outputs
          movlw     B'10000000'             ; A/D right justified,
          movwf     ADCON1                  ; ..& internal ref
          movlw     0FF
          movwf     ADRESL

          banksel PORTC                     ; Select bank 0
          clrf      PORTC                   ; Clear outputs
          movlw     B'01000001'             ; A/D Fosc/8, AN0,
          movwf     ADCON0                  ; ..& enable
; Initialise outputs       ......................................

          banksel   PORTA                   ; select bank 0
          clrf      PORTB                   ; switch off outputs
          clrf      PORTD
          clrf      PORTE
          movlw     0FF                     ;
          movwf     PORTC                   ; all segments on
          goto      start                   ; jump over subroutines

; Subroutine to wait about 0.8 ms ................................

del8      clrf      count                   ; Load time delay
again     decfsz    count                   ;
          goto      again                   ;
          return                            ;

; Subroutine to get analogue input ...............................

; Wait 20us ADC aquisition settling time ..

getAD     movlw     007                     ; 3us per loop
          movwf     count                   ;
```

程序 13.1 （续）

```
down        decfsz      count                   ;
            goto        down                    ;

; Get analogue input ..

            bsf         ADCON0,GO               ; Start A/D conversion
wait        btfsc       ADCON0,GO               ; Wait to complete
            goto        wait                    ; by testing GO/DONE bit
            return                              ; with result in ADRESL

; Subroutine to show ADC result ...................................

show        nop
            banksel     ADRESL
            movf        ADRESL,W                ; move ADC result
            banksel     PORTC
            movwf       PORTC                   ; to display
            return

; Subroutines to process keys .......................................

proc1       movlw       b'01000001'             ; Select channel 0
            movwf       ADCON0                  ; and
            call        getAD                   ; and get analogue input
            return                              ; for next key

proc2       movlw       b'01000101'             ; Select channel 1
            movwf       ADCON0                  ; and
            call        getAD                   ; and get analogue input
            return                              ; for next key

proc3       movlw       b'01001001'             ; Select channel 2
            movwf       ADCON0                  ; and
            call        getAD                   ; and get analogue input
            return                              ; for next key

proc4       movlw       b'01010001'             ; Select channel 4
            movwf       ADCON0                  ; and
            call        getAD                   ; and get analogue input
            return                              ; for next key
proc9       bsf         PORTB,0                 ; Toggle buzzer on
            call        del8                    ; delay about 0.8ms
            bcf         PORTB,0                 ; Toggle buzzer off
            call        del8                    ; delay about 0.8ms
            return                              ; for next key

procs       bsf PORTE,0                         ; switch on heater
wait0       btfss PORTD,0                       ; * button released?
            goto wait0                          ; no, wait
            return                              ;

proc0       bsf PORTE,1                         ; switch on vent output
wait1       btfss PORTD,1                       ; * button released?
            goto wait1                          ; no, wait
            return                              ;

proch       bsf PORTE,2                         ; switch on fan output
wait2       btfss PORTD,2                       ; * button released?
            goto wait2                          ; no, wait
            return                              ;

; Routine to scan keyboard ........................................
```

程序 13.1 （续）

```
scan    movlw   0FF             ; Deselect...
        movwf   PORTD           ; ...all rows on keypad

; scan row A of keypad ..........

        bcf     PORTD,3         ; select row A

        btfsc   PORTD,0         ; test key 1
        goto    key2            ; next if not pressed
        call    proc1           ; process key 1

key2    btfsc   PORTD,1         ; test key 2
        goto    key3            ; next if not pressed
        call    proc2           ; process key 2

key3    btfsc   PORTD,2         ; test key 2
        goto    key4            ; next if not pressed
        call    proc3           ; process key 3

; scan row B of keypad ..........

key4    bsf     PORTD,3         ; deselect row A
        bcf     PORTD,4         ; select row B

        btfsc   PORTD,0         ; test key 4
        goto    key5            ; next if not pressed
        call    proc4           ; process key 4

key5    btfsc   PORTD,1         ; test key 5
        goto    key6            ; next if not pressed
        call    proc1           ; process key 5

key6    btfsc   PORTD,2         ; test key 6
        goto    key7            ; next if not pressed
        call    proc2           ; process key 6

; scan row C of keypad ..........

key7    bsf     PORTD,4         ; deselect row B
        bcf     PORTD,5         ; select row C
        btfsc   PORTD,0         ; test key 4
        goto    key8            ; next if not pressed
        call    proc3           ; process key 4

key8    btfsc   PORTD,1         ; test key 5
        goto    key9            ; next if not pressed
        call    proc4           ; process key 2

key9    btfsc   PORTD,2         ; test key 2
        goto    keys            ; next if not pressed
        call    proc9           ; process key 3
; scan row D of keypad ..........

keys    bsf     PORTD,5         ; deselect row C
        bcf     PORTD,6         ; select row D

        btfsc   PORTD,0         ; test key *
        goto    key0            ; next if not pressed
        call    procs           ; process key *

key0    btfsc   PORTD,1         ; test key 0
```

程序 13.1 （续）

```
            goto        keyh                    ; next if not pressed
            call        proc0                   ; process key 0

keyh        btfsc       PORTD,2                 ; test key #
            goto        done                    ; next if not pressed
            call        proch                   ; process key #

; all done .....................

done        bsf         PORTD,6                 ; deselect row D
            clrf        PORTE                   ; clear outputs
            return                              ; to main loop


; Main program *****************************************************

start       bcf         PORTB,2                 ; switch off high digit
            bsf         PORTB,1                 ; and low digit on
            call        scan                    ; and read keypad
            call        show                    ; and display

            bcf         PORTB,1                 ; switch off low digit
            bsf         PORTB,2                 ; and high digit on
            call        scan                    ; and read keypad
            call        show                    ; and display

            goto        start                   ; repeat main loop

            END                                 ; of source code .........
```

程序 13.1 （续）

```
TEMCONAPP1
       Initialise
              Ports
                     Port A = Temp sensor inputs(4)
                     Port B = Display digit select(2),ICP/D(3)
                     Port C = Display segments(7)
                     Port D = Keypad(4 outputs, 3 inputs)
                     Port E = Heater, Vent, Fan outputs

              ADC    Right justify, 4 channels
                     ADC frequency Fosc/8, select input AN0


       GetMaxMin

              Scan keyboard
              Store & display first digit of maxtemp
              Scan keyboard
              Store & display second digit of maxtemp
              Convert to byte MaxTemp (0-200)

              Scan keyboard
              Store & display first digit of mintemp
              Scan keyboard
              Store & display second digit of mintemp
              Convert to byte MinTemp
```

程序 13.2　温度控制器应用概述

```
Cycle
        Read tempsensor1 AN0
        Read tempsensor2 AN1
        Read tempsensor3 AN2
        Read tempsensor4 AN5

        IF sensor out of range
                replace with previous value
        Calculate AverageTemp

Display AverageTemp
        MSD = AverageTemp/10
        Get 7-seg code & display MSD
        LSD = Remainder
        GEt 7-seg code & display LSD

        IF AverageTemp > Mintemp
                switch heater OFF
                ELSE switch heater ON
        IF AverageTemp > Maxtemp
                switch vent ON
                ELSE switch vent OFF
        IF AverageTemp > Maxtemp + 4
                switch fan ON
                ELSE switch fan OFF

GOTO Cycle
```

程序 13.2 （续）

13.1.6 应用扩展

即使最终提升的性能与设计效果或额外的硬件成本不一致，考虑如何改善应用程序的设计也是始终有用的。正如上文所提到的，PWM 模块可用于控制风扇的速度。显示器可以升级为可显示字符的 LCD，这样就能够显示更多的信息，工作参数也可以以更高的精确度进行显示。串行通信端口可以发送温度数据到主控制器，并接收新的运行参数。如果将 PC 作为主控制器，则需要外部 USART/ USB 转换器。PC 可以以图形化的形式，或者以温度随时间变化的曲线形式显示运行数据，这些数据可以保存在磁盘上，并通过网络发送到监控系统。

关于接口输入和输出的各种技术要求，参见本书作者的《 Interfacing PIC Microcontrollers：Embedded Design on Interactive Simulation 》(Newnes 2006)，该书提供了更详细的参考资料。

13.2 简化的温度控制器

现在，我们简要地看一下，如何使用两三个其他芯片来创建简化版本的温度控制器。

13.2.1　16F818 温度控制器

PIC 16F818 是 16F84A 的替代品。它的输出引脚（见图 13.8）具有兼容性，以较低的成本增加了额外的功能。16 个可用 I/O 引脚中包括 5 个模拟输入。它有 1KB 的程序存储器，如果需要更大的存储器，可以选择具有相同功能但有 2KB 程序存储器的 16F819 芯片。通常除两个电源引脚外，每个引脚都具有多种功能。模拟输入可以从 RA0～RA4 或外部参考电压引脚中选择。有一个捕捉、比较和 PWM（CCP）模块，及一个同步串行端口，可用来提供串行外设接口（SPI）或两线式串行总线（I^2C）模式。其他特点还有：增加了常用的“休眠”等各种省电模式；有一个内部振荡器，可省去外部时钟元件；及在线编程和调试功能。

如果没有键盘设定温度，该芯片也可用于温度控制，即通过一个模拟输入端口输入温度设置（见图 13.9）。此时应该设定一个合理的控制范围，或其他模拟输入端被分配用来设定最高温度和最低温度。显示的数字可以通过重新配置只使用一个输出来进行选择，或用二—十进制编码（BCD）显示，每个数字只需 4 个输出。即应用只需用到 16 个 I/O 引脚。工作数据如果不用显示，则可以通过串行接口进行传输（RB1、RB2 和 RB4）。

RA2/AN2/Vref−	1	18	RA1/AN1
RA3/AN3/Vref+	2	17	RA0/AN0
RA4/AN4/T0CKI	3	16	RA7/OSC/CLKI
RA5/!MCLR/Vpp	4	15	RA6/OSC2/CLKO
Vss	5	14	Vdd
RB0/INT	6	13	RB7/T1OSI/PGD
RB1/SDO/CCP1	7	12	RB6/T1OSOT1CKI/PGC
RB2/SDO/CCP1	8	11	RB5/!SS
RB3/CCP1/PGM	9	10	RB4/SCK/SCL

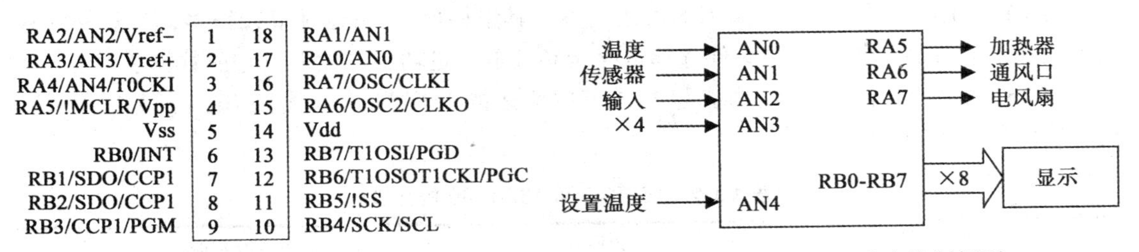

图 13.8　PIC 16F818 引脚输出

图 13.9　16F818 温度控制框图

13.2.2　12F675 温度控制器

10 和 12 系列 PIC 微型芯片是 8 引脚封装组中提供最少功能的芯片。图 13.10 给出的 12F675 引脚说明了这一点。它可以配置 6 个普通的数字 I/O 引脚、提供两个定时器、一个模拟比较器或 4 个模拟输入通道。12F629 与此相同，只是不包括 ADC，所以便宜些。12F629 有一个内部振荡器，同时也可提供在线编程。

Vdd	1	8	Vss
GP5/T1CKI/OSC1/CLKIN	2	7	GP0/AN0/Cin+
GP4/AN3/!T1G/OSC2/CLKOUT	3	6	GP1/AN1/Cin−/Vref
GP3/!MCLR/Vpp	4	5	GP2/AN2/T0CKI/INT/Cout

图 13.10　12F675 引脚输出

如果只需要两个模拟输入（见图 13.11），温度控制器也可以用这种芯片实现。它可以运行在一个固定的设定温度，或通过模拟输入来设定温度。如果不显示，设定温度接口上的表盘还可以被利用。

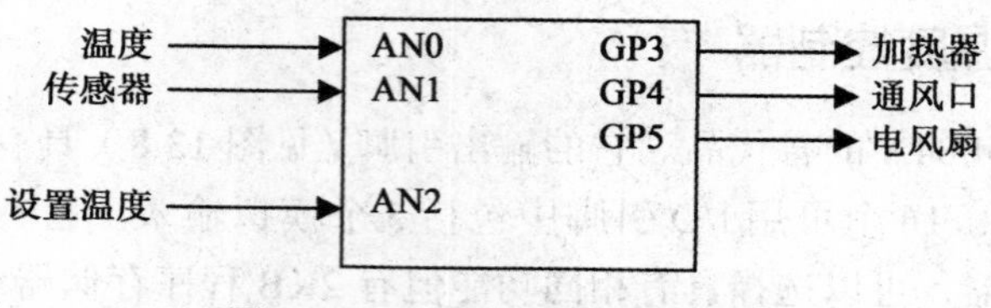

图 13.11 12F765 温度控制器

13.3 PIC 的 C 语言编程

18 系列是功能最强大的 8 位 PIC 微控制器。该系列提供了 8 位微控制器高级性能的不同组合，可供选择的范围广、存储空间更大、可用“C”语言编程、75 条 16 位指令的指令集是专为支持它而设计的。这个系列一直在增加新的低功耗产品。

13.3.1 16 系列和 18 系列 PIC 的比较

表 12.2 列出了一部分 18F 系列的可用器件。其结构比 14 位器件复杂得多，有额外的乘法器模块、硬件数据查找表、文件选择寄存器和其他先进功能。然而，它的数据总线也是 8 位。以 18F4580 为例，其外设功能与 13.1 节中所述的 16F887 进行比较（见表 13.4），可以说明这两种产品的异同。

表 13.4 16F877 和 18F4580 的比较

特 征	16F887	18F4580
总引脚数	40	40
输入 / 输出引脚	33	36
端口	A、B、C、D、E	A、B、C、D、E
时钟频率	20MHz	40MHz
指令位数	14	16
程序存储器（指令）	8k	16k
指令集的大小	35	75/83
数据存储器（字节）	368	1536
EEPROM（字节）	256	256
中断	14	20
定时器	3	4
捕捉、比较和 PWM 模块	2	2
串口通信	MSSP、USART	MSSP、USART、CAN、LIN
模拟输入	14×10 位	11×10 位
复位	POR、BOR	POR、BOR、Stack、编程

从表中可以看出，18 系列器件具有一些优点：40MHz 的时钟速率，16KB 的程序存储器和更多的数据存储器。然而，请注意，用 C 语言编写的程序不如汇编语言编写的效率高，所以这些优势不一定能转化为更快的性能，这取决于应用程序和它的结构。18 系列主要的优点是有一些更复杂的操作，如数学函数，在 C 中更容易进行编程。例如在上面的温度控制器中，两位数字的 BCD 转换为二进制的温度读数会更容易实现。18 系列 PIC 具有更丰富的指令集，包括乘、比较、跳过、读表、条件分支和寄存器之间直接转移，所以即使是汇编语言编程也仍然有其优势。

13.3.2　PIC 的 C 语言编程

对于那些不熟悉 C 编程的读者，程序 13.3 给出了一个简单的例子。该程序给出与 BIN1.ASM 的汇编语言程序同样的输出。程序必须被附加到开发系统上的 MPLAB C18 编译器将之转换为 PIC 单片机的 16 位机器码，此编译器才能识别微控制器的标准语法 ANSI（美国国家标准学会）C。构建应用程序时，开发模式对话框中必须选择 C 编译器。

```
/*      BIN1.C          M Bates         Version 1.0

        Program to output a binary count to Port B LEDs

**************************************************************************/

#include <p18f4580.h>               /* Include port labels for this chip */
#include <delays.h>

int counter                         /* Label a 16-bit variable location  */

void main(void)                     /* Start main program sequence       */
{
        counter = 0;                /* Initialise variable value         */
        TRISB = 0;                  /* Configure Port B for output       */

        while (1)                   /* Start an endless loop             */
        {
                PORTB = counter;    /* Output value of the variable      */
                counter++;          /* Increment the variable value      */
                Delay10KTCY(100);   /* Wait for 100 x 10,000 cycles      */
        }
}                                   /* End of program                    */
```

程序 13.3　PIC 的一个简单的 C 语言程序

该程序的主要内容如下：

```
/*注释*/
```

在 C 源代码中的注释用 /* 和 */ 包括进去，可以注释多行。分号只用于汇编器。

```
#include<p18f4580.h>
```

“include” 是一个编译器伪指令，这里调用了 “pl8f4580.h” 的头文件。它与汇编中的包含文件具有相同的功能，因为它包括了特定处理器的寄存器标号和相应地址的预定义。

```
int counter
```

这给寄存器指定了一个名字，并声明它将存储整数。在C标准中，整数存储为一个16位的数，需要占用数据随机存取存储器（RAM）里的两个通用寄存器（GPR）单元。EQU在汇编中提供等效的操作。

```
void main(void)
```

上述程序语法非常简单，这里我们更多关注的是主程序序列的启动。主程序块从下面的括号（大括号）开始，到最后与其相应的括号为止。这些括号被排列在同一列中，主程序在它们之间，使它们可以正确匹配。

```
counter = 0;
```

0值最初放置在变量单元（低字节）里。在汇编程序中与其等效是MOVLW，后面紧跟着MOVWF。

```
TRISB = 0;
```

0加载到B端口数据方向寄存器里，用来初始化端口位并输出到LED。

```
while(1)
```

这将启动一个无休止地循环。控制循环的条件放在括号里。例如，语句可以理解为，在这种情况下（计数 <256），下面括号（大括号）内的语句执行255次，直至计数到最大的二进制值时计数才停止。值1表示条件“总是真”，所以循环是无尽的，直到被复位。这翻译成汇编即是GOTO语句，DECFSZ负责检测执行条件。

```
PORTB = counter;
```

计数器中的值传输到B端口数据寄存器里，并在LED上显示（相当于汇编：MOVxx）。

```
counter++;
```

每执行一次循环，变量值递增。这将导致下一次输出也递增（相当于汇编：INCF）。

```
Delay10KTCY(100);
```

这里调用了一个预定义的代码块，它提供了一个延时，以使LED输出的变化可见。在最大时钟速率下，该处理器的指令周期时间为0.1us，所以延时了0.1秒（10000×100次循环）。整体计数周期将达到25.6s。延时函数是一个函数调用的例子，对应于汇编程序中的子程序。这在汇编中是以软件延时或硬件定时器操作来实现的。用缩进可以使程序布局更清晰，有助于理解程序及检查语法是否有逻辑错误。不过布局并不影响程序的功能，只影响字符的序列。但是，同一条语句必须在同一行；不允许一条语句分行写。

每个完整的语句以分号结束。注意有些是不完整的，并没有分号。例如，“while(1)”是不完整的，没有循环体的语句，所以至少需要有一对大括号。右大括号终止while语句。整

个主循环，或任何的子功能块，必须必包含在大括号中

13.3.3　C 语言编程的优点

C 编译器将程序转换成 16 位 PIC 机器码。大多数情况下，一条 C 语句被翻译成多条机器码指令。这可以通过研究反汇编机器码所生成的列表文件来验证。

上面温度控制器的伪代码（程序 13.2）可能相对汇编语言更容易被翻译成 C 语言。例如，条件控制操作可直接使用 IF…THEN 语句，而在汇编程序中，他们需要使用一系列的组合语句，包括“ Bit Test and Skip”与“ GOTO”或“ CALL”。更复杂的是，当比较平均温度与设定值时，在 C 中只需一个语句，但在汇编程序中需要先相减，然后再判断测试位。另一方面，在 C 中检查位输入不如在汇编中那么容易，因为 ANSI C 中没有单独的位操作。寄存器中的位状态必须通过逻辑或数值范围来检查。

C 编程有很多参考资料。使用 C 语言进行单片机编程，只需要一套基本的语句和简单的数据结构，所以如果读者已经有了一定的 C 语言知识，用它来开发 PIC 应用程序应该不会太困难。如果想作进一步的了解，请参考《 Programming 8-bit PIC Microcontrollers in C with Interactive Hardware Simulation 》(Newnes，2008)。这本书中使用 CCS 的 C 编译器，它具有一套完整的现成的函数，可以简化 C 代码，尤其是 I /O 处理和数学函数。

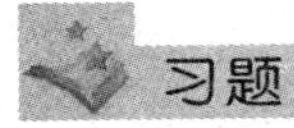

习题

1.（a）如果 LM35 温度传感器连接线超过 1 米时我们应该怎样修改接口？
（b）在 TEMCON2 系统中，如果结果为右对齐，试计算在 25℃以下的 LM35 传感器的输出，及完成一个 A/D 转换后在 ADRESL 输出的十进制值。
2. 请指出（a）继电器输出与（b）应用在温度控制器里的 FET 输出的一个优点。
3. 简述一个多路复用的七段 LED 数码管是如何工作的，及其在 I/O 需求上的优势。
4. 说出 PIC 16F818 比 16F84A 在温度控制应用中更好的两个原因。
5. 比较 PIC 汇编和 ANSI C 语言编程，并概括各自的优势。

实践活动

1. 使用循环移位指令设计一段代码代替程序 13.1 中的键盘扫描程序，按键 0～9 的二进制值存储在合适的寄存器中。
2. 在伪代码 13.2 的基础上设计实现温度控制器所有功能的程序。用户能输入温度的上限和下限，并设置控制器的运行模式，其中输出的温度保持在上下限之间。该系统应能承受传感器正常工作范围之外的错误输出。为控制器开发一套完整的设计和性能规范，并对其进行模拟测试。
3. 设计一个带加热器、风扇和通风的温控外壳，这将可以用来测试一个全功能的温度控制程

序。研究风扇传感器的接口设计，使风扇的转速通过反馈由PWM控制。研究16F887的PWM输出设置需求，重新设计硬件，将风扇连接到PWM输出。

4. 实现用12F675芯片制作的最小温度控制器，操作如表13.1所示。建立原理图、仿真应用程序（尽可能交互式）、设计布局，实现并测试。
5. 学习有关C编程参考文献和Microchip手册“MPLAB C18 C编译器入门”，修改程序BIN1.C，使通过按钮输入的RA0和RA1可以控制输出的停止、启动和复位，并且释为什么在C中读取输入更难？

Chapter 14 第 14 章

更多的控制系统

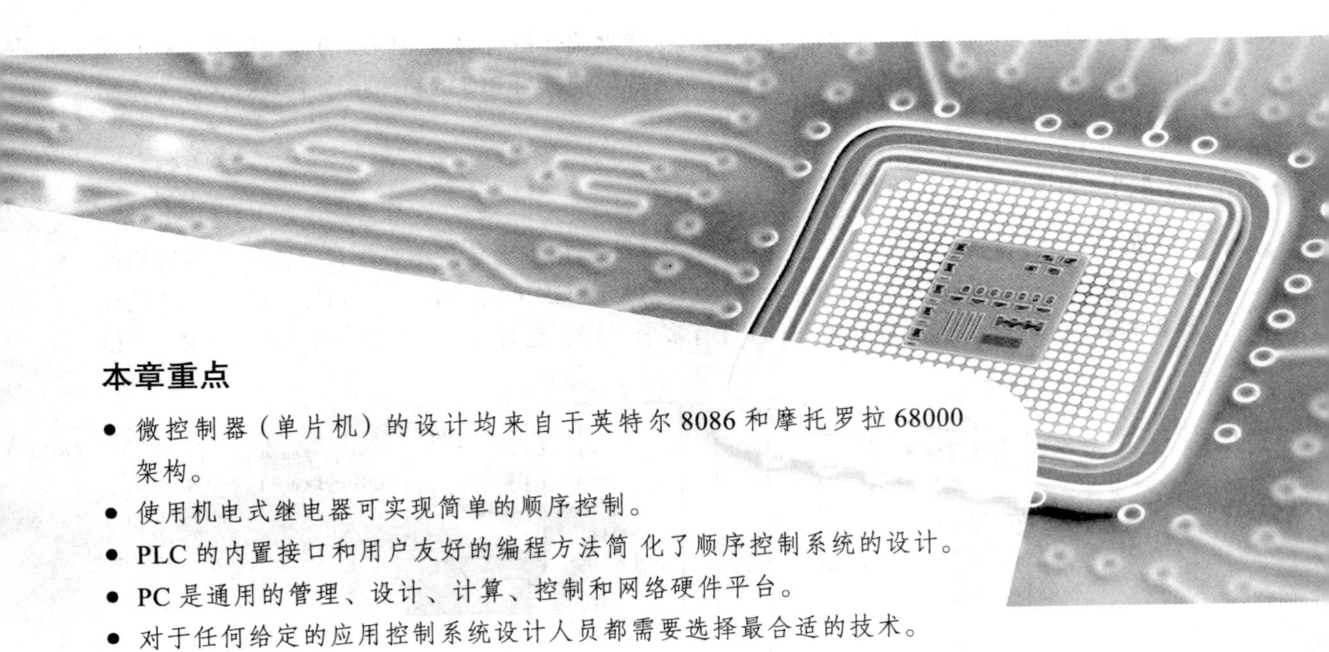

本章重点

- 微控制器（单片机）的设计均来自于英特尔 8086 和摩托罗拉 68000 架构。
- 使用机电式继电器可实现简单的顺序控制。
- PLC 的内置接口和用户友好的编程方法简 化了顺序控制系统的设计。
- PC 是通用的管理、设计、计算、控制和网络硬件平台。
- 对于任何给定的应用控制系统设计人员都需要选择最合适的技术。

在本章中，我们将看到其他一些用于构建控制系统的技术，以便引入微控制器（MCU），并对不同的技术进行评估。这里将简要介绍其他品牌的微控制器，并将其特点与PIC做比较。常规的微处理器系统，具有独立的处理器、存储器和输入/输出（I/O）芯片，可以为复杂的数字系统提供最有效的解决方案，尽管这种分立式设计越来越少见。可编程逻辑控制器（PLC）提供了设备齐全的设计，含有内置接口的微控制器。它经常在PC的管理下连接成系统，以便控制信息可以通过网络传输，通过这种方式，复杂的生产系统可以进行集中操作和监控。

14.1　其他微控制器

尽管目前PIC 8位微控制器占据市场的主导地位，但与其他控制器的比较仍然是有必要的。它们通常是基于使用复杂指令集的经典传统架构，与PIC的精简指令集（RISC）体系结构形成了有用的对比。

14.1.1　Intel 8051单片机

英特尔PC架构已经占据了台式机/笔记本电脑市场多年，第一个被广泛使用的通用微控制器就是基于这种架构。英特尔8051在1980年首次推出，衍生于当时的标准PC微处理器8086。在图14.1中可以看出，原设计有多个并口、定时器、中断和一个串口。8051可以

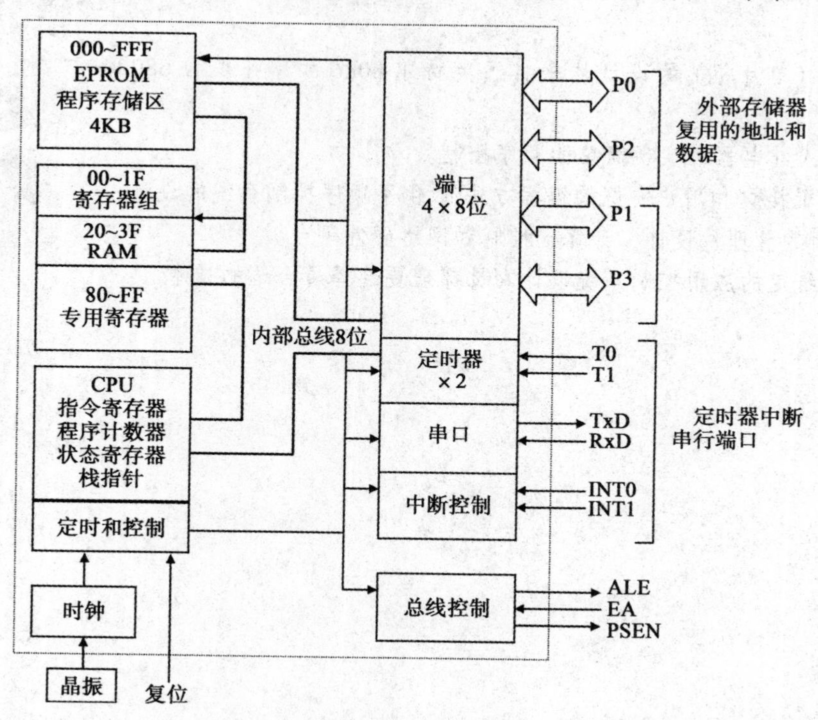

图14.1　英特尔8051单片机的框图

用作传统的处理器及微控制器。它可以使用端口 0 和端口 2 作为复用的数据线和地址线去访问外部存储器。端口 1 和端口 3 的一些引脚还具有双重复用功能，提供定时器、串行口和中断的连接。程序存储器是可擦写可编程只读存储器（EPROM），可通过紫外线照射擦除和重新编程。

8051 有经典的体系结构，使用相同的数据总线来传输程序代码和内部数据。这使得它先天就比 PIC 的哈佛体系结构慢，因为哈佛体系结构有独立的程序总线和数据总线。8051 也采用复杂指令集（CISC），为编程时提供了更多的选择，但执行速度较低。

14.1.2　Atmel AVR 单片机

欧洲制造商 Atmel 公司提供了一系列衍生自 8051 的架构和 CISC 指令集的微控制器。AT89 系列由 8051 型单片机更新而来。AVR 系列包括 8 位的 ATtiny 和 ATmega 及 32 位的 AT32。AT91SAM 系列也是 32 位的 MCU，但它是基于高性能的 ARM 架构。

ATtiny20 单片机非常具有代表性，其内部结构如图 14.2 所示。程序的执行部分类似于 PIC，具有独立的指令总线（哈佛体系结构）。它也采用了二级流水线，取指令和执行循环交叠，

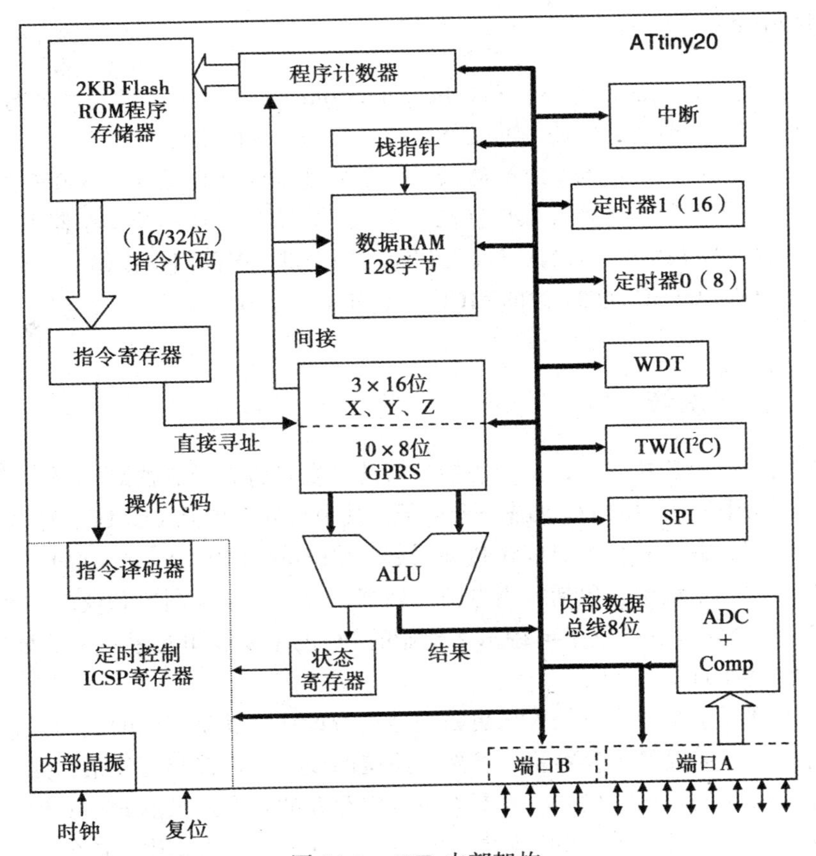

图 14.2　AVR 内部架构

因此，在最大 12MHz 时钟频率时，一个时钟周期内可执行多条指令。它与等价的 PIC 有类似的性能，即 8 位和 16 位定时器，串行端口和 8 个多路 10 位模拟 – 数字转换器（ADC）输入。

不同的是，跟只有单个工作寄存器的 PIC 相比，AVR 芯片具有 16 个通用寄存器，可用来存储当前的数据。此外，它有一个独立的随机存取存储器（RAM）块用于数据存储，而 PIC 有一个由特殊功能寄存器（SFR）和通用寄存器（GPR）构成的集成 RAM 块。定时器和其他特殊功能寄存器（SFR）在指令集中可直接寻址，而不是作为 RAM 的地址间接寻址。栈用一组选定的 RAM 来实现，使它更具有操作的灵活性，但对于错误代码引起的异常不能很好地保护。AVR 单片机还内置了多个中断向量。

AVR 的指令集更为广泛，有 54 条指令用于多种寻址模式。例如，有多个条件分支指令，并且数据移动需要不同的指令，如加载（LD、LDI、LDS）、存储（ST、STI）、移动（MOV）、输入（IN）和输出（OUT）。这给经验丰富的程序员提供了一些优势，他们可以最有效地利用可用的选项，不过对于初学者来说这变得更复杂了。

14.1.3 其他单片机

在本书写作期间，意法半导体（ST Microelectronics）公司生产了一系列与 PIC 16 具有类似功能的微控制器，但是它们使用的是复杂指令集和传统的架构。

飞思卡尔半导体（Freescale）公司提供了一系列基于标准摩托罗拉 68000 微处理器架构和指令集的微控制器，目前的产品集中在高端 16 位和 32 位内核的微控制器上。同样，德州仪器（TI）和 NXP 半导体公司的 NV（前飞利浦的一个部门）部门也提供了一个强大的 MCU 系列，包括 ARM/CortexM3 的 32 位的 MCU，工作频率为 50MHz。

14.2 微处理器系统

在设备集成到一个芯片之前，微控制器最初的开发是将微控制器的主要元素做成一些独立的器件。第 1 章中所概述的 PC 就是一个例子，其中央处理单元（CPU）、存储器和 I / O 设备通过系统的地址、数据和控制总线连接在一起。M68000 CPU 从 20 世纪 80 年代起被用在许多不同的微处理器系统中，包括家用电脑、训练系统、工业控制器和仪表。这是第一个也是最常用的 16 位微处理器。基于英特尔处理器的 PC 的主要竞争对手——苹果的 Macintosh 电脑就是围绕它设计的。

常规的微处理器系统的优点是可以更精确地进行设计来满足不同的应用。它只包括那些实际需要的外设，及需要的内存容量。显然，系统的设计和构造相当复杂，因此这种类型的系统一般适用于较大的应用，例如，需要大量数据存储的场合。虽然 68000 现在基本上已经过时，但它仍然是一个传统的 CISC 系统架构的有用例子，因为相比目前的那些将多层次的总线结构和先进的设计功能加入到原来的 CPU 里以提高性能的微处理器来说，它的常规架构使得它更容易被理解。

14.2.1　M68000 硬件

基于 M68000 的典型开发和训练系统如图 14.3 所示，该目标板包含独立的 CPU、EPROM、RAM 和端口芯片。它可以被连接到应用板上，应用板上有一系列外围转换器件，如开关、发光二极管和一个脉冲宽度调制（PWM）控制的电机，及光电传感器。它由 68000 CPU 通过标准 68230 并行接口 / 定时器芯片（PI/T）进行控制，芯片有 3 个 8 位端口，其中端口 A 提供数据传输，端口 B 提供独立的控制和数据线。这种系统的工作过程将在 C.9 节中作进一步描述。

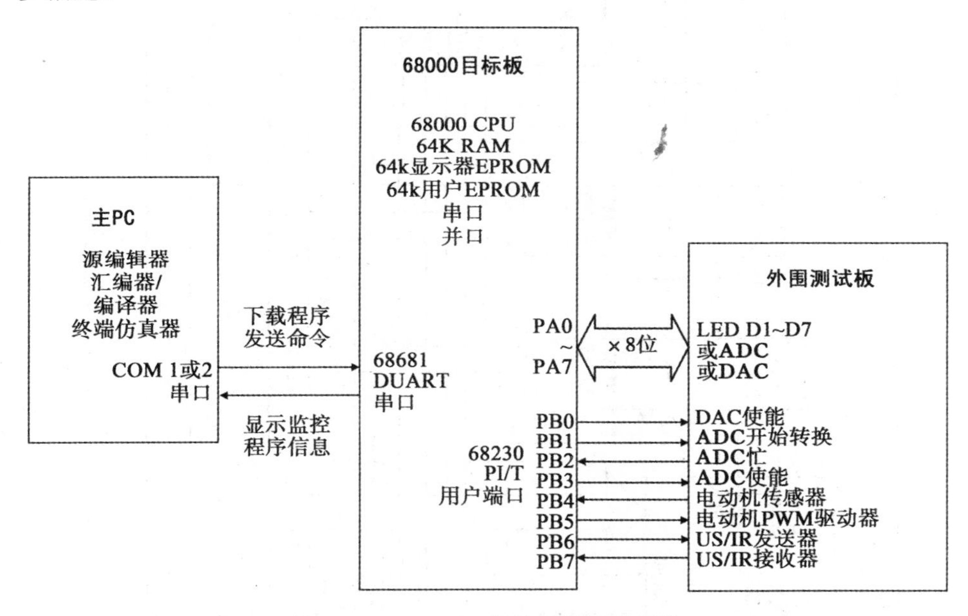

图 14.3　M68000 微处理器演示系统

M68000 目标板如图 14.4 所示，图 14.5 所示的系统框图可与 PIC 内部架构进行比较。注意在 PIC MCU 框图中，处理器的内部架构是可见的，然而在 68000 系统中，它隐藏在 CPU 中。设计一个微处理器系统，必须仔细研究 CPU 的信号时序规范，但在微控制器系统中这并不重要，这是围绕 MCU 进行设计的一个主要优点；另一个原因是微控制器可以作为一个整体运行，而在微处理器系统中只有 CPU 可以建模，除非使用 Proteus VSM 系统仿真器。

图 14.4　摩托罗拉 68000 微处理器的目标板

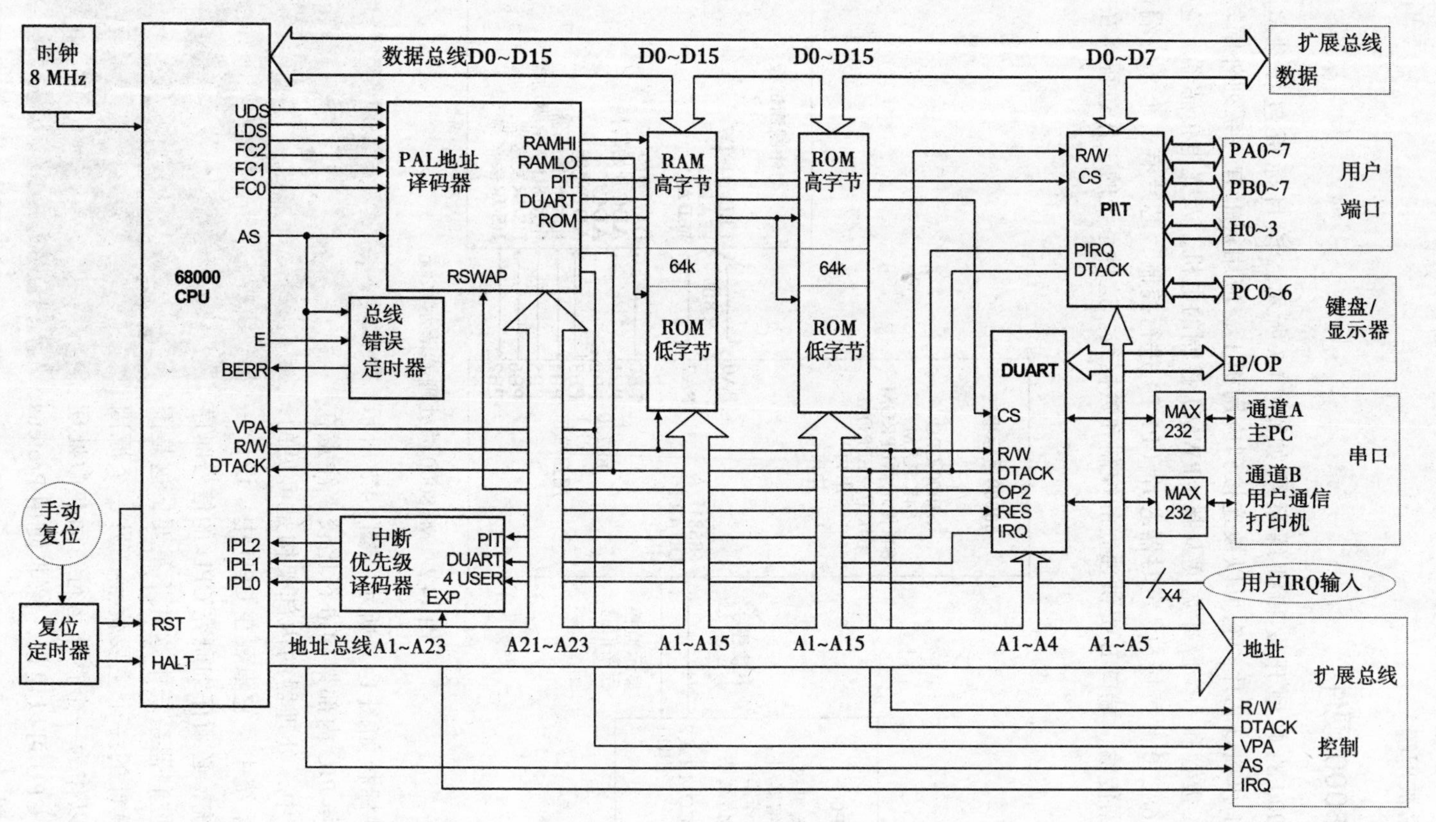

图 14.5 68000 微处理器的框图

14.2.2　M68000 程序

68000 系统的一个简单的程序如程序 14.1 所示，可以将这个复杂指令集（CISC）处理器的语法与 PIC 汇编语言比较。该程序与 PIC 程序 BIN2 有类似的功能，通过延时输出二进制的计数值到 LED 上。语法分析如下：

```
*       OUT3.ASM        MPB     27/8/97
*
*       A demoprogram usinggeneral purpose system
*       initialization file TIM.INI
*
*  --------------------------------------------------------

        use     tim.ini         Initialise system

        move.b  #$ff,DircA      Port A data direction code

again   move.b  d0,PortA        Output data to LEDS
        addq    #1,d0           Increment output value

        move.w  #$0fff,d1       Initialize delay count
delay   subq.w  #1,d1           Decrement and
        bne     delay           Loop until zero

        bra     again           Repeat forever..........
```

程序 14.1　68000 板简易程序

注释

星号“*”表示注释。

```
use  tim.ini
```

这相当于 PIC 中的 include 指令——它合并了 tim.ini 文件，该文件包含标准寄存器的标号、PortA 和 DircA。PortA 是 8 位端口数据寄存器，DircA 是数据方向寄存器（DDR）。

```
move.b  #$ff,DircA
```

将立即数 FF 移到 DDR 中，将所有的位设置为输出。“.b”表示这是一个字节操作（16 位和 32 位的字也可以在 68000 中进行操作），“#”表明这是立即数，“$”表明是一个十六进制数。需要注意的是，在 68000 中，DDR 里的“1”表示设置相应的位为输出，这与 PIC 是相反的。

```
again  move.b  d0,PortA
```

标号“again”代表一个源代码行的地址，“d0”是八位（d0～d7）数据寄存器中的第一位，端口 A 是输出寄存器，连接着 LED。

```
addq  #1,d0
```

这表示 d0 加 1。奇怪的是，68000 没有递增（或递减）指令。addq 是指“快速累加”，用于在目的寄存器的值上加一个较小的数。

```
move.w  #$0fff,d1
```

将 16 位字（w）的值赋给 dl 来初始化延时循环。

```
delay  subq.w  #1,d1
```

开始延时循环。寄存器 dl 递减（减 1）计数。

```
bne  delay
```

这意味着如果不为零继续延时，程序跳回并重复递减，直到之前的操作（递减）结果是零为止。这在 14 位 PIC 中仅作为一个伪操作。

```
bra  again
```

这是一个无条件跳转，相当于 PIC 程序中的 GOTO 语句，使程序一直重复运行。

可以看出，68000 语法更复杂一些，因为首先它有更多的指令，其次它有更多的寄存器和寻址模式。

14.3 控制技术

微处理器和微控制器是控制系统中广泛使用的技术。它们包括：

- 机电继电器。
- 可编程逻辑控制器。
- 基于微控制器的电路板。
- 专用微处理器设计。
- 基于 PC 的控制器。
- 网络控制系统。

为完成对控制器的概述，并且与基于 PIC 微控制器的系统进行比较，这些基本特征概括如下。

14.3.1 机电控制

在传统的家用洗衣机（非数字类型）中就可以看到一个机电序列控制器的常见例子。电动旋转开关按所需的顺序进行多个操作：打开阀门（注水），打开电机开关（洗、旋转和脱水）和加热器。开关传感器（液位、温度）和安全联锁装置（门开关）连接到相同的转子上。按照这种方式，当周围的环境对精密的电子设备不利时，可以使用纯粹的机电元件设计一个稳健的时序控制器。然而，开关和继电器本质上是不可靠的，因为部件移动使连接处由于电弧和机械力而产生磨损。

14.3.2　继电器控制

继电器是第一个被发明的控制系统元件，最初主要用来增强电话信号。它是一种机电开关装置，允许用小的输入电流去控制高功率的负载，使用电磁线圈控制一组转换开关。继电器可以按顺序进行有线操作，如果需要还可以延迟时间切换，这样它的操作更像一个进程控制器。在晶体管和数字逻辑发展之前，甚至在阀门发展之前，继电器就已经可以用来作为简单的工业控制器。例如，继电器可用于开关机床，开 / 关按钮和安全联锁装置使其操作更加安全。

继电器的主要组成部分如图 14.6a 所示。小的输入电流通过线圈产生一个电磁场吸引衔铁，衔铁控制一组触点，触点就会控制负载（电动机、加热器、泵等）打开和关闭。线圈通常工作在 12V 或 24V 的直流电压下，但 5V 线圈使得继电器可以直接连接到一个数字系统或微控制器系统上（见 13.1 节）。

用于控制机床的一种继电器电路如图 14.6b 所示。设计该系统的目的是提供按键式操作，并防止主电动机在无人时启动，除非机器操作人员在旁边，且切削液的泵已打开。这里还有一个热转矩过载传感器，它将在工具卡死或由于其他原因电机停止时禁止机器继续运行。继电器以锁的模式工作，如果电源断电，系统将安全的关闭。继电器 2(电动机）被继电器 1(控制）所控制，工作电压为 24V，电机和泵分别通过继电器 2 和 1 连接到 240V 电源上。

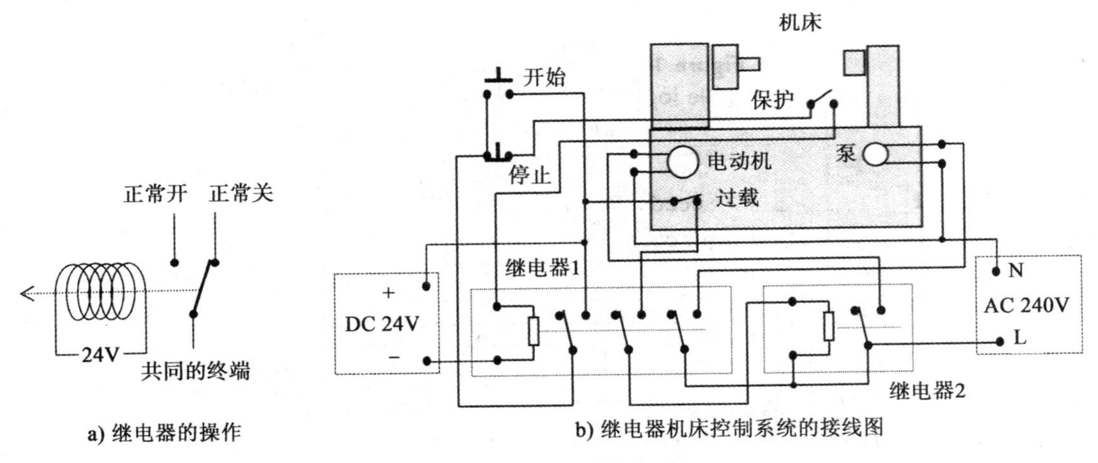

a) 继电器的操作　　b) 继电器机床控制系统的接线图

图 14.6　继电器控制系统

14.3.3　PLC 控制

可编程逻辑控制器常常用于工业系统中的顺序控制。PLC 有内置的顺序控制器，围绕着一个微处理器或微控制器构建，但所有的接口内置。PLC 也使用更多的用户友好的编程技术，如梯形逻辑。一个小型的三菱 PLC 如图 14.7 所示。

对 PLC 进行编程，让它像一组继电器一样能针对开关输入产生特定的输出序列，输入可以来自人工也可以来自其他传感器。PLC 适合用于控制那些必须从电源直接切换的负载，如电动机、加热器、阀门和其他负载的系统。与前文中的机床相同的 PLC 控制系统如图 14.8 所示。

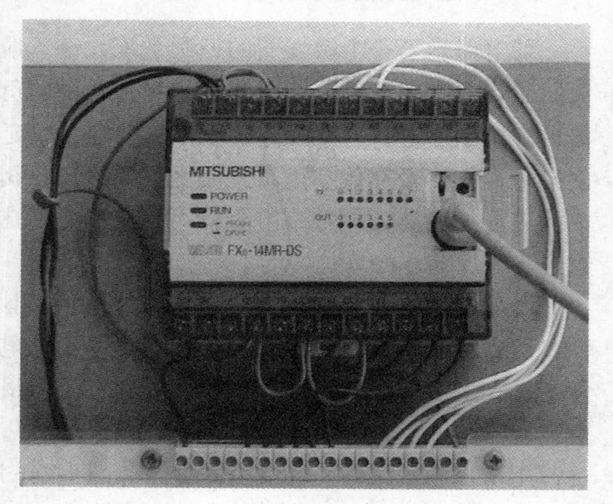

图 14.7 可编程逻辑控制器

PLC 的输入记为 X0、X1、X2 和 X3，通过外部开关传感器或控制输入连接到 24V，这时检测为“ON”。PLC 的输出标记为 Y0 和 Y1，根据输入序列和内置编程进行输出。输出也可是简单的开关切换，就像打开继电器的触点一样，可以操作连接着外部电源的负载电路，通常被设计为去处理工作在电源电压或三相电源下的高功率负载。如果负载电流超过 PLC 输出触点的额定值，则必要时可以让 PLC 输出控制外部接触器（负载继电器）。为了安全、可靠和易用，控制和负载电路之间必须是电隔离的。PLC 的输入使用光隔离器，其开 / 关信号以红外光形式传输，这样就在外输入和内部的控制电路之间设置了完整的电隔离。

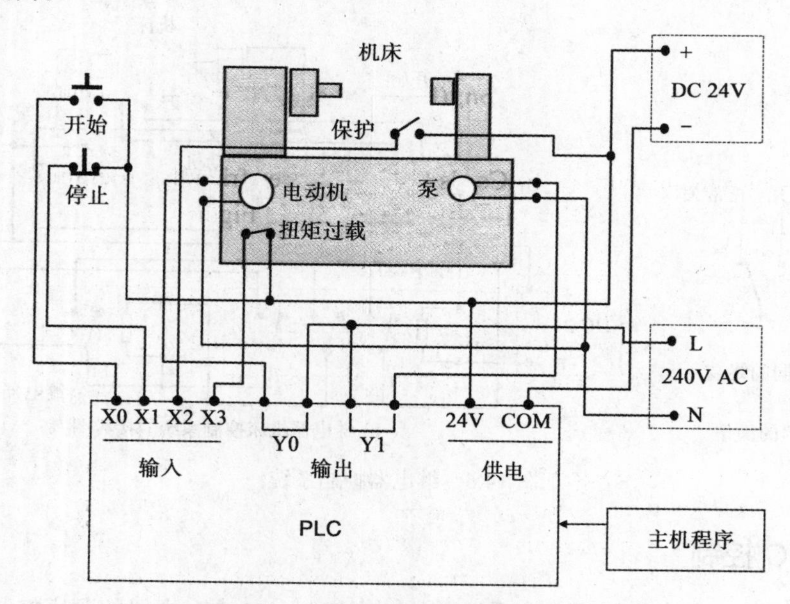

图 14.8 PLC 机床控制系统接线图

PLC 的程序可以以“梯形逻辑”的形式创建（见图 14.9），这个形式可以确定控制程序，就如同 PLC 包含了图 14.6 中所示的继电器系统。图形程序对低电压（控制侧）的继电器系统的接线图作出反应。梯形逻辑使用三个基本的符号：常开触点、常闭触点和输出线圈，这些与物理输入（Xn）或输出（Yn）的标号相关联。常开触点表示外部常开触点连接到相应输入端；真正当触点闭合时，程序中的触点也闭合。常闭触点（X1）简单地反转外部开关的极性。梯形两边在实际电路中对应着 24V 电源供给线，当有一个封闭路径通过该阶梯上的触点切换线圈时，输出一直持续，整个过程通过操作 PLC 中相关的输出来实现。在 PC 上，图形程序被输入，并被转换成机器码程序，该程序被下载到 PLC 中的微控制器上，对于汇编程序也会以同样的方式进行处理。

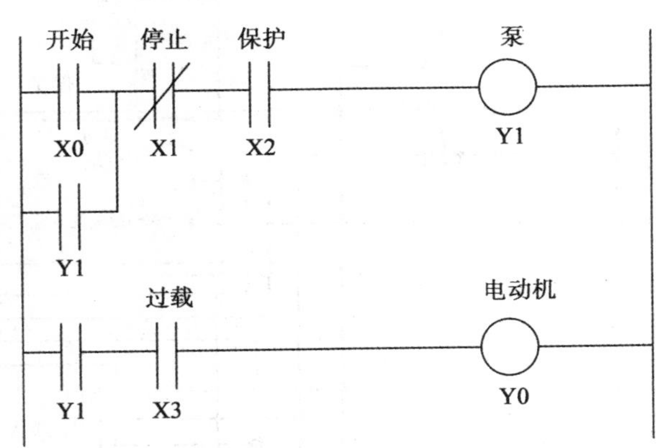

图 14.9　机床控制梯形图程序

在梯形图中，如果“停止”按钮被打开，并且“保护”开关被闭合，按“开始”按钮时系统就会开始运行。“停止”按钮本身是常开的，但在梯形图程序中被倒置，所以它好像是常闭状态。因为虚拟电路是完整的，所以接触点 Y1（泵）闭合。因此，相关的触点 Y1 也闭合，即使启动按钮被释放，也将“保持”输出。只要过载断流器闭合（无过载），第二个 Y1 触点就接通电机，接着机器开始运行。如果电动机过载，热断流器工作并切断电机，但是泵会一直保持冷却剂的供给状态。如果保护被打开或按下停止按钮，电机和泵都会停止工作。输出 Y1 对应继电器控制系统中的继电器 1 线圈，Y0 对应继电器 2 的线圈。

梯形图编程被设计为用一个用户友好的方法去创建这种类型的顺序控制程序，供工程师处理硬连接的继电器系统。它是第一个图形化编程的方法，虽然现在有很多类似的方法，如 PIC 的 Flowcode。

14.3.4　微控制器

为了与其他控制技术相比较，图 14.10 显示了由微控制器控制的同样的机床。正如我们所知道的，该微控制器使用 5V 左右的信号，所以输入开关都必须连接上拉电阻。微控制器被编程，使其可以通过合适的接口操作输出负载，使得输出可以控制开 / 关大功率电机。这些开关可能是继电器或三相接触器，但大电流的场效应晶体管（FET）在这里也可以使用，因为它们可以对 5V 输入进行操作，并且无活动部件。微控制器可以使用汇编语言（程序 14.2）或 C 语言进行编程，这两者都需要时间来学习。这就是为什么梯形逻辑被用于 PLC 编程，内置在 PLC 中的接口使得它在开发控制应用中成为通常的选择。

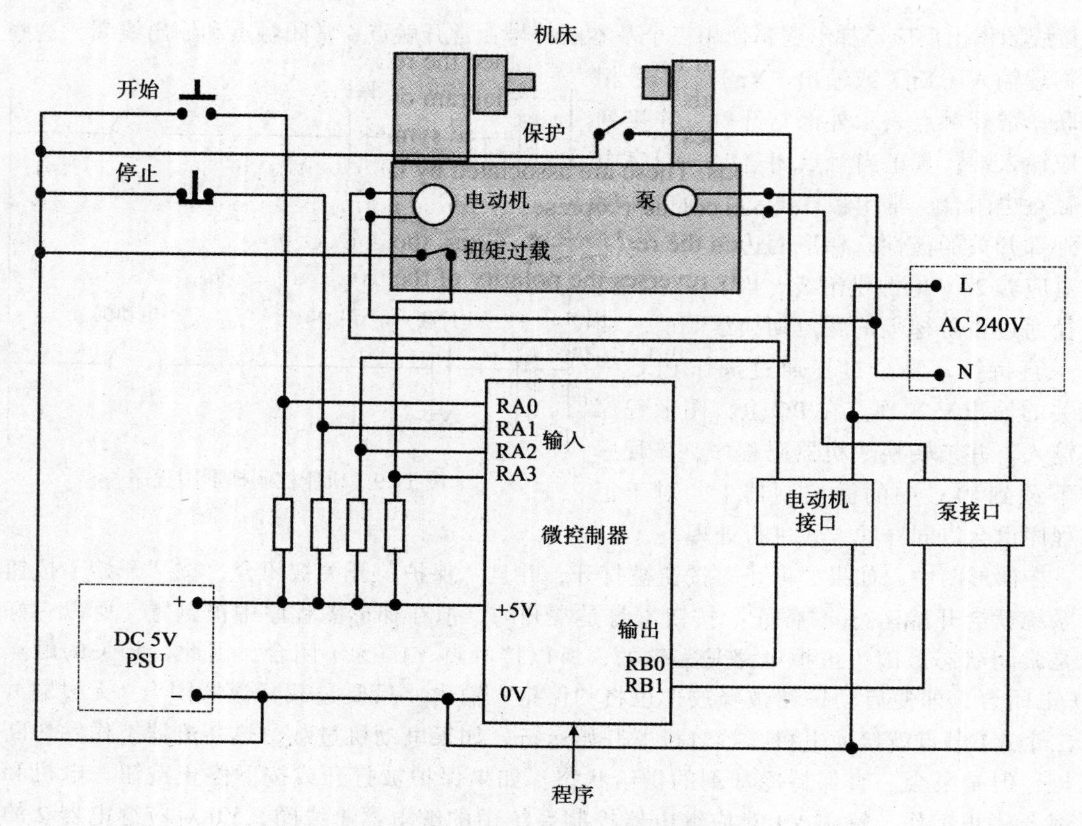

图 14.10 单片机机床控制系统

```
;       MAC1.ASM
;       M Bates   5/12/03  Ver 1.0
;       Program to operate a simple machine tool

; Assembler directives ..................................

        PROCESSOR 16F84A

PortA   EQU     05
PortB   EQU     06

; Initialize ............................................

        MOVLW   B'11111100'     ; Initialize outputs
        TRIS    PortB           ; to Motor & Pump

; Start main loop .......................................

alloff  CLRW                    ; Switch off
        MOVWF   PortB           ; Motor & Pump

start   BTFSC   PortA,0         ; Check Start button
```

程序 14.2 PIC 机床控制程序

```
        GOTO    start           ; & wait is not pressed

stop    BTFSC   PortA,1         ; Check for Stop
        GOTO    alloff          ; & restart if pressed

guard   BTFSC   PortA,2         ; Check for Guard in place
        GOTO    alloff          ; & restart if not safe

        BTFSC   PortA,3         ; Check for Overload
        GOTO    coolit          ; & switch off Motor if true

        BSF     PortB,0         ; Motor ON
        BSF     PortB,1         ; Pump ON
        GOTO    stop            ; and loop

coolit  BCF     PortB,0         ; Motor off, keep Pump on
        GOTO    coolit          ; and wait for reset

        END
```

程序 14.2（续）

14.3.5　生产系统

生产系统主要有两种类型。制造系统包括材料和组件的处理技术，如输送机和机器人；它以机床和装配子系统生产零配件产品，如汽车。过程控制系统用来监督那些连续流动的产品，如炼油厂，其产品是液体、气体、粉末、颗粒剂或类似的材料。这通常涉及泵和阀门的顺序控制，根据输入流量、液位、温度传感器等控制存储罐和管道装置，以形成一个封闭的回路系统。在控制组件子系统的 PLC 内，及在机床和机器人中的专用控制器内，所有这些系统都将包含微处理器为基础的控制器。

柔性制造系统（FMS）的工作单元能对机器重新编程，以生产许多同类产品。通常情况下，由能自动拾取和放置的机械手组成的机床协同工作，制造零件并将它们组装成产品。一个基本的演示系统如图 14.11 所示，它由一台铣床、液压装配机和零部件传送机组成。它

图 14.11　柔性制造系统示例

的设计是为了用机床加工并装配一个简单的总共包括三部分的产品：装在有压盖的铣削过的塑胶外壳里的印制电路板（PCB）。机械手在轧机上放置塑胶板片，加工成外壳；然后机械手取出外壳，将其放置在装配机上并插入印制电路板，盖板由液压机安装。

框图（见图 14.12）显示了工作单元子系统是如何互相连接的。系统中的数字信号工作在 24V，较高的电压使得它比 TTL（5V）电平拥有更好的抗噪声性能。通常各种低电平有效的控制器的信号相互联系来控制操作的顺序。例如，当轧机完成，便发出一个轧机“就绪”信号给机器人控制器，这将触发机械手按程序拿起完成的加工件。机器人滑道、液压机和轧机都由各自的 PLC 控制，而主 PLC 负责调控整个系统。机器人控制器需要一个相当强大的处理器系统，这是因为机械手的运动需要复杂的计算。它和其他 PLC 都是通过一个串行端口连在一台 PC 上编程的。主系统 PLC 连接到 PC 上，然后 PC 在系统运行时作为监督控制和数据采集（SCADA）的系统主机。运行时提供虚拟的控制面板和系统的图形化状态显示，可以在主 PLC 中读取状态位和写控制位，并相应地修改显示。

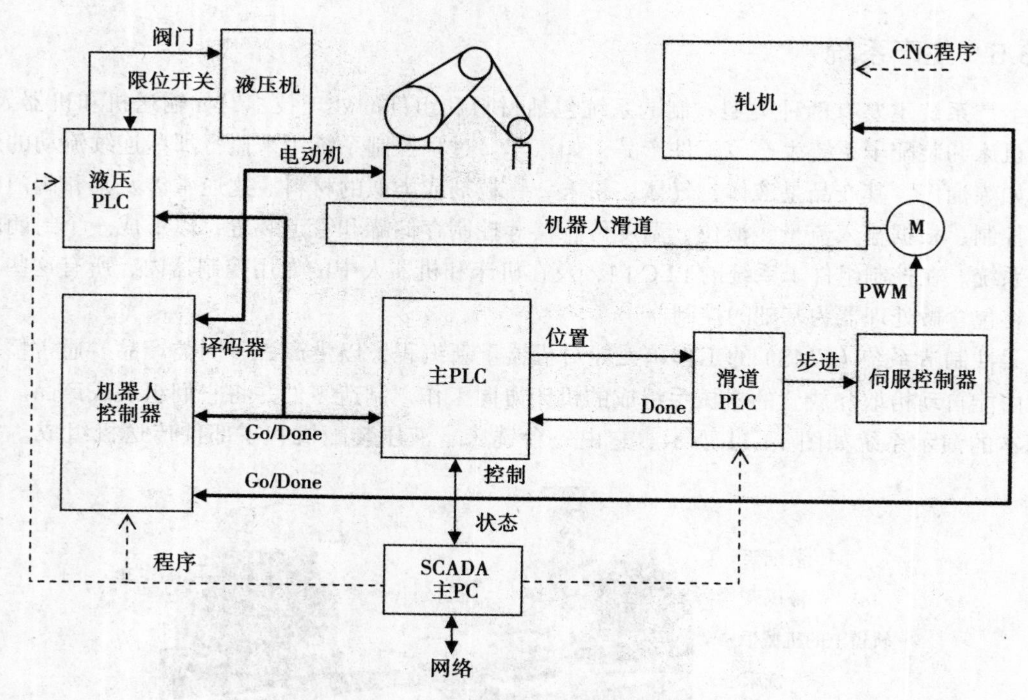

图 14.12 柔性制造系统框图

制造和过程控制系统都由 SCADA 网络管理，这样更能实现集成化、集中化的控制和性能监控。图 14.13 为典型的 SCADA 屏幕。功能强大的软件包可以进行信息显示和通信，系统操作主要通过屏幕上的互动式模拟图和动态的数据库管理完成。

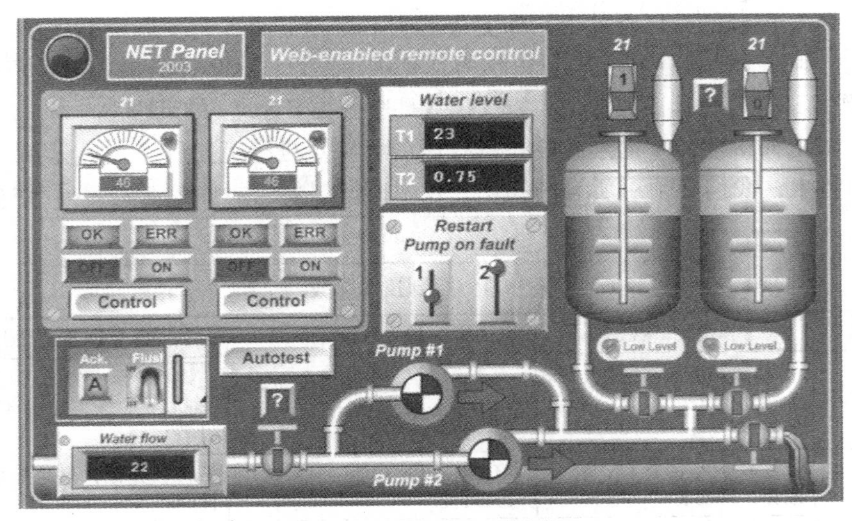

图 14.13　SCADA 屏幕

在工业环境中，各子系统需要被安装并通过使用稳健的物理方法连接在一起。典型的控制箱如图 14.14 所示。控制系统中易受干扰的部件，如 PLC、微控制器的电路板、接线端子、电源、通信模块和键盘，被保护在钢柜中。另一个重要特点是应急停止按钮。

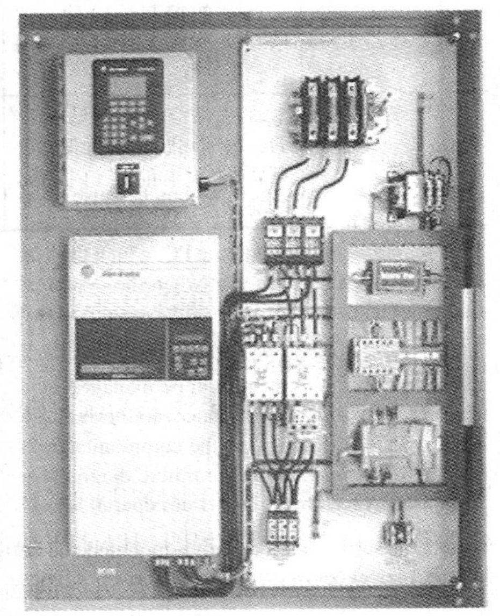

图 14.14　工业系统控制箱

14.4　控制系统设计

微控制器或微处理器构成了大多数控制系统的基础。专用的微处理器设计允许存储器和接口分开设计，但是由于现在可用的微控制器的范围及需要额外的系统设计工作，所以这种方法不太可能有成本效益。无论哪种情况，外设接口都必须在元器件级进行设计。

相比之下，PLC 提供了现成的硬件包，无需外部的电子设备接口。PLC 一般围绕着专用的微控制器设计，采用一个内置的专有操作系统，程序以梯形逻辑传统书写，并被自动编译为机器代码。各制造商通常也提供额外的编程工具以满足更复杂的技术和项目管理的要求。总体而言，PLC 稳定可靠，并且易于安装和编程，有多种通信接口支持系统集成。

在工业系统中，PC 可以当作通用的管理计算机、编程主机、设计工作站、SCADA 显示、网络客户端或服务器。作为系统控制器，PC 最常通过网络连接到客户端的 PLC，或机器人和机床等有 PLC 控制的目标硬件上，如上述的 FMS。电脑可作为不同可编程设备的编程终端，系统运行时作为监控主机，也可以作为计算机辅助设计或电子计算机辅助设计（CAD/ECAD）工作站，元件数据库服务器，或仅仅只是进行文字处理的老旧机器！

表 14.1 对上面讲述的不同形式的系统控制的优缺点进行了比较。为了对特定的应用选择最合适的技术，我们必须对所有的知识、技术有所了解。而微控制器是所有这些技术的核心。

表 14.1 控制技术比较

控制技术	优点	缺点	典型应用
继电器	设计简单，不需编程，无需电子技巧，良好的电气隔离	慢，可靠性不高，高功耗，不适合复杂的系统	机器安全互锁，过程控制简单，高功耗系统，重负载的电流接触器
PLC	需要最小的接口，容易编程，易安装	有限的处理功能，有限的接口灵活性	机器控制，过程控制系统，柔性制造系统
微控制器	灵活的硬件设计，大量可供选择的芯片，适用于小型嵌入式应用	硬件设计需要技巧，编程需要技巧，内存有限，需要接口设计	智能卡，消费品，仪表，专用控制器
微处理器系统	灵活的控制器设计，适用于大型系统，可扩展内存、I/O 等	需要专业的硬件设计能力及良好的编程技能，总体较昂贵	自动化机械，专用控制系统，大型计算机
PC 主机	现货供应，内置数据存储，图形化编程和显示，只需要基本的接口技术，标准的操作系统	基本单元成本高，物理尺寸大，主要用作其他控制系统的前端	机床主机，SCADA 主机，大型系统的用户界面，仪表系统主机，网络和分布式系统

习题

1. 概述英特尔 8051 单片机和一个同等级别的 PIC 单片机在内部架构和性能上的差异。
2. 比较传统的处理器系统和为满足特定规格使用微控制器设计的系统，说出它们的两个优点和两个缺点。
3. 简要解释在控制应用中使用 PLC 比使用微处理器系统有哪些优势。
4. 为程序 14.2 绘制流程图，以便清楚地展示控制顺序。
5. 列出生产系统中 PC 的六种可能的功能。
6. 用最合适的编程语言或技术与下面的控制器类型相匹配。

a）小型微控制器	1.‘C’
b）CICS 微控制器	2. 无
c）继电器系统	3. 模拟
d）PLC	4. 汇编
e）SCADA	5. 梯形逻辑

实践活动

1. 登录 Atmel 的网站。从可用的闪存设备列表中选择一款与 16F690 最相似的微控制器，比较其功能和指令集。指出 AVR 单片机比 PIC 具有哪些优势。
2. 研究基于继电器的机器控制器。设计一个电路使用按钮和独立的继电器控制电机开和关。为什么这比使用一个简单的电源开关更安全？
3. 修改图 14.8 中的 PLC 机床控制器及其程序，如果机器过载，发出报警。报警接线作为另一个输出。
4. 制定由微控制器控制的家庭洗衣机的框图。列出传感器、开关执行器和微控制器之间的接口模块。写一份机器操作顺序的说明，并制定控制序列的流程图，以便可以在 PIC 中使用汇编语言来实现。
5. 通过参考第 13 章中的温度控制器的设计，设计一个 PIC 硬件接口去实现如图 14.10 所示的系统。根据 I/O 和存储器需求选择一个合适的器件，在 MPLAB 模拟器中测试程序 14.2，并使用最容易获得的技术实现设计。制定目标系统模拟机床，并在硬件里确认正确的操作。

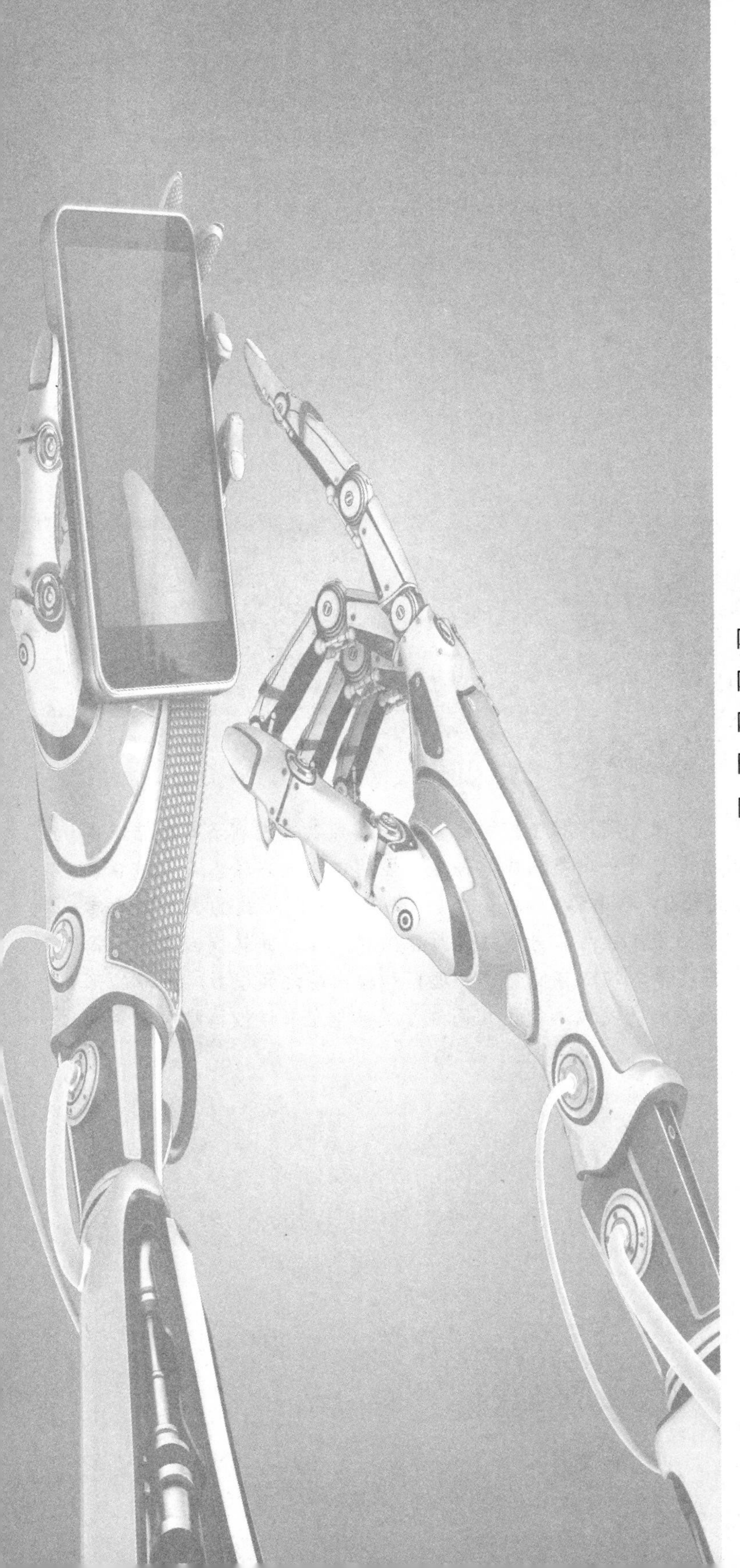

Part 5 第五部分

附 录

附录A 二进制数

附录B 微电子器件

附录C 数字系统

附录D Dizi84演示板

附录E Dizi690演示板

附录A Appendix A

二进制数

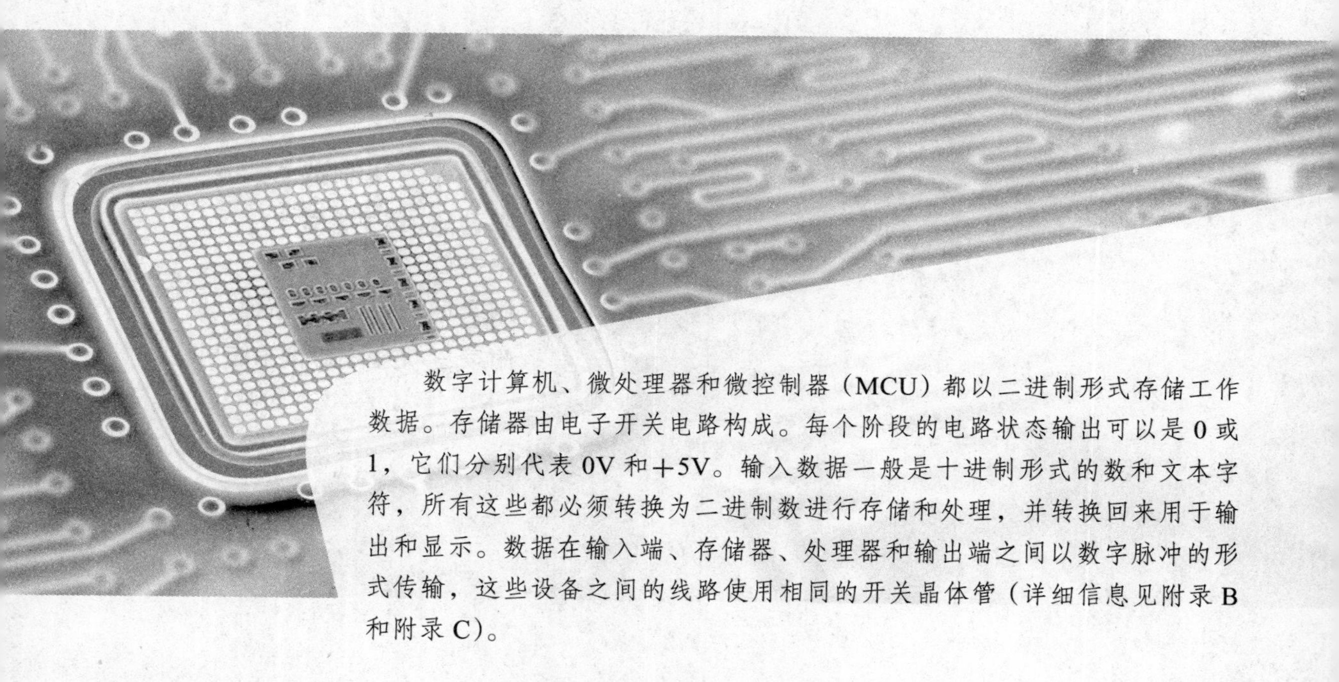

数字计算机、微处理器和微控制器（MCU）都以二进制形式存储工作数据。存储器由电子开关电路构成。每个阶段的电路状态输出可以是0或1，它们分别代表0V和+5V。输入数据一般是十进制形式的数和文本字符，所有这些都必须转换为二进制数进行存储和处理，并转换回来用于输出和显示。数据在输入端、存储器、处理器和输出端之间以数字脉冲的形式传输，这些设备之间的线路使用相同的开关晶体管（详细信息见附录B和附录C）。

A.1 数字系统

所有的运算都是基于数字系统，它使用字符集来表示数值。在微控制器中，十进制、二进制和十六进制数是最重要的。我们将以十进制开始，因为这是我们手工计算使用的参考系统。二进制是微控制器的自身语言，十六进制是用来表示二进制的一个简单方便的方法。

一个数字系统可以用任何你喜欢的基数表示，但是有一些基数比其他的更有用。例如，基数 12 仍然在广泛使用，如时钟（时间）、几箱鸡蛋（打）和角度的测量度。基数 12 在过去更常见，如古老的英国钱币（12 便士＝1 先令）。基数 12 之所以非常有用是因为 12 可以被 2、3、4 和 6 整除，这产生了很多有用的分数：二分之一、三分之一、四分之一和六分之一。

A.1.1 十进制

每个数字系统的名称指的是该数字系统的基数，也对应着表示值时所用的符号。在十进制中，10 个符号被使用，就是我们所熟悉的：

0 1 2 3 4 5 6 7 8 9

究其原因很简单，使用 10 是因为人有 10 个手指可用于计数，所以十进制发展成为在纸张上计数并作计算的方式，并且代替了手指和算盘。

假设，我们知道如何按十进制数记录并进行计算。现在我们来分析其结构。例如，以数 274 为例，口头上说就是“两百柒拾肆”。这表示，取两个百位，7 个十位和 4 个个位，并将它们相加。数中每个数字的位置是很重要的，即每一位都有一个权值，适用在该位中的数字。权值最小的位数通常放置在右侧，左侧放置权值最大的数字。随着数值的增加，更多的位被增加到左边。在十进制中，每一位的权值为 1、10、100 等。注意，这些权值对应幂级数为 10，即数字系统的基数 10。其他例子在表 A.1 中更详细地列出来。

表 A.1 十进制数的结构

位权值	1000	100	10	1
基数的幂	10^3	10^2	10^1	10^0
每位数字	3	6	5	2
和	（3×1000）	＋(6×100）	＋（5×10）	＋（2×1）
总和	＝3652			

表 A.2 二进制数的结构

位 符 号	MSB（最高有效位）							LSB（最低有效位）
位权值	2^7	2^6	2^5	2^4	2^3	2^2	2^1	2^0
10 进制的权值	128	64	32	16	8	4	2	1
数字举例	1	0	1	0	0	0	1	1
和	128	＋0	＋32	＋0	＋0	＋0	＋2	＋1
总和	＝163							

A.1.2 二进制

通过二进制与十进制的比较，我们可以理解二进制系统——任何数字系统的基本规则是相同的。在二进制中，基是 2，所以每一位的加权是一个 2 的幂级数，如表 A.2 中所示。以 2 为基数，只有数字 0 和 1 是可用的，所以数据往往具有很多位数。例如，32 位的计算机使用 32 位的二进制数表示其数据。表中给出的八位二进制数为 10100011，也说明如何将其转换为十进制数。需要注意的是任何数字的零幂值均为 1。

在所有的数字系统中对应的十进制数，都可以通过每一位的数字乘以十进制的权值，再将每一位的乘积相加计算得到。在二进制中，因为每一位的数值是 1 或 0，其结果可以通过数值为“1”的位的权值简单相加而获得，因为零乘以任何数都为零。当十进制数据输入到计算机里被转换为二进制数，用的就是这种方法。

一个二进制数的范围可用不同代码表示，对应于从零到可用的最大的数。计算方法是以 2^n 计算，其中 n 是数字的位数。例如，对于一个 4 位数，范围是 $2^4=2\times2\times2\times2=16$，最大值可以计算为 2^n-1。例如，对于一个 8 位的数，最大值为 $2^8-1=255_{10}$。

A.1.3 十六进制

由于二进制数有很多位数，写下来或打印出来的时候不容易理解，也不能特别直接的转化为十进制，因此十六进制数是一种以紧凑方式表示的二进制数，同时很容易将其转换成原始的二进制。

十六进制简称“HEX”，使用十进制系统中相同的数字 0 ～ 9 和字母 A ～ F（以单个字符表示数字 10 ～ 15）。用这些作为十六进制数字，主要是因为键盘上已经有这些字母。二进制数可以很容易地转换为十六进制，即取四位二进制为一组，然后每组转换为等效十六进制数字，见表 A.3。

表 A.3 十六进制数

十 进 制	二 进 制	十六进制
0	0000	0
1	0001	1
2	0010	2
3	0011	3
4	0100	4
5	0101	5
6	0110	6
7	0111	7
8	1000	8
9	1001	9

（续）

十 进 制	二 进 制	十六进制
10	1010	A
11	1011	B
12	1100	C
13	1101	D
14	1110	E
15	1111	F

在需要时，可将数制的基作为下标表示以避免混淆。所有数字系统都使用相同的字符集，因此，如果给定数字的基从上下文中看不出来，它可以被指定。例如，数字100在二进制中是十进制数4，在十进制中是100，在十六进制中是十进制数256。稍后，在编程时我们将看到用其他方式来表示数值类型。表A.4给出了一些进制之间等值的例子。

表A.4 不同进制等值的例子

十 进 制	二 进 制	十六进制
16_{10}	100_2	10_{16}
31_{10}	$1\ 1111_2$	$1F_{16}$
100_{10}	$110\ 0100_2$	64_{16}
169_{10}	$1010\ 1001_2$	$A9_{16}$
255_{10}	$1111\ 1111_2$	FF_{16}
1024_{10}	$100\ 0000\ 0000_2$	400_{16}

在八进制数字系统里，八进制有时用于计算，用数字0～7表示3位的二进制数，但现在已经不常见了。在一些早期的大型计算机业务中，以基12、24或36的数字运算还是有用到的。

A.1.4 计数

从0开始计数的各个进制之间的等值列表在表A.5中给出，一些值的后面有注释。此表还定义了微处理器系统中的内存容量，例如，存储器1K＝1024单元。请注意，$1024=2^{10}$。这是作为计算内存容量的起点，应该记住。

任何数制系统中的计数规则都是：

1）初始设置都为零。

2）在数的右侧位置（最低有效位），从零计数到最大数（二进制为1，十进制为9，十六进制为F）。

3）如果计数值达到最大，将其复位到零，进位（加1）给左边高位。

微处理器的寄存器或存储器单元有一个固定的数字位数，它们往往是8位（1个字节）

的倍数：8、16、32、64、128 或 256。这决定了可以被存储的最大值。最大值可计算为 2^n-1，其中 n 是位数。例如，一个 16 位寄存器存储的数的最大值是 $2^{16}-1=65535$。显然前导零必须被用来填补空白的位置，因为每个寄存器位必须是 0 或 1，所以前导零不改变数值。

表 A.5 重要的等值数

十 进 制	二 进 制	十 六 进 制	说 明
0	0	0	完全一样
1	1	1	完全一样
2	10	2	[2^1] 二进制中使用第二位
3	11	3	最大 2 位计数
4	100	4	[2^2] 二进制中使用第三位
5	101	5	[2^2] 二进制中使用第三位
6	110	6	[2^2] 二进制中使用第三位
7	111	7	最大 3 位计数
8	1000	8	[2^3] 二进制中使用第四位
9	1001	9	直到 9 十进制和十六进制都一样
10	1010	A	十六进制中使用字母
11	1011	B	十六进制中使用字母
12	1100	C	十六进制中使用字母
13	1101	D	十六进制中使用字母
14	1110	E	十六进制中使用字母
15	1111	F	最大 4 位计数
16	1 0000	10	[2^4] 十六进制中使用第二位
17	1 0001	11	使用空格以明确二进制
18	1 0010	12	
19	1 0011	13	
20	1 0100	14	
21	1 0101	15	
22	1 0110	16	
23	1 0111	17	
24	1 1000	18	
25	1 1001	19	
26	1 1010	1A	
27	1 1011	1B	
28	1 1100	1C	
29	1 1101	1D	
30	1 1110	1E	
31	1 1111	1F	最大 5 位计数

（续）

十 进 制	二 进 制	十六进制	说 明
32	10 0000	20	$=2^5$
33	10 0001	21	
34	10 0010	22	
…	…	…	
62	11 1110	38	
63	11 1111	39	最大6位计数
64	100 0000	40	$=2^6$
65	100 0001	41	
…	…	…	
127	111 1111	7F	最大7位计数
128	1000 0000	80	$=2^7$
129	1000 0001	81	
…	…	…	
254	1111 1110	FE	
255	1111 1111	FF	最大8位计数
256	1 0000 0000	100	$=2^8$
…	…	…	
511	1 1111 1111	1 FF	最大9位计数
512	10 0000 0000	200	$=2^9$
…	…	…	
1023	11 1111 1111	3FF	最大10位计数
1024	100 0000 0000	400	$=2^{10}=1$KB
…	…	…	
2047	111 1111 1111	7FF	最大11位计数
2048	1000 0000 0000	800	$=2^{11}=2$KB
…	…	…	
4095	1111 1111 1111	FFF	最大12位计数
4096	1 0000 0000 0000	1000	
…	…	…	
65535	1111 1111 1111 1111	FFFF	最大16位计数

A.1.5 位、字节和字

一个二进制数字表示一个“位”（bit）的信息。8位数字称为一个“字节”（byte），较大二进制代码被称为“字”（word）。我们已经知道，在十六进制中，四位二进制数表示一个十六进制的数，所以一个字节是2个十六进制数，一个字是4个十六制数。微处理器系统中存储器块一般对 8 位的单元寻址，即使多个字节被使用，因此内容通常显示为 2 个十六进制数（8 位）。寄存器可以从 8 位到 256 位，但还是 8 的倍数。在 16 位的 PIC 中，14 位程序代码是用 4 个十六进制数代表，有用的值一般放在低 14 位上，最高的两位被设为零。

A.2 数值转换

微处理器系统中往往需要数值类型转换。数据可能以 ASCII 码输入，以二进制码形式进行处理，然后以二 - 十进制编码（BCD）进行输出。机器代码通常以十六进制显示。因此，我们需要知道如何执行这些转换。

A.2.1 二进制到十进制

上面已经描述了二进制数的结构。因此，一个数的值通过将每一位二进制数乘以该位对应的十进制权值并相加而得到。二进制中的数字从最低有效位（LSB）开始的加权值分别为 1、2、4、8、16，…；或 2^0、2^1、2^2、2^3，…；即，数字进制的幂是以 0、1、2、3 等逐渐上升。另一个例子在表 A.6 中展示。同样的原理也可以应用于任意基的数转换为十进制数。

表 A.6 二进制到十进制的转换

位的权值	2^7	2^6	2^5	2^4	2^3	2^2	2^1	2^0
二进制数	1	0	0	1	0	1	1	0
权值 × 数	128×1	64×0	32×0	16×1	8×0	4×1	2×1	1×0
结果	128	+0	+0	+16	+0	+41	+2	+0
总和	150_{10}							

A.2.2 十进制到二进制

这种转换是通过连续地对数进行除二来完成的。十进制数除以二，余数记录为二进制的位值，然后结果继续除以二，直到结果为零为止。二进制结果通过从下往上（最高有效位 MSB 到最低有效位 LSB）（表 A.7）抄写余数获得。同理，此过程可以被应用到求任何基数的数制转换上。

表 A.7 十进制到二进制的转换

十进制数＝150 被 2 除		结果（商）	余 数	顺 序
150/2	=	75	0	LSB（最低位）
75/2	=	37	1	
37/2	=	18	1	

（续）

十进制数=150 被2除		结果（商）	余数	顺序
18/2	=	9	0	
9/2	=	4	1	
4/2	=	2	0	
2/2	=	1	0	
1/2	=	0	1	MSB（最高位）
对应的二进制数=10010110				

A.2.3 二进制和十六进制

二进制到十六进制的转换很简单，这就是为什么使用十六进制的原因。每四位（bit）一组被转换成相应的十六进制数字，从最低有效位开始取4位，必要时用前导零填充（表A.8）。反过来的转换过程是一样的琐碎，在这个过程中，每个十六进制数字被转换为一组4位的二进制数。结果可以用将两者都转换为十进制的方法进行检验。按照上面描述的过程见表A.6。十六进制到十进制见表A.9。

表A.8 二进制转换为十六进制

1001	1111	0011	1101	$=9F3D_{16}$
9	F	3	D	

表A.9 十六进制到十进制的转换

十六进制数字	9	F	3	D
X位加权	9×16^3	15×16^2	3×16^1	13×16^0
结果	36864	+3840	+48	+13
总和	40765_{10}			

A.2.4 BCD

二-十进制编码（BCD）仅使用从0到9的二进制数码来表示十进制的数字（表A.10）。例如一个包含0-9的数字键盘，这种格式可以用来输入。当多位的数字被输入时，按键以一定的次序从最高有效位到最低有效位依次被按下。为了获得整个数的等效二进制数，在每个数字输入完成时，按键对应的值都必须加入到二进制的总和中。最低有效位的数被直接添加进去，下一个有效位乘以10再加入，再下一个乘以100加入，依此类推，得到总的BCD码（二进制）。

表 A.10 二－十进制编码（BCD）

十 进 制	BCD	十 进 制	BCD
0	0000	5	0101
1	0001	6	0110
2	0010	7	0111
3	0011	8	1000
4	0100	9	1001

以二进制的方式处理后的结果可能需要以 BCD 格式显示，如七段数码管。二进制转换为 BCD 码输出可以用上面所描述的过程的逆过程实现。如果最大值是 9999，该值必须依次被 1000、100 和 10 所除。除的结果给出了 BCD 码的每一位，剩余的部分将会被传递到下一个阶段。详情参照 A.3.3 节中二进制的乘法和除法的描述。

A.2.5 ASCII 码

ASCII 码（美国信息交换标准码）是一种二进制编码，用来表示电脑键盘上的数字和字符。基本的代码有 7 位。例如，大写的“A”用二进制代码 100 0001 表示（65_{10}），“B”用 66 表示，依此类推，“Z”＝65＋25＝90＝1011010_2。小写字母和其他常见的键盘字符，如标点符号、括号和算术符号，再加上一些特殊的控制字符，都对应着范围从 32 到 126 的代码。同样，数字也被包括在内，例如“9”＝011 1001_2，所以有时需要清楚代码是等效的二进制数（1001_2），还是 ASCII 码（011 1001_2）。我们还应该注意到，对于最开始的十进制数，每个转换后的二进制数加上 30H 才得到对应的 ASCII 码。表 A.11 给出了从计算机键盘上选出来的字符集。

表 A.11 典型 ASCII 码

十 进 制 值	十六进制值	二 进 制 值	ASCII 字符
35	23	010 0011	#
42	2A	010 1010	*
43	2B	010 1011	＋
45	2D	010 1101	－
47	2F	010 1111	/
48	30	011 0000	0
49	31	011 0001	1
50	32	011 0010	2
51	33	011 0011	3
52	34	011 0100	4
53	35	011 0101	5
54	36	011 0110	6

（续）

十进制值	十六进制值	二进制值	ASCII 字符
55	37	011 0111	7
56	38	011 1000	8
57	39	011 1001	9
65	41	100 0001	A
66	42	100 0010	B
67	43	100 0011	C
	etc.		etc.
97	61	110 0001	a
98	62	110 0010	b
99	63	110 0011	c
	etc.		etc.

单片机的程序指令是以二进制代码的形式存储的。源代码本身是以 ASCII 码存储，所以源代码助记符（文本字符串）必须由汇编器转换为二进制代码（见第 3 章），从而创建单片机（MUC）的 HEX 程序。

A.3　二进制运算

在大多数程序中，需要以某种形式计算，即使它是一个简单的减法，由此来确定输入是否大于或小于所需的值。在另一个特例中，游戏程序在三维动画化图形场景中需要实现每秒数百万次的运算。这里我们将只涉及一些基本知识，我们可以对简单的算术运算进行编程。

A.3.1　加法

一个简单的计算，两个数相加，如例 A.1 所示，其结果是 255 或更小（最大为 8 位）。根据规则，由右至左，每个相对应的位进行运算。

	二进制	转换	十进制
	0111 0100	64+32+16+4	116
+	0011 0101	32+16+4+1	+53
=	1010 1001	128+32+8+1	169
进位	11 1		

例 A.1　加法结果小于 256

0+0=0

0+1=1

1+1=0　1 进到下一位

将每个二进制数转换为十进制数来确定结果是否正确。

当执行 ADDWF，或执行 PIC 单片机中类似的指令时，进位操作在内部进行处理，直到最高位从 MSB 溢出为止。当执行结果大于 255 时，出现的情况在例 A.2 中说明。进位被记录在状态寄存器的进位位上。它会被保存在那里，这样可以被加到多字节数的下一个高字节中。在这种情况下，低字节加法中的进位必须被加到高字节的最低位以获得正确的结果。这种情况的计算如例 A.3 所示。

```
          0111 0010    = 116
       +  1001 0000    = 144
结果   1  0000 0100    = 260
```

例 A.2 加法结果大于 255

```
     0111 0101 0101 0111   =  7557
  +  0001 1000 1100 1011   =  18CB
     1000 1110 0010 0010   =  8E22
进位 111- --11 1-11 111-
从低字节到高字节进位^
```

例 A.3 多字节相加

A.3.2 减法

如果一个数被一个较大的数减，这类的减法很简单。一对二进制数作相减处理，从最低有效位到最高有效位的处理规则如下：

0－0＝0

1－0＝1

1－1＝0

0－1＝1（借 1，于是 2－1＝1）

如果必要，可从下一位借位，当前位的权值为 2。这可能会导致进一步从更高有效位借位。如果最后结果是正的（没有从 MSB 借位），就不需要作进一步的处理了，如例 A.4。

例如，在 PIC 中执行 SUBLW 指令时，进位标志提供借位给 MSB。因此，进位标志必须在减法操作前设置，这样才有 1 可借。如果要借位，进位标志位被清零，则表示结果为负。例 A.5 是一个由 2 的补码形式表示的负数。

```
借位   -22- ----
       1100 1011   =   203
    -  0100 0010   =   -98
       0110 1001   =   105
```

例 A.4 结果为正的减法

```
借位      222222--
   1      00100001   =   33
     -    00101101   =  -45
   0      11110100   =  -12

补码      00001011
  +1  =   00001100   =   12
```

例 A.5 结果为负的减法

当寄存器递减到 0 以后，会产生负数，如表 A.12 中所示。因此，在 8 位二进制的补码形式中，－1 用 FF 表示，－2 用 FE 表示，依此类推。为了把这种形式的数转换为等效的负整数，将所有位取反再加 1。例如，转换二进制补码 FC 为－4 的过程为：

FC＝1111 1100 → 0000 0011＋1＝4 →－4

结果必须被显示为 BCD 码或 ASCII 数字，为了检查结果，例 A.5 给出了二进制补码的转换过程。

表 A.12 负的二进制数

十进制数	二进制数	十六进制
＋3	0000 0011	03

（续）

十进制数	二进制数	十六进制
+2	0000 0010	02
+1	0000 0001	01
0	0000 0000	00
−1	1111 1111	FF
−2	1111 1110	FE
−3	1111 1101	FD
−4	1111 1100	FC
…	…	…

A.3.3　乘法和除法

乘法的一个简单算法是连续做加法运算。例如：

3×4=4+4+4

这可以通过将一个寄存器初始化到零，然后加四，执行三次来实现。乘法的程序实现过程如下：

```
MULTIPLY BY ADDING                          ;通过加法来实现乘法
    Clear a Result register                 ;清除结果寄存器
    Load a Count register with Num1         ;将Num1加载到计数寄存器
    Loop                                    ;循环
        Add Num2 to Result                  ;结果加Num2
        Decrement Count                     ;递减计数
    Until Count = 0                         ;直到Count=0
```

执行完成后，乘法的结果保存在结果寄存器中。如果结果大于255，进位必须作为一个多字节加法来处理。一种替代方法是使用移位和加法，它对较大的数来说更有效。除法是乘法的逆运算，因此对较小的数字来说，可以使用连续的减法来实现。在高性能的MCU中，其硬件中包含算术逻辑运算单元（ALU），可以提供特定的乘法和除法指令。

A.3.4　浮点数

在一个科学计算器上，大的和小的数都由一个十进制数（尾数）和指数表示，例如 1.2345×10^6。计算机也可以以这种格式处理数字，通常在32位的数字中，23位表示尾数部分，8位表示指数部分，剩余的位是符号（正或负）位。此格式仅用于用C语言编程的高性能微处理器中。

附录B Appendix B

微电子器件

本附录介绍微控制器中使用的基本电路元件，方便那些以前没有学习过电子器件的读者学习。这可以让读者了解在PIC数据手册中出现的逻辑电路和框图。

B.1 数字元器件

在微控制器中，组成程序和数据的二进制代码是以电子信号的形式进行存储和处理的。二进制数用如下形式表示：

二进制数 0＝0V

二进制数 1＝＋5V

＋5V 电源供应单元（PSU）是数字电路供电的传统方法。对于标准的 TTL 电路而言，它必须能够提供足够的电流，使处理器电路的电压稳定在 4.75～5.25V 之间。功率消耗是电源电压和芯片引脚上的电流消耗的结果：

$$P=VI$$（I 为芯片电流）

通过使用欧姆定律（$I=V/R$），我们得到：

$$P=V^2/R$$（R 为芯片的输入电阻）

这个功率会产生热量，从芯片工作效率和所有的芯片都有最高工作温度这个事实来看，都是不期望有的。如有必要，必须对芯片进行冷却，就像典型的 PC 主板上的中央处理单元（CPU）都有风扇散热一样。

假设芯片的输入阻抗为常数，我们可以看到，功率消耗与电源电压的平方成正比。这意味着，如果电压减半，所消耗的功率将减少原来值的四分之一，因此，任何电源电压的降低都是非常可取的。

在大多数芯片中，为了降低功率消耗，通常采用 3.3V 的电源供电。与 5V 电源相比，功耗为 $3.3^2/5^2\times100\%=44\%$，降低了一半。这也提高了芯片的运行速度，因为功耗和时钟速度大致成正比。

在小规模芯片的原始设计中，双极型晶体管（TTL）门电路采用＋5V 供电。它有相对较大的功耗，运行在一个相对较高的温度下。这限制了在一个芯片上运行的门的数量，所以超大规模集成电路（VLSI）通常使用场效应晶体管（FET）逻辑门，因为其功耗较低。这些都是用在如 PIC 一样的互补金属氧化物半导体（CMOS）芯片上的，这样可以在较低的电压上运行，节约了更多的功率。低功耗科技对电池供电的应用来说必不可少，如笔记本电脑和移动电话技术。随着逻辑技术的不断发展，日益复杂的芯片需要获得更高的速度、更低的成本和更低的功耗。目前，Microchip 正扩大其低功耗芯片（XLP）的可操作范围，其工作电压降低到了 1.8V。

B.1.1 FET 逻辑

FET（场效应晶体管）是微控制器逻辑电路的基本器件。它可以作为一个电流开关：电流在栅极电压控制下通过半导体沟道。一个 FET 在图 B.1a 中给出。

在栅极和 0V 之间施加正电压，电路被接通，电流可以流过沟道，当输入电压为零时，通路对电流是高阻态，器件关闭。N 沟道 FET 的电流从漏极到源极。N 沟道意味着在半导体通道中有过剩的带负电荷的载流子（电子束）传导电流。P 沟道场效应晶体管以相反的方式工作，并且 N 和 P 沟道经常成对使用，在某一时间，一个工作另一个关闭。

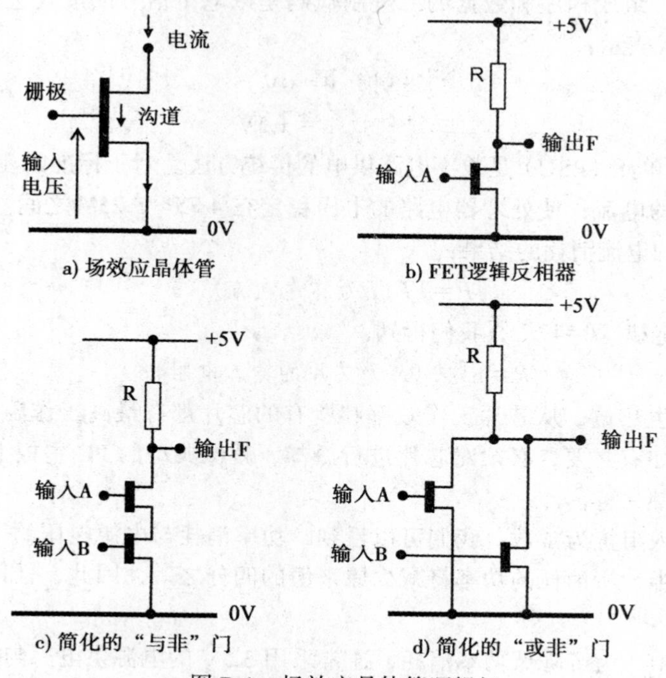

图 B.1 场效应晶体管逻辑门

通过 FET 电路实现逻辑反的操作在图 B.1b 中说明。假设端口 A 输入＋5V 电压时 FET 开启，该通路会呈现低阻抗来允许电流通过负载阻抗 R，通过它产生一个压降。这意味着，F 的电压必须下降，对于正确的开关操作，当 FET 工作时 F 必须接近零伏。因此，当输入为＋5V（逻辑 1）时输出接近 0V（逻辑 0）。相反，当输入为低电平（逻辑 0）时输出被 R 上拉至＋5V（逻辑 1）。此时没有电流流过 FET 的通道，电阻两端没有电压降。因此输出端与电源有相同的电压＋5V，实现所需要的逻辑反转。

只有当所有的输入是高时（表 B.1），逻辑“与”运算的电路输出才是高。与的逆运算“与非”，只有当所有的输入为高时，输出才是低。这个操作可以按照图 B.1c 来实现。只有当两个晶体管都导通时，输出 F 才为低。逻辑“与”的功能可以通过逻辑“与非”的输出取反来实现，即通过将反相器电路连接到与非输出端的方式来实现。

表 B.1 一个和两个输入门的逻辑表

输入	输出					
	非	与	或	与非	或非	异或
0	1	—	—	—	—	—
1	0	—	—	—	—	—

（续）

输入	输　出					
	非	与	或	与非	或非	异或
00	–	0	0	1	1	0
01	–	0	1	1	0	1
10	–	0	1	1	0	1
11	–	1	1	0	0	0

同样地，逻辑“或”运算在当任一个输入为高电平时输出为高电平。逻辑“或”运算的反运算逻辑“或非”要求当任意一个输入为高电平时输出为低电平。这个操作可以按照图 B.1d 的方式来实现。当任意一个晶体管在导通状态时，输出 F 为低电平。逻辑“或”功能可以通过“或非”的输出取反来实现，即通过连接反相器来实现。

在实际的逻辑门电路中，电路会有些复杂，但不是非常复杂。不使用电阻，因为它浪费太多的功率，而是用附加的 FET 作为有源负载代替电阻，从而降低功耗。表 B.1 中的逻辑运算都是制作任何逻辑或处理器电路时所需要的。数字电路的基础就是这些逻辑门电路的各种组合。一个微处理器可能包含数千个门电路和百万计的晶体管。

B.1.2　逻辑门

基本逻辑器件包括“与”门、“或”门和“非”门（或逻辑反相器），其标准符号示于图 B.2 中。左侧接收逻辑（二进制）输入，右边产生结果输出。

三个扩展的门电路可以由基本逻辑器件组成：“与非”门、“或非”门和“异或”门。与非门电路仅仅是一个“与”门后面跟一个“非”门，“或非”门是一个“或”门后面跟一个“非”门。异或门和或门相似，除了当两个输入都为高电平时输出为低电平这一点不一样。

表 B.1 显示了有一个或两个输入时的所有可能的输入组合。显然，对于反相器来说唯一可能的输入是 1 或 0。带有两个输入端的门电路有四个可能的输入组合。其他的门也许有更多的输入，但是逻辑运算是类似的，例如，一个三输入“与”门要求所有输入为高电平时才有高电平输出。

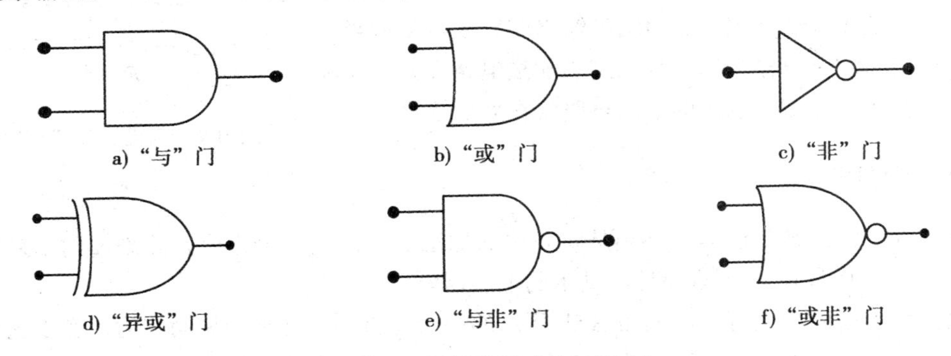

图 B.2　逻辑门符号（美国标准）

这种表示的变化可能出现在数据手册上。比如，代表逻辑非的圆圈也可以作用在门电路的输入端，当然也可以用在输出端，但是它可以从基本的逻辑符号集中推算出逻辑运算。数字逻辑电路的更详细的分析和设计在标准教科书中都有描述，这里就不需要介绍了。在任何情况下，这些设计原则对于电路设计者来说并不太重要，由于类似 PIC 的微控制器具有很好的易用性，并提供了基于固件替代硬连线逻辑的功能。

B.2 组合逻辑

逻辑电路可以分为两大类：组合逻辑电路和时序逻辑电路。组合逻辑描述的电路，其输出只取决于当前的输入，唯一的时序问题是在输入和输出变化之间的短暂的延时。在时序逻辑电路中，任何时候的输出都是由当前和以前的输入共同决定的。通常需要定时或时钟信号来触发在时序电路中的变化，但在组合逻辑电路中不需要。

B.2.1 二进制加法

二进制加法的电路设计提供了简单的组合逻辑例子。二进制加法是在任何微处理器中的算术逻辑运算单元（ALU）的一个基本功能。一个 4 位二进制加法过程可用图 B.3 来说明，在附录 A 中已列出。

最低有效位首先进行相加，结果 1 或 0 插入到和所在的行。如果总和是 2（10^2），则结果为 0，并向前一列进位。进位加到下一列的求和上，依此类推，直到最后的进位被记录到结果的最高位为止。因此，结果可以有一个额外的（进位）数字。我们可以设计一个逻辑电路来实现这个过程，每一列使用一个二进制加法器，根据需要向前输送进位。

		1	1	1	1	（A）
	+	0	1	1	0	（B）
	=	0	1	0	1	（求和）
进位	（1）	1	1			

图 B.3 二进制加法举例

B.2.2 二进制加法电路

使用如图 B.4 所示逻辑门可以实现一位二进制加法操作。A 和 B 为两个输入端，F 为结果输出端，该电路相当于一个异或门，它可以作为基本的二进制加法电路，并不断地被完善。输入的存储和输出的显示电路将在后面描述。

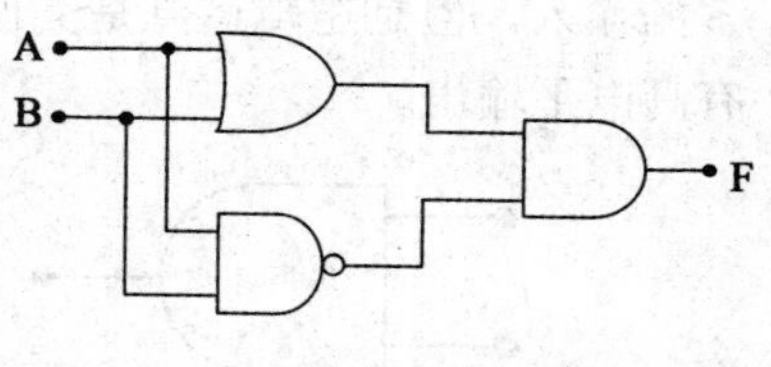

图 B.4 二进制加法逻辑电路

B.2.3 全加器

完整的二进制数加法器，必须从每一位的加法器里产生一个进位，并添加到结果中的下一个高位。按照图 B.5a 可以设计出基本的加法器电路。

电路所需要的功能可以用如图 B.5b 所示的一个逻辑表来详细的说明。为了实现这个逻辑功能，每一级的进位输出必须同下一级的进位输入相连接，因此，可以将四个全加器级联在一起实现四位加法器的运算。第一级的 Ci 作为整体的进位输入，第四级的 Co 是总的进位输出。

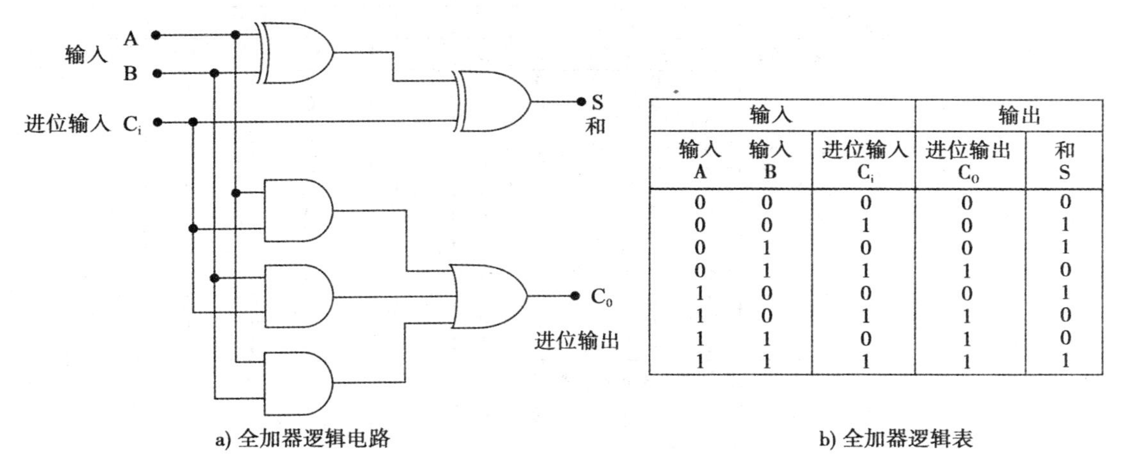

输入			输出	
输入 A	输入 B	进位输入 C_i	进位输出 C_O	和 S
0	0	0	0	0
0	0	1	0	1
0	1	0	0	1
0	1	1	1	0
1	0	0	0	1
1	0	1	1	0
1	1	0	1	0
1	1	1	1	1

a) 全加器逻辑电路　　　　b) 全加器逻辑表

图 B.5　全加法器电路和逻辑表

B.2.4　四位加法器

通过加法器级联，一组 4 个全加器可以构成一个 4 位加法器，或任何其他位数的加法器。在 PIC 16 中 ALU 处理 8 位的数据。由于现在的电路越来越复杂，我们不是特别关注逻辑是怎样被设计的，所以可以把它隐藏在一个块中，然后简单地定义必要的逻辑输入和结果输出，如图 B.6 所示。

所有可能的输入组合，都必须进行处理，这可以通过在输入端使用二进制计数来实现。每个输入组合对应的输出状态被定义在逻辑表中。对于 2×4 位的输入，加上进位位，所有可能的输入组合有 512 个，因此逻辑表只显示开始几行和最后几行。

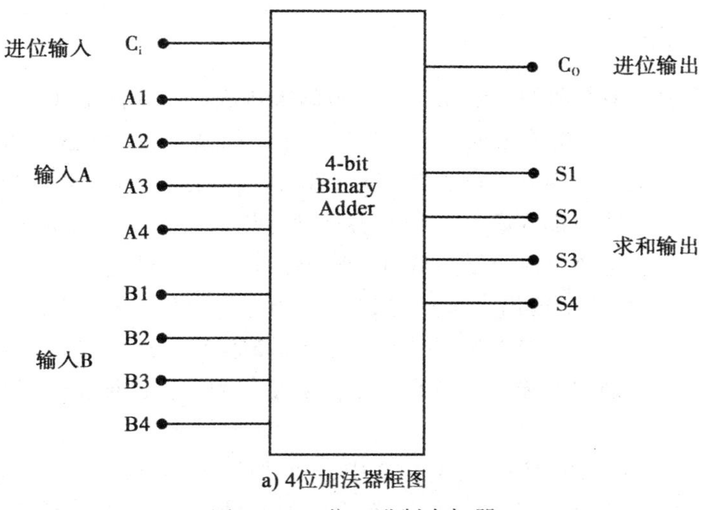

a) 4位加法器框图

图 B.6　四位二进制全加器

	输入									输出					
	输入A				输入B					输出和					
ROW	A4	A3	A2	A1	B4	B3	B2	B1	C_i	C_o	S4	S3	S2	S1	Dec
0	0	0	0	0	0	0	0	0	0	0	0	0	0	0	0
1	0	0	0	0	0	0	0	0	1	0	0	0	0	1	1
2	0	0	0	0	0	0	0	1	0	0	0	0	0	1	1
3	0	0	0	0	0	0	0	1	1	0	0	0	1	0	2
4	0	0	0	0	0	0	1	0	0	0	0	0	1	0	2
5	0	0	0	0	0	0	1	0	1	0	0	0	1	1	3
6	0	0	0	0	0	0	1	1	0	0	0	0	1	1	3
.	.	.	.	.	.	.	.	.	.	.	.	.	.	.	.
等															等
.	.	.	.	.	.	.	.	.	.	.	.	.	.	.	.
509	1	1	1	1	1	1	1	0	1	1	1	1	0	1	30
510	1	1	1	1	1	1	1	1	0	1	1	1	1	0	30
511	1	1	1	1	1	1	1	1	1	1	1	1	1	1	31

b) 4位加法器逻辑表

图 B.6 （续）

在过去，逻辑电路必须使用布尔代数来设计，由分散的芯片构建。现在，可编程逻辑器件（PLD）使工作更容易，因为所需的操作可以定义为一个逻辑表或功能表。然后以一个文本文件的形式被输入到 PC，再被转化为编码指令送给可编程逻辑器件（PLD）来实现每个门之间的连接。

B.3 时序逻辑

时序逻辑指的是输出由当前的输入和原来的输入决定的数字电路，即，输入的序列决定了输出。这样的电路被用来制作寄存器和存储器中的数据存储单元，及计数器和处理器中的控制逻辑。

B.3.1 基本锁存器

时序电路由图 B.2 中所示的一组相同的逻辑门来构成。它们都是基于一个由两个门组成的简单的锁存电路，每个门的输出反馈连接到另一个门的输入端，如图 B.7a 所示。

该锁存电路使用的是“与非”门，“或非”门也可以构成锁存电路。当两个输入端 A 和 B 都为低电平时，两个输出都为高。这种状态是没有用的，所以这被称为“无效”。当一个门的输入为高电平时，这个门被强制为低电平输出，另一个门就输出高电平。锁存器的置位或复位取决于 X 或 Y 哪一个输出会被输送到下一个阶段。在图 B.7 中，X 被作为输出，并且被设置为高电平。当另一个输入为高时，这种状态被保持，这为我们提供了所需的数据存储操作。输出 X 也可以通过使输入 B 为低电平而被复位为零。这种复位状态将会被保持到 B 返回高电平为止。

图 B.7b 表示事件发生的顺序。在时隙 3 中，数“1”被存储在 X 中，而在时隙 5 中，数“0”被存储在 X 中。请注意，在两个输入都为高的时隙中，输出 X 可以是高也可以是低，由最先到达的输入序列决定。

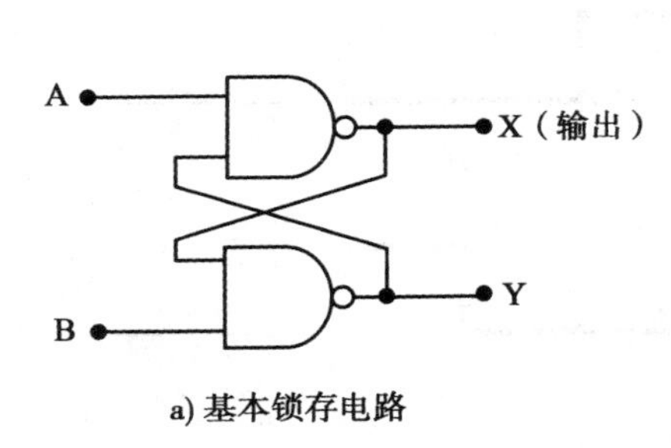

a) 基本锁存电路

时间	输入		输出		说明
	A	B	X	Y	
1	0	0	1	1	无效
2	0	1	1	0	X=1
3	1	1	1	0	保持X=1
4	1	0	0	1	复位X=0
5	1	1	0	1	保持X=0
6	0	1	1	0	置位X=1
7	1	1	1	0	保持X=1

b) 基本锁存器的时序逻辑表

图 B.7　数据锁存器

通过额外的控制逻辑，基本的锁存电路可以构成两个重要的逻辑功能块：D 型（数据）锁存器，作为一位数据存储器；和 T 型（切换）双稳态锁存器，被用在计数器中。这种双稳态（两个稳定状态）电路通常被称为“触发器”。不同种类的时序电路，包括微控制器的计数器和寄存器，可以由一个被称为“ JK 触发器”的通用元件构成。计数器和寄存器在附录 C 中有详细说明。

B.3.2　数据锁存器

数据锁存器是一个基本的数据存储器件，如图 B.8a。操作顺序可以通过一个逻辑表（见图 B.8b）表示。当输入使能端（EN）输入为高电平时，输出（Q）跟随输入（D）的状态。当输入使能端为低电平时，输出状态保持。直到使能端再次变为高电平，输出才会改变。这是一种透明锁存器，因为当使能端为高电平时，数据直接通过。图 B.9 的时序图展示了锁存器的操作顺序，这种方式可能比逻辑表更容易理解。另一种可供选择的是边沿触发的锁存器，当使能（时钟）信号变化时，存储输入的数据，它被用在寄存器和静态随机存取存储器（RAM）里存储 8 位的数据组。

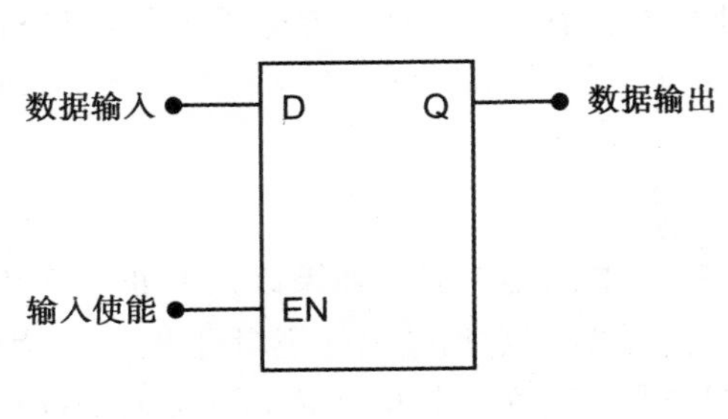

a) 数据锁存电路

时间	输入		输出	说明
	D	EN	Q	
1	0	0	X	输出不确定
2	0	1	0	输出=输入0
3	0	0	0	数据0锁存
4	1	0	0	数据0保持
5	1	1	1	输出=输入1
6	1	0	1	数据1锁存
7	0	0	1	数据1保持
8	0	1	0	输出=输入0

b) 数据锁存器的时序逻辑表

图 B.8　数据锁存器

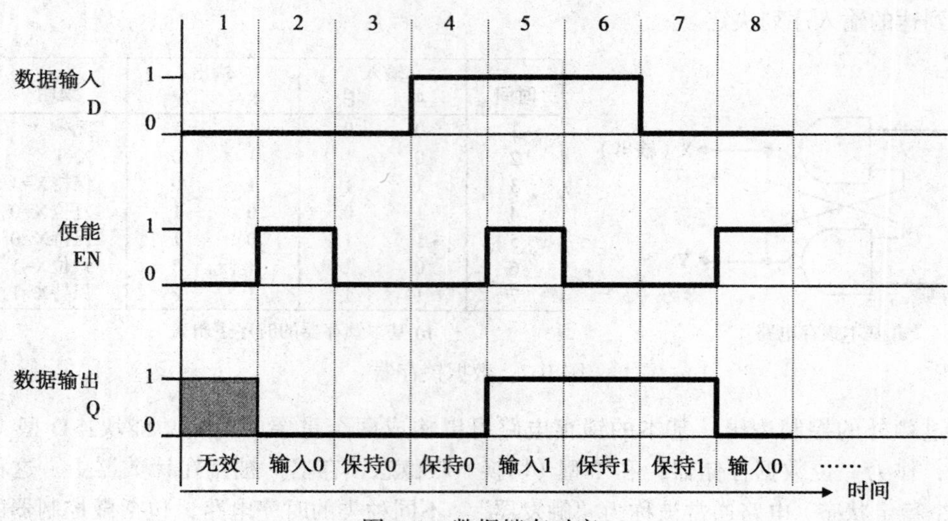

图 B.9 数据锁存时序

B.4 数据设备

所有数据处理或数字控制系统需要电路来实现以下操作：

- 数据输入。
- 数据存储。
- 数据处理。
- 数据输出。
- 控制和定时。

为了解释微处理器和微控制器系统的操作，上面介绍的逻辑器件将被用来组成一个基本的数据处理电路。此外还需要一些额外的元件，三态门（TSG）和总线驱动器，实现的系统如图 B.10 所示。注意所有的有源器件（TSG、锁存器和驱动器）都需要电源（通常为 5V），这在数字电路中没有明确显示。

B.4.1 数据输入开关

在图 B.10a 中，开关（S）和电阻（R）连接在 5V 电源的两端。如果该开关处于打开状态，经由电阻输出的电压被上拉至＋5V。如果开关闭合，则数据输出的逻辑电平为 0，因为它是直接接地的。电阻是用来防止＋5V 电源和 0V 之间短路的，同时允许当开关处于打开状态时使输出上升到＋5V。这只在数据输出端提供一个相对较小的电流。通常这不是一个问题，因为典型的数字输入不会超过几微安。一个实际的问题是开关颤动：当开关闭合时，触点可能反弹再次打开，产生的抖动电压可被连接着的由多个开关操作的任何数字电路检测到。为了提供一个平稳的过渡，电容可以连接到触点之间来平滑上升的电压，或开关输出连接到一个锁存器（见上文）。数据输入开关可作为控制输入单独使用，或在数字小键盘的列或行上（参见第 1 章，图 1.9）使用。

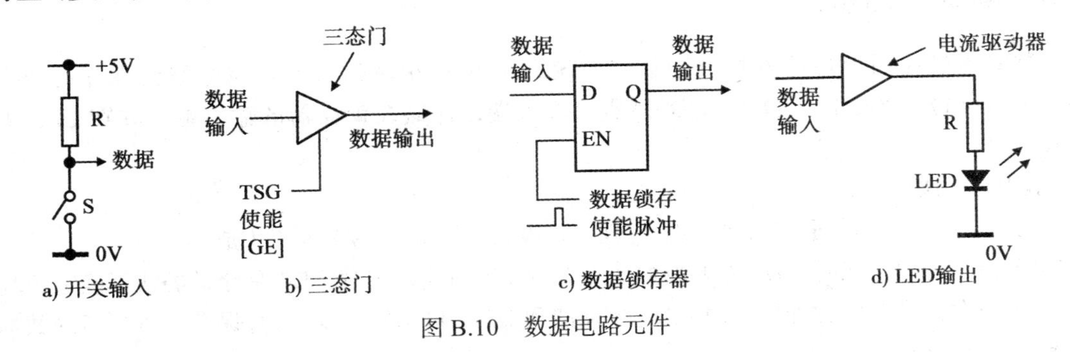

图 B.10　数据电路元件

B.4.2　三态门

TSG（图 B.10b）是一种数字元件，可以控制电子开关让信号通过一个数据处理系统。它基本上是一个 FET 开关（见 B.1.1 节），数据通过漏极 – 源极通道，由门电路的使能输入端（GE）控制。

当使能控制端（GE）有效时（在本例中为高电平），门被开启，数据被允许通过。当使能控制端无效（低电平）时，数据被封锁，输出进入高阻抗状态（高阻），有效地切断了它与下一级的联系。TSG 可以低电平输入有效，在这种情况下，控制输入端用一个圆表示低电平有效。TSG 被使用在 VLSI 电路中，如在 PIC 微控制器中允许将不同数据源的数据传输到内部数据总线上。

B.4.3　数据锁存

图 B.10c 的数据锁存器是存储一位数据的电路框图，这在附录 B.3.2 节中描述过。如果一个数据位出现在输入端 D（1 或 0），锁存使能输入脉冲（0、1、0）使其被锁存，数据出现在输出端 Q。当输入被移除或更改时，数据仍然会被锁住，直到锁存时钟再次出现为止。因此，数据位被存储，并且可以在以后的数据处理中被重复利用。一组数据锁存器可以用来构成微控制器中的寄存器。

B.4.4　LED 数据显示

发光二极管（LED）提供了一个简单的数据显示装置。在图 B.10d 中，要显示的逻辑电平（1 或 0）被输送到当前的驱动电路中，一个放大器为其提供足够的电流（通常约为 10 毫安），使得数据为“1”时，LED 被点亮。这本质上是一个 FET 开关，当输入门电路使能时，它连接 LED 到电源上，该电阻值控制电流的大小。七段或其他矩阵显示器，通过点亮适当的 LED 段来显示十进制或十六进制的数字。

B.5 简单数据系统

数据通过使用上述器件构成的数字系统在图 B.11 中举例说明。该电路允许开关产生的一个数据位（0 或 1）被输入到锁存器的输入端，存储在锁存器的输出端，并在 LED 上显示。

操作步骤如下：

1）D1 处的数据是通过拨动开关（“0” ＝0V，“1” ＝＋5V）人工生成的。

2）当三态门使能时，D2 处的数据变为有效（当门被禁用时，D2 是浮动的或不确定的）。

3）当数据锁存的脉冲到来时，D2 被存储到 D3 的输出端（D3 一直保存，直到新的数据被锁存，或系统断电为止）。

4）在锁存的同时，D3 处的数据经电流驱动器在 LED（ON＝ “1”）上显示。

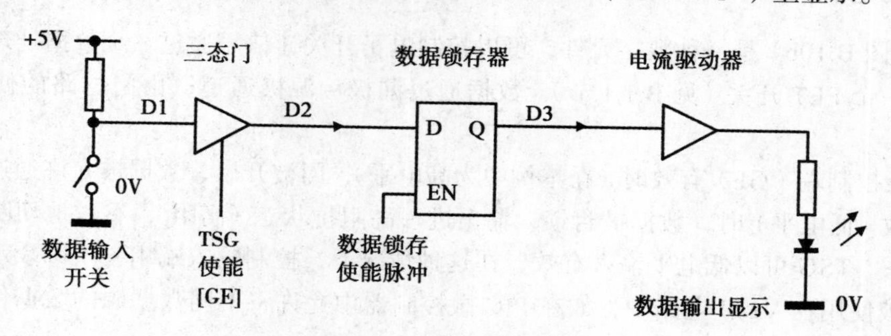

图 B.11 一位数据系统

表 B.2 详细说明了控制顺序，及每次操作后的数据状态。请注意，“x”表示“未知项”或“无关项”(可以是 1、0 或浮动的)。

表 B.2 一位系统操作顺序

操 作	开 关	D1	GE	D2	LE	D3
数据输入 1	开启	1	0	X	0	X
输入使能	开启	1	1	1	0	X
锁存数据	开启	1	1	1	0–1–0	1
输入禁用	开启	1	0	X	0	1
数据输入 0	关闭	0	0	X	0	1
输入使能	关闭	0	1	0	0	1
锁存数据	关闭	0	1	0	0–1–0	0
输入禁用	关闭	0	0	X	0	0

B.6　四位数据系统

数据通常以并行格式在微处理器系统内转移和处理。图 B.12 所示的电路以一种简化的方式说明这一过程。

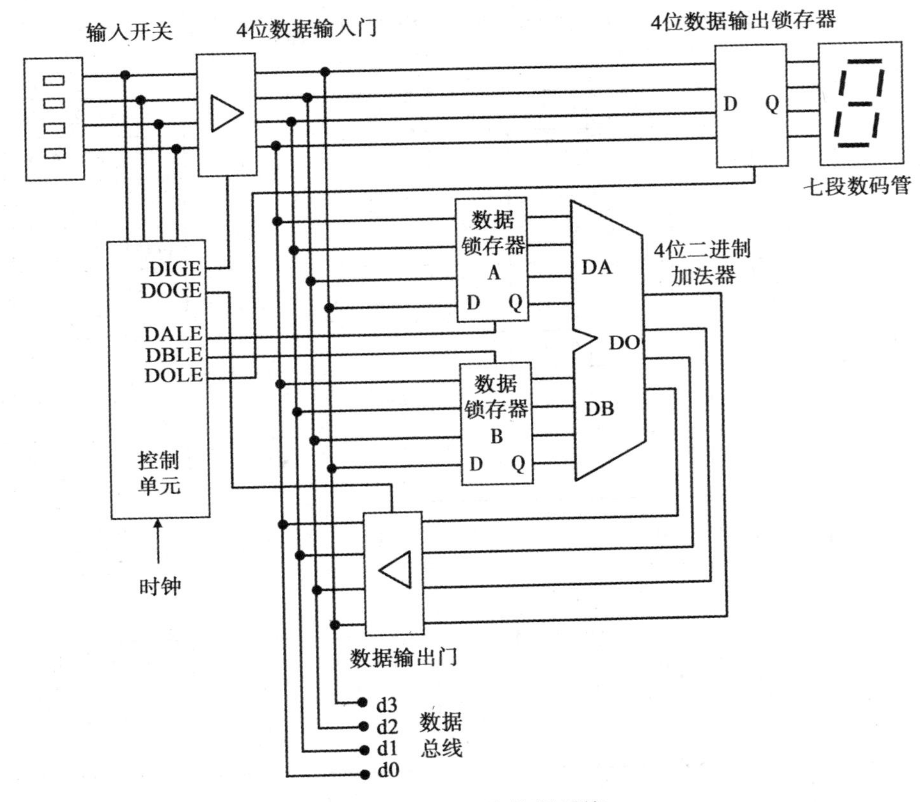

图 B.12　四位数据系统

四位系统的功能是在输入开关处增加两个二进制数，这两个数 A 和 B 将被存储、处理和输出显示在一个范围为 0 ～ F 的七段数码管上，数码管有一个内置的解码器，可以将输入的四位二进制数转化为可显示的相应的数字图案。为了获得正确的结果，输入的两个数字的和一定为 15_{10} 或更小，或为 9_{10} 或更小。

使用公共数据总线来最大限度地减少所需的连接数，在任何微处理器系统或微控制器体系结构下通常都是这样做的。然而，这意味着在任何一个时间只允许有一组数据出现在总线上，因此，在一个时刻只能有一组门启动，否则总线上会发生冲突，数据会无效。数据的目的地由被操作的那一组锁存器决定。因此，门（数据交换）和锁存器（数据存储）必须由控制单元按正确的顺序操作。

目前，我们将假定使用合适的开关或按钮手动生成控制信号。第一个数字（6）通过输入开关被设置，数据输入使能端（DIGE）设置为有效。于是数据就传送到总线上了，并且通过给数据 A 锁存使能（DALE）一个脉冲信号，就可以存储在锁存器 A 中。现在输入开关被修改，生成第二个数字（3）出现在总线上，可以通过激活 DBLE(见表 B.3）存储在锁存器 B 中。

表 B.3 四位操作系统

步骤	输入开关（四位二进制）	DICE	DOGE	DALE	DBLE	DOLE	Hex0～F	数据总线（四位二进制）	操 作
0	xxxx	0	0	0	0	1	X	xxxx	准备
1	0110	0	0	0	0	1	X	xxxx	利用开关设置输入为 A
2	0110	1	0	0	0	1	6	0110	打开输入门上的开关将数据 A 发送到总线上
3	0110	1	0	0-1-0	0	1	6	0110	在脉冲时钟的作用下，将数据 A 存储到锁存器 A
4	0110	0	0	0	0	1	X	xxxx	关闭输入门，总线上无可输入数据
5	0011	0	0	0	0	1	X	xxxx	在开关处设置输入数据 B
6	0011	1	0	0	0	1	3	0011	通过转换开关允许数据 B 到总线上
7	0011	1	0	0	0-1-0	1	3	0011	在脉冲时钟的作用下，将数据 B 存储到锁存器 B
8	0011	0	0	0	0	1	X	xxxx	关闭输入门，总线上无可输入数据
9	xxxx	0	1	0	0	1	9	1001	允许 ALU 上的结果到总线上
10	xxxx	0	1	0	0	0	9	1001	在时钟作用下，把结果存储在输出锁存器
11	xxxx	0	0	0	0	0	9	xxxx	显示结果 - 允许下一个数据输入

数字存储在锁存器 DA 和 DB 输出端，结果出现在二进制加法器的 DO 输出端。如果数据输出门电路使能（DOGE)，结果将出现在总线上。但是，数据的输入门必须首先被禁用，从而使数据在总线上不存在冲突。通过设置数据输出锁存使能（DOLE)，结果（9）可以被存储和显示。

如果操作顺序可以自动化，我们就有可能制作一个微控制器。由控制单元产生二进制操作的序列必须以某种方式被记录和回放。这可以通过将其存储在一个只读存储器（ROM）的内存块中来实现，同时将数据从开关输入。"指令代码"(控制开关操作）和操作数（输入数据）相结合为我们提供的简单的机器代码程序，如表 B.4 所示。

表 B.4 四位系统"机器代码程序"

指令代码	操 作 数	十六进制程序	操 作
1 0101	0110	156	输入和锁存数据 A
2 0011	0011	133	输入和锁存数据 B
3 1001	0000	090	锁存和显示结果

程序有三个长度为 9 位的指令。指令 / 操作码占前 5 位，操作数（数据）占后 4 位。控制模块需要被设计，操作码才可以在控制线上以正确的顺序生成，数据被连接以代替开关输入。可以通过使用计数器寻址程序 ROM 来实现，使得控制代码依次被输出，时钟信号将驱动系统顺序工作。

下一步使用一个减法器框图代替二进制加法实现递增、移位、与、或等逻辑运算。设置不同的指令代码可以让电路实现所有必需的操作，多个锁存器可以被添加来形成处理器内的寄存器。更好的输入和输出元件，如键盘和多位数的显示器，可以在系统中使用，如第 1 章中所提到的。对 ROM（一个开发系统）编程就完成了简单的处理器系统。这就是早期的计算器芯片如何被开发的过程，从而发展出后来的微处理器和微控制器。

上文所述的系统，可以在硬件中实现，但是所使用的分立元件现在可能不容易找到。因为设计它仅是为了说明使用共享数据总线的数字系统的操作原理，仿真可能更有用。四位数据处理系统的原理图见图 B.13。设计文件可以直接从 www.picmicros.org.uk 网站上下载。

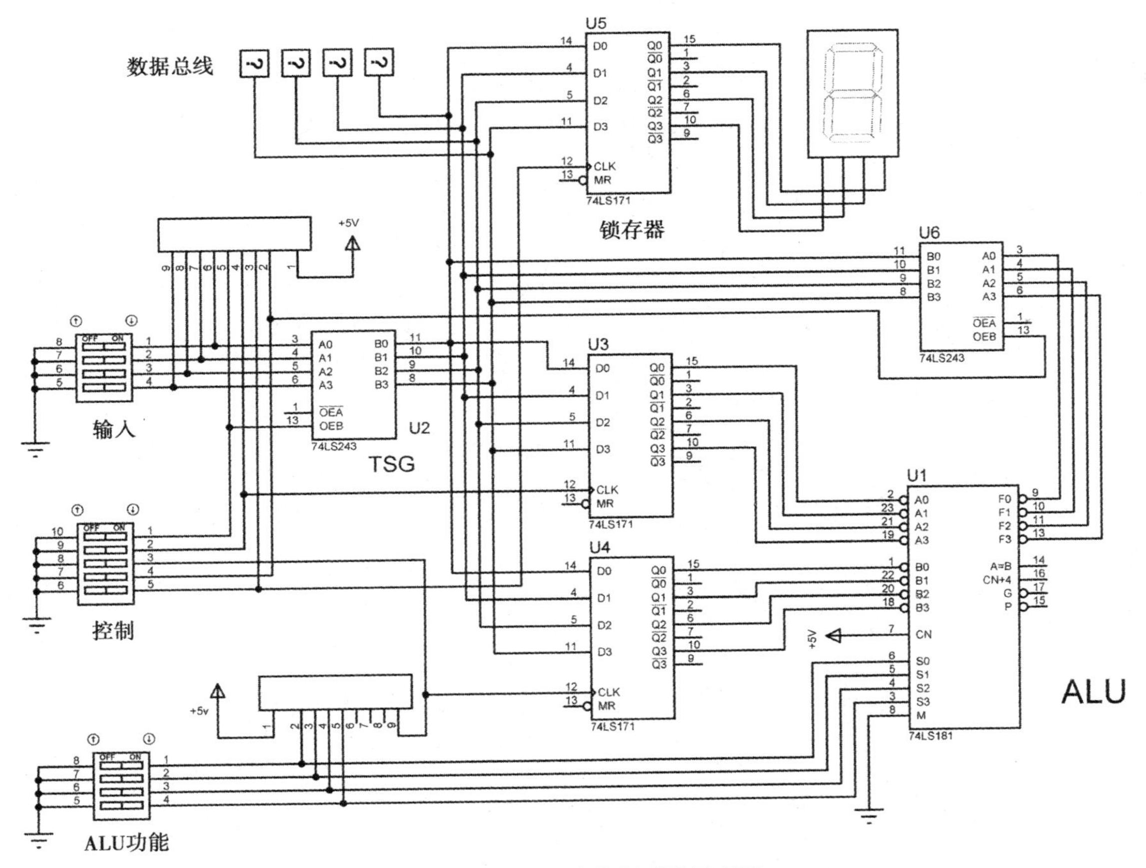

图 B.13 ISIS 四位数据系统原理图

关键器件是 ALU 74LS181（UI），该器件可以对从输入端 A0～A3 和 B0～B3 输入的一对 4 位二进制数进行操作，操作可以通过输入端 S0～S3 进行选择。执行算术加法时，这些开关设置为 1001。最初，所有的控制开关应接通，设置所有的控制输入为低，来禁用门电路和锁存器。

为了启动序列，第一个数据由输入开关设置，通过 OEB（控制开关 1 的状态为 OFF）使能 U2 中的门电路，数据通过 U2 的门送到数据总线。通过切换控制开关 2，在 CLK 上产生一个正脉冲，第一个半字节（4 位 BCD 数）被储存在锁存器 U3 上。然后改变输入，通过控制开关 3 产生一个脉冲，第二个半字节存储到 U4 上。于是，这两个数的和出现在 ALU 的输出端。关闭输入门（控制开关 1 的状态为 ON），并启用 U6 的输出门（控制开关 4 的状态为 OFF）。结果就输出在总线上，通过给控制开关 5 一个高脉冲，结果就可以被存储在显示锁存器（U5）上。接着处理下一对数据，同时前面的结果会被显示。

Appendix C 附录C

数字系统

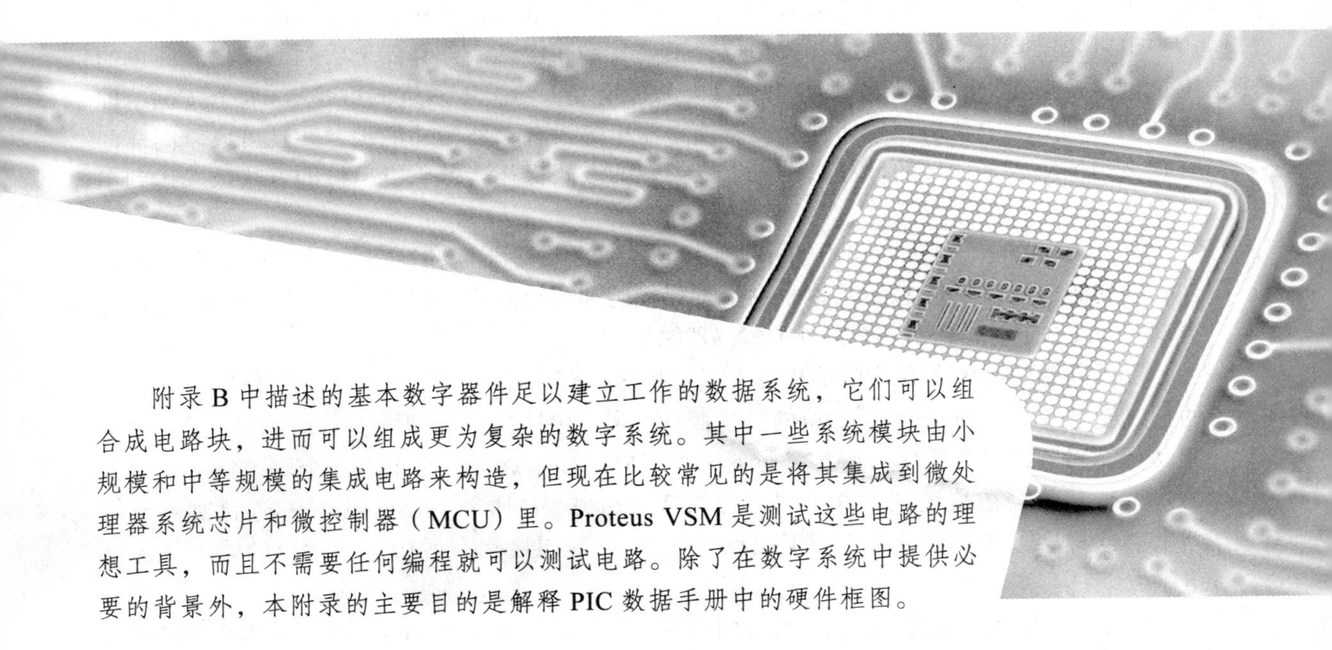

附录B中描述的基本数字器件足以建立工作的数据系统，它们可以组合成电路块，进而可以组成更为复杂的数字系统。其中一些系统模块由小规模和中等规模的集成电路来构造，但现在比较常见的是将其集成到微处理器系统芯片和微控制器（MCU）里。Proteus VSM是测试这些电路的理想工具，而且不需要任何编程就可以测试电路。除了在数字系统中提供必要的背景外，本附录的主要目的是解释PIC数据手册中的硬件框图。

C.1 编码器和译码器

数字编码器是一种具有若干独立的输入和二进制输出的器件，根据不同的输入，生成相应的二进制代码。因此，一个 3 位的编码器有 8 个输入和 3 个输出。例如，如果输入数字 4 被设置为有效（通常为低），4 的二进制代码（100）被输出。

译码器进行数字编码器的逆逻辑运算，一个输入的二进制代码可以激活相应的输出。因此，3 位译码器有 3 个输入和 8 个输出。如果输入 5 的二进制代码（101），译码器的输出端口 5 变为有效（低）。

编码器和译码器可以用来操作键盘，下面举例说明它们是如何工作的。这个硬件接口减少了连接键盘和微控制器的输入 / 输出（I/O）线的数量，并在硬件上生成键码。该键盘由一组以二维阵列方式连接的开关构成，正如我们在电话或计算器上看到的那样。简单的十进制键盘有 12 个按键：0～9、井号（#）和星号（*）。十六进制键盘有 16 个按键，即 0～F，如图 C.1 中被用到的那种类型。计算器小键盘有额外的功能键，并且可以以同样的方式被扫描输入。标准的计算机键盘也以类似的方式操作，键码以串行的方式被发送到主处理器。

一个 2 位的译码器，其输出端分别连接到十六进制键盘的四个行上。一个 2 位的编码器接收每列的输入。 一个按键可以根据行选择代码和列检测代码的组合（共有 4 位）来检测。当没有键被按下时，指示一个额外的编码器输出。

行译码器的四条选择线的输出通常是高电平。当一个二进制输入代码被使用时，相应的行线变低（图 C.lb）。一个 2 位的二进制计数器（包括两个 T 型触发器，见 C.5 节）用于驱动行译码器，这会依次产生每一行的选择代码。如果选中的行上有一个键被按下，列上的这个低位将会被检测到。这些列通常保持为高电平（通过上拉电阻），并连接到列编码器上。这样会产生一个二进制代码（图 C.lc），将其连接到有效行上，对应的输入就为低电平。

因此，行选择的二进制代码（R1、R0）和列检测的二进制码（C1、C0）的组合给已被按下的键一个数字。例如，如果按下键 9，输入的代码是 10，第 2 行会变低。这将使得第 1 列变低，列输出的代码为 01。完整的二进制代码是 1001（9_{10}）。微控制器连接到键盘接口，可以编程在该行的计数器上产生 4 个时钟脉冲，每个脉冲后读取输入来完成键盘扫描。可以通过在适当的延时后读取输入来消除开关抖动。

编码器和译码器是组合逻辑电路，它们可以选定任何位数的码进行设计，有 n 位就有 2^n 个选定行。离散的 3 位编码器和译码器可作为中等规模集成（MSI）芯片，而这里需要的 2 位编码器必须从分散的门电路进行设计。这种分散的逻辑设计在众多的标准教科书都有涉及。在这种情况下，计数器、译码器和编码器可以设计为一个完整的子电路与合适的键盘连接，也可以使用可编程逻辑器件（PLD）来设计。

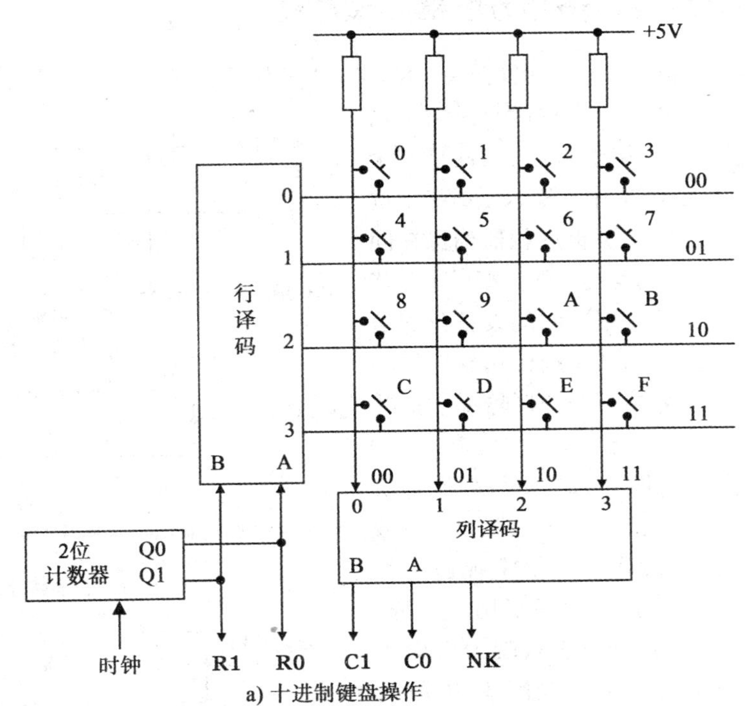

a) 十进制键盘操作

输入		输出			
B	A	0	1	2	3
0	0	0	1	1	1
0	1	1	0	1	1
1	0	1	1	0	1
1	1	1	1	1	0

b) 二位译码器逻辑表

输入				输出		
0	1	2	3	B	A	G
0	1	1	1	x	x	1
0	1	1	1	0	0	0
1	0	1	1	0	1	0
1	1	0	1	1	0	0
1	1	1	0	1	1	0

c) 二位编码器逻辑表

按键	行译码输入 R1 R0	行译码输出 3 2 1 0	列编码输入 3 2 1 0	列编码输出 C1 C0	NK
无	X X	X X X X	1 1 1 1	X X	1
0	0 0	1 1 1 0	1 1 1 0	0 0	0
1	0 0	1 1 1 0	1 1 0 1	0 1	0
2	0 0	1 1 1 0	1 0 1 1	1 0	0
3	0 0	1 1 1 0	0 1 1 1	1 1	0
4	0 1	1 1 0 1	1 1 1 0	0 0	0
5	0 1	1 1 0 1	1 1 0 1	0 1	0
6	0 1	1 1 0 1	1 0 1 1	1 0	0
7	0 1	1 1 0 1	0 1 1 1	1 1	0
8	1 0	1 0 1 1	1 1 1 0	0 0	0
9	1 0	1 0 1 1	1 1 0 1	0 1	0
A	1 0	1 0 1 1	1 0 1 1	1 0	0
B	1 0	1 0 1 1	0 1 1 1	1 1	0
C	1 1	0 1 1 1	1 1 1 0	0 0	0
D	1 1	0 1 1 1	1 1 0 1	0 1	0
E	1 1	0 1 1 1	1 0 1 1	1 0	0
F	1 1	0 1 1 1	0 1 1 1	1 1	0

d) 键盘逻辑表

图 C.1 运用编码器和译码器进行行键扫描

C.2 多路复用器、多路分配器和缓冲器

复用器本质上是一个电子转换开关，使用一个三态门（TSG），它可以在一个数据系统里从其他来源中选择数据。这允许两个或两个以上的不同系统器件在不同的时间内共享一个信道（总线）。在图 C.2a 中，输入 1 或 2 由输入的逻辑状态来选择。逻辑反相器确保在同一时间只有一个三态门是使能的。相反，多路分配器（见图 C.2b）使用相同的设备分配信号。即，它可以把数据从总线传送到选择的目的地。此外，还需要一个控制器提供这些控制信号。

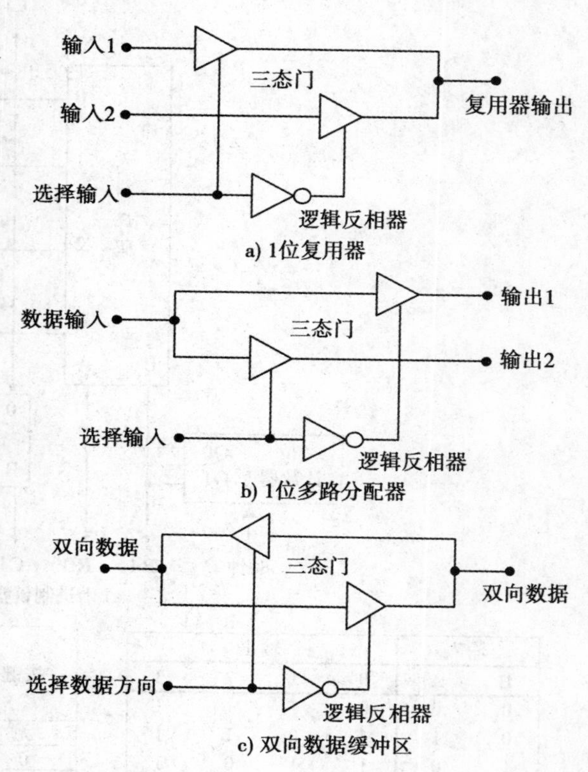

图 C.2 复用器、多路分配器和双向缓冲器

双向缓冲器（见图 C.2c）使得数据每次沿数据路径在一个方向上传送，例如，沿数据总线或串行链路传送。为了实现这一目标，三态门从头到尾连接，像复用器一样，每次只启用一个。当控制输入端为低电平时，数据能够由左到右通过；当为高电平时，数据由右至左通过。

这些分支电路都可以由相同的一组门电路构造：由两个三态门和一个逻辑反相器构成。这对于总线系统的操作来说是非常重要的，如在附录 B 中列出的那样。任何连接到一个共同的线（总线）的数据源都需要通过三态门隔离。数据接收器不需要隔离，因为输入（数据锁存器）为高阻抗（HI-Z）。因此，如果需要的话，在同一时间只有一个数据源能被启动，而数据一次可以由多个设备接收。

C.3 寄存器和存储器

我们前面已经了解了 1 位数据锁存器是如何工作的。如果添加双向的数据缓冲区（图 C.2c），根据选定的数据方向，数据可以从数据线读取到锁存器中，或从锁存器写到数据线上。于是，我们有一个寄存器位存储。在图 C.3a 中，数据输入 / 输出线可以连接到 D 输入端或 Q 输出端，这取决于数据方向的选择状态。如果从数据线来的数据被锁存器存储，锁存使能端会在适当的时间被激活。

如果这些寄存器一起被使用，则可以存储一个字的数据。通常数据的字长为 8 位（1 字

节)，大多数系统处理的数据为 8 位的倍数。一个 8 位的寄存器，由八个数据锁存器组成，如图 C.3b 所示。寄存器使能和读 / 写（数据方向选择）线连接到所有的寄存器位，它们同时工作，通过 8 位数据总线读取和写入数据。

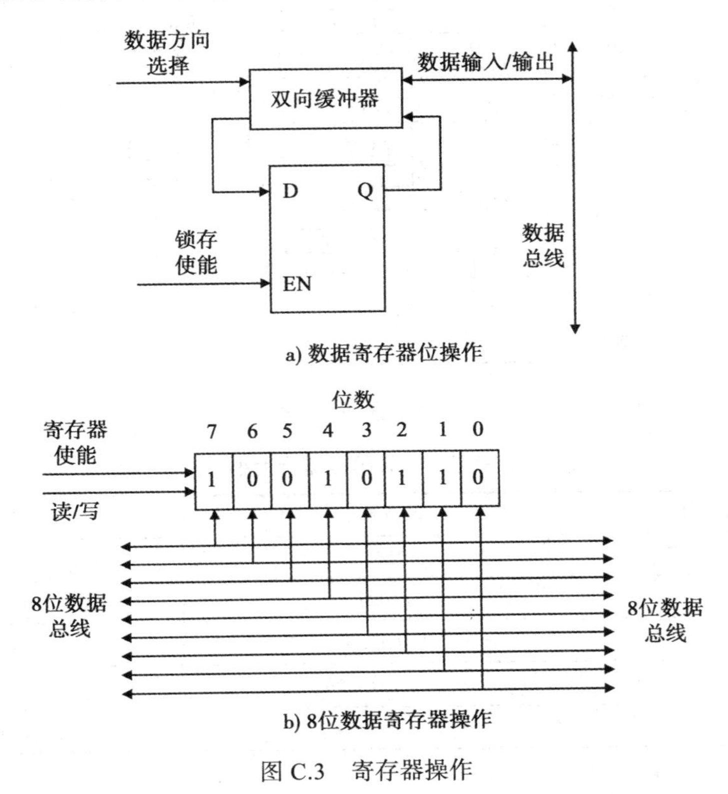

图 C.3 寄存器操作

C.4 存储器地址译码

静态随机存取存储器（RAM）地址操作类似于寄存器。存储元件存储着 8 位，即一个字节的数据块，按其编号（见图 C.4）进行访问。每个位置（单元）由八个数据锁存器组成，一起被载入和读取。图中展示了一个读操作，数据从所选择的位置输出。3 位代码用来选择一个存储器块中的八个地址，用一个内部地址译码器来生成位置选择信号。通过一个输出缓冲器，所选择的数据字节被启动输出，当另一台设备要使用数据总线时，允许存储器设备断电连接。

存储器中的单元数可以根据芯片上地址引脚的数量计算出来。在上面的例子中，一个 3 位的地址提供了八个不同的单元地址（000_2～111_2）。因此单元数可以直接计算为 $2^3=2\times2\times2=8$。单元数可以用 2 为底，以地址线数量为幂来进行计算。一些常用的值列于表 C.1 中。

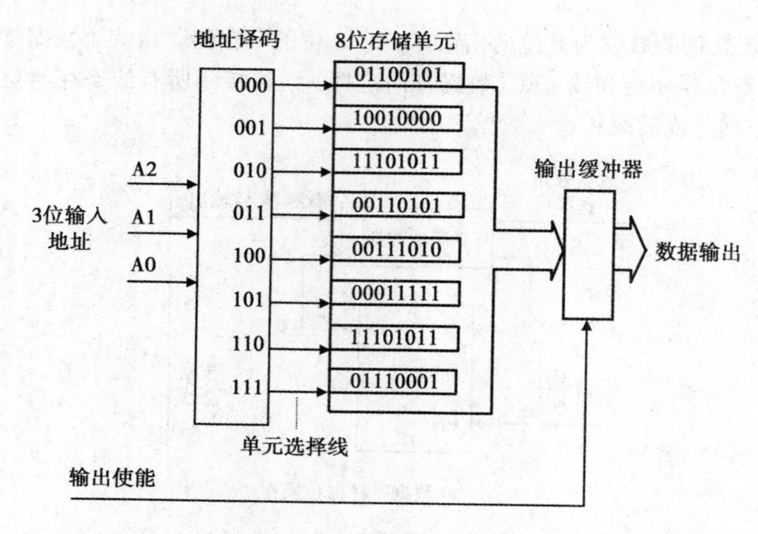

图 C.4 存储器件操作

表 C.1 常用存储器大小

地 址 线	单元（每个单元一个字节）	存储器大小
8	$2^8=256$	256 字节
10	$2^{10}=1024$	1KB
16	$2^{16}=65536$	64KB
20	$2^{20}=1048576$	1MB
30	$2^{30}=1073741824$	1GB

C.5 计数器和定时器

计数器 / 定时器寄存器可以计算输入的数字脉冲的数量。如果使用已知频率的时钟信号，就成为一个定时器，其计数时间等于计数值乘以时钟周期。像数据寄存器一样，计数器 / 定时器寄存器由双稳态电路单元组成，但以“触发”模式连接，所以每一级都驱动下一级。每输入两个脉冲，则会输出一个脉冲，所以输出脉冲频率是输入脉冲频率的一半（见图 C.5a）。因此根据不同的应用，计数器 / 定时器的寄存器可以被看作是一个二进制计数器或分频器。

图 C.5b 表示一个 8 位的计数器 / 定时器，从右侧最低有效位（LSB）输入。每次 LSB 输入一个脉冲，输出端的二进制计数值加一。图中已经输入了两个脉冲，所以计数器显示为二进制的 2。若计数到 255 个脉冲后，计数器在下一个脉冲将从 11111111“跳转”到 00000000，然后继续计数。输出信号表明了这一点，它可以被用作计数的进位操作，或定时时间结束的指示。在微处理器系统中，超时信号通常在状态寄存器中设置一个位来记录此事件。或会产生一个中断信号，这就迫使处理器执行一个中断服务程序来处理超时事件。

如果时钟脉冲的频率是1MHz（1MHz为每秒10^6个周期），则脉冲周期是1μs（1微秒，10^{-6}秒），计数器每隔256μs将会产生一个超时信号。如果计数器预装了一个合适的数字，我们可以在它输入特定数目的脉冲后完成计时。例如，如果预装了56，在200μs后计时时间到。以这种方式，可以产生任意的时间间隔。在常规的微处理器系统中通常都包含定时器，处理器可将其用于定时操作。所有的PIC至少有一个8位的计数器/定时器，并带有一个预分频器，为了延长定时范围，输入时钟的频率可以在2～256之间进行分频。许多PIC还有16位计数器，允许在没有预分频器的情况下产生更长的时间间隔，记录一个更准确的计数。PIC定时器/计数器在第6章中有更详细的解释。

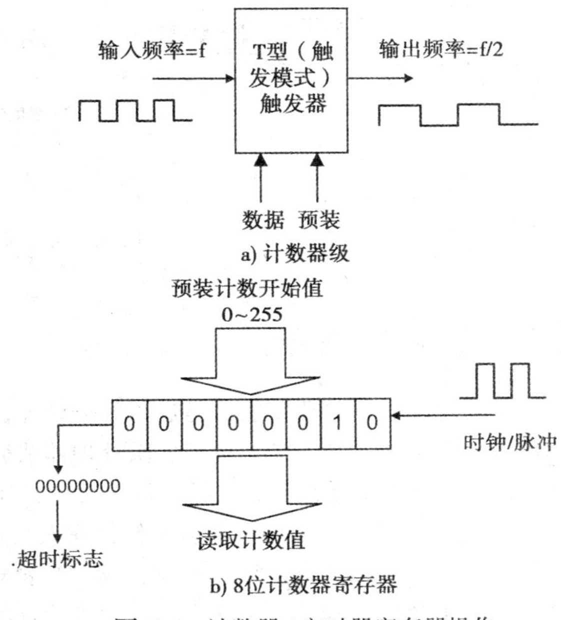

图C.5 计数器/定时器寄存器操作

C.6 串行移位寄存器

在C.3节中所描述的通用数据寄存器是并行加载和读入的。一种移位寄存器被设计为以串行的方式进行加载和读出数据。它由一组数据锁存器连接组成，因此在时钟信号的控制下，一个数据位每次从一个锁存器移动到下一个锁存器。因此一个8位的移位寄存器，可以存储一个字节的数据，在一个时间点从一个数据线读入一位，接着数据可以被再次移出，一次移动一位，或并行读取。另外，寄存器也可以被并行装入，数据被移出到一个串行输出线上。

在图C.6a中，8位的移位寄存器从右侧输入数据。当数据依次到达时，移位时钟工作在相同的速率下，因而寄存器在适当的时间从串行数据输入端采集数据样本。这意味着必须有标准时钟速率用来预先设置移位寄存器。随着每位数据的读入，前一位数据左移并允许下一位进入LSB。时序图显示了在时钟的下降沿到来时数据被采集和移位，注意，只有在采样时刻的输入状态才会被寄存，所以在第6和第7位之间的短暂负脉冲被忽略。这种类型的寄存器用于微控制器的串行端口，数据以串行的形式被发送或接收（见第12章）。在计算机中，这可作为调制解调器或网络端口，键盘输入或视频显示单元（VDU）输出。

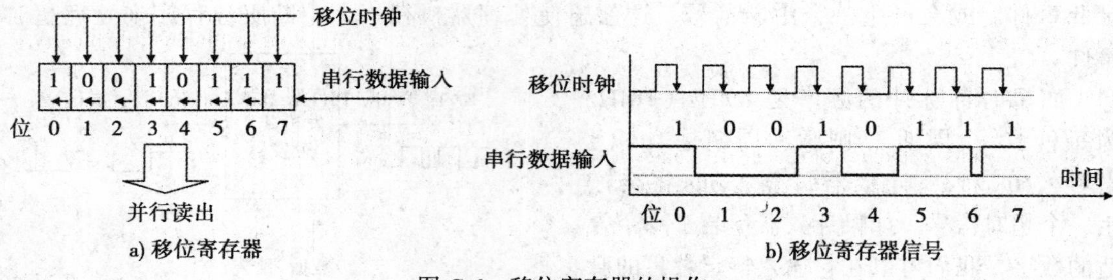

图 C.6　移位寄存器的操作

C.7　算术逻辑单元

任何微系统的主要功能都是进行数据处理，例如，两个数字相加运算。因此，图 C.7 所示的算术逻辑单元（ALU）是任何微处理器或微控制器的一个基本组成。二进制加法器模块已经在附录 B 中描述，但这只是 ALU 的功能之一。ALU 需要两个数据字作为输入，并通过组合它们进行加、减、比较和逻辑运算，如与、或、非和异或运算。要进行的操作是由功能选择输入来决定。反过来，这些都来源于在处理器上正在执行的程序指令代码。图中的块箭头用于表示并行数据路径（PIC 16 中是 8 位），它把操作数送到 ALU，结果送到下一级。一组存储操作的数据寄存器通常与 ALU 相联系。在 PIC 16 中，工作寄存器（W）总是用来接收结果，或提供操作数的。在其他处理器中，多个数据寄存器可以提供操作数和存储结果。

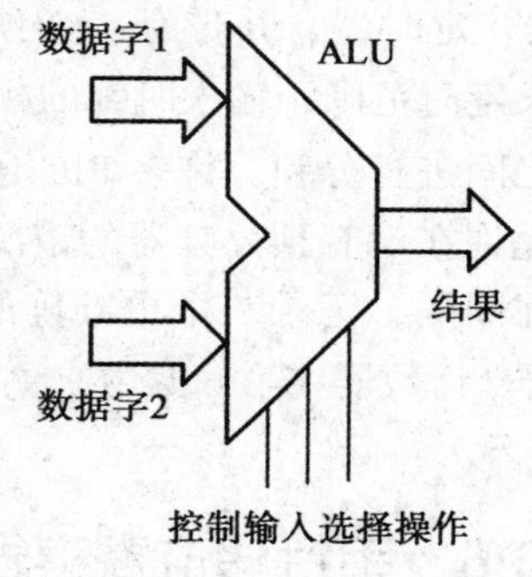

图 C.7　算术逻辑单元

C.8　处理器控制

指令译码器是中央处理单元（CPU）里的一个逻辑电路，它接收程序的指令代码来控制操作顺序。译码器输出线路连接到寄存器、ALU、门电路和其他控制逻辑上，为了实现一个特定的指令（如两个数据字节相加）而被设置。处理器控制模块（见图 C.8）还包括定时控制

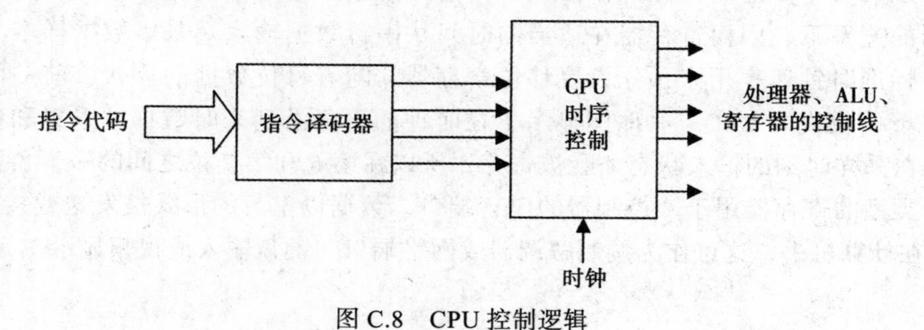

图 C.8　CPU 控制逻辑

和其他逻辑来管理处理器操作。时钟信号用来驱动事件的顺序执行，因此在一定数目的时钟周期后，指令的结果生成，并存储在一个合适的寄存器中或存回到存储器中。

C.9 CPU系统操作

虽然我们主要关注微控制器架构，在常规系统中内存和I/O访问也需要简单了解，因为它解释了微控制器芯片进行处理操作的过程，对微处理器系统的概况了解是很重要的，它是每个内存芯片的地址译码的逻辑扩展。

典型的微处理器系统包括存储器和I/O设备，I/O设备通过一个共享的数据总线连接到CPU。在任一时刻只允许一个外设芯片使用数据总线，因此芯片选择系统是必要的，凭借它使该处理器可以与一个特定的设备进行通信。图C.9a展示出的系统连接，允许CPU利用地址总线和其他控制线路从内存或I/O设备读取和写入数据。每个外围芯片都有一组寄存器或内存单元，需要以下连接（见图C.9b）：

- 数据总线：一组双向数据线，连接到CPU的系统数据总线上，把数据送到芯片的内存单元或寄存器中，或取出。在一个8位的系统中它们的编号分别为D0～D7。
- 地址总线：一组输入单元或寄存器的选择线路，被连接到内部地址译码器上，在CPU中由程序计数器生成，或来自指令操作数。一个16位的地址总线为A0-A15，可以访问64KB的内存。
- 读/写：在双向缓冲区中，为被选的单元选择其数据传输方向的输入控制信号。由CPU产生，取决于是否向单元读出或写入数据。通常情况下，读=1，写=0。
- 芯片选择：低电平有效控制输入，使能输出三态门读，使能输入锁存器写。

我们假定在这个系统中CPU有16位地址总线，允许64MB（2^{16}）个地址单元。地址译码利用高三位地址线（A_{15}、A_{14}、A_{13}）产生芯片选择驱动信号。按照图C.9c的表中数据进行操作。在这种情况下，译码逻辑是相当简单的，可以通过少量的门电路或小规模的PLD实现。在实际应用中，RAM片选（$A_{15}=0$）信号可以直接连接到地址线A_{15}，而不需要其他逻辑，因为在最高位（MSB）$A_{15}=0$情况下，所有地址的RAM都被选择。

所有数据传输都以同样的方式进行，我们假设CPU正在从只读存储器（ROM）中读取程序指令。CPU的程序计数器包含指令的地址（这是在地址总线上的一个二进制代码输出），在这个系统中，系统地址译码器用地址线上的三个最高位（ROM=11X）激活ROM芯片选择线。低位地址线像C.4节中所描述的，用来选择芯片内所需的地址单元。因此，地址单元的选择过程分为两阶段，包含外部（系统）和内部（芯片）的地址译码。

当地址单元已经选定，存储在那里的数据就可以通过数据总线根据CPU产生的读写设置被读出（或写入）。为了从存储器读出数据，选定的设备（如ROM）输出三态门被使能，同时连接到总线上的所有其他设备被禁用，允许ROM数据传送到总线上。然后，这些数据可以由CPU读出，并拷贝到一个合适的寄存器（在这种情况下是指令寄存器）

中。请注意，ROM 不能写入，因此不需要 R/W 线的连接。I/O 端口只有几个可寻址的地址单元，是每个通道的控制寄存器和数据寄存器，所以对这些设备的操作只需要少数几根的地址线。

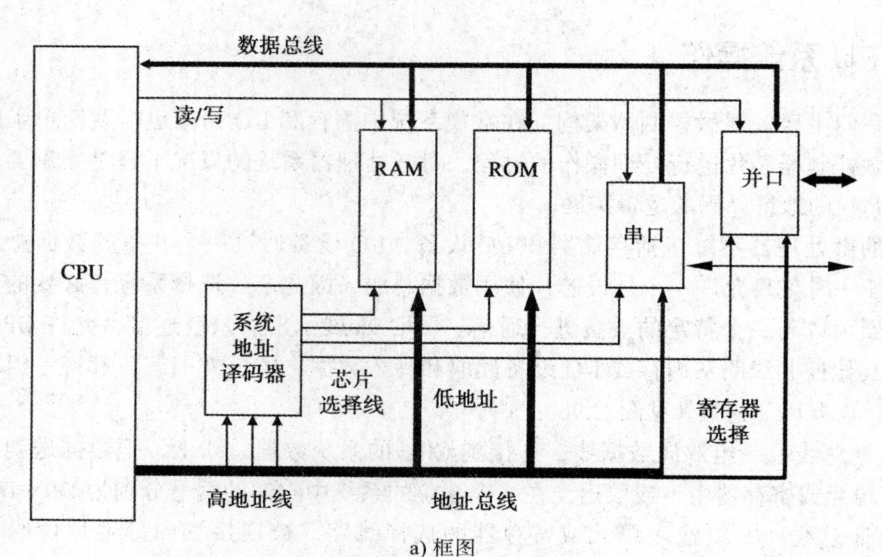

a) 框图

地址总线
An~A0
（寄存器或单元选择）
读/写（R/!W）
芯片选择（!CS）
存储器
或
端口芯片
数据总线
（8位）
D7~00

b) 存储器或端口芯片连接

地址范围					
最低地址	最高地址	高位	译码逻辑	单元数	设备
0000	3FFF	00XX	!A15	$8000_{16}=32768_{10}$	RAM
4000	7FFF	01XX			
8000	801F	100X	A15.!A14.!A13	$20_{16}=32_{10}$	并口寄存器
A000	A008	101X	A15. !A14.A13	8	串口寄存器
C000	FFFF	11XX	A15. A14	$4000_{16}=16384_{10}$	ROM

c) 存储器映射

图 C.9 微处理器系统操作

译码逻辑的设计决定了特定地址范围的内存和I/O的分配。在这种情况下，存储空间被16位地址的高三位分为八个部分，每个芯片被分配给一个或多个范围。请注意，并非所有的可用地址在某些范围内都被使用，特别是分配给端口的地址，因为它们只有小数量的寄存器。另一方面，RAM完全占用可用存储空间（32KB）的8个块中的前4个块。

不同于微控制器，CPU系统可被硬件设计师做成能够执行一个特定的应用程序，且只需要适量的内存和I/O。这种类型的系统实例详见图14.5，它是M68000微处理器的系统框图，有24位的地址总线和16位的数据总线，64KB的RAM和64KB的ROM。该系统具有线性地址空间，在那里所有的地址单元都可以被连续寻址。

相似的处理用于PIC 16来选择RAM地址单元，其中bank选择位需要在程序中使用BANKSEL命令进行明确的设置除外。这意味着RAM地址空间不是线性的，而是分页的。同样，程序ROM分为256个指令一页，使用PCLATH控制页面选择。

C.10 PIC 16微处理器操作

图C.10再现了PIC 16F84A的内部框图，PIC 16系列的所有芯片具有相同的内核，且它是最简单的。它集成了许多本附录中所描述的硬件概念。每个数据块之间的数据路径显示数据字的大小和可能的数据传输路线。数据总线宽度为8位，地址总线宽度（程序计数器输出）为13位。指令译码器用来管理数据传输的控制线和控制块，并且在图中表示出来，因为它使框图过于复杂了。为了使所有的数据被传输，它们连接到处理器的各部分，使数据通过三态门输出，并控制数据锁存器在接收端接收。

- 存储器块：MCU包含Flash ROM程序存储块（1KB×14位）、RAM文件寄存器块（68×8位）和EEPROM（64×8位）。程序计数器生成程序存储器的地址（13位）。指令寄存器接收被选择的程序存储器地址里的指令代码。RAM地址复用器（地址MUX）可以从指令立即数或文件选择寄存器（FSR）获得RAM的地址。
- ALU：ALU复用器（MUX）选择数据源作为指令所需的立即数或数据总线。ALU结果存储在工作寄存器（W）或文件寄存器中。结果会影响状态寄存器中的各别位，如零标志位。
- 端口：端口A和B均位于文件寄存器中，地址分别为05和06。数据方向寄存器控制双向多路复用器的输出，在bank1上的地址分别为85和86。在其他PIC芯片中，串行端口的数据和控制寄存器也在RAM块里。
- 定时器：TMR0是一个8位定时器/计数器（RAM地址01），它可以根据引脚RA0（计数器）或内部指令时钟（定时器）计时。控制块还包含系统定时器（上电、晶振和看门狗）。

关于PIC 16 MCU操作的更多详细信息请参阅第5章。

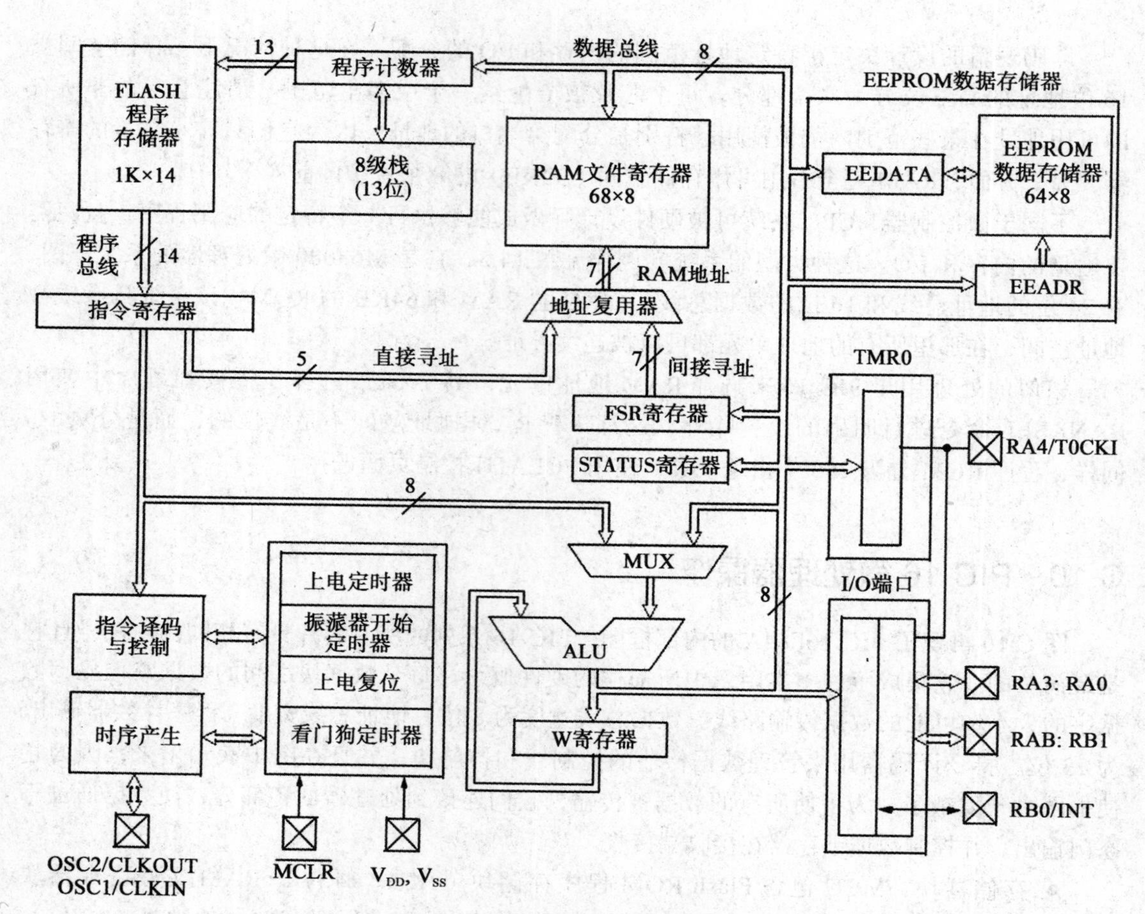

图 C.10 PIC 16F84A 内部结构

Appendix D 附录 D

Dizi84 演示板

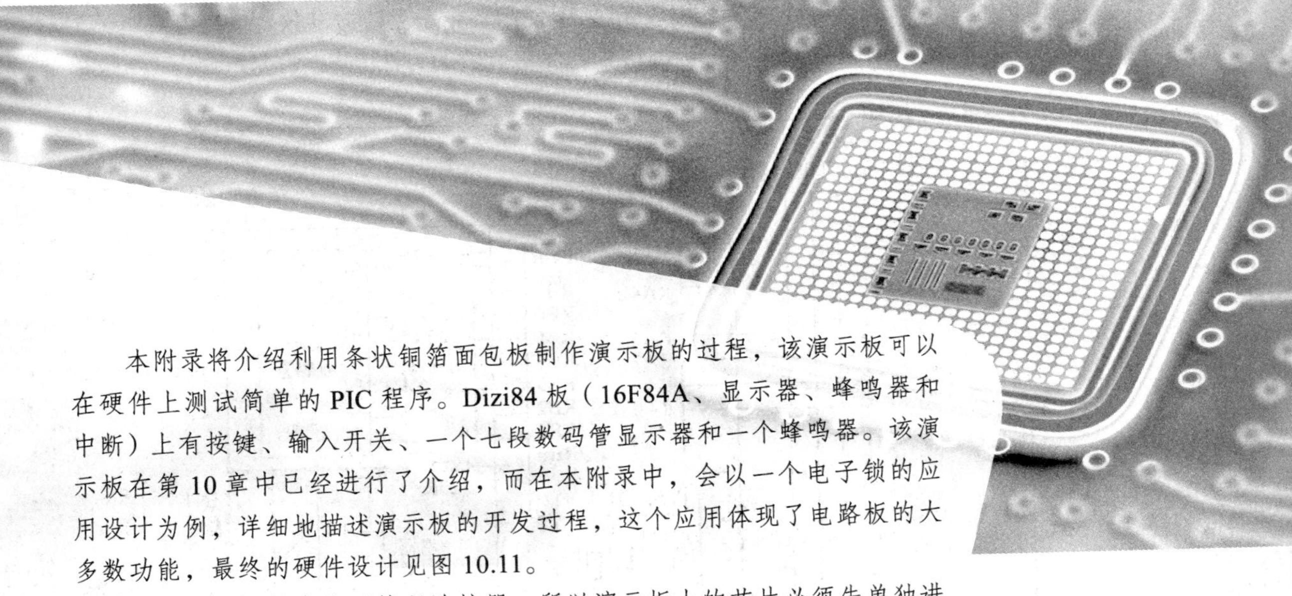

本附录将介绍利用条状铜箔面包板制作演示板的过程，该演示板可以在硬件上测试简单的 PIC 程序。Dizi84 板（16F84A、显示器、蜂鸣器和中断）上有按键、输入开关、一个七段数码管显示器和一个蜂鸣器。该演示板在第 10 章中已经进行了介绍，而在本附录中，会以一个电子锁的应用设计为例，详细地描述演示板的开发过程，这个应用体现了电路板的大多数功能，最终的硬件设计见图 10.11。

由于没有提供在线可编程连接器，所以演示板上的芯片必须先单独进行编程，然后通过物理连接方式装到目标系统上。本附录中所描述的增强型 Dizi84 板包含了一个电源，一个用于提供模拟输入信号的指拨电位器和一个可提高按键操作可靠性的去抖动硬件开关。第 10 章中的演示程序可以在此硬件上进行测试。

D.1 电路设计

电路是在一个 100mm×100mm 大小的条状铜箔面包板上利用原型法制造的，该方法不用特殊的工具或设计软件就可以产生可靠的电路。电路板上的并行铜质走线使元器件可以在标准的 0.1 英寸网格上进行连接。设计包含了板上的 2×1.5V 的电池，所以电路工作的电压范围为 2～3V。电路通过非锁定按键进行上电，采用这种按键的好处是电路不会因为意外连通而导致电池耗尽，在电路工作时，开关必须手动打开。

图 D.1 给出了电路图，图中一个七段数码管可以进行十进制和十六进制的数字显示。一系列包含数字输出的应用程序可以利用这个演示板进行演示，如在第 10 章中的电子 DICE 和 D.5 节中详述的 LOCK 应用。端口 B 有 8 位输入 / 输出（I/O），其中高 7 位用于 LED 数码显示，RB0 用于音频输出和按键输入（中断）。电路中使用一个小型音频转换器（压电蜂鸣器），它提供了一个监控音频输出频率或产生状态信号的简单有效的方法。

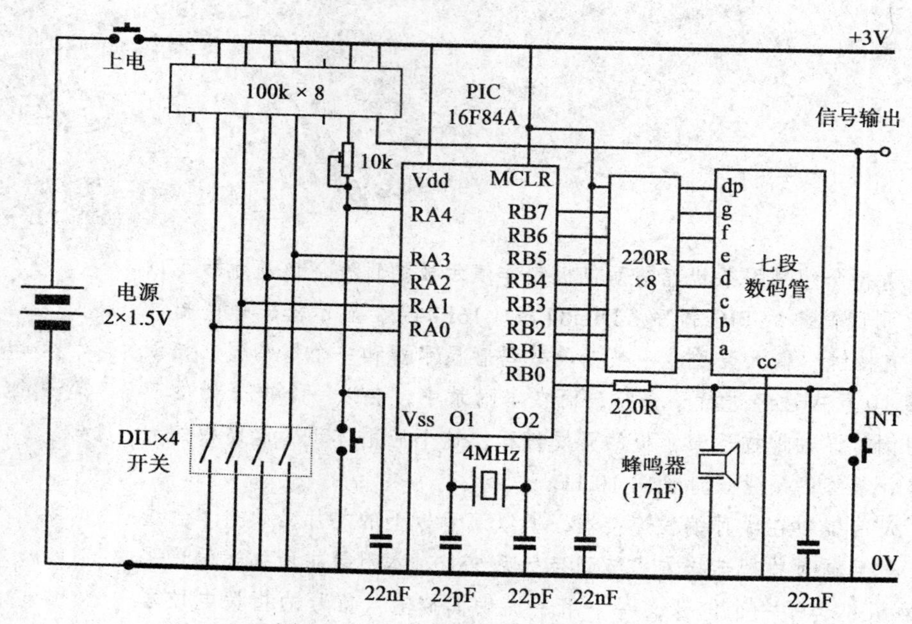

图 D.1 Dizi84 测试板电路原理图

端口 A 有五个引脚，其中 RA4 引脚可以用作 TMR0 计数器的输入，因此也被分配为另一个按键的输入。一个 4 位开关组用作编码输入，如 LOCK 应用中的二一十进制编码（BCD）输入，所以 RA0 至 RA3 引脚被分配用于这些输入。开关和按键输入引脚上有 100kΩ 的上拉电阻，同时按键并联了 22μF 的防抖动电容。这样设计的原因是：当开关闭合时，金属触点会在完全闭合前反弹打开好几次，这个 RC 网络可以防止在开关连通时逻辑输入信号的多次跳变。由于电容在第一次连通时会快速放电，放电后必须通过 100kΩ 的电阻进行充电，这就需要一个相对较长的时间来防止开关重新打开时电压跳回到高电平。同样地，当按键松开时，RC 网络能够确保逻辑电平从低到高的平稳过渡。此外，与 RA4 连接的 RC 网络中有一个串联着 100kΩ 的电阻排的滑动变阻器（电位器），因此可以用数字输入来显示模拟量。

根据电路原理图可以得到 PCB 和原型电路的结构布局图。双列直插（DIL）芯片上的引脚间距为 0.1 英寸，所以电路必须排版在 0.1 英寸的网格上。参考数据手册和网表信息，每个元件引脚的连接关系可以映射在一个正方形网格上。另外，也可以使用文字处理软件中的基本绘图工具画出电路的布局图。Dizi84 板的布局和元器件清单如图 D.2 所示。

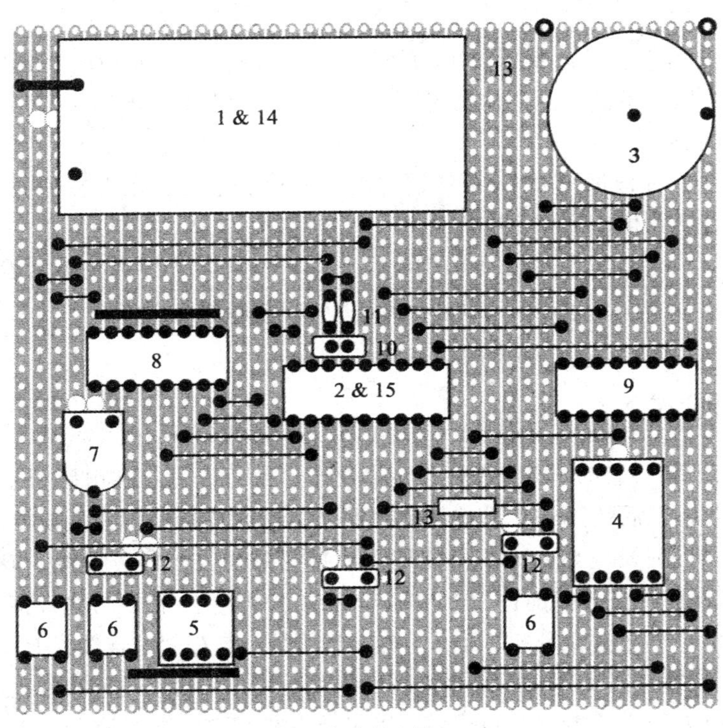

a) 电路板布局

器件编号	描　述	器件编号	描　述
1	电池盒，两节 AA 电池，PCB 安装	7	预置电位器 10kΩ，H 卡口
2	单片机，PIC 16LF84-04	8	DIL 隔离电阻网络，100kΩ×8
3	压电发声器，PCB 安装	9	DIL 隔离电阻网络，220Ω×8
4	七段 LED 显示器，0.5 英寸，共阴极	10	石英晶振，通用，4MHz
5	钢琴 DIL 开关，4 路	11	电容，22pF，陶瓷（两个）
6	轻触式开关，PCB 安装（3 个）	12	电容，22nF，聚酯（3 个）
	上面颜色：红色	13	条纹板，SRBP3939 100mm×100mm
	蓝色	14	电池，1.5V，尺寸 AA，定做（两个）
	黄色	15	18 引脚双列直插 IC 插座

b) 器件清单

图 D.2 Dizi84 原型设计

图 D.2a 是电路板顶层示意图，底层的走线与之垂直。所有的芯片都摆放在相同的方向，所以引脚 1 对应着左下方。集成电路（IC）安装时必须横跨过走线，所以必须通过切断 DIL 连接器上每对引脚间的连线来分离集成电路的引脚连接。PIC 芯片必须安装在一个插座上，这样才可以将其拔出进行编程。

用镀锡铜线（TCW）在水平方向的连线来完成要求的连接。焊点用一个实心的黑点表示。在电路板的底层，需要连接的相邻连线可以使用较宽的连线进行连接。如果需要的话，可以用手钻切割连线。

采用计算机绘图方法可以使器件的摆放变得容易调整，从而使电路板的面积最小。然而，根据经验，可以在不画示意图的情况下直接在电路板上构建电路图，但是可能会增加电路板的面积。

电路板上的元器件根据图 D.2b 中的器件清单进行了编号。在理想情况下，根据器件清单编号就可以向合适的供应商指定购买确切的元器件了。如果无法获得某一元器件，可能会因为替代器件的引脚位置发生变化而影响电路布局。使用电子计算机辅助设计（ECAD）创建原理图和 PCB 布局的优点之一就是可以自动生成两者的交互参考表。

D.2 制作与测试

当按照电路原理图对布局进行核对后，主要器件就可以固定在电路板上了，如有必要，稍微向外弯曲引脚，然后使用最少量的焊锡将所有的引脚焊接到焊盘上，要确保焊接点均匀覆盖，没有虚焊。同时，电烙铁应尽可能地在最短的时间内与焊板接触，以避免元件过热。TCW 的连线可以保留，在焊接前将两端相向弯曲，为了焊接方便，可先焊接一端，然后在固定另一端前将连线稍微向前拉伸，以确保连线没有扭结，与相邻的连线没有接触。如果必要，可用绝缘型 TCW 实现较长的连接。有些地方的走线被切断，可以使用小硬毛刷清除走线边的铜屑，再用小螺丝刀或小刀在走线间轻划，以确保在相邻走线和焊接点间不存在短路情况。

彻底复查电路板的连接是否正确，并检查有没有剩余的铜屑、焊接飞溅的废锡或锡须、干焊点。取下电池，用万用表检查电源之间有没有短路。装上电池，但不装 PIC 芯片，然后按住电源按钮，此时数码管中的小数点应该是亮的。检查供电走线和 PIC 插座引脚上的电压：Pin 5＝0V，Pin 14＝＋3V。检查 PIC 输入电压在开关切换时的变化是否正确，因为存在高阻抗的上拉电阻，所以此测试要使用数字万用表或示波器。将 PIC IC 插座上的 Pin 14（＋3V）依次与 PIC 的输出引脚 RB0～RB7 建立一个临时连接，压电蜂鸣器应产生可听见的“嘀”声，LED 发光管应被点亮。

为了完成 DiZi84 板的测试，需要将一个测试程序下载到 PIC 中来检测所有的硬件，并且程序要尽可能的简单以便确保软件没有错误。程序 D.1 是一个合适的程序，可以按规定的步骤进行功能检查。如果发现有问题，很有可能是板子上的硬件发生故障，检查所有的走线是否按照要求被切断，及所有的连接和器件是否正确。

```
; diz1.asm

        PROCESSOR 16F84A

; Test DIZI hardware .....................

        GOTO    inter           ; jump over delay

; Delay Subroutine ........................

delay   MOVLW   0FF             ; Load FF
        MOVWF   0C              ; into counter
down    DECFSZ  0C              ; and decrement
        GOTO    down            ; until zero
        RETURN

; Check Interrupt Button ..................

inter   BTFSC   06,0            ; Test Button RB0
        GOTO   inter            ; until pressed

; Check Display ...........................

        MOVLW   00              ; Set PortB bits
        TRIS    06              ; as outputs
        MOVLW   0FF             ; Switch on all
        MOVWF   06              ; display segments

; Check Input Button .....................

input   BTFSC   05,4            ; Test Button RA4
        GOTO    input           ; until pressed

; Check DIP Switches and Buzzer ...........

again   MOVF    05,W            ; get DIL input &
        MOVWF   06              ; send to display
        RLF     06              ; rotate bits left

        BSF     06,0            ; set buzzer high
        CALL    delay           ; delay about 1ms
        BCF     06,0            ; reset buzzer low
        CALL    delay           ; delay about 1ms

        GOTO    again           ; and keep going..
        END                     ; End of code
```

a) 源代码

步　骤	测　试	结　果
1	电源按键接通	小数点亮
2	按键 B 按下和松开	所有显示段亮
3	A 键按下和松开	蜂鸣器有声音
4	操作 DIL 开关	A、B、C、D 段有变化

b) 测试程序

程序 D.1　Dizi84 板的测试程序

测试程序的源代码可以从 www.picmicros.org.uk 网站上下载。利用编程模块（如 PICSTART Plus）对芯片进行编程（见第 4 章）。

D.3 模拟转换

大多数 PIC 芯片包含一个 10 位模数转换器（ADC），可以连接到一个选定的输入端。若没有 ADC（例如使用 16F84A），且电压测量不需要太精确，那么可以使用一个外部的 RC 网络代替 ADC。

连接到 RA4 的器件如图 D.3 所示。PIC 芯片是一种互补金属氧化物半导体（CMOS）器件，因此输入的电平从逻辑 0 变化到 1。阈值电压大约是电源电压的一半，即 1.5V，电压达到此电平值所需时间估计为 1.5ms，利用电容值可以更准确地计算出充电时间，但是只要电路持续工作，模拟电位器只用于输入十进制数字，这时并不需要严格计算时间。

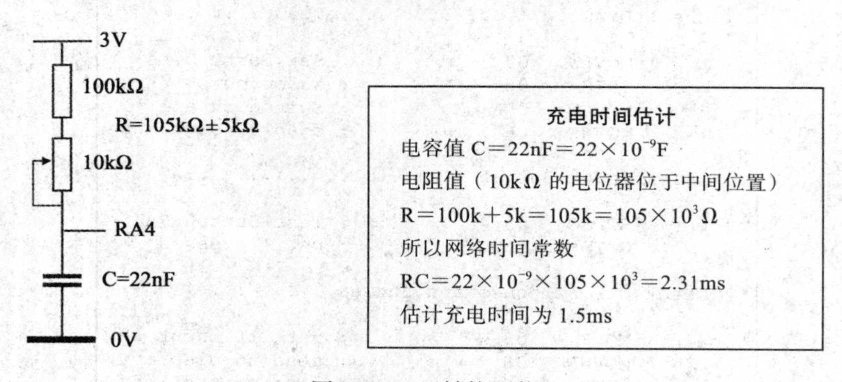

图 D.3 RC 转换网络

电阻 R 的阻值在 100kΩ 和 110kΩ 之间变化，这取决于电位器的位置。在电压的上升期间，电位器值的变化会使电路上升时间产生相应的变化，上升时间可以从电容放电开始计数到电压上升到门限电压来测量。通过设置 RA4 为输出引脚让电容放电，并设置端口数据位为零，然后将 RA4 引脚重新配置为输入，并在寄存器递增时以固定的时间间隔检查 RA4 引脚的电平，当 RA4 引脚的电平变高时，停止计数。

RA4 的波形如图 D.4a 所示，RC ADC 转换过程如图 D.4b 所示。在 LOCK 程序（程序 D.2）中，标记为 PotVal 的计数器寄存器的值递增，对 RA4 进行检查，执行一个 20μs 的循环。可调的延时程序可以修改延时时间，以适应不同的应用场合和 RC 器件的值。

这个过程的结果是根据电位器设置值进行计数的结果。如果需要，该结果可以转换为电阻值，但在 LOCK 程序中，我们需要的是显示的数字在 0 到 9 之间的变化，从而允许用户输入一个十进制数的组合。因此，与计数相关联的延时被调整，使得数码管显示的是电位器所指示的十进制数。由于仅计数值的低 4 位是必需的，因此任何十位数的值都可以用到。4 位十六进制数字 A 到 F 显示为“-”。如果需要，这些数字可以作为隐藏数字，来提供额外的安全性。

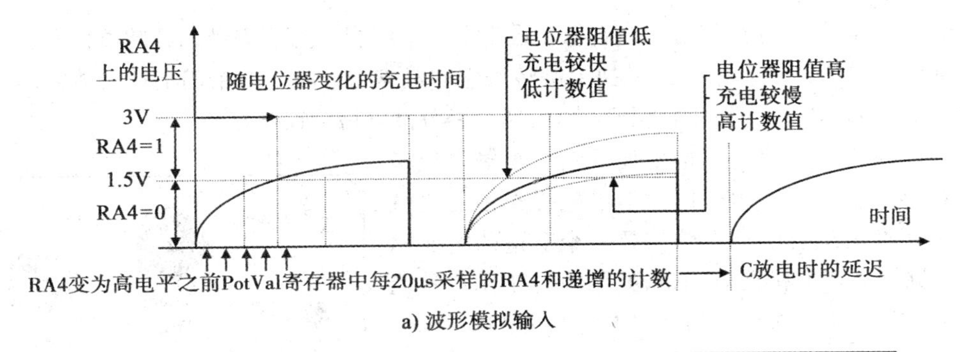

a) 波形模拟输入

```
Set RA4 as Output
Clear RA4 to 0V to discharge C
Clear Counter Register
Set RA4 as Input
      Test RA4 while C charges through R:
            Increment Counter Register
            Delay 20us
      Until RA4 = 1
Convert Count to Resistance or Pot Position
```

b) 转换过程

图 D.4　CR ADC 转换

D.4　EEPROM 存储

非易失性读写存储器可以在电源关闭时保留用户输入的数据或处理器在操作过程中获得的数据。这种器件的一个应用领域是数据安全和加密，另一种应用是存储数字调谐器的频率设置。在电子锁的应用中，通过使用电可擦除可编程只读存储器（EEPROM）来存储一个四位的安全代码说明了 PIC 16F84A 的这种功能。PIC 16F84A 芯片有 64 字节的 EEPROM，地址为 00H～3FH，存储空间通过特殊功能寄存器（SFR）里的 EEDATA 和 EEADR 进行访问。EEPROM 的地址写入 EEADR，数据字节存储在 EEDATA 中，通过使用 SFR 页 1 里的 EECON1 和 EECON2，初始化代码序列将数据写入到 EEPROM 存储器中。设计这个序列是为了减少对 EEPROM 意外操作的可能性，因为在数据安全应用中需要很高的可靠性。数据手册中给出了该序列，LOCK 程序也列出了该序列。检索数据时利用读序列往往更加简单。使用 EECON1，EEADR 指向的地址中的数据将会返回到 EEDATA 中。访问序列单元时，EEADR 可以直接递增。更多详细信息，请参阅第 6 章。

D.5　电子锁的应用程序

在这个演示应用程序里，一个 4 位数字组成的序列通过 DIL 开关输入并存储在 PIC 的

EEPROM 存储器中。这样就为这个电子锁设定了一个组合。为了解锁，旋转电位器，可以显示和输入设置的十进制数字。这模拟了旋转操作的机械组合锁。如果四个输入数字序列与先前存储在 EEPROM 中的序列相匹配，则出现声音警报以指示锁被打开。

在实际应用中，通过用指令设置的一个输出位来取代警报序列，这个输出可以激活电磁操作锁的机械装置。用作开关组合的螺形管需要一个合适的电流驱动接口（见第 8 章电机接口）。最终的设计中用户只能使用电源按键、输入按键、数字选择电位器和显示器。硬件也需要进行重新配置，以便向用户提供如图 D.5 所示的仪器单元。用来设置输入密码的数字集成逻辑开关模块和按键会被遮盖住。

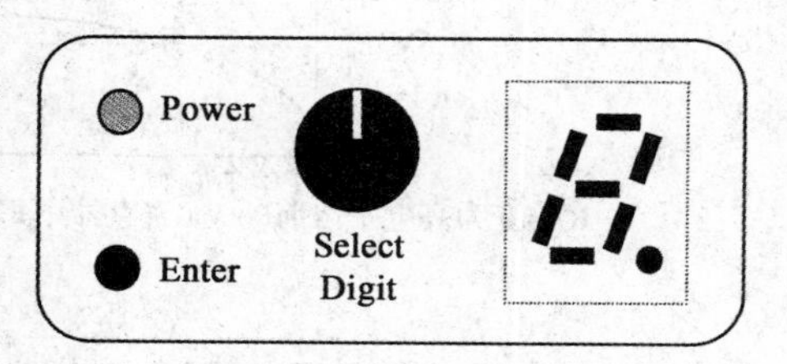

图 D.5 锁的用户界面

应用程序包含以下模块：

1）声明寄存器和位标号。

2）寄存器的初始化。

3）序列 1——储存组合。

4）序列 2——检查组合。

5）END1——连续警笛输出。

6）END 2——休眠。

7）子程序 1——显示码表。

8）子程序 2——可变延迟。

9）子程序 3——输出一个音调周期。

10）子程序 4——从电位器获取数字。

该程序有两个主要序列，用来输入和检查一个组合的序列，和两种可供选择的结束序列。当输入一个序列或一个不正确的数字组合后，该处理器进入休眠状态。由于没有其他中断能使其重新启动，所以 DIZI 板必须重新供电再试一次。如果输入的组合正确，警笛的声音会一直响，直到电池用光。

应用程序代码在程序 D.2 中列出。使用一个文字处理器或程序源代码编辑器对伪代码进行编辑，直到描述详细到能转换成汇编代码为止。该伪代码被写成一个能够很容易转换为 PIC 汇编语言的形式，通过这种方式，在尝试写源代码之前便可设计出程序的结构和逻辑。

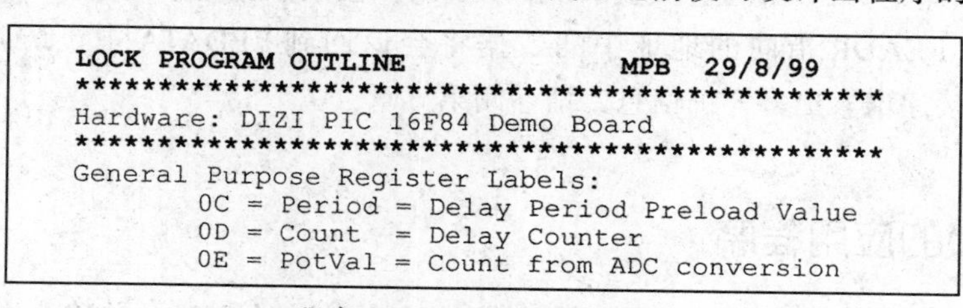

```
LOCK PROGRAM OUTLINE                    MPB  29/8/99
*****************************************************
Hardware: DIZI PIC 16F84 Demo Board
*****************************************************
General Purpose Register Labels:
        0C = Period = Delay Period Preload Value
        0D = Count  = Delay Counter
        0E = PotVal = Count from ADC conversion
```

程序 D.2 LOCK 程序纲要

```
        0F = DigVal = Low 4 bits of PotVal
User Bit Labels:
        butA (RA4 input) - Normally 1
        butB (RB0 input) - Normally 1
        buzO (RB0 output)
See Data Sheet for SFR Labels and addresses

{Power Button On}
INIT: Initialise Port B *************************

        Port A defaults to inputs
        RA0 - RA3 = DIL Switches = 4-bit input
        RA4 = Input = butA = INP Button
        RB0 = Input = butB = INT Button
        RB1 - RB7 = Output = 7 Seg Display

MAIN: Select Set or Check Combination ***********

select {Press Button A or B}
                If (butA)=0, GOTO [stocom]
                If (butB)=0, GOTO [checom]
                GOTO [select]

SEQ1: Store 4 digits in EEPROM, beep after each *

stocom {Release Button A}
                CALL [delay] with (W)=FF
                GOTO [stocom] UNTIL (butA)=1

                Clear (EEADR)
getdil {Set DIL Switches or Press A}
                Read (PORTA) into (W)
                Calc (W) AND 0F
                Store (W) in (EEDATA)
                CALL [codtab] with (W)=00-0F
                {Returns with '7SegCode' in (W)}
                Output (W) to (PORTB)
                GOTO [getdil] UNTIL (butA)=0

waita  {Release Button A}
                GOTO [waita] UNTIL (butA)=1
                Store (EEDATA) in (EEADR)
                CALL [beep]
                Increment (EEADR) from 00 to 04
                GOTO [getdil] UNTIL (EEADR)=4
                CALL [beep]
                CALL [beep]
                GOTO [done]
SEQ2: Check 4 digits from pot for match *********

checom {Release Button B}
                CALL [delay] with (W)=FF
                GOTO [checom] UNTIL (butB)=1

                Clear (EEADR)
potin  {Adjust Pot or Press Button B}
                CALL [getpot] for (DigVal)
                {Returns with (DigVal)=00-0F}
                GOTO [potin] UNTIL (butB)=0
                Read (EEDATA) at (EEADR)
                Compare (EEDATA) with (DigVal)
                If (Z)=0 GOTO [done]

waitb  {Release Button B}
```

程序 D.2 （续）

```
                GOTO [waitb] UNTIL (butB)=1
                CALL [beep]
                Increment  (EEADR)
                GOTO [potin] UNTIL EEADR=4
                GOTO [siren]

END1: Sequences matches, sound siren*************

        siren   CALL [beep]
                GOTO [siren]

END2: Digit compare failed, finish **************

        done    Clear (PORTB)
                Sleep

SUBROUTINES *************************************

SUB1: Get Display Code
          Receives: Table Offset in W
          Returns:  7-Segment Display Code in W

codtab  Add (W) to (PCL)
                RETURN with '7SegCode' in (W)

SUB2: Variable Delay
          Receives: (Count) in W

delay   Load (Count) from (W)
                Decrement (Count) UNTIL (Count)=0
                RETURN

SUB3: Outputs one cycle of sound output
          Receives: (Period)

beep    Load (Period) with FF
                Set RB0 as Output
cycle   Set (BuzO)=1
                CALL [delay] with (Period) in W
                Set BuzO=0
                CALL [delay] with (Period) in W
                Decrement (Period) from FF to 00
                GOTO [cycle] UNTIL (Period)=0
                Reset RB0 as Input
                RETURN

SUB4: Get Pot Value using CR ADC method
        Returns: (DigVal)=00-0F

getpot  Set RA4 as Output
                Clear (RA4)
                CALL [delay] with (W)=FF
                Reset RA4 as Input
                Clear (PotVal)
check   Increment (PotVal) from 00 to XX
                CALL [delay] with (W)=3
                GOTO [check] UNTIL (RA4)=1
                (DigVal) = (PotVal) AND 0F
                CALL [codtab] with (DigVal)=00-0F
                RETURN


END OF LOCK PROGRAM *****************************
```

程序 D.2 （续）

在伪代码中使用的格式如下：

```
Block  Structure  applied                                ;应用的模块结构
Target  Hardware  specified                              ;目标硬件声明
Register  &  Bit  Labels  defined                        ;寄存器和位定义
User  Inputs  included  in  the  sequence                ;序列中的用户输入
GOTO  [deslab]
   -  Jump  to  destination  address  label              ;跳转到目的地址
CALL  [subnam]
   -  Call  subroutine  at  address  label               ;调用标号地址处的子程序
   -  values  passed  to  and  received  from  subroutine  defined
                                                         ;变量送入和接收自子程序
GOTO  [addlab]  UNTIL  (condition)
   -  implemented  using Bit Test, Skip & GoTo operation ;用Bit Test、Skip & GoTo实现
   -  (regname)  =  contents  of  register  labeled 'regname'
Program  block  type  defined:                           ;程序模块类型定义
   INIT =  Initialize                                    ;初始化
   MAIN =  Main  Program                                 ;主程序
   SEQn =  Sequence  ending  with  GOTO                  ;序列结束
   ENDn =  End  operation                                ;操作结束
   SUBn =  Subroutine,  optionally  receiving  and/or  returning  values
                                                         ;子程序，选择性地接收和/或返回变量
```

源代码文件中使用以下约定：

- 在源代码中要有全部的硬件细节和实际操作。
- 需用单独的模块清晰地定义 SFR、用户和位标号。
- 源代码中要有模块和行注释。
- 地址标号需小写。
- 指令助记符和 SFR 名称需大写。
- 用户寄存器名称需大写。
- 模块类型的定义和操作。

下面的列表文件是电子锁的程序（见程序 D.3），文件中包含源代码、机器码和存储器分配。从 www.picmicros.org.uk 网站上可以下载源代码。

```
00001 ; *******************************************************************
00002 ; LOCK.ASM                                               MPB   17/8/99
00003 ; *******************************************************************
00004 ;
00005 ; Four digit combination lock simulation demonstrates the hardware
00006 ; features of the DIZI demo board and the PIC 16F84.
00007 ;
00008 ; Hardware:      DIZI Demo Board with PIC 16F84 (4MHz)
00009 ; Setup:         RA0-RA3         DIL Switch Inputs
00010 ;                RA4             Push Button Input / Analogue Input
00011 ;                RB0             Push Button Input / Audio Output
```

程序 D.3　LOCK 程序列表文件

```
                    00012 ;               RB1-RB7        7-Segment Display Output
                    00013 ; Fuses:        WDT off, PuT on, CP off
                    00014 ;
                    00015 ; Operation ---------------------------------------------------
                    00016 ;
                    00017 ; To set the combination, a sequence of 4 digits is input on the DIL
                    00018 ; piano switches; this is retained in the EEPROM when power is off.
                    00019 ; To 'open' the lock, a sequence of 4 digits is input via
                    00020 ; the potentiometer. These are compared with the stored data, and
                    00021 ; an audio output generated to indicate the correct sequence.
                    00022 ; The processor halts if any digit fails to match, and the program
                    00023 ; must be restarted.
                    00024 ;
                    00025 ;        To set a combination:
                    00026 ;        1.      Hold Power On Button
                    00027 ;        2.      Press Button A
                    00028 ;        3.      Set a digit on DIL switches and Press A - beeps
                    00029 ;        4.      Repeat step 3 for 3 more digits
                    00030 ;        5.      Release Power Button
                    00031 ;
                    00032 ;        To check a combination:
                    00033 ;        1.      Hold Power On Button
                    00034 ;        2.      Press Button B
                    00035 ;        3.      Set a digit on pot and Press B - beeps if matched
                    00036 ;        4.      Repeat step 3 for 3 more digits
                    00037 ;                 - if digits all match, siren is sounded
                    00038 ;                 - if any digit fails to match, the processor halts
                    00039 ;        5.      Release Power Button
                    00040 ;
                    00041 ; ******************************************************************
                    00042        PROCESSOR 16F84        ; Processor Type Directive
                    00043 ; ******************************************************************
                    00044
                    00045 ; EQU:  Special Function Register Equates..........................
                    00046
  0002              00047 PCL     EQU     02      ; Program Counter Low
  0005              00048 PORTA   EQU     05      ; Port A Data
  0006              00049 PORTB   EQU     06      ; Port B Data
  0003              00050 STATUS  EQU     03      ; Flags
  0008              00051 EEDATA  EQU     08      ; EEPROM Memory Data
  0009              00052 EEADR   EQU     09      ; EEPROM Memory Address
  0008              00053 EECON1  EQU     08      ; EEPROM Control Register 1
  0009              00054 EECON2  EQU     09      ; EEPROM Control Register 2
                    00055
                    00056 ; EQU: User Register Equates.......................................
                    00057
  000C              00058 Period  EQU     0C      ; Period of Output Sound
  000D              00059 Count   EQU     0D      ; Delay Down Counter
  000E              00060 PotVal  EQU     0E      ; Analogue Input Value
  000F              00061 DigVal  EQU     0F      ; Current Digit Value 00 to 09
                    00062
                    00063 ; EQU: SFR Bit Equates.............................................
                    00064
  0005              00065 RP0     EQU     5       ; STATUS - Register Page Select
  0000              00066 RD      EQU     0       ; EECON1 - EEPROM Memory Read Byte Initiate
  0001              00067 WR      EQU     1       ; EECON1 - EEPROM Memory Write Byte Initiate
  0002              00068 WREN    EQU     2       ; EECON1 - EEPROM Memory Write Enable
  0002              00069 Z       EQU     2       ; STATUS - Zero Flag
                    00070
```

程序 D.3 （续）

```
                  00071 ; EQU: User Bit Equates.......................................
                  00072
 0004             00073 butA    EQU     4        ; PORTA  - RA4 Input Button
 0000             00074 butB    EQU     0        ; PORTB  - RB0 Input Button
 0000             00075 buzO    EQU     0        ; PORTB  - RB0 Output Buzzer
                  00076
                  00077 ; ************************************************************
                  00078
                  00079 ; INIT: Initialize Port B (Port A defaults to inputs)
                  00080
0000 3001         00081 start   MOVLW   001              ; RB0 = Input, RB1-RB7 = Outputs
0001 0066         00082         TRIS    PORTB            ; Set Data Direction
0002 0086         00083         MOVWF   PORTB            ; Clear Data
0003 286D         00084         GOTO    select           ; Select Combination Read or Write
                  00085
                  00086 ; SUBROUTINES ************************************************
                  00087
                  00088 ; SUB1: 7-Segment Code Table using PCL + offset in W
                  00089 ;       Returns digit display codes, with '-' for numbers A to F
                  00090
0004 0782         00091 codtab  ADDWF   PCL              ; Add offset to Program Counter
0005 347E         00092         RETLW   B'01111110'      ; Return with display code for '0'
0006 340C         00093         RETLW   B'00001100'      ; Return with display code for '1'
0007 34B6         00094         RETLW   B'10110110'      ; Return with display code for '2'
0008 349E         00095         RETLW   B'10011110'      ; Return with display code for '3'
0009 34CC         00096         RETLW   B'11001100'      ; Return with display code for '4'
000A 34DA         00097         RETLW   B'11011010'      ; Return with display code for '5'
000B 34FA         00098         RETLW   B'11111010'      ; Return with display code for '6'
000C 340E         00099         RETLW   B'00001110'      ; Return with display code for '7'
000D 34FE         00100         RETLW   B'11111110'      ; Return with display code for '8'
000E 34DE         00101         RETLW   B'11011110'      ; Return with display code for '9'
000F 3480         00102         RETLW   B'10000000'      ; Return with display code for '-'
0010 3480         00103         RETLW   B'10000000'      ; Return with display code for '-'
0011 3480         00104         RETLW   B'10000000'      ; Return with display code for '-'
0012 3480         00105         RETLW   B'10000000'      ; Return with display code for '-'
0013 3480         00106         RETLW   B'10000000'      ; Return with display code for '-'
0014 3480         00107         RETLW   B'10000000'      ; Return with display code for '-'
                  00108
                  00109 ; ----------------------------------------------------------
                  00110 ; SUB2: Delay routine
                  00111 ;       Receives delay count in W
                  00112
0015 008D         00113 delay   MOVWF   Count            ; Load counter from W
0016 0B8D         00114 loop    DECFSZ  Count            ; and decrement
0017 2816         00115         GOTO    loop             ; until zero
0018 0008         00116         RETURN                   ; and return
                  00117
                  00118 ; ----------------------------------------------------------
                  00119 ; SUB3: Output One Beep Cycle to BuzO
                  00120
0019 30FF         00121 beep    MOVLW   0FF              ; Load FF into
001A 008C         00122         MOVWF   Period           ; Period counter
                  00123
001B 3000         00124         MOVLW   B'00000000'      ; Set RB0
001C 0066         00125         TRIS    PORTB            ; as output
                  00126
                  00127 ; Do one cycle of rising tone....
                  00128
001D 1406         00129 cycle   BSF     PORTB,buzO       ; Output High
```

程序 D.3 （续）

```
001E 080C      00130         MOVF    Period,W        ; Load W with Period value
001F 2015      00131         CALL    delay           ; and delay for Period
               00132
0020 1006      00133         BCF     PORTB,buzO      ; Output Low
0021 2015      00134         CALL    delay           ; and delay for same Period
0022 0B8C      00135         DECFSZ  Period          ; Decrement Period
0023 281D      00136         GOTO    cycle           ; and do next cycle until 0
               00137
               00138 ; Set RB0 to input again.........
               00139
0024 3001      00140         MOVLW   B'00000001'     ; Reset RB0
0025 0066      00141         TRIS    PORTB           ; as input
0026 0008      00142         RETURN                  ; from tone cycle
               00143
               00144 ; ---------------------------------------------------------------
               00145 ; SUB4: Get pot value (Rv) using rise time due to C and R on RA4
               00146 ;       Returns with digit value (0-F) in DigVal
               00147
               00148 ; Discharge external capacitor on RA4
               00149
0027 300F      00150 getpot  MOVLW   B'00001111'     ; Set RA4
0028 0065      00151         TRIS    PORTA           ; as output
0029 1205      00152         BCF     PORTA,4         ; and discharge C setting output low
002A 30FF      00153         MOVLW   0FF             ; Delay for about 1ms
002B 2015      00154         CALL    delay           ; to ensure C is discharged
002C 301F      00155         MOVLW   B'00011111'     ; Reset RA4
002D 0065      00156         TRIS    PORTA           ; as input
               00157
               00158 ; Increment a counter until RA4 goes high due to charging of C
               00159
002E 018E      00160         CLRF    PotVal          ; Clear input value counter
002F 0A8E      00161 check   INCF    PotVal          ; increment counter
0030 3003      00162         MOVLW   03              ; Set delay count to 3
0031 2015      00163         CALL    delay           ; and delay between input checks
0032 1E05      00164         BTFSS   PORTA,4         ; Check input bit RA4
0033 282F      00165         GOTO    check           ; and repeat if not yet high
               00166
               00167 ; Mask out high bits of count value, and store & display
               00168 ; 4-bit digit value, 0-F
               00169
0034 080E      00170         MOVF    PotVal,W        ; Put count value in W
0035 390F      00171         ANDLW   00F             ; and set high 4 bits to 0
0036 008F      00172         MOVWF   DigVal          ; Store 4-bit value
0037 2004      00173         CALL    codtab          ; Get 7-segment code, 0-9
0038 0086      00174         MOVWF   PORTB           ; and display
               00175
0039 0008      00176         RETURN                  ; with DigVal from setting of pot
               00177
               00178 ; MAIN SEQUENCES ************************************************
               00179
               00180 ; SEQ1: Store 4 Digits in non volatile EEPROM
               00181 ;       Beep after each digit, and twice when 4 done
               00182
               00183 ; Complete Button A input operation
               00184
003A 30FF      00185 stocom  MOVLW   0FF             ; Delay for about 1ms
003B 2015      00186         CALL    delay           ; to avoid Button A switch bounce
003C 1E05      00187         BTFSS   PORTA,butA      ; Wait for Button A
003D 283A      00188         GOTO    stocom          ; to be released
               00189
```

程序 D.3 （续）

```
                    00190 ; Read 4-bit binary number from DIL switches into EEDATA and display
                    00191
003E 0189           00192         CLRF    EEADR          ; Zero EEPROM address register
003F 0805           00193 getdil  MOVF    PORTA,W        ; Read DIL switches
0040 390F           00194         ANDLW   0F             ; and set high 4 bits to 0
0041 0088           00195         MOVWF   EEDATA         ; Put DIL value in EEPROM data
                    00196
0042 2004           00197         CALL    codtab         ; Display DIL input as decimal
0043 0086           00198         MOVWF   PORTB          ;
                    00199
0044 1A05           00200         BTFSC   PORTA,butA     ; Check if Button A pressed
0045 283F           00201         GOTO    getdil         ; If not, keep reading DIL input
                    00202
                    00203 ; Store the current DIL input in EEPROM at current address
                    00204
0046 1683           00205 store   BSF     STATUS,RP0     ; Select Register Bank 1
0047 1508           00206         BSF     EECON1,WREN    ; Enable EEPROM write
0048 3055           00207         MOVLW   055            ; Write initialization sequence
0049 0089           00208         MOVWF   EECON2         ;
004A 30AA           00209         MOVLW   0AA            ;
004B 0089           00210         MOVWF   EECON2         ;
004C 1488           00211         BSF     EECON1,WR      ; Write data into current address
004D 1283           00212         BCF     STATUS,RP0     ; Re-select Register Bank 0
                    00213
004E 1E05           00214 waita   BTFSS   PORTA,butA     ; Wait for Button A to be released
004F 284E           00215         GOTO    waita          ;
0050 2019           00216         CALL    beep           ; Beep to indicate digit write done
                    00217
                    00218 ; Check if 4 digits have been stored yet, if not, get next
0051 0A89           00220         INCF    EEADR          ; Select next EEPROM address
0052 1D09           00221         BTFSS   EEADR,2        ; Is the address now = 4?
0053 283F           00222         GOTO    getdil         ; If not, get next digit
0054 2019           00224         CALL    beep           ; Beep twice when 4 digits stored
0055 2019           00225         CALL    beep           ;
0056 2874           00226         GOTO    done           ; Go to sleep when done
                    00228 ; -------------------------------------------------------------------
                    00230 ; SEQ2: Check PotVal v EEPROM
                    00231
0057 30FF           00232 checom  MOVLW   0FF            ; Delay for about 1ms
0058 2015           00233         CALL    delay          ; to avoid Button B switch bounce
0059 1C06           00234         BTFSS   PORTB,butB     ; Wait for Button B to be released
005A 2857           00235         GOTO    checom         ;
                    00236
                    00237 ; Read the value set on the input pot
                    00238
005B 0189           00239         CLRF    EEADR          ; Zero EEPROM address
005C 2027           00240 potin   CALL    getpot         ; Get a digit value set on pot (Rv)
005D 1806           00241         BTFSC   PORTB,butB     ; Check in Button pressed again
005E 285C           00242         GOTO    potin          ; If not, keep reading the pot
                    00243
                    00244 ; Get a digit value from EEPROM and compare with the pot input
                    00245
005F 1683           00246         BSF     STATUS,RP0     ; Select Register Bank 1
0060 1408           00247         BSF     EECON1,RD      ; Read selected EEPROM location
0061 1283           00248         BCF     STATUS,RP0     ; Re-select Register Bank 0
0062 0808           00249         MOVF    EEDATA,W       ; Copy EEPROM data to W
                    00250
0063 068F           00251         XORWF   DigVal         ; Compare the input with EEPROM data
0064 1D03           00252         BTFSS   STATUS,Z       ; If it does not match, go to sleep
0065 2874           00253         GOTO    done           ;
                    00254
```

程序 D.3　（续）

```
                00255 ; If digit match obtained, check if 4 done and do next if not
                00256
0066 1C06       00257 waitb    BTFSS   PORTB,butB      ; Wait for Button B to be released
0067 2866       00258          GOTO    waitb           ;
0068 2019       00259          CALL    beep            ; Beep to confirm successful match
                00260
0069 0A89       00261          INCF    EEADR           ; Select next EEPROM location
006A 1D09       00262          BTFSS   EEADR,2         ; 4 digits checked yet?
006B 285C       00263          GOTO    potin           ; If not, do the next
006C 2872       00264          GOTO    siren           ; When 4 digits done, run siren
                00265
                00266 ; ******************************************************************
                00267
                00268 ; MAIN: Select Set or Check Combination
                00269
006D 1E05       00270 select   BTFSS   PORTA,butA      ; Button A pressed?
006E 283A       00271          GOTO    stocom          ; If so, store a combination
006F 1C06       00272          BTFSS   PORTB,butB      ; Button B pressed?
0070 2857       00273          GOTO    checom          ; If so, check a combination
0071 286D       00274          GOTO    select          ; repeat endlessly
                00275
                00276 ; ******************************************************************
                00277
                00278 ; END1: When combination successfully matched, make siren sound
                00279
0072 2019       00280 siren    CALL    beep            ; Do a tone cycle
0073 2872       00281          GOTO    siren           ; and repeat endlessly
                00282
                00283 ; ------------------------------------------------------------------
                00284
                00285 ; END2: When a digit check fails, go to sleep, and try again
                00286
0074 0186       00287 done     CLRF    PORTB           ; Switch off display
0075 0063       00288          SLEEP                   ; Processor halts
                00289
                00290 ; ****************************************************************
                00291          END                     ; of program source code


SYMBOL TABLE
  LABEL                          VALUE

Count                            0000000D
DigVal                           0000000F
EEADR                            00000009
EECON1                           00000008
EECON2                           00000009
EEDATA                           00000008
PCL                              00000002
PORTA                            00000005
PORTB                            00000006
Period                           0000000C
PotVal                           0000000E
RD                               00000000
RP0                              00000005
STATUS                           00000003
WR                               00000001
WREN                             00000002
Z                                00000002
__16C84                          00000001
beep                             00000019
```

程序 D.3 （续）

```
butA                                00000004
butB                                00000000
buzO                                00000000
check                               0000002F
checom                              00000057
codtab                              00000004
cycle                               0000001D
delay                               00000015
done                                00000074
getdil                              0000003F
getpot                              00000027
loop                                00000016
potin                               0000005C
select                              0000006D
siren                               00000072
start                               00000000
stocom                              0000003A
store                               00000046
waita                               0000004E
waitb                               00000066

MEMORY USAGE MAP ('X' = Used,  '-' = Unused)
0000 : XXXXXXXXXXXXXXXX XXXXXXXXXXXXXXXX XXXXXXXXXXXXXXXX XXXXXXXXXXXXXXXX
0040 : XXXXXXXXXXXXXXXX XXXXXXXXXXXXXXXX XXXXXXXXXXXXXXXX XXXXXX----------

All other memory blocks unused.
```

程序 D.3 （续）

附录 E Appendix E

Dizi690 演示板

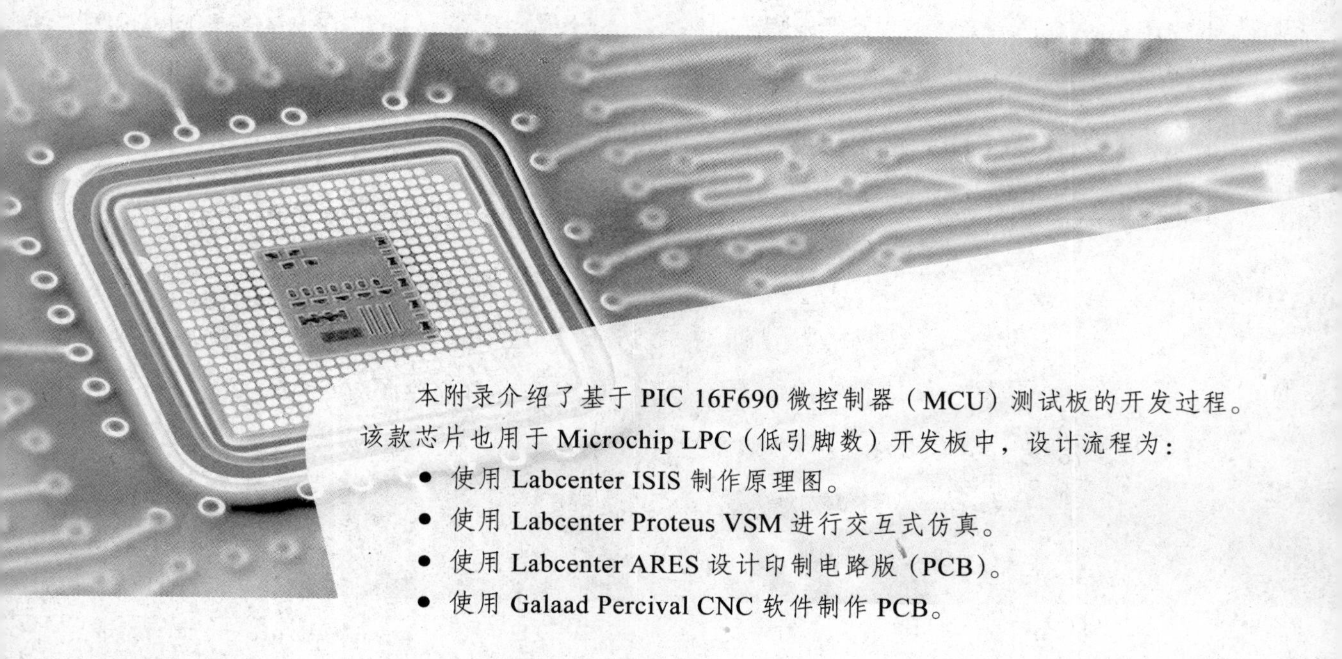

本附录介绍了基于 PIC 16F690 微控制器（MCU）测试板的开发过程。该款芯片也用于 Microchip LPC（低引脚数）开发板中，设计流程为：

- 使用 Labcenter ISIS 制作原理图。
- 使用 Labcenter Proteus VSM 进行交互式仿真。
- 使用 Labcenter ARES 设计印制电路版（PCB）。
- 使用 Galaad Percival CNC 软件制作 PCB。

在整本书中，Proteus VSM 都被用作 PIC 微控制器的设计和调试工具。目前，可以下载的演示版本只能对示例应用程序进行测试。对于新的设计和这本书中所描述的功能测试，必须从 Labcenter Electronics 购买合适的 PIC 16 系列芯片模型来实现。对于当前产品和演示软件的可用性，请参阅 www.labcenter.com 网站上的相关内容，这个测试板的设计文件可以从 www.picmicros.org.uk 网站上下载。

E.1　电路设计

目标系统需满足基本的 PIC 编程原则及硬件开发过程的演示需求。以下功能是必需的：

- 两个按键输入（触摸开关，两个输入）。
- 4 位二进制开关输入（DIP 开关，4 个输入）。
- 一个模拟输入（手动电位器，一个模拟输入）。
- 一个十进制七段数码管（LED，8 个输出，包括小数点）。
- 发声器（压电蜂鸣器，一个输出）。

总共需要 16 个输入和输出引脚才能满足此要求，数目和类型与 16F690 MCU 匹配。输入 / 输出（I / O）的分配及其与外围设备的连接情况可见图 E.1。

与 LPC 板一样，将六个引脚的编程连接器（J1）与端口 A 连接，并将按键连接到此端口的其余引脚（低电平有效）。二进制的输入连接到端口 B，数码管显示器连接到端口 C，发光二极管（LED）的各段都需要限流电阻（RN1，150Ω）。单独的 LED 表示小数点，它是实际七段数码管显示器的一部分，但是软件没有提供这个器件的仿真元件。具有高电阻值的压电发声器可直接连接到 PIC 的输出端。RP1 为开关输入提供了一排上拉电阻，电位器则连接到 RA0。测试时，通过编程连接器提供电源，当板子独立运作时，需提供其他的电源连接器。

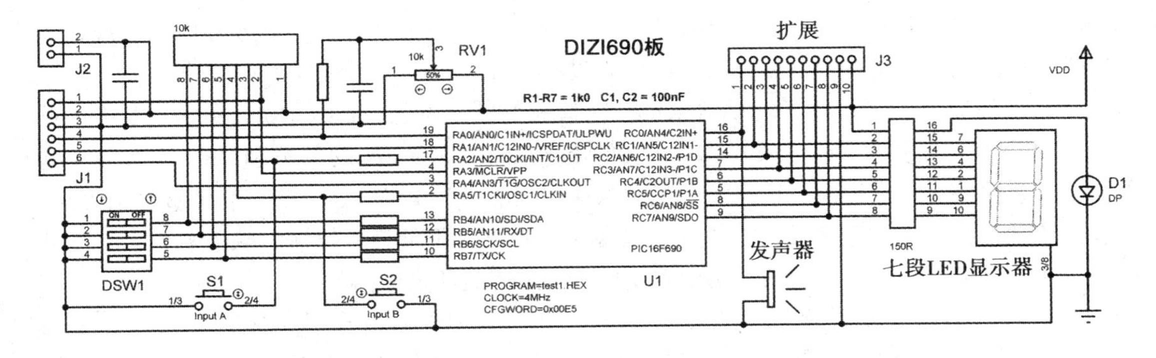

图 E.1　Dizi690 演示板原理图

E.2 原理图编辑

图 E.1 中的原理图是用 Labcenter ISIS 创建的，ISIS 是 Proteus VSM 的一个组成部分。在打开这个应用程序时，会出现一个编辑界面（见图 E.2）。主要操作有：

- 从库中选择器件。
- 放置和连接器件。
- 为 MCU 写一个测试程序。
- 程序加载到 MCU 中进行仿真。
- 必要情况下调试程序。

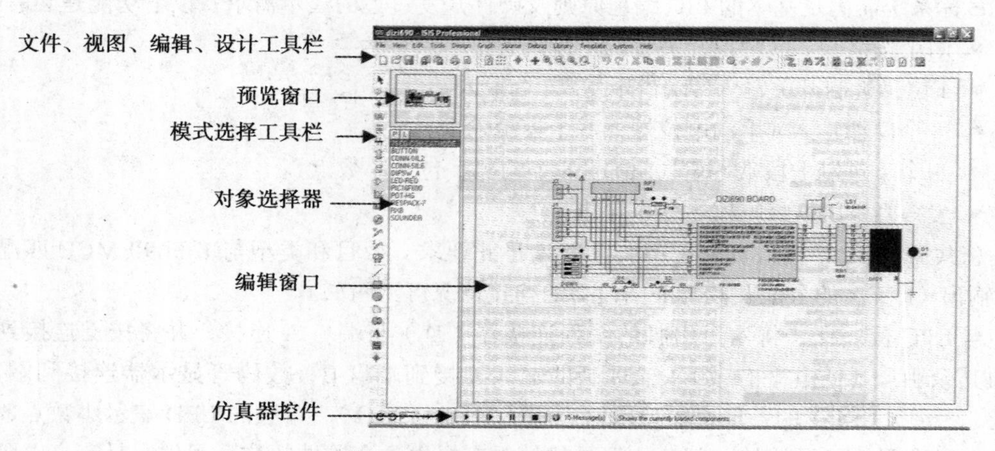

图 E.2 ISIS 原理图输入截图

- 必要情况下修改硬件。
- 将网表导出到 ARES 以制作 PCB。

在开始使用编辑器之前，创建一个应用程序文件夹，用一个合适的工程名为其命名，如 DIZI69，该文件夹将用来存放设计和程序文件。打开 ISIS，并另存为 DIZI690.DSN。现在还可以通过设计菜单和编辑设计属性对话框输入设计的标题、版本和作者。

开始创建原理图，单击 Object Selector 窗口顶部的 P 按钮，Pick Devices 窗口打开（见图 E.3）。器件都是按类别分类的，如，选择 Microprocessors ICs 的子类别 PIC 16 系列，这些器件会按照数字顺序列出。请注意，我们以后用到的集成电路（IC）的封装也被显示出来。如果知道器件号，在关键字搜索框中输入其编号，选器件可能会更快捷。双击器件，将器件添加到元器件清单中。在不同的类别中重复此过程来得到所需的器件。

如果设计不需要通过模拟仿真进行测试，可以选用引脚分布已指定的器件。在 Pick Devices 对话框中的 PCB Preview 窗口中进行上述操作。如果我们希望通过模拟仿真对设计进行测试，我们需要选择激活的（可仿真的）器件来绘制原理图。如果有必要，在最终将器件指定到 PCB 布局之前，要指定合适的引脚分布（见下面 E.5 节）。

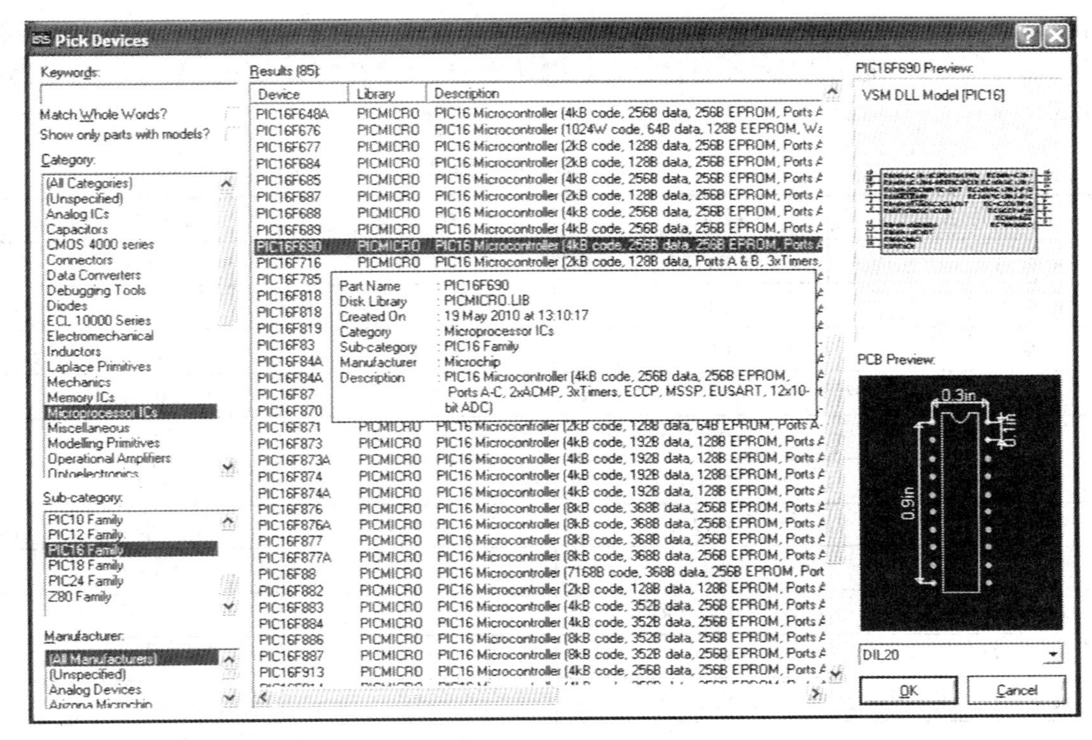

图 E.3　挑选器件界面

当所有器件都包含到了元器件清单中后，选择 PIC 16F690，并在编辑屏幕上单击鼠标左键确定该器件的位置，第二次单击后该器件就被放入电路中了。按照大小顺序依次放置其他器件，这样就得到原理图的一个大致排布，如有可能，可以连接一些接口，如数码管显示器的输入和端口 C 输出。

完成连接并调整元件的位置从而得到紧凑的布局。器件放置前后均可使用编辑窗口按钮或器件菜单对器件进行必要的翻转和旋转。在较复杂的电路中，可使用带标记的接口以减少显示连接的数目，及允许两页间的连接，这样可以使原理图更清晰。

在器件模式中，器件可以通过单击点亮后拖动来移动位置。单击右键，打开器件编辑菜单，双击右键可删除该器件。布线可通过单击器件上的连线并向另一器件拖去，然后单击目标引脚来完成。拐弯可通过单击或连接后移动突显的地方来放置。布线结点通过点表示，但要注意，一个表面上看起来是连接着的结点可能是未连接的。如果元件标签干扰了整齐的连接且其没有提供必要的信息，那么可以移动它（高亮并拖放），或在属性对话框中将其隐藏。在 Template Set Design Defaults 菜单中，一般最好取消选中 Show Hidden Text 选项，以尽量减少原理图上杂乱的文字。

当完成并保存后，可以打印原理图，或导出一个位图文件 DIZI690.BMP，或采用截图的方式插入到文档中。图 E.1 就是一个例子。为保存位图，可选择 File → Export

Graphics → Export Bitmap。若有必要，可调整方向，和最大分辨率（600 DPI），然后确认位图文件方框。也可生成一个材料清单（元器件清单）（见表 E.1），这在以后订购器件时会用到。

表 E.1 ISIS 材料清单

器件名称	器件标号	数 量	特征或封装
电阻	R1~R7	7	1kΩ
电容	C1	1	100nF
电容	C2	1	1nF
集成电路 PIC 16F690	U1	1	PIC 16F690
二极管	D1	1	DP
数码显示器	DIS1	1	7SEG
微动开关	DSW1	1	DIPSW_4
电位器	RN1	1	150R
电位器	RP1、RV1	2	10kΩ
输入接口	S1	1	输入 A
输入接口	S2	1	输入 B
连接件	J1	1	SIL6
	J2	1	SIL2
	J3	1	SIL10

E.3 程序编辑

要通过交互式仿真对设计进行测试，hex 文件需加载到 MCU 中。使用流程图（第 4 章）或文字概述设计的应用程序，但随后必须将其转换为源代码。可以使用内置编辑器创建汇编代码，因此 MPLAB 编辑器并非必不可少。若需编辑源代码，可单击 Source 菜单中的 Add/Remove Source Files → New，然后输入文件名，如“TEST1.ASM”，这样就创建了该文件。对于这个设计，可下载程序 E.1 中的 TEST1.ASM 文件，将其放在应用程序文件夹中，在源文件对话框中将其加载到 MCU。

在源代码中，处理器是特定的，用汇编器能检查语句是否适用于该款处理器。例如，只有有效的寄存器才能被使用。CONFIG 码指定了 MCU 中的配置位，包括选择默认的内部时钟速率 4MHz。需要注意的是，振荡器选择位也会影响 RA4 和 RA5 的功能（必须是数字 I/O）。include 文件（P16F690.INC）提供特殊功能寄存器和位标号，该文件与 MPLAB IDE 文件集一同下载，必须将其从“Microchip /MPASM Suite”文件夹复制到项目文件夹中。

```
;*************************************************************
;       TEST1.ASM       MPB  Ver 1.0
;       Test program for DIZI690 demo board
;       Status: Tested OK 6-1-11
;
;*************************************************************

        PROCESSOR 16F690        ; Specify MCU for assembler
        __CONFIG 00E5           ; MCU configuration bits
                                ; PWRT on, MCLR enabled
                                ; Internal Clock (default 4MHz)
        INCLUDE "P16F690.INC"   ; Standard register labels

Loco    EQU     20              ; Low count register
Hico    EQU     21              ; High count register
Hexnum  EQU     22              ; Hex table offset

; Initialise registers........................................

        BANKSEL ANSEL           ; Select Bank 2
        CLRF    ANSEL           ; Ports digital I/O
        BSF     ANSEL,0         ; except AN0 Analogue input
        CLRF    ANSELH          ; Ports digital I/O

        BANKSEL TRISC           ; Select Bank 1
        CLRF    TRISC           ; Port C for output
        MOVLW   B'00010000'     ; A/D clock setup code
        MOVWF   ADCON1          ; A/D clock = fosc/8

        BANKSEL PORTC           ; Select bank 0
        CLRF    PORTC           ; Clear display outputs
        MOVLW   B'00000001'     ; Analogue input setup code
        MOVWF   ADCON0          ; Left justify, Vref=5V,
                                ; Select RA0, done, enable A/D

; Main loop ..................................................

buta    BTFSC   PORTA,2         ; Check button A
        GOTO    butb            ; ..and button B if off
        CLRF    PORTC           ; Clear display
        BSF     PORTC,0         ; Switch on LSB

rotdis  RLF     PORTC           ; Rotate segment
        CALL    vardel          ; Run variable delay
        BTFSS   PORTA,2         ; Check button A again
        GOTO    rotdis          ; ..and continue if on

butb    BTFSC   PORTA,5         ; Else check button B
        GOTO    buta            ; ..and repeat if off
        CALL    hexdis          ; Get display code
        MOVWF   PORTC           ; Show it
        GOTO    buta            ; and repeat always

; Delay subroutine............................................

vardel  BSF     ADCON0,1        ; start ADC..
wait    BTFSC   ADCON0,1        ; ..and wait for finish
        GOTO    wait
        MOVF    ADRESH,W        ; Store result high byte
        MOVWF   Hico
        INCF    Hico            ; Avoid zero count

slow    CLRF    Loco            ; use result in delay
fast    DECFSZ  Loco
        GOTO    fast
        DECFSZ  Hico
```

程序 E.1　Dizi690 的测试程序

```
        GOTO    slow
        RETURN                  ; done

; Hex display subroutine ..................................

hexdis  MOVF    PORTB,W         ; Get DIP switches
        ANDLW   B'11110000'     ; Mask low bits
        MOVWF   Hexnum
        SWAPF   Hexnum          ; Swap hi-lo bits
        MOVF    Hexnum,W

        ADDWF   PCL             ; Hex code table
        RETLW   B'01111110'     ; 0
        RETLW   B'00001100'     ; 1
        RETLW   B'10110110'     ; 2
        RETLW   B'10011110'     ; 3
        RETLW   B'11001100'     ; 4
        RETLW   B'11011010'     ; 5
        RETLW   B'11111010'     ; 6
        RETLW   B'00001110'     ; 7
        RETLW   B'11111110'     ; 8
        RETLW   B'11001110'     ; 9
        RETLW   B'11101110'     ; A
        RETLW   B'11111000'     ; b
        RETLW   B'01110010'     ; C
        RETLW   B'10111100'     ; d
        RETLW   B'11110010'     ; E
        RETLW   B'11100010'     ; F

        END     ; Terminate assembler......................
```

程序 E.1（续）

必须初始化 PIC 16F690，使大部分引脚作为数字 I/O 接口工作，因此 SFR 里的 ANSEL 和 ANSELH 在初始化时需被清零，随后设置 ANSEL 为 0，使能 RA0 为模拟输入端。注意，需要通过存储区选择的语法来访问特殊功能寄存器（SFR），以递减顺序访问它们，从而使得在主程序中的 bank 0 始终为选中状态。在第 7 章中对模拟设置进行了详细的描述，如 LPC 板的应用。16F690 的数据手册需要从 www.microchip.com 网站上下载以支持程序开发。

测试程序的主循环提供两个主要功能，通过按键进行选择，它们分别是扫描端口 B，同时测试声音输出（保持输入端 A）和十六进制显示（输入 B）。在第 6 章中描述了所使用的编程技术，包括子程序、软件延时循环和数据表。该程序最初通过使用 Source 菜单中的 Build All 命令进行编译。在 Proteus VSM 中也提供汇编器 MPASMWIN.exe，当 PIC 器件放置在原理图上时，会自动选择汇编器，可以在 Source File 对话框中检查这一点。

E.4　电路仿真

电路以一系列元件及元件之间的连线形式存储在一个网表中（表 E.2），网表其实就是一个包括元件、连接到引脚的唯一的节点号及元件数值或标签的列表。

VSM 中使用的模拟网络标准仿真引擎被称为 SPICE，近年来，该系统得到不断开发与完善。从本质上讲，对网络的分析是通过对基于网表和元件数学模型的一系列联合方程的分析来实现的，这个分析可以用于解决依靠给定的输入来预测网络输出的问题。在 VSM 中，分析的结果以输出电压、电流或曲线图（时间和频率响应等）及在虚拟仪器上显示的形式给出。

表 E.2 Dizi690 的 ISIS 原理图网表

```
*C:\PIC Micros 3\Programs\diz690\design\dizi690.DSN
C1 1036 0 100NF
C2 1008 0 1NF
D1 1016 0 DP
DIS1 1004 1003 0 1002 1001 1000 0 1005 1006 7SEG
DSW1 0 0 0 0 1020 1019 1018 1017 DIPSW_4
J1 1022 1008 0 1025 1032 1027 CONN-SIL6
J2 0 1008 CONN-SIL2
J3 1024 1009 1010 1011 1012 1013 1014 1015 0 1008 CONN-SIL10
LS1 0 1024 SOUNDER
R1 1036 1025 1K
R2 1033 1023 1K
R3 1028 1021 1K
R4 1029 1017 1K
R5 1030 1018 1K
R6 1031 1019 1K
R7 1026 1020 1K
RN1 1008 1009 1010 1011 1012 1013 1014 1015 1006 1005 1004 1003 1002
1001 1000 1016 150R
RP1 1008 1022 1023 1021 1020 1019 1018 1017 10K
RV1 0 1008 1036 10K
S1 0 1023 0 1023 INPUT A
S2 0 1021 0 1021 INPUT B
U1 1008 1028 1027 1022 1013 1012 1011 1014 1015 1026 1031 1030 1029
1010 1009 1024 1033 1032 1025 0 PIC16F690
```

数字元素代表器件的输入和输出之间的逻辑关系，可以结合模拟分析实现混合模式的仿真。MCU 的行为受到相关的机器代码程序（HEX 文件）的控制，这些行为连同整个网络组成一个协同仿真模型。活动的元件（开关、电位器、发光二极管等）使输入信号的产生及输出的显示能以一种更自然、交互的形式进行。

PIC 单片机的 hex 文件（由汇编器编译用户的源代码生成，详见第 3 章和第 4 章）必须通过属性对话框进行链接。双击 PIC，在编辑元件对话框中单击 Program File 标签以打开 Select File 窗口。对于这个应用程序，应选择并打开 TESTl.HEX 文件。打开编辑元件的对话框后，将 MCU 的时钟频率设置为 4MHz，设置配置字为 0x00E5，和源代码配置语句相匹配。

至此，通过单击编辑窗口左下角的 Run 按钮运行仿真。若前面的所有操作步骤是正确的，那么原理图将会被激活，每个引脚显示出逻辑电平（红色表示高，蓝色表示低），状态栏显示出仿真时间和主处理器负荷（见图 E.4）。

若中央处理单元（CPU）的负荷超过 100%，动画将无法实时显示。当电路太过复杂或主 CPU 太慢时，也会出现这种情况。若仿真速度降低了，还应考虑可能是仿真元件的属性引起的。例如，开关在闭合前约 1ms 的默认延时，在仿真时这个延时可能对应较长的真实延时，此时开关并没有正常工作。

停止按钮可复位程序仿真，暂停时可以访问调试菜单选项。CPU 选项是最常使用的，CPU 源代码、寄存器、数据存储器及监视窗口是最有用的（见图 E.4）。

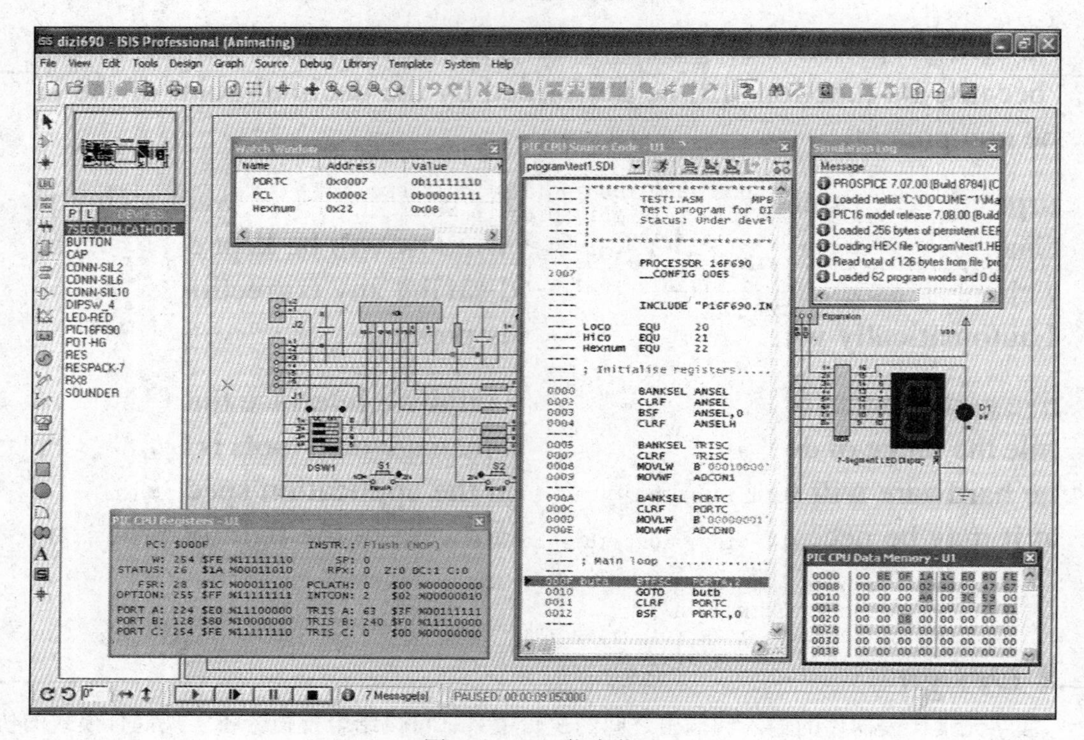

图 E.4　ISIS 仿真截图

源代码窗口提供程序运行、单步运行及断点控制等功能。Step Into 表示按顺序执行指令，Step Over 表示全速运行当前层次下的子程序，Step Out 表示程序全速运行以跳出子程序。可以通过在源代码行上双击来设置断点，程序将停在断点处。使用这些控制按钮可以检查程序序列及特定程序段。

寄存器的改变可以通过寄存器、数据或监视窗口进行跟踪；后者的优点是在程序全速执行期间仍然可见。可以通过在观察窗口上单击鼠标右键来选择所要监视的寄存器。特殊功能寄存器（SFR）可以通过名字来选择，而用户寄存器可以通过编号来选择（源代码标号不能被调试器所识别）。

可以通过单击按钮或红点使动画按钮工作在瞬态或触发模式。同样的，双列直插（DIL）开关可以被单独的或整体的控制。电位器的增减可以通过按钮“+”和“−”来调整。声音通过主机声卡发出，数码管显示器发光表明程序操作正确。

当存在一些无仿真模型的元件时，如连接器 J1 和 J2，会显示错误消息。解决办法是通过它们的属性窗口将它们从仿真中移除。类似地，离散的 LED 也可以从 PCB 布局上移除，因为它的功能将由该元件硬件版本上的小数点来执行。

仿真的主要目的是软件调试。相关技术在第 9 章中已经介绍过了。通常情况下，源代码窗口将保持打开状态，以便在必要时作出修改。编辑和保存修改后，按 Run 按钮程序将重新编译。

交互式组件提供了一个比 MPLAB 的表格输出更直观的界面，而且 Proteus VSM 调试的范围和项目管理工具也相对较少。通常情况下，硬件是根据应用规范来设计的，然后进行软件设计，但是在程序调试过程中可能需要重新修改硬件。

E.5　PCB 设计

当电路设计在 ISIS 中已经完成，并且固件已经成功测试时，原理图网表就可以导出到 PCB 布局包 ARES 中了。

要创建一个布局，每个元件都需要一个物理引脚排列。同时，原理图中的电气连接必须映射到所选择的元件的物理引脚上。这意味着必须选择真实的元件且其引脚特性在电气上和物理上均有要求。在这个阶段，可能需要从供应商的产品目录中选择一些主要元件，并对数据手册上的信息进行研究。

有些引脚是已经确定的，因为封装的选择被限制在库中的可选封装中。例如，PIC 16F690 仅提供标准的双列直插（DIL）封装，通孔封装或三种贴片封装。进行原型验证时，使用 DIL 封装，当功能验证完成时，将 PCB 转换为贴片封装进行布局。最终通孔布局的原型设计见图 E.7。

其他器件在封装上有更大的选择空间，必须创建所选定的硬件元件的引脚分布，并能与器件相适配。例如，仿真中常使用一种通用的七段数码管，它在 Proteus 库中没有关联的封装，真实的器件包含小数点，可以用作电源指示灯，来代替原理图中的分离 LED。与之对应的数据手册保存在应用程序文件夹中，引脚在 ARES 中创建（这也是使用布局编辑器时的一个好习惯）。可使用 ISIS 中的封装工具将创建的特定引脚分布分配给显示器，并可以在布局中看到最终的封装。

E.6　封装分配

选择的器件是 Kingbright 的 SC52-11 单个数字显示器。数据手册中显示的尺寸和连接信息如图 E.5 所示。它有两排引脚，引脚间隔 0.1 英寸，两排引脚间隔 0.6 英寸。引脚 1 在左下方，通过方形焊盘标出，其余焊盘均为圆形。

要创建显示器件的封装，首先打开 ARES 并将工作区保存为 DISPLAY.LYT，即可实现显示器件封装包的创建。在 View 菜单中，取消选择公制模式（即选择英制单位），并设置单元格为 50th（0.05 英寸），这种分辨率的栅格就显示出来了。在屏幕左侧的模式工具栏中单击 Square Through-hole Pad Mode 按钮，然后在编辑窗口的中心处放置 DILSQ 的焊盘，接着选择 Round Through-hole 模式，并在方形焊盘的右侧以 0.1 英寸为间隔放置 4 个间隔为 0.1 英寸的 DILCC 焊盘。在此行上方 0.6 英寸处（12 个栅格）放置五个圆形焊盘。光标位置显示在下方的状态栏中。位置应和数据手册上标有尺寸的元件前视图上的引脚 1～10 的位置对应。

现在，在引脚周围绘制一个矩形（2D 图形盒模式）代表元件的轮廓，并在选择模式下选择这个轮廓以选择整个元件。

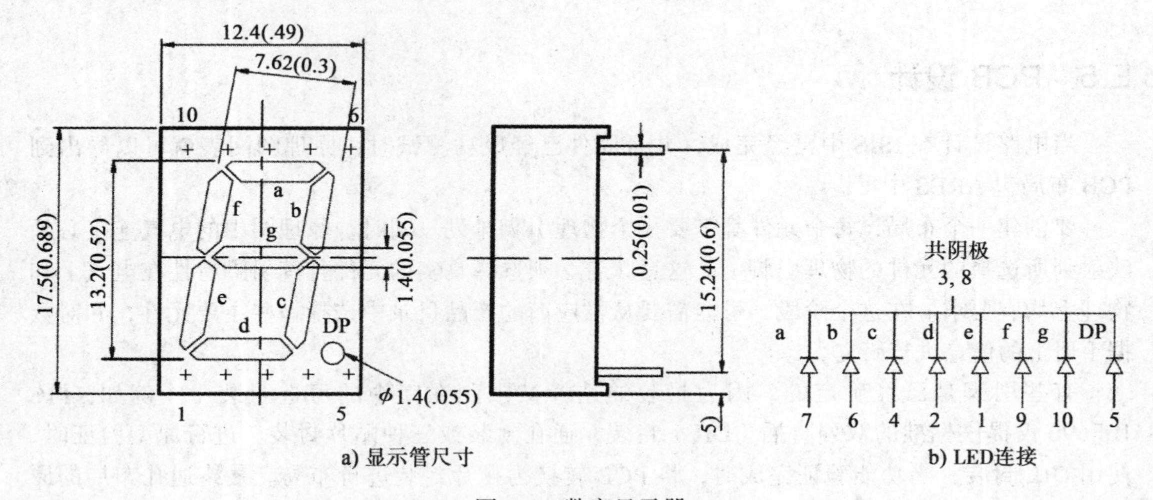

图 E.5　数字显示器

右击高亮的封装并单击创建封装，在对话框中取一个合适的名称（如 7SEGDIS），并单击 Package Category：Miscellaneous 与 Package Type：Through Hole，这个封装将会被放置在 USERPKG 库中。

现在切换回 ISIS，为其他需要的元件分配封装。对于 PIC，它已经在 Proteus 中预设过。而对于其他元件，如电位器和按键开关，需在元件数据手册中查询其物理特性，在库中可能会找到合适的引脚分布，也有可能找不到，按照以上数码显示管的例子，创建其引脚分布，这个过程较简单。对电位器而言，它的引脚分布较标准，但开关的封装需要创建。

若一个元件放置在 ISIS 中，其引脚已经编过号，就表明有对应的封装（如 U1、J1、J2、J3、DSW1、RP1、RN1）。否则，必须指定其封装或在 ARES 中人为创建。可通过右击元件，选择封装工具来完成指定（见图 E.6）。

在图 E.6 所示的窗口中，从 Pick Package 对话框中添加所需的封装（7SEGDIS）到封装列表中。器件的引脚按照功能排列，用户必须在 A 列中指定引脚的编号。在这种情况下，段的连接关系是从数码管手册共阴极连接图中复制出来的，如，A 段＝引脚 7。完成后，单击指定封装按钮。

当所有的元件都指定了封装，网表就可以导出到 ARES PCB 进行布局了（ARES 按钮）。

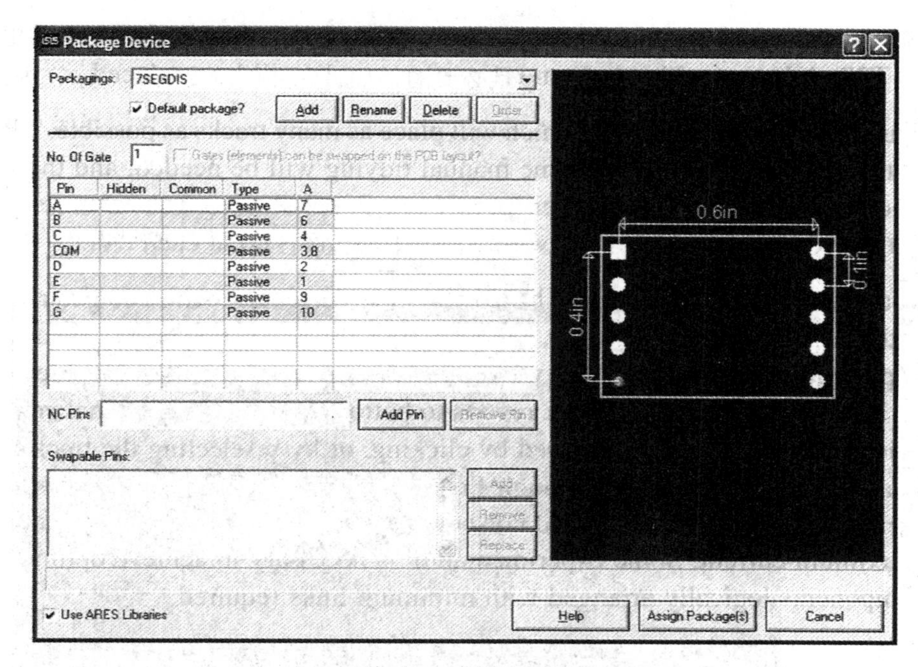

图 E.6 封装器件对话框

E.7 布局编辑

网表导入到 ARES 后，若选择元件模式，元件将在器件窗口中列出。这些元件可以选中并拖到编辑窗口中，此时引脚之间直接连接。为确保英制测量单元启用，应设置栅格为 50th。虽然有自动布局工具，但在本例中建议手动放置元件。先将 MCU 放在中心位置，接着放置其他较大的元件。尽量减少连线长度和避免跨接，手工操作从左至右放置输入、输出及连接器。编程接口必须在电路板的边缘，引脚应水平连接到 PICkit2/3 上。

假设要设计一个带有上部连接的单面电路板，需先打开 Design Rule Manager 对话框并选择 Net Classes 标签。对于电源类，将 Pair 1（Hoz）改为 none，线宽为 T30。对于信号类，也将 Pair 1（Hoz）改为 none，线宽为 T20，从而能得到一个仅有下部覆铜层的布局。

此时，可调用自动布线工具，它将会尽可能的完成留下的飞线布置。有时还需要一些手动的整理，若条件允许，其余的连线应该使用铜层连接，若有必要，也可使用飞线来完成。在示例布局上有 9 个这样的模块，且在每一端都有一个过孔。

通过单击两个引脚的末端铺设铜（预设蓝色）走线，铺设走线后原飞线将消失。如有必要，双击可放置过孔，此时走线变为红色，表示顶层或单面板的导线连接，再次双击放置过孔可使走线重新铺设在底部铜层上，此时走线变成蓝色，可连接至目的引脚。可通过单击设置走线拐弯处，通过重新选择来修改已完成的走线。铺设走线时应避免直角拐弯，需以 45 度弧形代替，这样可以避免阻塞电流导致热点，尤其是在传输最大电流的电源走线上。为了达到最佳的效果，进行一些试验是必要的，如将元件以需要的最短连线进行连接。

最后，在布局的周围绘制图形框，单击分界线，将图层切换为电路板边界层，在每个角落预留一些余量用于安装螺丝、支架和黏合垫片。最终的布局如图 E.7 所示。

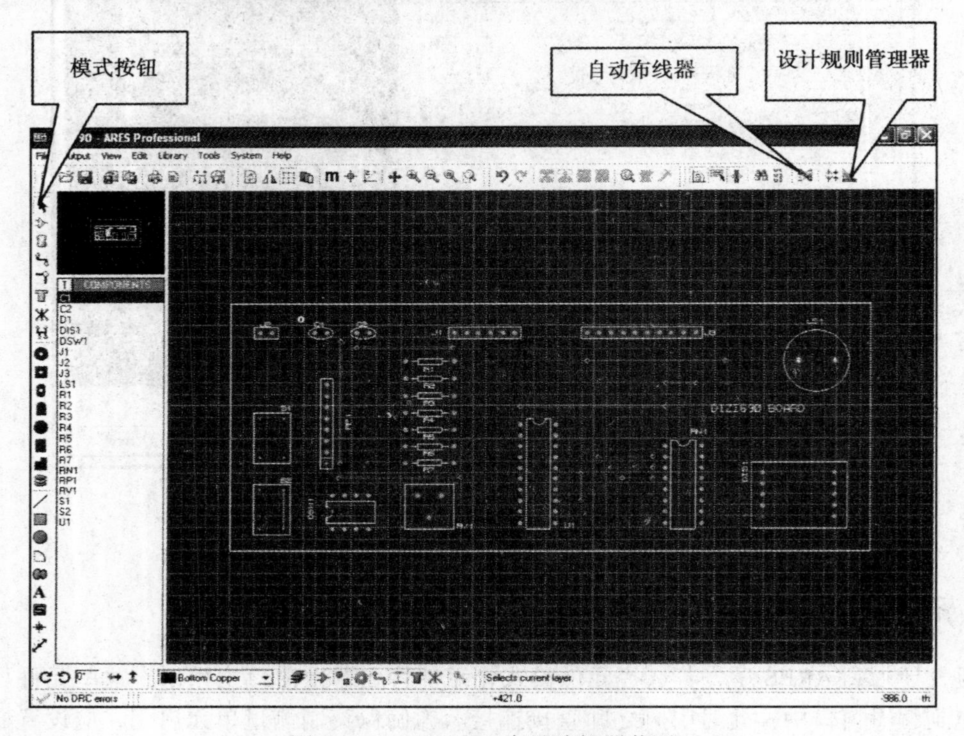

图 E.7 ARES PCB 布局编辑器截图

完成后，选择 Output → 3D Visualization 选项，ARES 软件可以将 PCB 以 3D 的形式显示，这便于最终的检查。

图 E.8 3D 可视化 PCB

E.8　输出文件

布局文件可以文本文件方式导出，文件可作为 PCB 生产过程的输入。在 ARES 中选择 Output → Gerber/Excellon 输出选项，在弹出的对话框中取消选中 Top Copper、Top Resist 和 Bottom Resist 选项，仍选中 Bottom Copper、Top Silk、Drill 和 Edge 选项，这将产生以下四个文件：

- CADCAM Bottom Copper.TXT。
- CADCAM Drill.TXT。
- CADCAM READ-ME.TXT。
- CADCAM Top Silk Screen.TXT。

第一个是 Gerber 文件，它由一系列绘图工具或机械在板上不同位置移动的命令组成，其中位置由 *X*，*Y* 坐标指定，由此创建出焊盘和走线。命令代码与标准的数控机床（G 代码）相同。由于整个文件过长，所以表 E.3 只列出了文件的前几行作为说明。

表 E.3　Gerber 文件举例

```
G04 PROTEUS RS274X GERBER FILE*
%FSLAX24Y24*%
%MOIN*%
%ADD10C,0.0200*%
%ADD11C,0.0300*%
%ADD12C,0.0500*%
%ADD13R,0.0500X0.0500*%
%ADD14R,0.0600X0.0600*%
%ADD15C,0.0700*%
%ADD16C,0.0800*%
%ADD17C,0.0400*%
%ADD18C,0.0900*%
%ADD19R,0.0800X0.0800*%
%ADD70C,0.0080*%
G54D10*
X+40000Y+8020D02*
X+40000Y+8020D01*
X+18800Y+12720D02*
X+18400Y+13120D01*
X+18400Y+17920D01*
X+19500Y+19020D01*
X+7600Y+11520D02*
X+7600Y+15120D01*
X+8000Y+15520D01*
X+13600Y+15520D01*
Etc
```

语句主要分为三种类型，如下所示（包含添加的空格）：

```
X+18400  Y+13120  D01*  = Trace
X+18800  Y+12720  D02*  = Move
X+15500  Y+10520  D03*  = Pad
```

第一行以画图指令 D01 结尾，表示从当前位置到坐标位置绘制一条走线；第二行以指令 D02 结尾，表示从当前位置移动到坐标位置而不进行其他绘线；第三行以指令 D02 结尾，表示在坐标处绘制一个焊盘。文件顶部的初始化命令指定了用选择工具命令选取的每一组焊盘的形状和尺寸，例如“G54D12”。

该文件经常用来控制照片绘图仪制作布局文件的透明胶片（见图 E.9），用于影印制作多层电路板。将空白的铜电路板上涂覆一层光敏的抗蚀刻层，当用紫外线照射该铜片时，暴露的抗蚀剂可以溶解掉，将电路板放置到酸溶液中，暴露的铜将被蚀刻除去，这样就剩下走线和焊盘了。

为得到相同的结果，一种较便宜的方式是将布局结果以位图形式输入到激光打印机里，并将其打印到半透明绘图胶片上，其可作为化学蚀刻处理时的光敏抗蚀剂的蒙版图像。该方法是爱好者和教学者使用的传统方法，需要注意是，布局须反向以便曝光。

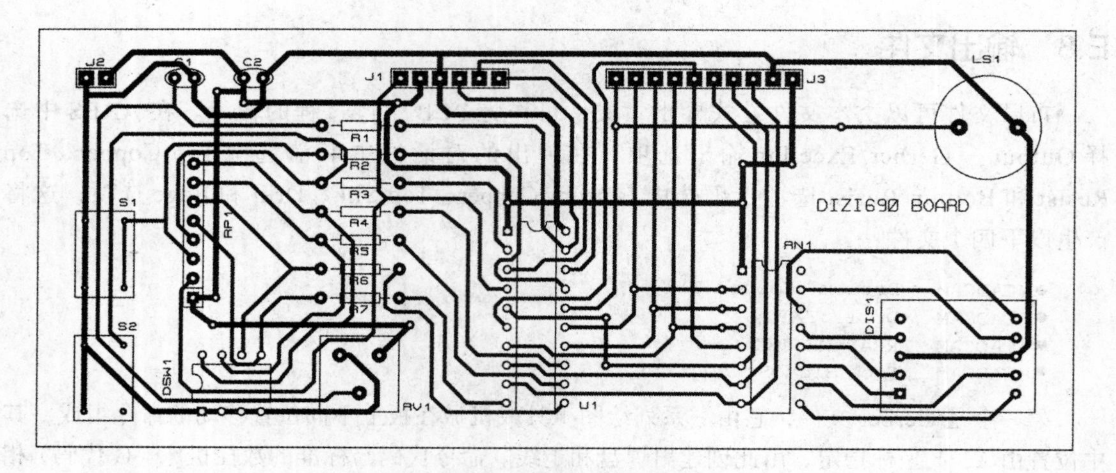

图 E.9 ARES 中制作的 PCB 布局

另一方法是使用同一文件来控制一台铣床，通过刻具在其周围进行机械加工来隔离走线。该方法的优点是不需使用化学危险品，但是不够精确。然而它的巨大优势在于同一台机器可通过更换钻头、铣刀等雕刻工具就可以完成钻孔（通孔）与铣削（板边缘）。该方法可能最适合于制作原型板和小型不太复杂的电路板。这样的机器目前在市场上已经有售，价格比较合理，适合爱好者和教育市场。

Excellon format drill 文件与 Gerber 文件类似，主要包含每个钻孔的 *X*、*Y* 坐标的列表，并在初始化代码中指定钻孔尺寸。Top Silk 文件也由一个坐标列表组成，用于控制板上器件层（顶层）的元件和连接器的标签中的字母和数字的绘制。Read Me 文件包含文件列表信息、格式选项和设计信息，与其他文件相比，仅有文件格式和机器兼容性等细微差异。所有这些文件都是纯文本文件，所以可以用任何文本编辑器打开，并可分析其中的控制代码。

E.9 PCB 制作

现在，低成本的 2.5D 铣床使得用机械布线来制作原型 PCB 更具吸引力，铣床的基本组成是一个廉价电钻与一个 *X*－*Y* 绘图仪，还需有限的垂直运动（*Z* 轴）来举起刻具并实施钻孔操作。这里所用的软件是 Galaad Percival（www.galaad.net），用来控制 CIF 铣削机（见图 E.10）。用户可以下载软件的演示版本以供实验，但购买加密狗后才能使用机器接口。

Percival 软件安装在主机上，主机与铣床通过 RS232 串口相连。软件根据 ARES 的输出文件显示布局并计算刻具制作 PCB 连接所需的路径，然后执行相应的铣削和钻孔操作。这样会留下大部分的铜作为接地层。如果需要也可以在每个角落添加用于安装板子的装配孔。

铣床主要使用的工具包括：一个 60° 角的雕刻刀，用于分离走线和其他铜层；一个 0.8 毫米的钻头，用于制作器件引脚孔；一个 3 毫米的狭长钻头，用于制作装配孔及其他较大的孔，并用于切割电路板的边缘。

若要在 Percival 布局编辑器和铣床控制器里处理电路板的布局文件，选择 Open → New Circuit，然后选择 CADCAM Bottom Copper.TXT 文件，编辑窗口中将出现电路板的布局。选择 File → Flip Horizontal 可以翻转布局图，并从覆铜面进行查看。选择 Parameters → Selected Tools，打开 Active Tools 对话框可分配雕刻、钻孔和铣削工具。选择 Machine → Calculate Contours，软件将计算走线周围的刀具路径并在屏幕上用黄色标记出来。选择 Display → Final Rendering，屏幕上将显示铜板加工后的样子（见图 E.11）。

图 E.10　CIF PCB 铣床

铣床必须与电脑相连，并设置合适的机床参数。通信建立成功后，用铣床的控制面板设置工具的初始（参考）位置，设置参考平面与铜板精确重合，并保持铜板与 X、Y 轴完全水平。必须设置雕刻深度以提供合适的走线宽度。为了达到预期效果，需对孔的深度、铣削深度和速度等进行相应的试验。PCB 的空白处必须安装在工作台上，因为它将与电路板一起钻孔和铣削。当机器运转时，刀具周围有害的铜和环氧树脂灰尘将被抽走。

PCB 制造成功后，可以按照常规方式进行装配和测试。

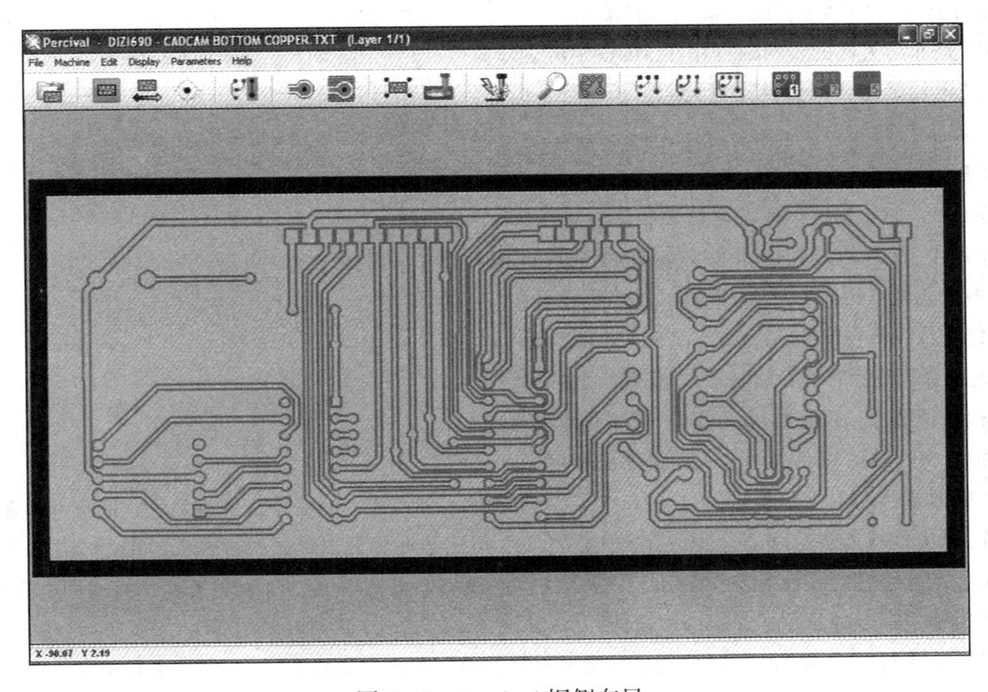

图 E.11　Percival 铜侧布局

习题参考答案

第 1 章

1. 每种须举出两个例子：

   输入设备：键盘、鼠标、扫描仪、麦克风。

   输出设备：屏幕 / 显示器、打印机、扬声器 / 耳机。

   存储设备：硬盘、记忆棒、CD/R/W。

2. 它在非易失性存储器中存储了程序启动代码，这些代码在主操作系统代码从硬盘传递到 RAM 之前是必需的，该过程需要一定时间。

3. 每个芯片都单独连接时需要的连线过多。

4. 写出其中的两个即可：

   可以设计以满足不同的要求（如：游戏、商业、教育）。

   可以通过更换模块使修复更容易。

   可以轻松升级。

   是一个经受住时间考验的非常灵活的设计。

5. ROM 是非易失性的，所以程序在 MCU 中可立即执行。

   RAM 更加紧凑，因此具有更大的数据容量，但是易失性的，所以它需要首先加载，延迟了 PC 系统的启动。

6. a）CPU：控制整个系统并执行计算。

   b）ROM：包含程序代码的非易失性存储器。

   c）RAM：包含用户数据和下载代码的易失性存储器。

   d）地址总线：传输 CPU 所需的单元地址代码。

   e）数据总线：在内存（RAM）和 I/O 寄存器间传输数据。

   f）地址译码器：产生内存或 I/O 选择信号。

   g）程序计数器：保存当前（或下一条）指令的地址。

   h）指令寄存器：保存当前的机器代码程序指令。

7. 微处理器系统的主要元素（CPU、ROM、RAM、I/O）都是独立的器件，通过地址、数据和控制总线相连。MCU 将所有这些器件集成在一个芯片上，可用于一些无需存储很多数据的小型应用，如控制系统。微处理器系统，例如 PC，拥有更多的存储设备，可被个人、商业和教育作为通用电脑使用，主要用于文字处理、数据库管理和设计等。

8. 首先设计并制作硬件，然后通过主机的文本编辑器编写单片机 (MCU) 的程序并进行调试，然后编译成 hex 文件，再进行仿真、调试、下载和硬件测试。

第2章

1. 用户程序由汇编器生成，以二进制机器代码序列的形式存储在程序存储器中。程序指令依次执行，依次复制到指令寄存器中进行解码，设置相应的处理器控制逻辑。程序计数器存储当前指令的地址，并自动递增到下一条指令。当需要执行跳转指令时，目标地址在指令操作数中给出，并放置到程序计数器中。MCU 的时钟驱动程序以四个时钟为一个周期执行。
2. 原始数据＝01101010

   a）00000000，b）01101011，c）01101001，d）10010101，

   e）00110101，f）11010100，g）01001010，h）01 101011
3. 原始数据＝01001011，01100010

   a）01001011，b）10101101，c）01000010，d）01101011，e）00101001
4.

PC	Stack（栈）	
02F2	xxxx	Instructions
02F3	xxxx	Before Call
016F	02F4	Subroutine Start
0170	02F4	Subroutine
0171	02F4	Instructions
0172	02F4	Return
02F4	xxxx	Instructions
02F5	XXXX	After Call

5. 分配寄存器 A、B、C

   寄存器 A 清零

   把 A 放入寄存器 B 中

   把 3 放入寄存器 C 中

   Loopl　把 B 与 A 相加

   　　　递减 C

   　　　判断 C 是否为 0

   若 C 非零跳回 Loop1

   最终乘积存放在 A 中

第3章

1. 0A86
3. 30
4. 跳转目的地址。
5. 标号在第一列。
6. EQU 和 END 是汇编伪命令，不是程序的一部分。
7. 00，03

8. 存储器地址，机器代码，行号，地址标号，指令助记符，操作数标号。
9. a）源代码文件，其中存有用户输入的汇编程序。
   b）机器代码文件，由汇编器产生。
   c）文件列表，显示包含的所有文件。

第4章

1. e, c, b, f, a, d.
2. ASM：用指令助记符输入的文本文件。
   HEX：由汇编器根据源代码产生的机器代码。
   LST：列表文件，包含源代码和机器代码，及标号和存储器分配。
3. 避免代码重复，节省程序存储器。
   程序中可重复使用的部分作为一个单独的文件。
4. BTFSS 或 BTFSC。
5. MOVLW 00 或 CLRW。
6. 将计数值 0FF 改为 07F 或 080。
7. 将选中的输入引脚作为第一列，操作模式（如触发）作为第二列创建激励工作表。
8. 关闭看门狗定时器，关闭代码保护，打开定时器，RC 时钟。

第5章

1. 程序存储器将机器代码以二进制列表的形式存储在 Flash 存储器；
   程序计数器存储当前地址并在每个指令执行后递增；
   指令译码器将指令代码转换成控制线配置；
   多路复用器可以选择 ALU 的数据源，可以是立即数或寄存器；
   工作寄存器存储当前数据，并接收 ALU 的运算结果。
2. TRIS 寄存器里的数据方向位，默认为 1 表示输入。
3. 算术和逻辑单元可进行如下操作：递增、循环移位、各寄存器的位设置，及寄存器对的加、减、与、或。一个字节从工作寄存器中接收，其他字节来自指令立即数或文件寄存器。
4. 栈自动保存返回地址，以便程序在子程序完成后可以返回到下一条指令。
5. PORTA 是端口引脚 RA0～RA3 对应的数据寄存器；
   TRISA 是 PORTA 对应的数据方向寄存器；
   TMR0 是定时器 / 计数器寄存器；
   PCLATH 是程序计数器的高字节，bit 8～12。
   GPR1 是 RAM 中的首个通用寄存器。
5. STATUS，2 是零标志位 Z，当寄存器结果为 0 时被置位。
   INTCON，1 是 RB0 中断标志 INTF，当 RB0 电平发生变化时被置位以强制产生一个中断。
   OPTION，5 是 Timer0 的时钟源选择位 T0CS，内部或 RA4。

第 6 章

1. a）4 个时钟周期，b）1 个指令周期，c）2 个指令周期
2. 指令周期为 40μs。
3. 1ms＝1000μs，clock＝1μs，count＝1000/4＝250＝max count 256－6，preload＝6。
4. TRISB 3，4，5，6＝0；INTCON3，7＝1
5. C：可调；
   XT：准确；
   HS：最大时钟速度；
   INTOSC：无需外部元器件。
6. END
7. 子程序：程序模块只需编译一次，并可调用多次，占据内存更少。
   宏：每次在所需位置插入一块代码，运行速度更快。

第 7 章

1. 引脚 1：!MCLR 主复位 /V_{PP} 编程电压。
   引脚 2：V_{DD} 正电源，额定 5V。
   引脚 3：V_{SS} 负电源，0V。
   引脚 4：ICSPDAT，在线串行编程数据。
   引脚 5：ICPSCLK，在线串行编程时钟。
2. 端口引脚默认为模拟输入。
3. 最大值＝1024/4＝256（mV），1mV/bit。
4. 通过模拟仿真进行测试相比于下载和硬件测试能够更快地消除逻辑错误。
5. !MCLR 上的按键输入被同引脚上连接的编程器所旁路，因此只能从主机进行操作。
6. 以下选三个：更多的 I/O 引脚（18 比 33），发光二极管（8 比 4），独立的定时器时钟，外部晶体时钟，在线调试。

第 8 章

1. 见图 8.1.
   流经负载的平均电流可以通过在一个固定周期内反复导通和关断并改变占空比来加以控制。
2. 该框图是硬件的轮廓图，显示了主电路模块和它们之间的信号流，可以转换成一个电路图。
   流程图是软件的一个概述，显示了主要操作及其执行顺序，使用少量的符号表示处理、输入、输出和分支，它可以被转换成源代码。
3. 伪代码—文字大纲—可以在编辑器中直接转换成源代码。
   结构图—框图—显示复杂程序中程序的层次。
4. a）为连接到电机输出的端口位分配标号。
   b）测试低电平有效输入位，可使电机运行，如果没有按下则等待。

c）按照速度变量递减的规律来修正寄存器，以防止从 0 到最大速度的变化。

d）补偿速度控制计数产生延迟，因此，整体周期是常数。

第 9 章

1. 语法错误：不正确的源代码指令，由汇编器检测出来，并在错误消息中显示。

   逻辑错误：运行的程序或输出结果与有关规范不相符，通过源代码调试进行检测。

2. 单步执行：一条指令在每个序列执行后都会停止；

   断点：在选定点停止程序，检查功能，或开始单步执行；

   引脚激励：在模拟器中单个输入，异步或在工作手册中指定编程的更改。

   观看窗口：可以连续地显示和更新所选寄存器。

3. 0005：源代码行数。

   1A05：十六进制的机器代码。

   start：跳转目标地址标号。

   btfsc：汇编指令助记符。

   0x5：被操作的寄存器。

   0x4：被操作的寄存器位。

4. 两个即可：

   输入可以在屏幕上操作。

   输出可以及时看到。

   电压 / 逻辑电平的动画演示。

   集成了原理图编辑和硬件布局。

5. 两个即可：

   检查电路板组件是否正确，是否有连接错误，等。

   安装前检查 MCU 的引脚电源供应。

   检查元件是否过热。

第 10 章

1. a）面包板：快速、易构建；

   不可靠。

   b）条纹板：可靠的连接；

   不适合批量生产。

   c）模拟：不需要硬件；

   不能完全代表最终的硬件。

2. a）0000 000x。

   b）1011 101x。

3. 时钟＝4MHz，定时器时钟＝1MHz，周期＝1μs。

要求频率＝1kHz，周期＝1μs。

半个周期＝500μs，设置预分频为 2。

预加载定时器 6。

250 次循环后，等待超时标志。

触发输出。

重新加载定时器并重复执行。

4.

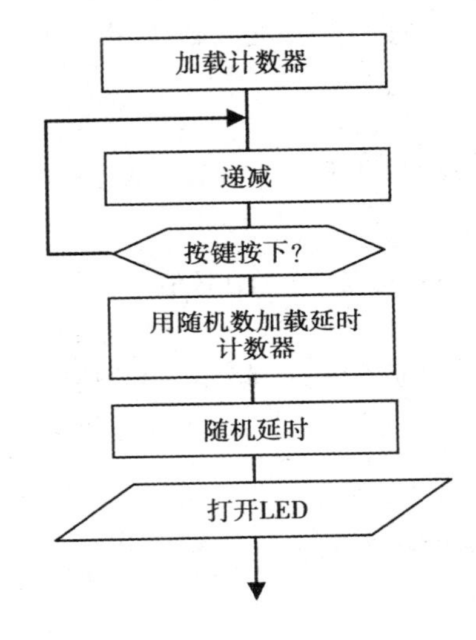

第 11 章

1. 脉冲宽度调制使用脉冲波形迅速对电机的驱动进行开关切换，打开和关闭时间的比率的改变可控制流经电机的电流，即可控制其速度。

   需要一种功率晶体管来切换电机中的电流及一个微控制器产生 PWM。所需的速度可以以模拟或数字值的形式输入。

2. 开槽圆盘或类似的装置被安装到电机轴上，会使传感器产生脉冲。脉冲通过计数来监测位置，并可以通过测量频率或周期来计算速度。

3. 该微控制器可以使用 PWM 来控制电机速度。可使用安装到电机轴上的编码器来测量实际速度，并修改输出的占空比直到与反馈所需的速度相匹配。

4. a）每转输出的步数＝90×200＝18 000。

   分辨率 / 精度＝360/18000＝0.02°。

   b）圆的周长＝2πt＝2×3.14×0.5＝3.14（m）。

   圆弧＝0.02/360×3.14 m＝0.174～0.2（mm）。

第 12 章

1. PIC10 系列最小，8 引脚封装的芯片仅包括 4 个 I/O 引脚。它们仅有一个 8 位定时器、两个模拟输入及一个 8MHz 内部振荡器。程序存储器是 0.5KB，最多 23 个 RAM 单元。

PIC12 系列同样封装的芯片有 6 个 I/O 引脚，有一个额外的 16 位定时器和 4 个模拟输入。内部振荡器可替换为 20MHz 的外部晶体振荡器。程序存储器稍大一些（lKB），有更多的 RAM（256 字节）。

PIC 16 系列的范围更广，最高可达 64 个引脚和 55 个 I/O。最大的有 9 个定时器和 30 个模拟输入通道。程序存储器高达 16KB 指令，有 1536 个 RAM 地址，还提供了各种串口。

PIC18 系列有一个指令更多更复杂的 16 位指令集，高达 64KB 的程序容量和 4KB 的 RAM。最大速度倍增至 40MHz，比其他分组有更大的选择余地，还添加了一个 USB 串行端口。

2. 不需要移除 MCU，避免损坏，并节省时间。

该芯片可快速且便捷地重编程。

3. a）16F676。

b）18F4580。

4. 捕捉模式使用外部信号来捕捉定时器寄存器中的计数值，可进行时间间隔的测量。比较模式等待定时器计数值与参考寄存器中预先设定的值匹配，因此产生一个定时的输出脉冲。

4. SPI 采用硬件从选择，使用额外的信号输入到目标外围。I^2C 使用软件从选择，地址在数据帧中给出。因此 SPI 具有更复杂的硬件要求。

第 13 章

1. a）一个直流放大器用来提高电压范围和隔离。

b）250mV，125。

2. a）继电器的负载提供完整的电气隔离。

b）FET 开关更迅速，也允许 PWM。

3. 复用是指使用相同的一组输出来操作显示器，使其交替开关，从而减少对 I/O 的要求。

4. 两个即可：内部振荡器、模拟输入、PWM 输出、串行端口。

5. 汇编语言与内部结构紧密相关，更多的用于简单应用，其运行时占用内存较少。但对于复杂应用，C 源代码更简短，提供了更好的数据处理功能，并且更容易从典型的程序概要中获得。

第 14 章

1. 8051 是一个 CISC 处理器，采用传统冯诺依曼体系结构，即指令和数据共享内部数据总线，降低了其性能。PIC 单片机采用哈佛结构，将数据和指令分离，且采用 RISC 指令集，使得在相同的时钟速度下能更快的执行。

2. 优点：硬件可根据应用程序定制。

可处理大容量存储器。

缺点：两个即可：

需要更多的硬件设计。

价格更昂贵。

无法仿真。

3. PLC 是自包含的，有集成接口，编程方法（梯形逻辑）更简单，且有适用于系统集成的特性。

4.

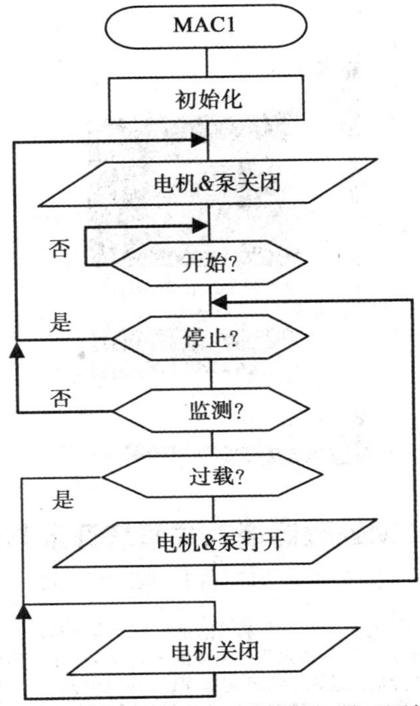

5. 六个即可：编程主机，监控主机，数据库服务器，网络服务器，网络客户端，文字处理器，电子表格主机，CAD 工作站。

6. a）4，b）1，c）2，d）5，e）3

推荐阅读

ARC EM处理器嵌入式系统开发与编程

作者：**雷鑑铭** 等 ISBN：978-7-111-51778-8 出版时间：2015年11月 定价：45.00元

本书以实际的嵌入式系统产品应用与开发为主线，力求透彻讲解开发中所涉及的庞大而复杂的相关知识。书中第1～5章为基础篇，介绍了ARC 嵌入式系统的基础知识和开发过程中需要的一些理论知识，具体包括ARC嵌入式系统简介、ARC EM处理器介绍、ARC EM编程模型、中断及异常处理、汇编语言程序设计以及C/C++与汇编语言的混合编程等内容。第6～9章为实践篇，介绍了建立嵌入式开发环境、搭建嵌入式硬件开发平台及开发案例，具体包括ARCEM处理器的开发及调试环境、MQX实时操作系统、EM Starter Kit FPGA开发板介绍以及嵌入式系统应用实例开发等内容。第10～11章介绍了ARC EM处理器特有的可配置及可扩展APEX属性，以及如何在处理器设计中利用这种可配置及可扩展性实现设计优化。书中附录包含了本书涉及的指令、专业词汇的缩写及其详尽解释。

射频微波电路设计

作者：陈会 等 ISBN：978-7-111-49287-0 出版时间：2015年03月 定价：45.00元

本书讲述了广泛应用于无线通信、雷达、遥感遥测等现代电子系统中的射频微波电路，通过大量实例阐述了经典射频微波电路的设计方法与步骤，主要内容涉及射频微波电路概论、传输线基本理论与散射参数、射频CAD基础、射频微波滤波器、放大器、功分器与合成器、天线等。同时，针对近年来出现的一些新型微带电路与技术也进行了介绍与讨论，主要包括：微带/共面波导（CPW）、微带/槽线波导、基片集成波导（SIW）等双面印制板电路。因此，本书不仅适合于无线通信与雷达等电子技术相关专业的本科生与研究生作为教材使用，而且也可以作为各种从事电子技术相关工作的专业人士的参考书。

电子元器件的可靠性

作者：王守国 ISBN：978-7-111-47170-7 出版时间：2014年09月 定价：49.00元

本书从可靠性基本概念、可靠性科学研究的主要内容出发，给出可靠性数学的基础知识，讨论威布尔分布的应用；通过电子元器件的可靠性试验，如筛选试验、寿命试验、鉴定试验等内容，诠释可靠性物理的核心知识。接着，详细介绍电子元器件的类型、失效模式和失效分析等，阐述电子元器件的可靠性应用。最后，着重介绍器件的生产制备和可靠性保证等可靠性管理的内容。本书内容立足于专业基础，结合数理统计等数学工具，实用性强，旨在帮助学生掌握可靠性科学的理论工具，以及电子元器件可靠性应用的工程技术，提高实际操作能力。